U0146500

网络分布计算与软件工程

（第二版）

冯玉琳　黄　涛　金蓓弘　编著

科 学 出 版 社

北　京

内 容 简 介

随着网络技术的发展和计算机应用的普及，软件系统的规模越来越大，复杂性越来越高。软件的体系结构和运行环境也发生了根本变化，软件工程方法和技术正面临着前所未有的新问题和新挑战。本书是在传统软件工程问题的基础上，集中阐述网络化软件的基本原理和技术，主要包括：软件系统建模、软件体系结构、分布计算原理、分布事务处理、分布式算法、分布式系统、网络软件基础架构平台、组件化软件工程开发及面向服务的计算等。

本书将网络分布计算与软件工程这两个主题相结合进行阐述，既有原理、技术和方法，又有典型系统介绍和分析。本书适用于计算机学科的大学高年级本科生和研究生，可作为现代软件工程课的高级教程，而对于从事软件研究和开发的广大工程技术人员，也是一本基础性的专业参考书。

图书在版编目(CIP)数据

网络分布计算与软件工程/冯玉琳，黄涛，金蓓弘编著. —2 版. —北京：科学出版社，2011
ISBN 978-7-03-030753-8

Ⅰ.①网… Ⅱ.①冯… ②黄… ③金… Ⅲ.①分布式计算机系统-高等学校-教材 ②软件工程-高等学校-教材 Ⅳ.①TP338.8 ②TP311.5

中国版本图书馆 CIP 数据核字(2011)第 064126 号

责任编辑：王鑫光 张丽花/责任校对：李 影
责任印制：张克忠/封面设计：迷底书装

科学出版社出版
北京东黄城根北街 16 号
邮政编码：100717
http://www.sciencep.com
骏杰印刷厂印刷
科学出版社发行 各地新华书店经销
*
2003 年 5 月第 一 版 开本：787×1092 1/16
2011 年 5 月第 二 版 印张：18 3/4
2011 年 5 月第三次印刷 字数：490 000
印数：1—3 500

定价：39.00 元

序

冯玉琳教授常年研究分布式计算和软件工程,带领一支团队做出了突出的创新性贡献,并将其研究成果应用于国民经济重要领域,推动了学科的建设和发展。现在以其研究成果、心得、体会,写成著作与学界共享,这是水到渠成,非常自然的事。

尽管这本书的骨架是围绕软件和软件工程来写的,但是从内容的份量以及从作者多年来的研究实践来说,我觉得更大的特色还是在网络分布式计算方面,作者研究的是面向分布式计算的软件,或者说是实现为软件形式的分布式计算,从书名也能得到这样的印象。所以,我就围绕"分布式计算"来说一说自己的印象和感受。

在我们的印象中,分布式计算与其他一些大规模计算概念,如大规模并行计算、向量计算、网格计算等相比,尽管在原理上有较大差别,但其本意都是为了提高计算效率,解决复杂问题。所以,拿起冯玉琳教授领衔编写的书稿,回想起我们接触这些概念的岁岁月月,不禁浮想联翩。我首先想起 20 世纪 80 年代初期,在由慈云桂院士和陈火旺教授(后为院士)主持的一次国际研讨会上,当时还是青年讲师的范植华正在侃侃而谈,介绍他为银河巨型机研制的 Fortran 向量化软件及其数学原理。Fortran 程序中可并行执行成分的自动识别是发挥这种巨型机优势的关键。他的工作的主要难点是解决循环语句编译的向量化问题。范植华的工作可算是为中国的 Cray 巨型计算机插上了翅膀。不过在参加这个会以后很长时间内,我再没有接触到国内有关并行编译的工作,直到本世纪初在复旦大学上海市智能信息处理重点实验室的学术交流会上,才了解到这里也有一片并行编译的天地,那就是朱传琪教授挂帅的团队。这位曾经全过程参加美国伊里诺大学 CEDAR 大型并行计算机系统研制的归国学者,主持研制了并行化编译系统,通过标准测试程序分析,其性能优于国际上许多同类并行编译系统。他的工作成为一个亮点,与重点实验室多数老师的研究方向不一样。

接着,我又想起改革开放不久,在杨芙清院士于北京大学勺园召开的一次座谈会上,上海软件中心的朱三元教授娓娓而谈,向大家介绍国际 OMG 组织制定的分布式对象编程标准 CORBA 和微软刚发布不久的分布式对象编程技术 DCOM,这是我第一次近距离接触现代的分布式程序设计。听后大家感觉这新的发展形势真是催人警醒。我也想起在南京大学国家重点实验室的学术委员会会议上,观看孙钟秀院士为我们做的分布式程序演示:一辆汽车从一台机器的屏幕上开走,又马上在另一台机器的屏幕上显示出来,引起大家的浓厚兴趣。孙院士在分布式操作系统和分布式程序设计语言方面的研究很早就广为人知。在差不多同一时间,中科院数学所同样经历了一次分布式的洗礼。周龙骧教授派人远涉重洋,到德国斯图加特大学 Neuhold 教授的实验室去参加当时颇为先进的分布式数据库管理系统 POREL 的研制和移植工作。POREL 系统后来被带回国内,移植到数学所的局域网上,这可能是国内的第一个分布式数据库管理系统。我记得曾参加过中科院软件所组织的一次验收会,验收项目就是冯玉琳教授主持开发的网络软件基础架构平台,当时国内第一家能同时提供面向对象、面向消息和面向事务等多种应用模式的软件基础设施，国家对这个项目给予了很大支持，这也是中科院为国家做的一项重要贡献。本书第8章对该项目的特点和优势有详细说明。

一个重要的转折点可能出现在21世纪初。在中科院计算所组织的一次研讨会上，我听到了夏培肃院士神情严肃地介绍美国的高性能计算（HPC）计划，并且告诫听众说，如不迎头赶上，我们将要被抛在时代的脚步后面。此后不久，在北京我有机会参加了中科院计算所主持的《中国国家网格软件研究与开发》“863”重大专项的验收。他们开发的GOS软件已经在我国十多个领域推广应用。眼见一项大型工程的成果投入使用，我们中国也有了全国性的计算网格，可算是对夏先生呼吁的一个回应。近年来，分布式计算软件有了长足的进步，并且从实验室进入了产业，发挥着重大作用，同时也提出了众多挑战，其中一个重大挑战是：分布式数据在海量数据的计算环境下如何能够高效运行？对此，我因参加了复旦大学周傲英教授主持的多次数据管理研讨会而获益匪浅。在会上了解到，面向大型问题和海量分布数据的Map Reduce计算框架已经相当成熟，不但形成专利，而且被众多行业采用，成为大规模数据分布式处理的事实标准。基于Map Reduce的Hadoop计算平台也被广泛用于云计算等重要领域，说明分布式技术的前进脚步正在加快。至于应用，前不久，我在北京香山、上海华东师范大学等多个学术会议上，听到何积丰院士畅谈物联网在我国的前景以及即将启动的物联网“973”项目，深切体会到海量分布式计算已经在我国的社会和经济建设中落地生根，其开花结果之时指日可待。最近，更惊人的新闻来自《参考消息》，据报道，国外已经开始把卫星联网实现了“分布式卫星计算”，分布式理念已经深入太空。想起天天有“分布式”在头上盯着我们，真是“别有一种滋味在心头”。所以说，我们不能把分布式计算仅仅看成是一个抽象概念，它就在我们身旁，就在我们周围，它渗透到我们的日常生活中，它关系到我们社会的兴旺和国家的强盛。凡是知道计算机重要性的人就应该知道分布式计算的重要性。

令人高兴的是，我国计算机科学家在分布式计算和分布式软件的创新方面也有自己的贡献。除了冯玉琳教授主持研制的“网驰”开放网络计算环境以外，就我所知还有另外一项重要的工作。21世纪初的某日，在北京大学的某间教室里，来自各协作单位的老师们正在热烈讨论申报“973”的题目，其中包括北京大学的梅宏教授和南京大学的吕建教授。当时有三个关键词：软件工程、因特网和Agent。可是怎样把它们“有机地”（中国人喜欢这样说）联系起来呢？在一阵激烈的头脑风暴之后，一个新词“网构软件”浮出水面。它的思想和传统的软件开发相反：不是从需求分析开始一步一步自上向下进行，而是从网上的“软件素材”开始一步一步由下向上搭建用户所需的软件，实际上是一种动态开放的分布式软件工程。循着这个思路，他们在“973”项目的支持下已经进行了多年的深入研究，可能是出于不想显得太“标新立异”，第一个“973”的题目叫：“Internet环境下基于Agent的软件中间件理论和方法研究”，没有直接点出网构软件的名称。由于看到社会上对此概念的逐步增加的认可，在后续的“973”的题目中就公开打出了网构软件的旗号。举一个例子，IBM公司每年向社会发布计算机软件研究新趋势的展望，在不久前的一次会议上，他们基本上接受了网构软件的思想，同意将它加入要发布的报告中，只是因为一个与会者建议用另一个名词来表达同一个思想，才使得报告中没有出现“网构软件”几个字。

中国的计算机科学家和工程师们在分布式计算领域取得的成绩正在IT产业中发挥作用，这一点已经在国际上被观察到。一份来自国外的研究报告说：中国正在分布式计算的市场中发挥领跑作用，大大领先于印度、巴西和东欧。他们分析了中国、印度、巴西和东欧的400家开发企业后声称：中国已经采用分布式技术开发软件的企业比印度多出约34%，比巴西和东欧要多出80%。这份报告从侧面强化了本书的价值。

我不是分布式计算的专家，也写不出包括深刻的分布式计算发展趋势的序言，只是把我这几十年来看到的、听到的点点滴滴写下来。可以说在分布式计算方面，我是被形势的发展推着走的，被我国计算机界对分布式计算一浪又一浪的研究热潮冲着走的。在孔老夫子家里当小时工，久而久之，总能受到一些“之乎者也”的耳濡目染。我就是这样写下了以上这些话。需要声明，“这些话”绝对不能全面反映国内分布式计算研究的所有方面，我了解的情况太少，太不全面了。通过作序，一方面是回忆历史，盘点一下我认识分布式计算的过程；另一方面，最主要的，也是我接触这本书的开始。冯玉琳教授给我提供了一个学习分布式计算的机会。这是一本非常好的教程和参考书，我不仅向读者积极推荐，而且首先自己就准备好好学一学，给自己补一补缺了多年的课。

陆汝钤
中国科学院数学与系统科学研究院
2011年3月

前　言

本书第一版发行后，人们经常提出这样的问题：此书为什么要将网络分布计算与软件工程这两个主题放在一起？业界关于软件工程的著作不下数十种，同时也不乏分布式计算的专著和译著，但它们都是各自独立地在讲述各自的内容。本书作者在长期追本溯源的学术生涯中深深感悟到世界变了，《人月神话》这一经典著作问世 30 多年来，软件技术已经发生了很多变化。随着大规模网络应用软件的出现和普及，分布式系统已经成为软件发展的主流。这就需要一部从不同视野出发的关于软件工程的著作。本书内容兼顾了过去和现在软件技术的发展，而标题的改变则标志着重点的调整，表示本书是在更广泛的意义上讲述网络分布环境下的软件工程技术问题。

虽然传统软件工程的一般原理和方法仍然是指导软件工程实践的有效良方，但是它已经很难适应由网络化软件所带来的各种变化，例如：

· 软件系统的规模越来越大，复杂性越来越高，软件体系结构已发展到分布式的三层或多层结构。软件系统中各个计算单元分布在不同的站点机上，各自独立地运行在异构的操作系统平台上协同完成计算任务。

· 软件系统要处理大量并发的分布事务，可靠性要求更加突出；要能经受大规模并发用户访问的考验，性能要求更高；软件需求的变化更快，要求系统能灵活地快速响应客户需求的变化。

· 分布式系统的发展催生了组件化软件工程方法。分布式系统是如此复杂，即使是从事应用开发的人员也要对分布式系统的结构特点和运行环境有足够的理解和掌握，并能有效地运用中间件平台提供的各种工具实施基于组件的软件工程开发、部署和测试。

软件工程的发展必须面对和解决出现的这些新问题，本书就是为此目的而撰写的，其中内容的取舍和组织代表了作者的学术观点。本书在现有软件工程概念的基础上，重点介绍网络分布计算原理和分布式系统架构，以及与之相适应的组件化软件工程方法。全书内容深入浅出，分为 4 个部分，共 10 章。第 1 部分是软件工程概论，包括第 1～3 章，介绍软件工程的基本概念和方法，以及软件工程技术发展中的两个重要方面，即软件系统建模和软件体系结构。第 2 部分是网络分布计算的原理，包括第 4～6 章，讲述网络分布计算的基本特征，并从基础模型和通信、进程、并发控制、寻址定位、事务和容错等 6 个方面介绍分布式系统的原理和技术，还介绍了与分布式系统设计有关的几类常用算法。第 3 部分包括第 7、8 章，结合典型系统案例，分别介绍了各种不同结构特征的分布式系统，以及中科院软件所研究开发的网络软件基础架构平台。第 4 部分介绍适用于网络分布计算环境的新范型和新方法，包括第 9、10 章。第 9 章讲解组件化软件工程开发，阐述基于组件的软件开发方法，以及软件模式和软件框架的应用；第 10 章是面向服务的计算，主要介绍 Web 服务计算，还对服务计算技术的最新发展进行了展望。

本书内容的组织结构如图 1 所示，可为阅读本书提供一个推荐的导航路径。

本书专门为计算机科学的大学高年级学生或研究生课程而编写，可作为软件工程课的高级教程；适当增加系统设计的练习，亦可作为分布式系统的专业课教程。本书要求读者具有面向对象编程、操作系统及计算机网络的基本知识，也可作为从事软件研究和应用开发的广大软件技术人员基础性的专业参考书。

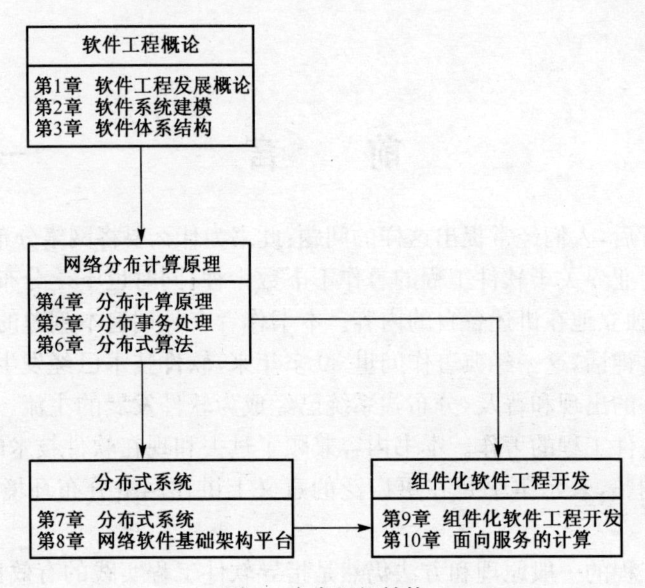

图1 全书组织结构

本书对第一版进行了重大修订,在保留原书的组织结构基础上,除了对第一版中的错误进行校正外,各章内容都有不同程度的修改。此外,还增加了第8章和第10章,以反映分布式系统的最新研究成果和发展方向。第一版的第8章在本书中为第9章,并已作了较大的修改。本书部分章节内容来自作者所在课题组的研究成果,并直接使用了丁柯、范国闯、张波、张文博、张昕、宋靖宇、万淑超、丁晓宁、李磊和刘国梁等博士论文的部分内容。全书最后列出了供延伸阅读和参考的文献。作者在此对书中引用和参考的所有文献的原作者表示感谢。

本书第1、4、5、6、8、10章由冯玉琳撰写,第2、3章由金蓓弘撰写,第7、9章由黄涛撰写。全书由冯玉琳修改和定稿。在本书写作过程中,得到了中国科学院软件研究所软件工程技术研发中心的大力支持。钟华和魏峻参与了第8章的组织和讨论,并提供了许多第一手资料。叶丹、王伟、高楚舒、王焘、伍晓泉和黄翔等对本书初稿进行了认真的审校;刘玲玲和明路承担了本书的录入和绘图工作。没有他们的努力,本书的顺利完稿是不可能的。最后,还要感谢科学出版社的编辑,他们为本书的成功出版付出了辛勤劳动。

本书的创作和修订得到了国家自然科学基金和国家基础研究发展计划项目的资助。

软件技术发展日新月异,本书虽经修订再版,仍难免出现疏漏错误,恳请读者不吝批评指正。

作　者
中国科学院软件研究所
2010年8月于北京

目　录

第1章　软件工程发展概论

软件工程是计算机学科的一个独立分支，要求软件开发必须按照工程化的原理和方法来组织和实施。由于软件产品本身的特殊性，特别是对于新出现的大规模网络应用软件，软件体系结构和运行环境发生了很大变化，传统的软件工程方法和技术已不能适应由于网络化所带来的新需求。本章在简要总结软件工程基本概念和一般原理的基础上，重点讲述网络环境下软件工程所面临的新问题，以及传统软件工程的观念应作什么样的改变，以适应这种变化了的新形势。本章内容包含著作[冯玉琳，1992，1998]中的部分正文和图片。

1.1　软件工程的目标

软件工程是研究大规模软件制造的方法、工具和过程的工程科学。由于软件规模的庞大，因此，软件工程的成败并非主要取决于个人的聪明才智，而是要求参与工程的每一位开发者都能按照软件工程的规范和过程协同工作。本节在分析软件工程面临问题的基础上，讲述软件工程的基本概念，包括软件工程的基本要素、软件工程的目标及软件工程生命周期等。

1.1.1　软件工程要素

数学定理的发明和推导体现了数学家的高度智慧，其中严密的数学推理和奥妙常为人们所叹服。计算机软件也是人们高度知识型劳动的成果，它蕴涵的逻辑和计算体现了人们对外部世界的理解和认识。对庞大的复杂软件系统的分析和设计，必须遵循一定的科学原理和方法，并要求参与者充分发挥其智慧。

软件工程是研究大规模软件制造的方法、工具和过程的工程科学。软件工程指导计算机软件的开发、运行和维护，采用工程化的理念、方法和技术来开发和使用软件，并对软件开发过程进行有效的管理。

首先，软件工程是针对大规模软件制造的。何谓软件规模？一个最基本的度量参数是源代码行(LOC)。在学校内用于教学程序设计或软件工程课程的实例，代码一般都在5000行之内，这只能算是小程序设计。按照通常的软件规模大小的尺度，1～5万行代码的软件是小规模软件，5～10万行的软件是中规模软件，10～100万行的软件是大规模软件，100万行以上是超大规模软件。随着软件应用复杂性的增加，软件规模越来越大，度量软件规模的尺度也随之扩大。例如，超大规模软件的定义范围，代码已从100万行增加到1000万行。

数学证明主要依靠数学家个人智慧的发挥，而软件规模如此庞大，只靠几个人的力量显然是不可能完成的。一种大规模的复杂软件，可能需要数百人，甚至数千人在几年的时间内协同工作才能完成。假设一个人一年可以开发出一万行的源代码，按照同样的工作效率，一种100万行源代码规模的软件，是否集中100人的力量工作一年就可以完成呢？答案是否定的。因为软件工作量中的人数与时间不是简单累加计算的，当软件规模增加100倍，软件复杂程度的增加倍数将远远超过100倍。软件内部是互相关联的，软件人员需要互相交流，以保证很多人完成的任务集合在一起能够成为一种高质量的大型软件系统，这确实是一个极为复杂而困难的问题。这不仅涉及许多技术问题，如分析方法、设计技术、错误检测、版本控制等，而且还必须有严格和科学的过程管理。

考虑到研制软件同研制机器或建造楼房的过程有许多相似之处，所以可以参照机械工程或电气工程中的一些概念来进行软件研制，用“工程化”的思想作为指导来解决软件研制过程中面临的困难和混乱。然而，软件工程作为一门新的工程学科，还遵循着自身特有的工程原理和方法。软件是抽象的逻辑性的产品，不是实物性的产品。研制和维护软件的过程非常难以控制。虽然软件工程已发展了几十年的时间，但到目前为止，软件工程仍然不能像机械工程或电气工程那样建立起统一的设计标准和足够的可靠性保证，这就决定了软件的研制和开发较之其他工程学科的项目要困难得多。

软件工程的内容包括三个要素，即方法、工具和过程。

· 软件工程方法为软件开发提供“如何开发”的原理和技术。它包含了多方面的任务，如项目计划与评估、系统需求分析、软件体系结构、算法设计、编码、测试和维护等。软件的开发和维护是一种复杂的活动，必须用软件工程方法作为指导才能进行。不同的软件方法会导致不同的软件过程。

· 软件工具为软件工程方法提供自动或半自动的支撑。方法和工具往往是同一问题的两个不同方面：方法是工具研制的先导，工具则是方法的实在体现。将各种软件工具集成，连同软件运行基础设施一起形成软件工程环境。

· 软件过程是将软件工程方法和工具综合运用以科学地进行软件的开发和实施，包括软件方法使用的选择、要求交付的文档资料、为保证质量所需要的过程管理，以及软件开发各阶段要求完成的工作情况等。

软件工程的目标就在于研究科学的软件工程原理和方法，并开发与之相适应的软件工具，从技术上和管理上保证软件工程项目实施的成功，力求用较少的投资在规定的工程期限内完成高质量的软件。

1.1.2 软件工程面临的问题

从20世纪60年代末开始，人们就在讲“软件危机”，而后一直都在为解决软件危机面临的困难问题而进行坚持不懈的努力。软件工程作为一个学科方向，越来越受到人们的重视。《人月神话》[Brooks，1995]出版30多年来，很多技术已发生了重要变化。随着大规模网络应用软件的出现和普及，软件的体系结构和运行环境发生了很大变化，软件系统的规模越来越大，复杂性越来越高，软件体系结构已发展到分布式的3层或多层结构。软件系统中各个计算单元分布在不同的站点机，各自独立地运行在异构的操作系统平台上，协同完成计算任务。分布式系统已经成为软件发展的主流。传统的软件工程方法和技术因难以适应网络化所带来的新需求而面临严重的挑战。

软件可靠性是衡量软件质量的一个重要指标。软件可靠性是指软件系统能否在指定的环境条件下正确运行并实现所期望的结果。软件错误的后果十分严重，如医疗软件的错误可能危及病人生命；银行软件的错误会造成金融混乱；航天发射软件中的错误会使火箭试验失败。通常有40%左右的软件开发代价要花在软件编码完成之后的测试和排错上，但即便如此，也不能保证经测试的软件就没有错误。例如，在网络上运行软件时，软件的不确定性增加，分布式软件系统的测试更是一种复杂的工作，因此软件系统花在测试上的代价非常之大。

许多网络应用软件还要经受大规模并发用户的访问的考验。虽然在严格的软件测试过程中，软件运行已经达到了满意的可靠程度，可是在网络运行的实际环境下，一旦“瞬间”同时访问的大量并发用户的请求超过预期，软件系统就可能“崩溃”。近些年来，一些新开发的网络售票系统、证券交易系统和身份确认系统等都曾出现过这样的问题，造成了严重的不良后果。在Internet网络环境下，软件需求的变化性加大，要适应各种不同的客户需求；软件的复杂性加大，要处理大量并发分布的事务。这样的软件更容易出错，因此软件的可靠性和性能要求也就更高了。

投入了巨大的人力和资源开发出来的软件，其产品质量往往不甚理想，不能达到预期的目标，这在软件行业是一种普遍的现象。因为程序人员几乎总是习惯从技术的角度去理解用户的需求，使得软件设计人员对客户需求的理解与用户的想法常常有很大距离。通常，用户对自己所需软件的功能和性能在事前是难以确切地表述清楚的，从软件项目一开始，就可能存在软件开发人员与用户理解的概念差异。软件设计带有太多的灵活性和随意性，加之用户需求经常会发生变化，这使软件质量控制成为一个很难解决的课题。对于大规模网络应用软件工程开发，在满足用户需求、控制开发进度和保证软件质量等方面依然有许多问题需要解决。

1.1.3 软件生命期模型

目前，划分软件生命周期的方法有许多种，软件规模、软件类型、软件开发时使用的方法及开发环境等，都会影响软件生命周期的划分。在划分软件生命期阶段时，应遵循的一条基本原则，就是使各阶段的任务彼此间尽可能相对独立，同一阶段各项任务的性质尽可能相同。为了用工程化的思想有效地管理软件生命期活动的全过程，一般可以将软件生命期划分为如下六个阶段。

1. 软件计划

软件计划的任务是确定软件开发的总目标，确定工程的可行性，理解工作范围和所花的代价。软件计划应以可行性研究报告为基础，由软件人员和用户共同确立软件的功能和限制条件，制定软件计划任务书。

2. 软件需求分析

软件需求分析的目标是在系统模型分析的基础上，建立软件需求规格说明书。通常，用户知道必须做什么，但是并不能完整准确地表达出他们的要求，更不知道如何用计算机解决他们的问题；软件人员知道怎样用软件实现人们的要求，但对特定用户的具体要求并不能完全掌握。因此，在需求分析阶段，系统分析人员必须与用户密切配合，充分交流信息，建立经过用户确认的系统模型，作为以后软件设计和实现的基础。系统模型是要求开发的目标软件系统的抽象表示，不同的系统模型抽象会导致不同风格的软件需求规格说明。

软件需求分析是软件工程开发中的重要一步，也是决定性的一步。通过软件需求分析，才能把软件功能和性能的总体概念抽象描述为具体的规格说明，成为软件人员与用户对要求开发的目标系统理解一致的共同基础。

3. 软件设计

软件设计就是从软件需求规格说明出发，形成软件的具体设计方案的过程。软件设计要求确定软件系统的体系结构、给出系统中各软件模块的相互关系、数据库的运用，以及每个模块的功能说明；还应考虑到在软件需求规格说明中对实现环境的要求，如网络环境下运行支撑的要求等。

软件设计又分为总体设计和详细设计两步。总体设计给出系统的整体结构，如软件系统由哪些模块组成及模块间的关系。详细设计给出各个模块的具体描述，其中包含必要的细节，程序员根据它们可以独立地写出实际的程序代码。

4. 软件编码

根据软件设计的结果，选择合适的程序语言为每一个要求编码的软件模块编写程序。编写的程序应该是结构良好且易于理解。有些软件模块可能不需要编程，仅利用现成的可复用组件，并对照设计要求进一步检查确认和客户化即可。

5. 软件测试

在一个软件系统的整个开发过程中，会出现一系列"信息转移"。信息转移是发生错误的根源。如在需求分析阶段，系统分析员错误地理解了用户的需求，发生了用户到系统分析员之间的信息转移错误；系统分析员在书写需求规格说明书时不能正确表达自己的思维，发生了系统分析员到文件的信息转移错误。在软件开发过程中，软件人员和用户都要参与，人的活动和交互不可能完美无缺，人犯错误的机会也很多。所以，软件开发过程中总是不可避免地会出现错误。软件测试是对软件需求分析、设计和编码的最后复审，是保证软件质量的关键一环。

软件测试包括单元测试和集成测试。单元测试是根据详细设计说明，对软件模块进行详细的测试。集成测试是在单元测试的基础上将各单元模块装在一起进行整体测试。有时，开发的软件系统是更大的一个计算机系统的组成部分，在这种情况下，集成测试还包括所开发的软件与其他软件系统放在一起进行系统有效性测试。经过一系列的测试和排错，最后得到可交付运行使用的软件。

6. 软件维护

经过测试的软件仍然可能有错，加之用户需求和系统运行环境也有可能发生变化，因此交付运行的软件仍然需要继续完善、修改和扩充。这就是软件维护。通常有四类维护活动，即改正性维护，诊断和改正在使用过程中新发现的软件错误；适应性维护，修改软件以适应环境的变化；完善性维护，根据用户的要求改进或扩充软件，使之更加完善；预防性维护，修改软件为将来的维护活动预先做准备。

软件是程序及软件开发、使用和维护所需要的所有文档。根据这样的定义，软件不再仅仅是程序，研制软件也不仅仅是编写程序。按照软件工程化研制的要求，软件生命周期每一阶段完成确定的任务后，都要产生一定格式的文档。表 1.1 列出了软件生命期每一阶段的基本任务及工作结果。

表 1.1　软件生命期阶段任务划分

阶　段	基本任务	工作结果
软件计划	理解工作范围	可行性研究报告、计划任务书
需求分析	定义用户要求	需求规格说明书
软件设计	确立软件结构	设计说明书
软件编码	编写程序	程序
软件测试	发现和排除错误	可运行的系统
软件维护	运行和管理	改进的系统

软件生命期划分为上述六个阶段，这就为工程化的软件研制提供了可遵循的途径。但必须指出，实际的软件系统研制工作，不可能是直线进行的，常常存在着反复，有时需要从后面的阶段回复到前面。例如，在设计阶段发现需求规格说明书有不完整或者不精确之处，就需要回到需求分析阶段进行“再分析”；测试阶段发现了模块内部或者系统的错误，有时甚至要回溯到设计阶段对原来的设计进行修正。

软件生命周期前五个阶段，即计划、分析、设计、编码和测试，通常称之为软件的开发期。最后一个阶段称之为软件的维护期。在软件的整个生命周期中，维护的周期最长，工作量也很大。

仅就开发阶段而言，以上所讲的是开发周期五阶段论，重点强调软件工程的规范和管理，强调自顶向下的软件过程。但这种阶段划分的灵活性较差，回溯和再分析的代价较大。在实际的软件开发中，许多软件工程师倾向于用更具弹性的、快捷的、廉价的方式去开发所需的软件，特别是在软件规模较小和用户需求比较模糊的时候，开发周期演变成为轻量级系统建模、代码设计和迭代测试等三阶段的反复循环，直至完成最终目标系统。这种开发周期三阶段论划分重点强调持久的开发和效率。

1.2 软件开发方法

软件开发过程是软件开发人员以制造软件产品为目的、在软件工具支持下完成软件开发期各阶段任务的一系列相关过程。由于目标软件产品的性质及所采用的软件开发方法的不同，软件过程也常常很不相同。本节介绍几种常用的软件过程模型，尽管它们存在很大的差异，但其基本特征元素都是共同的，这些基本特征元素有四种。

- 软件规格说明：描述软件功能及其行为。
- 软件设计和实现：研制符合规格说明要求的软件。
- 软件验证：确保软件符合客户需求。
- 软件演化：适应变化的客户需求。

软件开发方法是软件开发过程所遵循的规则和步骤。一个好的软件开发方法应能覆盖软件开发活动的全过程，并且方便在开发活动各阶段之间的过渡和演化。本节重点介绍三种代表性的软件开发方法，即结构化方法、面向对象方法及敏捷软件开发方法，并在讲述软件复用概念的同时，介绍了基于组件的开发方法。有关组件化软件工程的详细内容将在第 9 章再行详述。

1.2.1 软件开发过程

软件开发过程可以分为顺序的开发过程和反复的开发过程。在顺序的开发过程中，一旦某项任务完成，过程路径便不再返回到这个任务或在它之前完成的任务了。在反复的开发过程中，过程路径可以回到以前完成的任务，进行适当改变或调整，并使这种变动的效果在过程路径中向前传递。第三种可能的方式是结合顺序和反复模型的增量式方式。反复的和增量式的过程模型结合起来，又形成一种螺旋式的过程模型。

软件过程模型是对一个软件过程的抽象描述。每个过程模型从一个特定的角度描述了一个软件过程。软件过程模型不是为开发人员提供一个面面俱到的软件过程规范，而是围绕软件生命周期中最核心的问题展开的，模型的准则是清晰、敏捷和宏观上严格、微观上灵活。

1. 顺序的过程模型（图 1.1）

软件工程管理人员通常最偏爱这种开发过程模型。顺序过程模型对过程的控制较强。这种

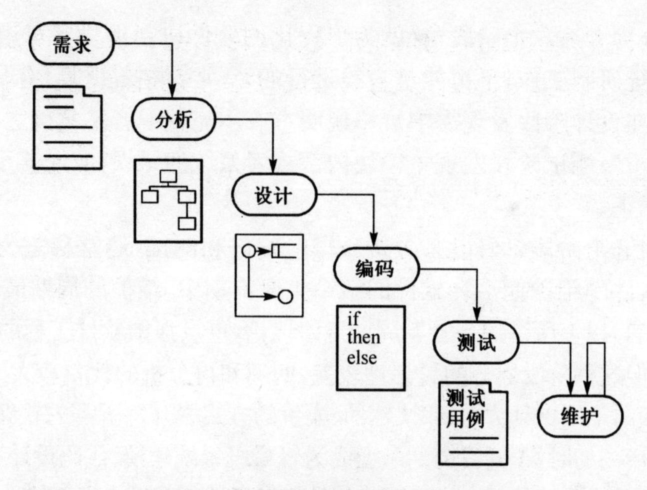

图 1.1　顺序的过程模型:瀑布型

模型可以进行流水型作业,可以对所耗资源和时间进行比较精确的估计。但是,前提必须是完全准确地理解用户需求,而且在开发过程中用户需求必须稳定。这两个条件,特别是后者,在应用软件开发过程中常常不能得到满足。

瀑布型应用开发在结构化分析设计中一直很受欢迎。它要求在下一阶段工作开始前,上一阶段的工作要正式结束。一旦一个阶段完成,一般就不会再反复。如果用户需求被充分理解了,分析和设计由技术水平高的人员进行,瀑布型也许就足够了。但是,这种方法缺乏足够的灵活性。当用户开始能够使用和感受软件系统时,往往已经到了开发过程的最后一个阶段了。如果用户不喜欢开发出来的软件某一部分或者用户需求有了变化,就要对系统进行改变,为此需要付出较大的代价。

2. 反复的过程模型(图 1.2)

反复过程模型最主要的优点是能把一个阶段要做的改动反馈到一个更早的阶段,这些改动在这个较早阶段中体现并向前传递,这样可以保证改动的可回溯性并能产生一个满足用户需求的软件系统。在完全的反复过程模型中,对反馈链没有任何限制,它可以从任何一个任务到达此前的其他任何任务。一般来说,反复的过程模型更适合于面向对象方法,当然也可以用顺序的开发过程开发面向对象的应用。

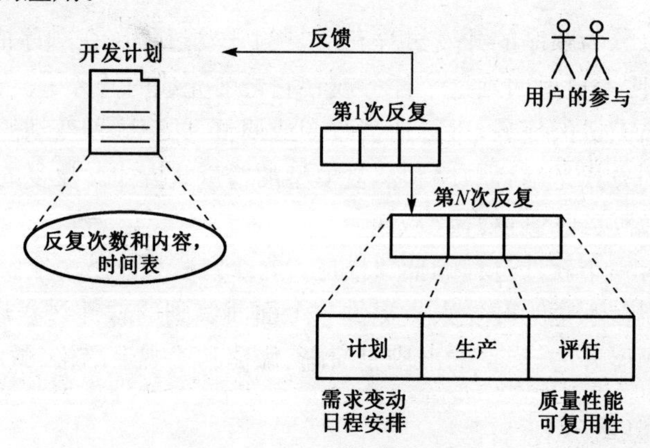

图 1.2　反复的过程模型

反复过程模型的缺点是反馈过程可能很难控制，因此要给出反复次数的上下限。多数情况把下限定在三次左右。一个典型的反复式开发方法包括一系列的反复，其中每一次反复都包括计划、生产和评估阶段。

3. 增量式的过程模型(图 1.3)

软件开发的增量式过程模型与其他过程模型的阶段划分基本相同，但在阶段范围和工程管理上则有区别。它首先完成一部分的功能，然后在每次反复中扩充这些功能。此外，各个步骤之间也可以有反复。

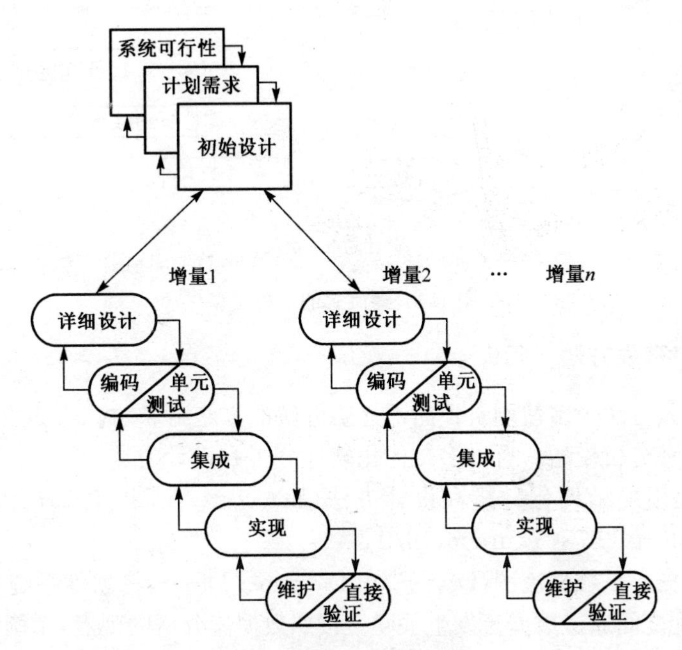

图 1.3 增量式的过程模型

软件开发的增量方式能更早地完成一些系统功能并提供给用户，因此投资的回报较快，但它需要周密的计划和严格的管理控制。

4. 螺旋式的过程模型(图 1.4)

反复和增量式的过程结合就形成了螺旋式过程。螺旋式的过程模型要求建立若干级的原型系统并在每一级进行风险评估。螺旋式过程包括如下六个步骤：

(1)计划解决问题的新的反复。

(2)确定目标、方案和限制。

(3)进行风险分析。

(4)产生一个原型系统。

(5)就当前目标对原型系统进行验证。

(6)重复以上过程，直到产生可应用的软件。

第(1)步骤很像瀑布过程模型的需求描述阶段，第(2)～(3)步骤代表分析和设计阶段，第(4)～(5)步骤对应于实现和测试阶段。

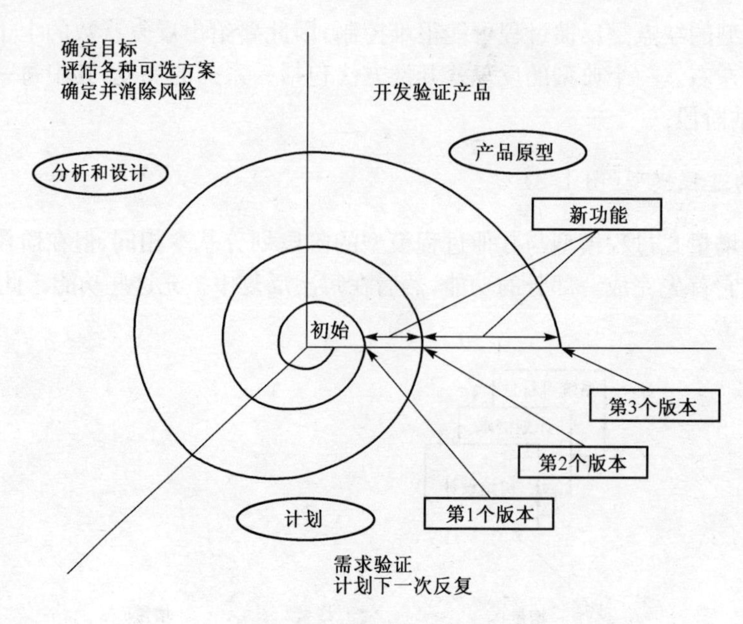

图 1.4　螺旋式的过程模型

1.2.2　结构化软件开发方法

结构化软件开发方法大多使用自顶向下逐层分解的系统分析方法来定义系统需求，并建立一个自顶向下的任务分析模型。有许多结构化软件分析和设计方法，最普遍使用的一种是由美国 Yourdon 公司提出的结构化分析和设计方法（Structure Analysis/Structure Design），简称 SA/SD 方法[Weinberg，1978；Yourdon，1979]。

结构化分析的核心是数据流图（Data Flow Diagram，DFD），将软件系统抽象为一系列的逻辑加工单元，各单元之间通过数据流发生关联。按照数据流分析的观点，系统模型的功能是数据加工变换，逻辑加工单元接收输入数据流，对之加工变换成输出数据流。由于软件的执行作用就是对数据进行加工，因此，原则上可以认为，用数据流方法可以分析任何应用问题。

一个大的软件工程项目的复杂程度往往使人感到无从下手。传统的策略是把复杂的问题“化整为零，各个击破”，这就是通常所说的“分解”。SA 方法同样采用分解的策略，把复杂庞大的系统分解成容易理解和实现的若干子系统。“分解”并不是等分，而是根据系统的逻辑特性和系统内部各单元之间的逻辑关系进行分解。在分解中要充分体现“抽象”的原则，逐层分解中的上一层是下一层的抽象。系统模型就是按照这样的层次关系组织而成的。

图 1.5 是自顶向下逐层分解的数据流图示例。

数据流图是一种描述数据流加工的图形化表示，它由数据流（用箭头表示）、加工（用圆圈表示）、数据存储（用线段表示）、源点和终点（用方框表示）等单元组成。图 1.6 是一个图书订购系统的数据流图的简单例子。

1. 数据流

数据流由一组成分已知的数据项组成。数据流是 DFD 图中各结点之间唯一的交互方式。数据流的方向可以从加工流向加工，从加工流向数据存储，从数据存储流向加工，从源点流向加工，从加工流向终点。数据流不代表控制流，数据流表示被加工的对象。数据流图并不表示数据流之间的流动次序。

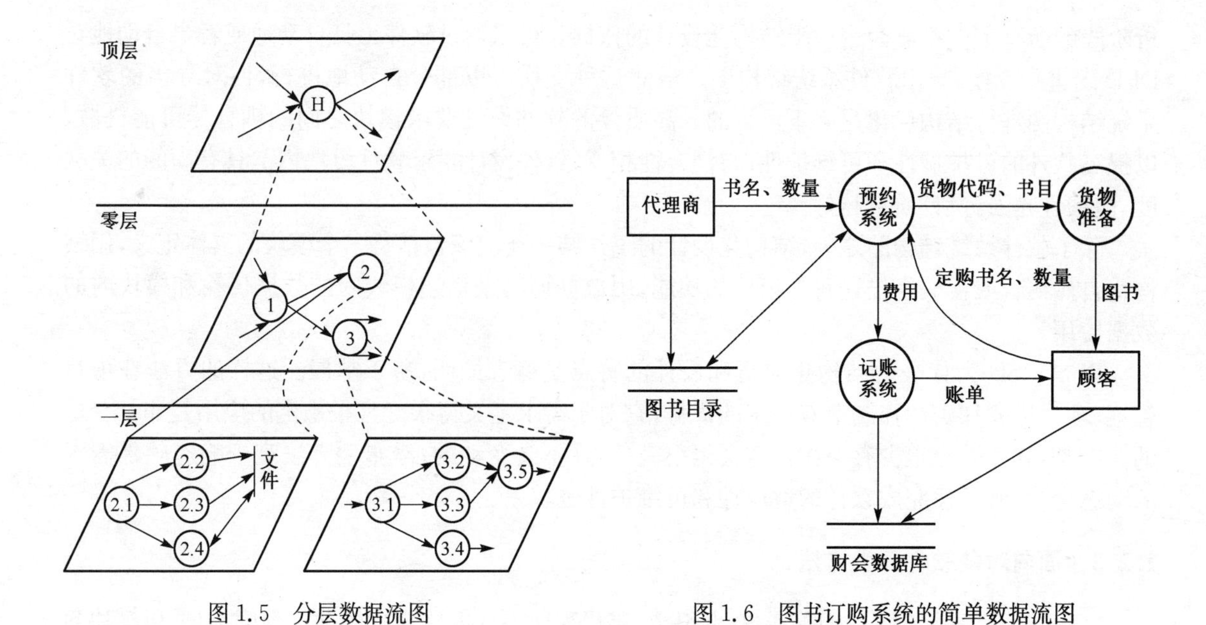

图 1.5　分层数据流图

图 1.6　图书订购系统的简单数据流图

2. 加工

加工是对数据进行处理的单元，是把输入数据流变成输出数据流的一种变换。

3. 数据存储

数据存储是用来存储数据的，它并不等同于一个文件，可以是文件或文件的一部分，或者数据库元素和记录等。要对数据文件进行命名。

4. 源点和终点

源点和终点代表软件系统之外的实体，可以是人、物或其他软件系统。源点和终点是为了帮助理解系统与外部环境的关系而引入的，在数据流图中不需要进一步描述它们。

数据流图只描述了系统的"分解"，但并未表达出各个数据流和加工的具体含义。SA 方法用数据词典来描述数据流和加工的具体含义。有了数据流图和数据词典，才算是完整地描述了一个系统。数据流图和数据词典是需求规格说明书的主要组成部分，如果只有数据流图或者只有数据词典，则都无法完整地描述一个系统。

数据词典要对数据流图中出现的所有名字(数据流、加工和数据存储)进行定义。因此，人们可以像日常查词典一样，借助于数据词典就可以查出名字的具体含义。

在数据词典中，数据流条目和存储文件名目是定义数据的，定义的方式一般是先列出该数据流或者数据文件的各组成数据项，除数据项名字外，还可以包括一些与数据有关的其他信息，如数据类型、数据结构和使用特点等。加工条目描述加工"做什么"，即加工逻辑，也包括其他一些与加工有关的信息，如执行条件、优先级和出错处理等。加工逻辑是指用户对这个加工的逻辑要求，并不描述加工的具体过程。加工逻辑一般用结构化的自然语言、判定表或判定树等来描述。

通过结构化分析得到一个分层的数据流图后，下一步是结构化设计，就是在结构化分析的基础上，将软件设计为结构相对独立、功能单一的模块，以建立软件系统结构和模块结构图。结构化设计通常与结构化分析衔接起来使用，以数据流图为基础设计软件系统的模块结构，结构化分析阶段的所有工作都成为进一步结构化设计的依据。可以通过软件工具自动地或者半自动地对DFD图进行变换，导出软件系统结构图。虽然这种变换可以部分自动地进行，但对导出的软件系统结构图进行结构优化是必不可少的。高质量的软件设计要求模块之间的耦合尽可能松散，以提高软件的可扩展性和可维护性；与耦合性相反，软件设计要求软件模块内部具有高的的关联度，内聚性越强，设计质量越好。

除了软件系统结构图之外，结构化设计的工作结果还应该包括每一个模块的具体定义，用结构化自然语言或伪码来描述每个模块的功能，用数据词典来描述模块间的数据传输和模块内的数据使用。

以SA/SD为代表的结构化分析和设计的特点是概念简明，易于掌握。这样的方法在项目管理、项目进度和资源控制上有一定的优势，它对于需求定义得很好且很稳定的应用是非常合适的。但是，软件需求很少有一次就定义得很完备，且不会变动的，瀑布型方法难于响应软件需求的动态变化，所开发完成软件的适应性和可维护性也较差。

1.2.3 面向对象软件开发方法

"面向对象"的概念可以溯源到20世纪70年代程序设计方法学中的抽象数据类型，以模块封装和内部信息隐藏为主要特征，但这一概念在软件工程中被广泛运用却是在20世纪80年代Smalltalk语言出现之后。应该指出，面向对象的软件开发并不依赖于任何一种特别的实现语言，如Ada、C++、C#和Java等支持对象或抽象数据类型的语言都能支持面向对象的软件开发。

当人们开始接触对象技术时，常常会碰到一连串的新名词和新术语。面向对象的软件开发方法与传统的结构化软件开发方法很不一样。方程论不同，软件开发的过程模型也不同。

对象技术的基本概念有：对象(Object)、方法(Method)、消息(Message)、类(Class)、子类(Subclass)、实例(Instance)、封装(Encapsulation)、抽象(Abstract)、聚合(Aggregation)、继承(Inheritance)、多态性(Polymorphism)和关联(Association)等。关于这些名词的确切含义，读者可在有关对象语言和技术的参考用书中找到[Rumbaugh,1991;Jacobson,1992;Booch,1994]，这里不再赘述。

对象是一种概念化的抽象实体，能够保存状态信息并提供接口操作来访问或改变这个状态。对象之间通过消息交互与合作对外形成高级的系统行为。面向对象的软件可以被抽象成一些相互作用的对象的集合，这些对象相互协作，对外提供所需的服务。面向对象的软件开发从现实世界的模型开始，完成对问题空间的分析并建立系统模型。面向对象的分析是建立在系统模型分析的基础之上，其具体任务是确定和描述系统中的对象、对象的静态属性和动态属性、对象间的关系及对象的行为约束等。

1. 面向对象分析的原则

面向对象的分析主要遵循以下若干原则。

1)构造和分解相结合的原则

"构造"是指由基本对象组装复杂对象的过程；与此相反，"分解"是指对复杂对象进行精化或细化的过程，这两者的结合是面向对象系统建模的基本方法。

2)抽象和具体相结合的原则

"抽象"是强调实体的本质和内在属性，而忽略与问题无关的属性，是在决定如何实现对象之前确定对象的意义和行为。数据抽象将数据对象及作用在其上的操作抽象成对象，是组织和建立系统模型的基础。"具体"是指对象的精化过程，进一步描述对象的实现细节。抽象化和具体化使对象可以直接从其父类的定义中获得共有的特性,而不必对其重复定义。在分析中只需一次性地指定公共属性和操作,然后通过具体化扩充这些属性及操作。

3)封装的原则

"封装"指的是将对象的各种独立外部特性与内部实现细节分开。从外部只知道它封装什么,而不必知道它如何封装,也不必知道其内部数据是如何表示的。每个对象及对象操作都封装或隐藏有一些设计决策;对象接口定义要尽可能地与其内部工作状态相分离。

4)关联的原则

在分析中要考虑相关的对象间的各种关联。系统中的对象之间存在着各种关联,包括静态结构的关联,如整体和部分;也包括动态特性的关联,如消息传递。这些关联是对象协作的基础。

5)行为约束的原则

对象的语义特征是通过行为约束来刻画的,行为约束包括静态行为约束和动态行为约束。它表示了对象合法存在及对象操作合法执行应满足的约束条件。行为约束有助于深刻地理解对象和系统。

2.面向对象的分析

面向对象分析的目的是完成对问题空间的分析并建立系统模型,包括静态结构分析和动态行为分析。

1)静态结构分析

静态结构描述对象、类及类之间的相互关系。静态结构分析首先要确定对象和对象类。对象是一种具有简明界面及应用意义的实体的抽象。所有的对象都是唯一标识和可区分的。对象类描述一组具有相同属性、操作和语义特征的对象,属性是类中对象的性质,操作是类中对象的行为。

在确定了对象和对象类定义的基础上,要进一步确定对象类之间的关系。对象类之间的关系主要有以下几种。

(1)一般与特殊关系,又称为继承关系。根据类的共性及个性,将类对象组织在不同层次,高层次的类表达共性,形成父类;低层次的类表达个性,形成子类。子类对象通过继承机制获得父类对象的属性和操作。

(2)整体与部分关系,又称为聚合关系,是对象之间的组合构造关系。根据这种关系,可以将对象组织在不同层次,高层次的对象是组合对象,低层次的对象是组成对象。聚合对象通过组成对象的操作来实现自身的操作。

(3)关联关系。关联关系表达了对象之间的引用关系和消息传递关系等。关联有其重复度,包括一对一、一对多和多对多等。

2)动态行为分析

动态行为描述了系统中对象的合法状态序列。对象的动态行为包括两个方面的内容:一是单个对象自身的生命周期演化;二是整个对象系统中对象间的消息传递和协同工作。

对象生命周期演化包括三个组成部分:①对象在生命期中可能的状态。②对象发生状态转换时要执行的动作,动作的效果不仅依赖于对象的操作而且依赖于对象当时的状态。③导致对象从一个状态到另一个状态转换的事件,事件是控制状态转换的条件。这三个部分共同构成了对象生命周期中的状态转换图,描述对象内部的动态行为。

对象的动态行为可以通过继承关系由其子对象继承。子对象继承祖先的状态和转换。子对象状态图是父对象状态图的细化。

在对象系统中，对象之间通过消息传递来协同工作。对于系统的每一项任务，都有相应的一组对象上的一组消息传递和动作来完成该任务。因此，每个任务也都有一组事件序列与之对应。

动态行为与静态结构密切相关并且受其约束。状态是对象属性和关联的具体取值，静态结构限制了对象状态的取值范围。对象状态的变化是通过对象的操作来完成的，它受到动态行为约束的限制。

动态行为的并发性也与静态结构相关。系统中的对象操作可以是并发的。在聚合关系中，聚合对象的状态可以是各组成对象状态的组合，而各组成对象有自己独立的状态，这些状态的变化可以是并发的。另外，同一对象的各动作之间也可以是并发的。

3. 面向对象的设计

面向对象的设计是确定问题解决方案的过程，通过系统设计和对象设计得到进一步的设计模型，作为系统实现的基础。面向对象的设计包括系统设计和对象设计两方面的内容。

1)系统设计

系统设计是基于系统模型为实现需求目标而对软件的系统结构进行的总体设计。系统设计的策略取决于具体的应用目标，主要包括以下方面。

(1)系统层次结构设计。系统的层次反映了系统各个不同的抽象级别，系统层次设计要完成系统总体结构的层次划分及每一个层次提供的对外服务。

(2)系统资源访问设计。系统资源访问设计要确定系统中需要使用的各种类型的资源，并且要确定访问这些资源的控制机制和安全性机制。

(3)网络与分布设计。网络与分布设计要确定应用在支撑网络结构上是如何进行分布计算的。设计中要对网络分布单元的计算能力和系统的总体效率作综合的考虑。

(4)对象互操作方式设计。对象互操作方式设计要确定对象之间的消息传递方式。特别是在分布式系统环境下，要确定与远程对象的交互方式。

另外，系统设计还必须考虑边界条件和异常处理等内容。

2)对象设计

对象设计是根据具体的实现策略，对分析模型进行扩充的过程，即扩充对模型实现的支持、对人机交互的支持、对资源访问和数据存取的支持，以及对网络访问的支持等内容。与分析模型相对应，对象设计主要包括如下方面。

(1)静态结构设计。分析过程给出了问题的对象模型。为了方便和优化实现过程，在设计过程中需要对这个模型进行扩展和重构。扩展和重构的过程不能丢失初始信息，但可以加入冗余信息和补充信息，可以重新调整实现算法。在对象设计时，为了提高复用度，设计者可以对已定义的类结构适当调整。在设计时，还应该尽可能地考虑复用已有的对象类，以及使设计的结果可以被复用。

(2)动态行为模型扩充。根据对象设计的静态结构内容，设计者需对动态行为分析模型进行相应的扩充，以获得完整的动态行为模型。设计者必须按照设计策略将动态行为模型的内容，用对象模型中的操作来实现。设计人员还必须权衡计算复杂度、代码清晰度及性能效率等方面，按照系统设计阶段的优化目标加以实现。

面向对象的软件开发方法与结构化软件开发方法很不一样。结构化方法是面向功能的，将问题域分解成一系列子任务，形成过程式软件的基本结构。在结构化软件开发方法中，虽然在需求分析阶段形成的信息输出可以作为设计阶段的输入，但它们往往是用完全不同的术语表示的，这导致了分析阶段和设计阶段之间不必要的界限，也会导致信息转移的困难。面向对象的软件开发方法是面向数据的，把问题域作为一系列相互作用的对象实体构造出模型，形成面向对象软件系统结构，且在分析、设计和实现等各阶段都是基于同样的系统模型，软件系统的结构始终是一致的，这对于快速原型生成、软件复用和软件维护都是有利的。

1.2.4 敏捷软件开发方法

敏捷软件开发方法（Agile Software Development）[Martin，2003] 是对传统软件工程方法的一种逆反过程。无论是结构化软件开发方法，还是面向对象软件开发方法，软件开发基本上都是从分析到设计自顶而下的过程，要求软件开发人员在软件开发之前完全准确地理解用户需求。事实上这是很难的，在许多情况下甚至连用户也很难讲清对系统的全部要求，更何况软件需求是软件工程项目中最不稳定的因素，一旦需求没有按照初始设计的方式完成，就要对设计进行改变。有时改动很急迫，而进行改动的开发人员往往对于原始的设计思路并不熟悉，从而使得这些改动可能违背原始设计的目标。随着改动的不断进行，这种违背设计原则的后果逐渐积累，整个设计就可能由于这种持续不断的改动而失败。因此，以明确软件生命期阶段划分为标志的传统软件开发方法遭遇到工程实践困难的挑战。于是，人们在实践中总结并提出另外一些方法，使得软件的开发过程对于项目的需求变化更有弹性，使软件工程师能以一种更快捷、更廉价的方式去构建和维护所需的系统。极限编程（eXtreme Programming，XP）[Beck，1999]就是这些方法中最著名的一种，其他还有 SCRUM [Schwaber，2002]、Crystal [Cockburn，2005]、特征驱动开发方法（Feature Driven Development，FDD）、动态系统开发方法（Dynamic System Development Methodology，DSDM）、自适应软件开发方法（Adaptive Software Development，ASD），以及实用编程（Progmatic Programming）等。

在 2001 年年初，一批软件工程专业人士在美国聚会，在敏捷软件开发的方法和支持这些方法的原则方面达成了基本的共识，一致认为：

- 个体和交互胜过过程和工具。
- 可以工作的软件胜过面面俱到的文档。
- 客户合作胜过合同谈判。
- 响应变化胜过遵循计划。

敏捷开发方法是由一组简单的、具体的原则和实践经验总结并提出来的。不同的项目情形需要有不同的工作方式，每个方法在根据项目情形优化之后，就是敏捷的。敏捷开发方法在任何时候都遵循着敏捷开发的方法及如下一些公认的支持原则：

- 通过尽早而持续地交付有价值的软件来赢得客户。
- 频繁交付可工作的软件，时间从两周到两个月，最好使用较短的时间跨度。
- 可工作的软件是首要的进度度量标准。
- 容忍需求变动，即便是在开发的后期也不例外。
- 业务人员与开发人员每天一起工作，直到项目结束。
- 使用有主动性的人来组建团队，给他们所需的环境和支持，信任他们能够完成工作。
- 在团队内部，最具有效果且富有效率传递信息的方法就是面对面交谈。
- 不断追求卓越的技术和优秀的设计去增强敏捷性。
- 采用和目标一致的最简单的方法。
- 定期反思如何才能更有效率地工作，然后对自己的行为进行相应的调整。

各种不同的敏捷开发方法都一致同意以上敏捷开发的方法和支持原则。敏捷软件开发是一个过程，是持续应用这些原则及实践来改进软件结构和可读性的过程，它致力于保持软件设计在任何时候都尽可能简单、干净及富有表现力。敏捷开发人员不会对一个庞大的设计预先设定某些原则，相反，这些原则都应用在一次次的迭代中力图使代码和代码所表达的设计保持干净而有效率。

以 XP 为例。XP 是一种通用的软件开发方法，是由一组由简单而具体的实践结合在一起的敏捷开发过程。XP 要求客户作为团队成员，与开发人员一起紧密地工作，以使使用客户素材(User Stories)获取对于客户需求细节的理解。XP 项目每两周交付一次可以工作的软件。每两周的迭代是一次较小的交付，每 3 个月(大约 6 次迭代)是一次较大的交付和发布。迭代和发布的内容事先由开发人员与用户按优先级别选择用户素材来确定。通过一次次的迭代和发布，项目进入一种可以预测的开发节奏，每个人都知道将要做什么，以及何时去做。客户可以实实在在地看到项目的进展，他们看到的不是画满了图、写满了计划的记事本，而是可以接触到、感觉到的能够工作的软件，并且他们还可以对这个软件提供自己的反馈。开发人员看到的是基于他们估算并由他们度量的开发速度控制的合理计划。他们可以自由地将用户素材分解成任务，并依据最具技术和工作质量的顺序来开发这些任务。管理人员从每次迭代中获取数据，并使用这些数据来控制和管理项目。他们不必采用强制或者恳求开发人员的方式达到一个不切实际的目标。

敏捷软件开发方法是对传统的软件工程方法的逆反。传统的软件工程方法强调工程规范和管理；敏捷开发方法强调个人创造和团队沟通。传统的软件工程方法认为系统建模是软件开发的第一步，要求所构建的系统模型尽可能完整，是真实的客观世界的反映；敏捷开发方法认为构建模型不是项目的目的，建模是团队沟通的一部分，鼓励用轻量级的建模来辅助思考和沟通。传统的软件工程方法重视软件文档，认为软件文档是软件不可缺少的组成部分，软件文档越详细越好；在敏捷开发方法中，源代码就是设计，软件系统的源代码就是它的主要设计文档，用来描述源代码的各种图示只是设计的附属物，而不是设计本身。软件开发的首要目标是交付有用的、可工作的软件，而对软件技术文档，则要求简明，够用就行。

敏捷开发方法的灵活性好，当客户的需求比较模糊或持续变化时，采用该方法特别有效。敏捷开发方法特别适合于工作量在 10～100 人年的中小型软件工程项目开发。

1.2.5 软件复用

软件复用并不是现在才为人们所认识的，如程序设计语言中的子程序(Subroutine)和过程(Procedure)是程序代码的复用，而操作系统和数据库是一个在更大范围内使用最频繁的软件复用的例子。几十年来，应用系统成千上万，其中就使用了许多可复用的程序库。应该说，软件复用是伴随着软件工程技术的发展而发展的，已经得到广泛认可。

对象技术使软件复用更臻于完善和规范，而对象封装和继承可以很好地支持软件复用。对象封装允许应用开发者将对象模块视作黑盒子，通过接口理解和操作对象，而不关心实现细节；对象继承允许对象实现复用具有相同特性的其他对象的代码，而不去重复开发。基于对象的统一语义模型，对象技术可提供统一的机制将组件模块组装在一起，并复用已有的组件对象。除了各种可复用的通用组件外，软件工程还要求人们开发出满足各种领域应用需求的可复用组件。随着对象技术的发展和各种可复用组件的出现，应用软件开发将面临新的局面，软件人员结构亦将发生新的变化。

为了实现软件复用，要求对软件开发过程作相应改变。在以往的软件开发过程中，并没有设置复用思考点，在这些思考点上，开发人员要去考虑如何运用现成的可复用组件和系统。随着各种类型的商品化可复用组件的出现，软件开发过程成为系统建模、系统设计、系统组装、系统验证再到系统模型修正的反复循环，直到经系统验证得到开发成功的系统。在系统组装阶段，开发人员首先应确定系统结构中哪些模块是可以由商品化组件实现的，哪些模块要求重新开发的。将这两类不同性质的模块进行组装和部署，交由下一阶段进行测试验证。如此组合的软件开发过程如图 1.7 所示。

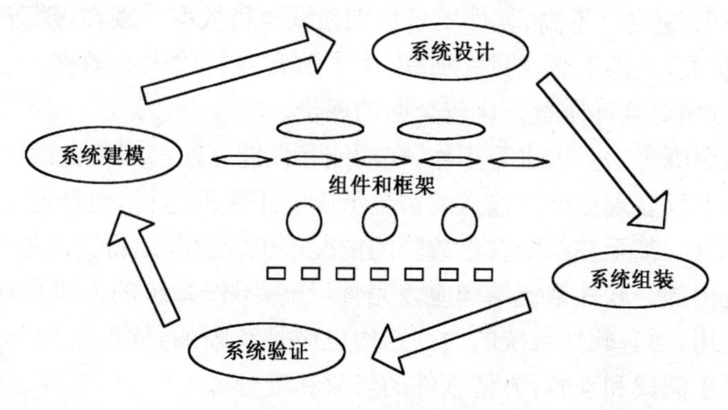

图 1.7　组合式软件开发过程

一个可复用的组件对象要满足功能、性能和复杂性等多方面的要求，这些要求在设计阶段就要充分考虑到。在系统建模和设计阶段如果不考虑可复用性，那么在系统组装时是很难复用其他组件的，而设计编写出来的软件组件也是很难被再应用的。软件组件应尽可能通用和标准化。为了使各种组件组装在一起能够协同工作，要求这些组件有公共的接口界面和互操作的协议约定。软件复用不是仅限于在源码或二进制代码级，而且可以在软件开发的更高级阶段实现设计级复用。只有当采用系统化的方法时，软件复用才能发挥其效能。为实现软件复用，除技术因素外，还需要解决许多非技术因素，如心理因素和法律因素。

近十年来，软件组件和复用技术取得很大的进步，基于对象技术出现了各种不同的组件模型，如 CORBA 组件、COM 组件和 EJB 组件等。基于组件应用的各项技术也日趋成熟，在软件复用技术实践中已经取得相当的成功。

当然，应该指出，为了实现软件的可复用性，软件开发人员在开发时就必须付出许多额外的努力，而在应用可复用组件时，又要花费额外的代价去发现和测试这些被复用组件，这与传统方式下软件开发人员为特定的任务执行特定的工程设计和编写程序显然是不同的，需要有新的知识和经验的积累。

1.3　软件质量评价

软件产品质量是软件开发人员和用户共同关心的问题，软件工程的最终目标就是为了获得高质量的软件。软件开发技术、过程质量、人员素质，以及成本和时间进度等因素都会直接影响最终提交的软件产品的质量。软件产品质量的控制应该贯穿在软件开发过程的始终，并通过软件过程质量控制达到软件产品质量控制的目的。本节讨论有关软件质量三个方面的问题，即软件质量标准是什么，如何度量和评价，以及如何实施软件质量保证？

1.3.1 软件质量标准

计算机软件不同于硬件或其他一般制造业的产品，它是一种复杂而抽象的逻辑实体，有它本身的特殊属性，如何把握它的质量问题有相当的难度。软件质量是一个复杂的多层面概念。从用户的角度而言，软件质量是对用户需求或期望的满足程度；从制造的角度而言，软件质量是对软件规范的符合程度；从产品的角度而言，软件质量是软件产品的内在特征属性的集合。随着计算机硬件和软件技术的发展，软件的质量标准也在发生变化。在计算机发展的早期，计算机的内存容量非常有限，CPU 速度也不高，软件质量特别强调执行效率。现在，随着计算机硬件速度的提高和存储空间的扩大，人们不必像过去那样，为了节省几行代码而煞费苦心。概略地讲，人们倾向于从以下几个方面对软件质量作比较全面的评价。

(1)软件应能按照既定的要求进行工作，在功能和性能方面都能符合设计要求。软件系统能够可靠地进行工作，不仅表现在合法输入的情况下能够正确地运行，而且还应能安全地排除非法的侵入和处理意外事件，甚至在系统发生故障的情况下也能恢复运行。

(2)软件应是良构的。软件系统结构应该完整清晰，不仅系统的人机界面要清晰，对用户是友好的，用户易于使用，而且软件系统的内部结构也应是清晰的，软件不同部分和模块之间的接口清晰，软件人员易于阅读和理解，方便软件的修改和维护。

(3)软件必须文档齐全。软件不仅仅是可执行的程序代码，也应包括软件开发过程中所产生的所有文档，这些文档资料是软件维护不可缺少的。

国际标准化组织和国际电工委员会于 1991 年发表了关于软件质量标准的文件，即 ISO/IEC9126－1991 Information Technology Software Product Evaluation Quality Characteristics and Guidelines for their Use。我国于 1996 年将其等同采用，成为国家标准：《GB/T16260—1996 软件产品评价、质量特性及其使用指南》。这些标准规定了软件的 6 个质量特性及其相关的 21 个质量子特性，在软件工程领域一直沿用至今。然而，随着大规模网络应用软件的发展，分布式技术的使用向软件质量问题提出了一些新的挑战，如互操作性、安全性、模拟性和可重构性等都已成为大规模网络软件的重要质量属性。本书将软件质量标准总结为 7 个质量特性和 18 个质量子特性，如图 1.8 所示。

图 1.8 中各个质量子特性的具体含义说明如下。

1)功能性(Functionality)

- 适用性(Suitability)，软件完成规定任务的协同性。
- 准确性(Accuracy)，软件处理的结果符合软件设计规范。
- 互操作性(Interoperability)，软件与其他系统结合和交互作用的能力。

2)可靠性(Reliability)

- 健壮性(Robust)，系统不受错误应用和错误输入的影响，运行稳定。
- 容错性(Fault tolerance)，系统部分出错时，软件仍能工作。
- 可恢复性(Recoverability)，系统故障后的自动恢复能力。

3)安全性(Security)

- 私密性(Encryption)，保护信息免遭未经授权的泄漏。
- 完整性(Integrity)，保护信息或数据的安全，不会遭侵蚀或恶意的篡改。

4)可用性(Usability)

- 易理解性(Understandability)，系统文档齐全，容易学习和掌握。

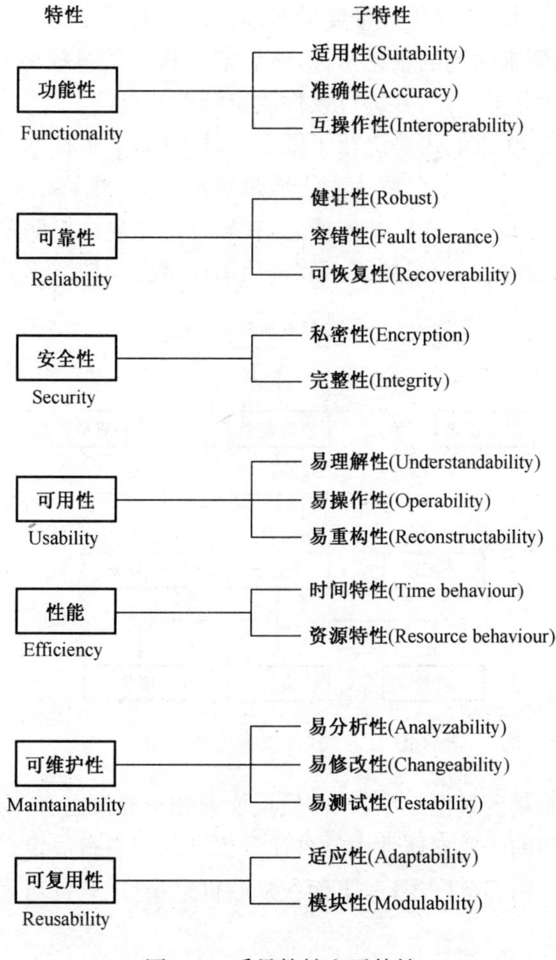

图 1.8　质量特性和子特性

- 易操作性(Operability),系统操作简便,容易学会使用。
- 易重构性(Reconstructability),系统良构,易于实施重组和软件再工程。

5)性能(Efficiency)

- 时间特性(Time behaviour),软件运行时间效率的有效性。
- 资源特性(Resource behaviour),软件运行时资源占有效率的有效性。

6)可维护性(Maintainability)

- 易分析性(Analyzability),软件文档齐全,使分析简单易行。
- 易修改性(Changeability),对于已查明的系统错误易于修改。
- 易测试性(Testability),易于进行单元测试和集成测试。

7)可复用性(Reusability)

- 适应性(Adaptability),适应用户需求和运行环境变化的能力。
- 模块性(Modulability),模块接口规范,易于复用。

1.3.2　软件质量度量

软件质量度量的目标是在软件生命周期中评估软件的质量需求是否得到了满足。进行软件质量度量能为软件质量管理决策提供量化基础,从而减少质量评估的主观性和盲目性。软件质量管理贯穿整个软件生命周期。软件质量度量必须是面向管理目标的，首先要建立软件质量需求，即最终软件产品质量要求达到的量化指标，然后定义软件质量模型，这样才能在软件质量管理过程中进行数据采集和分析计算，并进行软件质量管理的决策。

尽管软件质量很难量化，人们还是进行了很多尝试，建立了多种不同的软件质量模型。软件质量度量的基本框架是将软件质量分解为若干质量要素，再把每个要素分解成子要素，这些子要素是软件的独立属性，表示某一方面的技术概念，在软件产品生命周期中是可直接度量的，因此，可以使用这些度量结果估算相关质量要素。软件质量度量框架如图 1.9 所示。

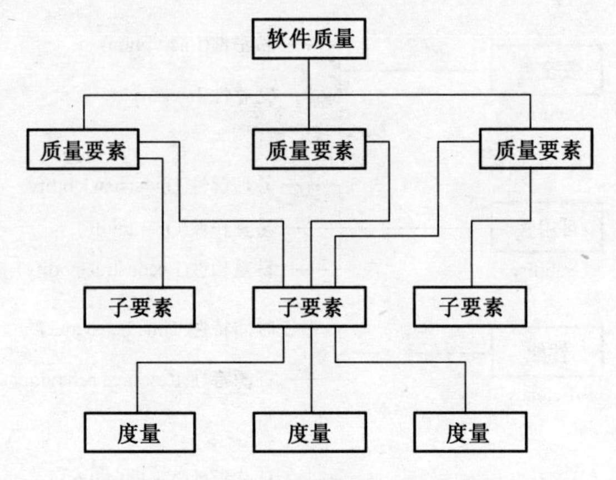

图 1.9　软件质量度量框架

在如上定义的软件质量度量框架中，软件质量要素和子要素已有一些相关的标准，而最底层的软件度量则是根据不同的子要素属性由软件质量保证部门自行决定。

软件质量度量的研究内容范围很广，下面仅从软件复杂性、软件可靠性和软件性能评价等三方面作简要介绍。

1. 软件复杂性

对于软件复杂性，至今尚无一种公认的精确定义。软件复杂性与软件质量属性有着密切的关系，在一定程度上影响软件的可靠性和可维护性等质量要素。

软件复杂性度量的参数很多，主要有：

· 规模，即总共源程序的代码行数。
· 难度，通常由程序中出现的操作符和操作数的数目所决定的度量来表示。
· 结构，通常用与程序结构有关的度量来表示。
· 智能度，即算法的难易级别。

以下是几种常用的软件复杂性度量的方法。

1)指令数量

估算软件复杂性的一个经典方法是用程序规模，即指令条数或者源程序行数来衡量。这个方法已被广泛应用，但它显然不是很好的办法。特别是在软件开发的初始阶段，很难精确估算出一个软件系统该用多少条指令才能完成。通常设计人员只能凭借经验和过去已有的类同软件的数据，估算出软件规模，并以此作为软件成本估算的依据。

2)文本复杂性度量

从统计学的观点对软件文本复杂性进行研究[Halstead,1977]，把程序操作符和操作数的总数作为程序复杂性度量的标准，给出一个软件复杂性的估算因子公式，并将这些结果联系到软件执行时间和故障的估计。

统计复杂性度量时，用程序中出现的操作符和操作数的总次数来估算文本复杂性。操作符是语法中像＋，—，＞，＜，if_then_else，while_do 等这样的语法元素，而操作数是变量、常量等。至于注释、说明和其他的非执行语句，都不计入。

若令 N_1 表示程序中出现的不同操作符的个数，很显然当程序规模大到一定程度时，N_1 趋于一个定数。令 N_2 表示程序中出现的不同操作数的个数，N_2 随着程序规模的增加而增大，则有如下的关于文本复杂性 N 的估算公式，即

$$N = N_1 \log_2 N_1 + N_2 \log_2 N_2$$

3)结构复杂性度量

结构复杂性度量的主要依据是程序控制流向图的拓扑结构。图 1.10 是一个程序的控制流向图 G：圆圈表示任务，可以是一个源代码语句或软件模块；单向加箭头的连线表示控制的流向。

图 1.10 的 a，b，c，d，e 和 f 是六个小的子任务。当 a 任务处理完毕时，取决于 a 中的某个测试条件，程序将执行任务 b，c 和 d 之一。将这样的控制流图的结构复杂性定义为图 1.10 中域的个数[McCabe，1976]。这里的域是指图 1.10 中由连线所形成的有界或无界的封闭区域，如图 1.10 中的 R_1，R_2，R_3，R_4 和 R_5，即 $V(G)=5$。因为区域数随着分支数和循环数的增加而增加，所以 $V(G)$ 提供了测试复杂性的一个度量。实验研究表明，$V(G)$ 越大，程序越复杂，在源程序中可能存在的错误越多，发现和改正这些错误所需要的时间也就越多。

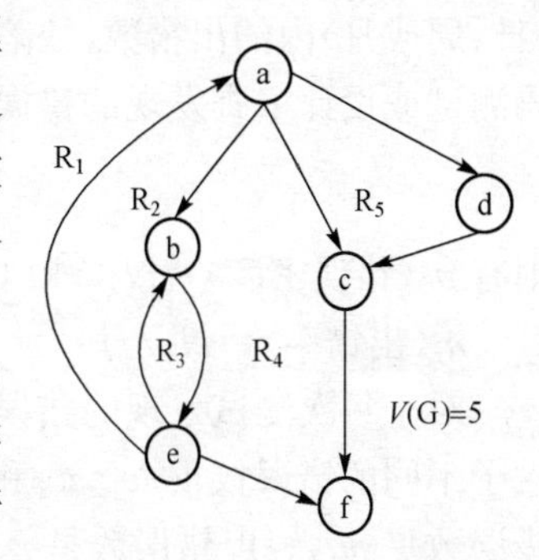

图 1.10　程序控制流向图

模块化是控制软件复杂性的重要技术。在结构化方法开发的软件中，模块出现在结构的不同层次中，模块化设计力求使控制流向总是从高层指向低层。但是，这样的模块层次结构总还会出现从低层向高层的控制流向。显然，这样反方向的控制流向越多，结构复杂性 $V(G)$ 也就越大。

4)时空复杂性度量

时空复杂性度量主要考虑完成算法的时空复杂程度，即算法复杂性。这要求对算法所需要的计算时间和占有的存储空间进行分析，前者为时间复杂性，后者为空间复杂性。时空复杂性对软件运行效率构成直接而决定性的影响。对于网络环境下运行的分布式系统，还应该考虑消息通信的复杂性。分布式系统没有统一的时间概念，尤其是在异步系统中。分布式系统时空复杂性的一个重要度量标准是消息复杂性，即算法交换的消息总数。在特殊的情况下，还要考虑实际交换的消息量，即比特复杂性。

许多分布式系统的运行常常是不确定的，每次运行时的活动进程数都不相同，算法运行的时间可能因不同的运行环境而异。因此，一般需要区分最佳情况、最差情况和平均情况下的复杂性。

2.软件可靠性

软件可靠性是软件最重要的质量要素之一。

软件运行因为内部故障的原因而不能产生所期望的结果，从而导致软件失败。软件可靠性是指软件在给定的时间内，在规定的运行环境下无运行错误的概率。

计算机硬件可靠性度量之一是它的稳定可用程度，用其错误出现和纠正的速率来表示。令MTTF是机器的平均无故障时间。MTTR是错误的平均修复时间，则机器的稳定可用性可定义为

$$A = \text{MTTF} / (\text{MTTF} + \text{MTTR})$$

同样地，软件的可靠性也可以用错误出现和纠正的速率来表示。但是，因为软件生产是一次性事件，不能基于这种错误的经验数据推导出软件可靠性预测模型，因此这种可靠性的度量对于再生产的指导意义不大。

软件可靠性度量是应用统计推理技术从系统测试和运行期间得到的失效数据，推断出系统当前的软件可靠性，它是从过去到当前点所得到数据的可靠性度量。软件失效数据可以通过对软件运行的输出结果与预期结果的比较判别获得。可靠性测试过程中搜集到的失效数据是用于评估软件可靠性水平的依据。

作为最基本的几个可靠性测试指标，使用错误密度、出错率和缺陷指数来确定是否已进行了足够的测试。错误密度(n_d)表示每千行源代码(kLOC)的错误数，出错率(n_r)表示每单位时间(日、周或月)内的出错数，缺陷指数(n_q)表示错误的严重程度。设测试时间周期 T 内，第 i 次代码测试或设计审查发现的错误数为 n_i，总错误数为

$$N_T = \sum_i n_i$$

则有 n_d(错误密度)$=N_T/$ kLOC

n_r(出错率)$=N_T/T$

对于每次测试发现的错误，可以进一步区分为严重错误、中等错误和轻度错误三类，并分别赋予不同的错误权重 w_1，w_2 和 w_3。设第 i 次测试的错误数 n_i 中，发现的严重错误数是 h_i，中等错误数是 m_i，轻度错误数是 l_i，则该次测试的缺陷指数为

$$p_i = (w_1 \times h_i + w_2 \times m_i + w_3 \times l_i) / n_i$$

软件生命周期各阶段也被赋予了一定的权重，软件设计的错误权重高于软件代码的错误。同样是在软件代码测试阶段，集成测试错误的权重高于单元测试错误的权重，测试后期错误的权重高于测试前期的权重。设第 i 次测试的阶段权重为 q_i，则在测试时间周期 T 内的缺陷指数是：

$$N_q = \sum_i (q_i \times p_i)/\text{kLOC}$$

软件可靠性度量的准确性或有效性都是基于测试得到的数据，因此测试本身是否可靠将直接影响可靠性度量的结果。如果进行一个试验，对同一软件分别进行两次测试，一次是非常严格的，而另一次则可能非常随意，两次测试结果在所发现的错误方面就有可能很不相同，从而据此导出不同的可靠性度量结果。

软件可靠性是软件本身内在的属性，不能认为测试得到的数据就是被测软件的内在属性，因为它还包含测试本身及测试环境的因素。为了使测试能为软件可靠性度量提供准确的数据，需要确定软件测试计划和规程是否对软件实际运行的情况考虑得比较周全，使各种软件缺陷或错误能充分表现出来。特别是对大规模的网络分布式软件，可靠性质量度量除了考虑错误密度、错误平均间隔时间、缺陷指数、成熟度指数等传统质量因素外，还要考虑通信带宽、响应时间和吞吐量等网络相关因素给软件可靠性带来的影响。

软件可靠性建模是指为预测软件可靠性，利用已有的失效数据，根据对软件失效行为的假设，采用一定的数学方法建立软件可靠性模型的过程。软件可靠性建模主要采用马尔科夫过程、随机时序分析和人工神经网络等方法。对软件可靠性数学理论的研究有助于建立有用的可靠性预测模型，这些模型的讨论已经超出本书范围。

3. 软件性能评价

软件性能通常是放在计算机系统中进行评价的。单独对某个软件的性能进行评价固然重要，但从用户的观点看，软件总是在用户的特定硬件和其他软件（如操作系统）环境下运行，软件的性能是通过系统的性能体现出来的，因此软件性能测试结果总是与其运行环境密不可分。

硬件速度是影响系统性能的重要因素。对硬件速度影响最大的是 CPU 速度，用指令平均执行时间来评价，通常用 MIPS 表示，即每秒执行的指令条数。对软件来说，用户更为关心的是典型作业或系统的执行速度。基准程序方法是使用典型程序作为测试和评价软件性能指标的一种行之有效的方法。

基准程序可以选自计算机系统的应用领域，也可以选自用户所关心的特定领域。对基准程序的要求是：

· 运行时间短。

· 具有代表性。

· 具有收集运行信息的能力。

· 运行结果可比较。

例如，用基准程序方法评价编译软件，可以选择若干典型的源程序，由被评价的编译软件对之进行编译，测定编译时间、目标代码的执行时间及占用存储量，再进行分析和评价。用这种方法可以比较运行在同一环境或类似环境下的若干编译软件的优劣。

性能评价的另外一种方法是动态监测，在系统运行过程中不断收集性能方面的数据，然后进行分析和评价。

1.3.3 软件质量保证

软件产品质量是软件开发人员和用户都十分关心的问题。多个方面的因素影响着软件产品质量，包括开发技术、过程质量、人员素质，以及成本预算和时间进度等。这些因素对产品质量影响的程度又取决于软件项目的规模和复杂性。对于大规模的复杂软件，需要组织多个开发小组承担任务，项目管理要对各部分人员的工作进行协调；项目的规模大了，参与开发的人员就多。开发人员的工作能力和实践经验总是参差不齐的，开发过程又要经历数月甚至数年，开发人员的变动也是不可避免的。在这种情况下，软件过程的质量控制就更为重要，因为它会直接影响所开发出来的软件产品质量。

不要把软件质量控制和过程质量控制对立起来，软件质量控制应该贯穿在软件开发过程的始终，而不仅仅就是最后的产品测试。因此，软件质量控制应是过程质量控制的重要内容，两者应该结合使用。仅有实施过程是不够的，对过程结果必须进行评估，主要就是对软件质量进行评估。

在软件质量保证和过程改进方面，已经形成了一些具有指导意义的标准。例如：

· 国际标准化组织制订和公布的《ISO 9001 质量体系——设计、开发、生产、安装和服务的质量保证模式》和《ISO 9000-3 质量管理和质量保证标准——第三部分：ISO 9001 在计算机软件开发、供应、安装和维护中的使用指南》。

· 国际标准化组织/国际电工委员会制定和公布的《ISO/IEC TR15504 软件过程改进和能力评估》。

· 美国 Carnegie Mellon 大学软件工程研究所提出的软件过程能力成熟度模型（Capability Maturity Model，CMM）。

质量体系是现代质量管理的重要概念，对于解决产品的质量管理问题有着积极的意义，对于复杂抽象的计算机软件产品也同样适用。软件质量保证体系是软件企业建立的一种制度，全面考虑软件工程中各种影响软件产品质量的因素，对所有这些因素都采取有效措施进行管理和控制，是提高软件产品质量的根本保证。

ISO 9001 是 ISO 9000 族标准中一个重要的质量保证标准，也是软件机构推行质量认证工作的一个基础。这一标准明确规定了质量体系的要求，包括 20 个方面的质量体系要素。在 ISO 9001:2000 版中改变了原标准结构中的要素模式，采用了新的板块模型，使得产品实现过程的质量管理流程化，在标准的体系结构上更加合理，也更适用于软件开发机构。

ISO 9000-3 是 ISO 9000 族中对计算机软件机构实施 ISO 9001 的指导标准，即从软件的角度对 ISO 9001 的内容给出具体的说明和解释。

软件开发机构按照 ISO 9000 国际标准建立质量保证体系，是改进软件过程管理，提高软件开发质量行之有效的途径。值得指出的是，ISO 9000 标准提供的内容仅仅是质量管理和质量保证的原则、方法和要点。软件开发机构必须认真研究和分析自身的规律和特点，以及原有质量管理制度的优缺点和经验教训，从而找到原有制度需要改善和加强的地方，并以 ISO 9000 标准为尺度加以衡量，进而得到如何改善和加强的办法。在软件开发机构中，优化质量管理和保障体系是一个长远目标，任何草率从事或急于认证，以及不切实际的短期行为都是不可取的。

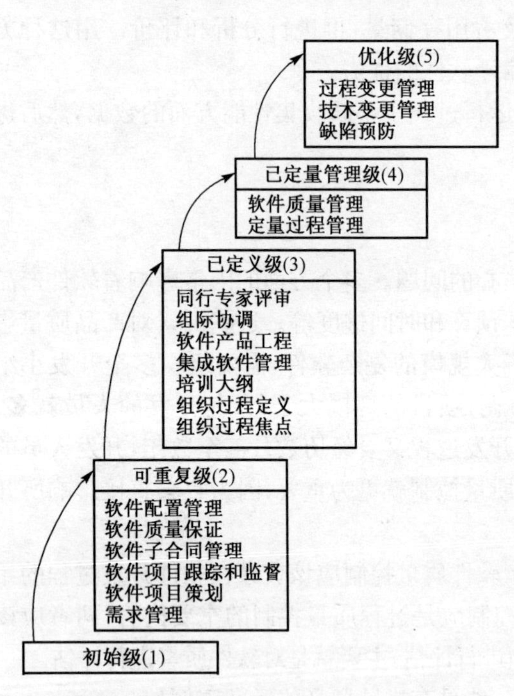

图 1.11　按成熟度等级排列的关键过程域

软件产品的质量在很大程度上取决于软件开发过程，具有良好的软件过程控制的软件开发机构能够生产出高质量的软件产品，这一点早已为人们所公认。软件过程成熟度是软件过程行为可被定义、预测和控制并持续提高的程度，它主要用来标明不同软件机构和项目所执行的软件过程能力的水平。美国 Carnegie Mellon 大学软件工程研究所(SEI)于 1992 年发布的软件过程成熟度模型 CMM 将软件过程改进的进化步骤组织成初始级、可重复级、已定义级、已定量管理级和优化级等 5 个成熟度等级，每一等级包含一组过程目标，通过实施相应的一组关键过程域达到这一组过程目标。每达到成熟度框架的一个等级，就导致组织过程能力一定程度的增长。图 1.11 表示 CMM 这 5 个等级的关键过程域和不同的行为特征。如此，CMM 就像一把度量软件过程的尺子，这个尺子从低水平到高水平有 5 个等级的刻度，用它去度量软件开发机构的软件过程能力成熟度。另一方面，CMM 同时也是一个指南，它在客观上起到了指导软件机构的作用，告诉软件机构应该关注哪些问题，以促进软件过程的改进工作。

为了整合现有的 CMM 模型并与国际标准 ISO/IECI 15504 接轨，消除不同模型之间的不一致和重复，提供更加系统和一致的框架来指导如何改善软件过程，SEI 于 2001 年 12 月正式发布了能力成熟度集成模型(Capability Maturity Model Integration，CMMI)。CMMI 提供了两种模型表示，即分级(Staged)模型和连续(Continuous)模型。

CMMI 分级模型中等级的概念与 SW-CMM 模型基本相同，依然分为五个成熟度级别，只是第 2 级和第 4 级的名称有些变化，分别由原来的“可重复级”和“已定量管理级”改变为“已管理级”和“定量管理级”，以此更加突出 2 级的定性管理和 4 级的定量管理的特点。

与 CMM 比较，CMMI 分级模型提出了一个更加通用的框架，将原来的公共特征分为通用和特殊两种，分别针对关键过程域的公共和特殊目标。通用目标依赖过程所属的成熟度级别描述该过程，特殊目标是过程域必须满足而自身特有的目标，每个过程域都可能有自身不同的特殊目标。

CMMI 连续模型认为软件机构的过程改进是持续的，从它自身最希望、也是最能产生效益的过程域着手。因此，完全有理由把某些过程域的能力提高到很高级别，而把其他过程域继续留在较低级别。CMMI 连续模型为机构的过程改进提供更加方便的途径。

CMMI 的两种模型表述方式不同，但其实质内容是完全一样。CMMI 不像传统的 CMM 那样仅局限于软件开发的生命周期，它也可以运用于更广泛的包括软件、硬件、采购、产品集成、系统工程、人力资源和服务等在内的几乎整个工程范畴。

ISO 9001 和 CMMI 这两个标准文件有基本的共同之处，两者都强调过程管理、规范化和文档化。两者的差别是明显的，CMMI 强调不断改进过程，并要求定量过程管理，而 ISO 9001 仅论述可接受的质量体系基本准则。关于软件过程改进应以 CMMI 为基础还是以 ISO 9001 为基础的问题，考虑到 CMMI 是专门针对软件领域的，且可提供不断改进的更详细的指南，这个特点使 CMMI 成为更合适的选择。不管采用何种方式，在任何情况下，为了保证软件产品质量，一个软件开发机构都应该根据自身情况把注意力集中在软件过程的持续改进上，而不是只在形式上按照条文进行这样或者那样的质量评估认证。

第2章 软件系统建模

软件系统模型是对所要实现的目标软件系统的抽象描述，其抽象描述语言可以是数学的，也可以是图形的，或者是其他形式定义的。可以从不同的角度用不同的模型描述所关注的目标软件系统的不同方面。

系统建模是软件开发过程的第一步，也是最重要的一步。软件需求分析是建立在系统模型分析的基础之上，不同的系统建模抽象会导致不同风格的软件需求说明。目前，已经发展有多种不同的系统建模方法，本章主要介绍面向对象建模方法。采用面向对象方法的建模可以保持软件开发的分析、设计和实现等不同阶段模型的一致性，它已发展成为一种主流的建模方法。UML(Unified Modeling Language)和RUP(Rational Unified Process)的发展更使其成为统一建模的标准语言和过程。

2.1 面向对象系统建模

面向对象的软件可以被抽象成一些相互作用的对象的集合，这些对象相互协作提供所需的服务。对象模型描述的内容就是这些对象和它们之间的关联。

对象建模是在应用开发的分析和设计两个阶段中完成的。分析模型描述问题域，正确理解外部真实世界的系统需求，不用考虑实现细节。设计模型表示解题域，在分析模型的基础上描述系统应该怎样构造。由于面向对象的软件开发方法在分析、设计和实现等各阶段都是基于同样的系统模型，软件系统结构始终是保持一致的，因此这种方法对于快速原型生成、软件复用和软件维护都是有利的。面向对象建模已越来越多地为人们所接受，成为事实上的标准建模方法。

面向对象建模方法是指在问题域和解题域中建立对象模型的步骤、方法和表示，它可以由一个或多个开发工具及其相关技术所支持。

作为一种建模方法，首先要对所有可能的参与者有足够的友好性。由于系统建模是直接面对用户的活动，它必须由软件开发人员和用户共同来完成。建模语言是建模方法的重要组成成分，必须具有足够的表达能力，使得基于该语言所构造的模型具有足够的准确性和清晰度。模型的准确性将直接影响系统的正确性、可靠性和健壮性。对建模语言不仅要求能给出模型的语法定义，而且还要给出相关的语义说明，这样才有可能进行模型复审或模型检查。如果建模语言具有良好的语义定义，就可通过验证进行严格的检查，或者进行较为宽松的模型复审。

面向对象建模从模型组件、视图和侧面等多个方面描述系统。在用面向对象建模方法建模时，组件是由类组织而成的，可以用一致的方式连接到模型中，其侧面如数据、行为、功能和通信也可以一致地在模型中描述。利用组件的同质性和一致性，一个模型可以按照一致的方式集成到一个更大的模型；如果保持模型视图在形式上是同质的，那么也能容易地进行视图集成。

2.1.1 面向对象建模方法

面向对象建模在20世纪80年代末至90年代初迅速发展，出现了各种各样的面向对象的建模方法，最著名的有Booch方法、OMT方法，以及用例驱动的OOSE方法等。

Booch 方法是由 Booch [Booch,1994]提出的，主要支持下列概念：类(Class)、对象(Object)、使用(Use)、实例化(Instantiate)、继承(Inheritance)、元类(Meta Class)、类范畴(Class Category)、消息(Message)、域(Field)、操作(Operation)、机制(Mechanism)、模块(Module)、子系统(Subsystem)和过程(Process)等。Booch 方法是在开发面向对象系统时应遵循的一些技术和原则，它的一般过程包括：

- 在一定的抽象层次上标识类与对象；
- 标识类与对象的语义；
- 标识类与对象之间的关系，如继承、实例化和使用等；
- 实现类与对象，整个过程是迭代进行的。

OMT 方法是由 Rumbaugh [Rumbaugh,1991]提出的，主要支持下列概念：类(Class)、对象(Object)、泛化(Generalization)、继承(Inheritance)、链(Link)、链属性(Link Attribute)、聚合(Aggregation)、操作(Operation)、事件(Event)、场景(Scene)、属性(Attribute)、子系统(Subsystem)和模块(Module)等。OMT 方法包含四个步骤：①系统分析；②系统设计；③对象设计；④对象实现。OMT 定义有三种模型，这些模型贯穿于每个步骤，在每个步骤中被不断地精化和扩充。这三种模型是：

- 对象模型，用类和关系刻画系统的静态结构；
- 动态模型，用事件和对象状态刻画系统的动态特性；
- 功能模型，按照对象操作来描述如何从输入给出输出结果。

OMT 包含许多技术和指导原则支持实际的系统开发。

OOSE 方法是 Jacobson [Jacobson,1992]提出的，主要支持下列概念：类(Class)、对象(Object)、继承(Inheritance)、了解(Acquaintance)、通信(Communication)、操作(Operation)、属性(Attribute)、激励(Stimuli)、角色(Actor)、用例(Use Case)、子系统(Subsystem)、服务包(Service Package)、块(Block)和对象模块(Object Module)等。OOSE 覆盖了软件开发的分析、构造和测试，它是一种用例驱动的软件工程方法。OOSE 在分析阶段通过需求分析和健壮性分析获得需求模型和分析模型；在构造阶段获得设计模型和实现模型；在测试阶段通过单元测试、系统测试和集成测试获得测试模型。

以上介绍了几种典型的面向对象建模方法，每一种方法都定义有自身的建模语言，使用一组易被接受的面向对象概念，这些概念在不同的建模语言中稍有不同，从而使得建模语言在整体表达能力上有轻微的差别。这种缺乏统一建模语言的局面既不利于了新用户学习和使用对象建模方法，也使得软件提供商因为需要支持多种类似但又有所不同的建模语言，而迟迟难以提供对象建模的工具。

直到 1997 年，一种统一的标准建模语言 UML [Booch,2004]才应运而生，它不仅统一了 Booch、Rumbaugh 和 Jacobson 等以往的建模语言和表示方法，而且还有进一步的发展，使其可以“统一”应用在不同的软件开发周期和整个软件开发过程。UML 是一种定义良好、易于表达且功能强大的建模语言，它融入了软件工程领域的新思想、新方法和新技术，适用面广。UML 得到了工业界、科技界和应用界的广泛支持，为广大用户和软件开发人员所接受，并被对象管理集团(OMG)采纳并接受为面向对象的标准建模语言。

2.1.2 统一面向对象建模

UML 结合了 Booch 方法、OMT 方法和 OOSE 方法三者的特点，同时还吸取了面向对象技术领域其他方法的长处，融合成为一种定义良好、易于表达且功能强大的建模语言。采用 UML 作为统一建模语言有很多好处。首先，过去数十种面向对象的建模语言都是相互独立的，使用 UML 可以消除许多概念的潜在差异，以免用户混淆；其次，通过统一语义和符号表示，软件工具提供商不再面临多种建模语言选择的窘境。

UML 模型的内容包括两方面，即 UML 表示法和 UML 语义。

- UML 表示法。该表示法定义了 UML 符号的表示方法，从而指定了 UML 的抽象语法，也就是说，给出了有哪些图形符号和文字、它们的属性及它们之间的关系，也给出了这些构造元素如何被应用和组合形成 UML 模型的规则。在具体的系统建模中，这些 UML 图形符号和文字所表达的应用级模型，在语义上是 UML 元模型的实例。
- UML 语义，包括 UML 静态语义和动态语义。UML 静态语义给出元素实例如何组合构造形成新的有意义的 UML 元素；UML 动态语义则给出了每个构造元素的含义。UML 元模型为 UML 所有的元素在语法和语义上提供了简明和通用的定义性说明，并在语义上保持一致，消除了人为表达方法可能造成的误解。

标准建模语言 UML 的表示法由 14 种图形标记(Diagram)构成。其中，用于描述系统结构的图有类图(Class Diagram)、对象图(Object Diagram)、复合结构图(Composite Structure Diagram)、组件图(Component Diagram)、部署图(Deployment Diagram)、包图(Package Diagram)和特性配置图(Profile Diagram)；用于描述系统行为的图有用例图(Use Case Diagram)、状态图(State Diagram)、活动图(Activity Diagram)和交互图(Interactive Diagram)，而交互图又包括了顺序图(Sequence Diagram)、通信图(Communication Diagram)、交互概览图(Interaction Overview Diagram)和时序图(Timing Diagram)等。

UML 定义的 14 种图形标记从不同应用层次和不同角度为系统建模提供有力的支持。作为系统建模的第一步，首先是描述需求，使用用例来确定系统为用户提供的服务。第二步是根据需求建立系统的静态模型，称之为 UML 静态建模。第三步是描述系统的动态行为，称之为 UML 动态建模。UML 建模过程及其与分析、设计和实现阶段的关系如图 2.1 所示。

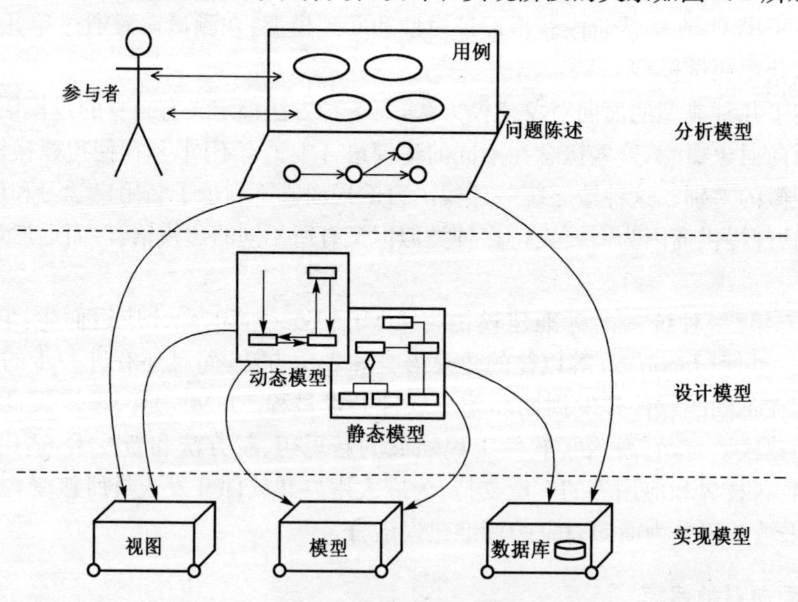

图 2.1 UML 模型：分析、设计和实现

对软件系统建模而言，仅有建模语言是不够的，还要采用正确的方法和步骤才能建立正确的系统模型。对 UML 而言，还需要一个合适的过程支持，用于部署各种 UML 图。尤其是在设计大型系统时，必须协调所有参与人员的工作，确保大家向同一方向努力。合理而科学的过程能够有效地进行软件工程的进度控制，并能提高工作效率。为了支持现代软件工程对可复用性的要求，过程也要支持可复用性，包括过程本身及过程中组件和框架等的复用。

系统建模是软件过程模型的重要一步。系统建模方法与软件过程模型客观上相互关联。在进行面向对象系统建模时，既可采用 RUP 等重量级过程模型，也可采用 XP 等轻量级过程模型。RUP 过程模型强调软件过程的管理与控制，追求项目的可预测性和过程状态的可视性，特别适用于大型软件的开发。与此相反，对于需求模糊或多变的小型项目的开发，人们往往采用 XP 过程模型方法。

RUP 和 XP 作为两类过程的代表，它们的不同是明显的。RUP 是以体系结构为中心的开发过程，而 XP 将设计和编码融为一体，弱化了体系结构的概念；RUP 强调文档的重要性，在过程的每个阶段都要交付大量的文档，而 XP 尽可能减少不必要的文档，推崇用源代码进行交流。RUP 和 XP 还是有共同点的，它们的基础都是面向对象方法，都采用适应动态变化的演进式迭代周期，鼓励用户积极参与。

以下将综合运用 UML 和 RUP 进行面向对象的软件系统建模，称为统一建模。

2.2 UML：统一建模的基础

UML 定义良好，易于表达，功能强大，不仅支持面向对象的系统建模，而且为面向对象的应用开发提供了一个清晰的架构。UML 从一开始就旨在成为一种通用的面向对象建模语言。由于得到了工业界、科技界和应用界的广泛支持，为广大用户和软件开发人员所接受，使 UML 迅速成为人们建立系统模型及软件体系结构和软件过程的统一建模基础。本节通过实例对 UML 的组成和标记方法进行系统的介绍。

2.2.1 UML 的组成

UML 用于表示面向对象分析和设计所产生的文档，它遵循四层元模型体系结构，包括：

• 元元模型。元元模型规定了定义元模型的语言，一个元元模型可以定义多个元模型。这层被称作 M3。OMG 的元对象设施（Meta Object Facility，MOF）是一个元元模型的例子。MOF 中的元元对象例子有 MetaClass，MetaAttribute 与 MetaOperation。UML 采用 MOF 作为其元元模型。

• 元模型。元模型是元元模型的实例，用于定义不同模型的语言，这层被称为 M2。UML 就是一个元模型，它是 MOF 的实例，给出了定义组成 UML 模型的基本元素。UML 元模型层的对象有 Class，Attribute，Operation 与 Component 等。

• 模型。模型是元模型的实例，用于定义描述不同领域的语言，这层被称作 M1。UML 元模型的实例是一个用户模型。模型层对象的例子如 StockShare 与 askPrice 等。

• 用户对象。它是模型的运行实例，描述特定的领域对象，这层被称作 M0。该层对象的例子如＜Acme_Software_Share_98789＞，654.56 等。

UML 是在元模型层内构造的，UML 元模型是用 UML 的一个子集（主要是类图）、对象约束语言(OCL)和自然语言共同描述的。元模型的描述是自包含的,在UML元模型中定义了UML的语法及UML的静态和动态语义。

UML的抽象语法是用UML类图给出的,类图定义了组成语言的成分及语言成分之间的关系。UML所有的概念都被定义成类。为了方便管理上,UML元模型中的类(也称元类)被组织成逻辑包,同一个包中的类相互之间有较强的内聚性,而不同包之间的类是松散耦合的。

UML元模型主要分为基础设施(Infrastructure)和超级结构(Superstructure)两个部分。

UML的基础设施是由基础设施库(InfrastructureLibrary)定义的。基础设施库定义了一个可重用的元语言内核及元模型扩展机制,即核心包(Core)和特性配置包(Profiles),如图2.2所示。

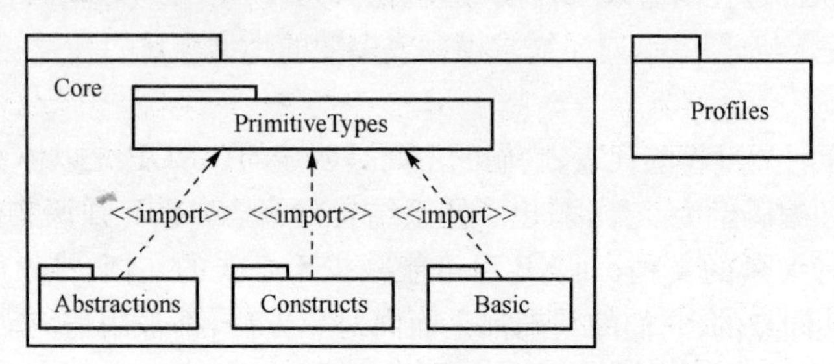

图2.2　UML基础设施库的包结构

· 核心包(Core) 又分为PrimitiveType,Basic,Abstractions和Constructs四个子包。其中,PrimitiveType包含了用于定义元模型抽象语法所需要的一些预定义类型,包括Boolean,Integer,String和UnlimitedNatural,它们是用于定义UML的,而不是给UML用户使用的。Abstractions包含了一些细粒度的包,提供一组可重用的元类。相对而言,Constructs中的类更趋向具体化。Basic提供了一个最小的基于类的建模语言,它是Constructs的子集。

· 特性配置包(Profiles) 包含了用于创建特定元模型配置的机制。例如,构造型(Stereotype)在特性配置包中以元类方式引入。在实际的建模工作中,构造型常常被用于创建与已有元素类似,但在属性、语义和图形表示方面不同的新元素。

UML的超级结构给出了各种图的组成和内在关系,用于支持结构和行为的建模。UML是图式语言,用一系列图形标记表示模型,有些图形标记仅表示单个模型元素,如类(Class)、协作(Collaboration)、组件(Component)、工件(Artifact)、状态(State)和活动(Activity)等;有些图形标记表示模型元素之间的关联(Association),如依赖(Dependency)、继承(Inheritance)和实现(Implementation)等;还有一些图形标记是与一组模型元素对应的,UML共有14种这样的图形标记,用于标记系统的静态结构和动态行为。

· 类/对象图(Class/Object Diagram),描述类/对象的内部结构及这些类/对象之间的关系,用于对系统的静态结构进行建模。

· 组件图(Component Diagram),描述组件内部的组成、连接和端口,用于对具体的软件单元和它们的相互关系进行建模。

· 复合结构图(Composite Structure Diagram),描述一个类或一个协作的内部结构。通常用类对问题域中的词汇进行建模,而用协作对设计层次的解决方案进行建模。

· 部署图(Deployment Diagram),描述环境元素的配置,并映射到系统模型元素。工件图是部署图的一个变种,给出软件部署的物理单元如文件和数据库等。

· 包图(Package Diagram),描述组成模型的包结构。包在UML中是一个纯语法的概念,由一组语义上相近并可能会一起改变的元素组成。包图定义包之间的依赖关系。

· 特性配置图(Profile Diagram),给出特定的元类、构造型、标签值和约束的定义,用于特定领域的系统建模或适配不同运行平台的需要。

· 用例图(Use Case Diagram),从用户角度描述系统功能,并指出业务功能的操作者。可通过用例对系统的主要功能进行建模。

· 状态图(State Diagram),描述系统元素在它的生命周期内的状态变化,根据对象的状态及可能的状态变迁进行建模。

· 活动图(Activity Diagram),是状态图的变种,描述系统元素的活动,用于对流程控制建模 。

· 顺序图(Sequence Diagram)和通信图(Communication Diagram),用于对象之间的交互进行建模。顺序图和通信图在语义上是密切相关的,但各自的侧重点不同。顺序图是按时间顺序描述系统元素间的交互,而通信图按照交互中的角色来组织和描述不同角色的对象之间的关系。

· 时序图(Timing Diagram),描述不同对象或角色在状态改变时的时间约束。

· 交互概览图(Interactive Overview Diagram),它结合了由活动图和顺序图提供的机制,在给出活动控制流的同时,还给出活动内部的消息序列。

复杂的系统建模会涉及系统的多个方面,如功能方面、非功能方面和组织管理方面,用UML进行系统建模就可以从不同的视角来分析和描述系统。具体的做法是运用一组视图,使其中的每个视图表示这个系统的一个特定方面,通过不同视图描述从不同视角对系统观察分析的结果。视图的划分并不是UML规范的组成部分。UML应用经常使用的视图包括:

· 用例视图(Use Case View),强调从用户的角度观察到的或需要的系统行为,通常用用例图表示。

· 设计视图(Design View),给出系统结构和要提供给用户的服务,包括系统的静态结构组成及动态行为特征。通常用类图、对象图和复合对象图描述视图的静态部分,用顺序图、通信图、状态图和活动图描述视图的动态部分。

· 交互视图 (Interaction View),给出系统各个组成部分的控制流,包括可能的并发和同步。虽然所使用的图形标记与设计视图基本一样,但更关注系统的控制流和消息流等这些与系统交互有关的行为特征。

· 实现视图(Implementation View),展示组成系统的物理工件及系统的配置,用工件图表示。

· 部署视图(Deployment View),描述系统运行的实现环境,包括网络拓扑和资源分布情况等,用部署图表示。

根据上述5个视图,用户可以根据应用需求的不同,选择不同的视图,并为视图选择合适的图形标记来描述系统模型。

与其他系统建模方法相比,UML具有直观、易学和描述能力强的优点。IBM Rational公司提供有UML统一建模工具,支持基于UML的系统建模及软件开发。但是,UML是如此庞大和复杂,人们很难全部掌握它的每一个细节。事实上,使用者并不必通晓UML的每一项特征,就像一位软件的使用者不需要通晓一种软件系统的每一项特征一样。UML被广泛使用的核心概念只有一小部分,其他的特征可以在需要时再学习和使用。此外,由于UML是一种通用的建模语言,所提供的语言元素并不是面向领域的,对于用户而言,可能会显得太抽象。因此,在一个具体的领域应用建模时,UML还需要有与领域有关的一些概念的支持。

2.2.2 标记方法

UML是一种通用的建模语言,包括语义和表示法。表示法不给模型增加含义,而只是帮助用户理解模型的含义。有关 UML 标记方法的全面介绍可在任何一本 UML 手册[Rumbaugh，2004]中找到，这里仅举例说明 UML 各种图形标记的应用。读者可举一反三，从实例中体会要领。采用的例子来源于两个系统，即订单处理系统和银行储蓄业务系统。

用例图包括主角(Actor)和用例(Use Case)等基本成分。其中，用例用于描述系统提供的功能；主角是与系统进行交互的外部实体，可以是人，也可以是其他系统。在用例图中，主角之间可以有继承关系，主角与用例之间可以有关联关系，用例之间可以有继承、扩展和包含关系。

用例图是从主角使用系统的角度出发来描述系统。图 2.3 是订单处理系统的局部用例图。图 2.3 有两个主角，一个是顾客，另一个是记账系统，顾客与三个用例之间是单向的关联，表示由顾客启动这三个用例；记账系统与用例之间是双向的关联，表示记账系统与用例具有双向的通信关系。顾客可直接使用的三个用例，包括订购货物用例、取消订单用例、搜索订单用例。其中，取消订单用例包含搜索订单用例，而订购货物用例有一个扩展点，即荣誉顾客打折，订购货物用例的扩展点分区给出了荣誉顾客在用例事件流中的位置。这样，在输入所有订购货物后，如果顾客是荣誉顾客，那么，订购货物用例将调用荣誉顾客打折用例为该顾客所购买的商品进行打折。电话订货和网上订货是订购货物的两种特例，所以电话订货和网上订货都是从订购货物用例继承而来的。

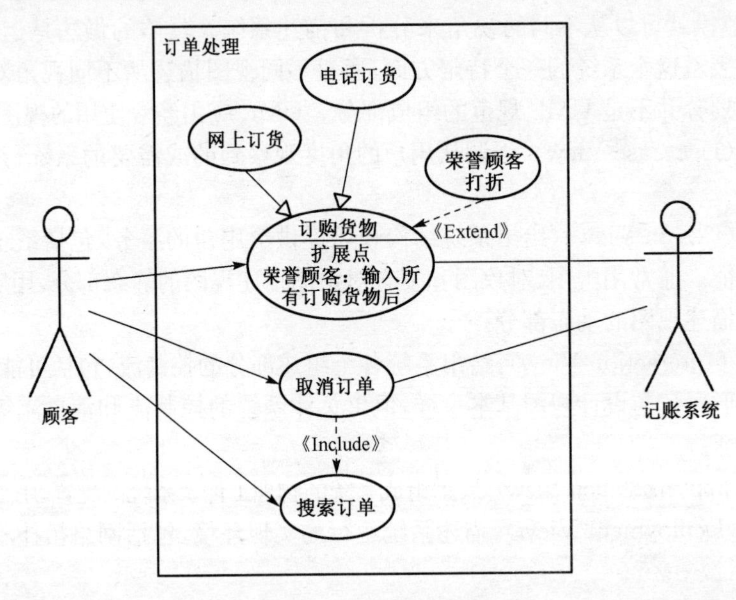

订单处理
电话订货
网上订货
荣誉顾客
打折
订购货物
《Extend》
扩展点
荣誉顾客：输入所
有订购货物后
取消订单
《Include》
搜索订单
顾客
记账系统

图 2.3　用例图举例

类图用于表示系统中的类及类与类之间的关系。类本身的描述主要包括类的属性和操作，而类与类之间有多种连接关系，如关联、依赖和继承等。

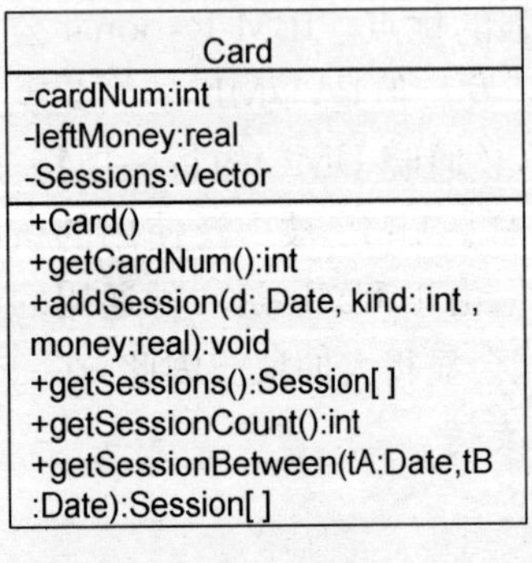

Card
-cardNum:int
-leftMoney:real
-Sessions:Vector
+Card()
+getCardNum():int
+addSession(d: Date, kind: int , money:real):void
+getSessions():Session[ ]
+getSessionCount():int
+getSessionBetween(tA:Date,tB :Date):Session[ ]

图 2.4　类 Card

按 UML 标记方法，类用一个方框表示，方框内由横线分割成三个部分，上部是类的名称，中间是属性，下部是操作。图 2.4 给出了信用卡类 Card 的图形标记，图中属性和操作前面的减号表示在类的外部不能访问，加号表示在类的外部是可见的。对于所有的操作(包括构造子)，还可指定操作的参数和操作的返回类型。

为了表示上的简洁，类方框中的属性和操作都可以压缩掉，仅用类名表示一个类。两个类方框之间的连线代表它们之间的关系。表 2.1 给出了几种主要的关系表示。

表 2.1　类之间的主要关系

关系名称	关系符号	说　明
关联(Association)	————————	·可带单向或双向箭头； ·可标注属性，如关联名(Name)、角色(Role)、重复(Multiplity)和性质(Property)等； ·在名字前可标注方向，指导实现航向
依赖(Dependency)	- - - - - - - - - - - -	
继承(Inheritance)	————▷	父/子类关联
聚集(Aggreciation)	————◇	整体/部分关联
组合(Composition)	————◆	整体/部分强关联，每一部分不可或缺

图 2.5 给出了银行部分业务系统的类关系图。一个用户可以拥有信用卡、存折和存单，因此，Card 类、BankBook 类、DepositReceipt 类均是 AccountInfo 类的组成部分。用户与银行既可以通过 ATM 和银行网点，也可以通过网络进行交易。这里的 Agent 类是一个抽象类，它自身并不生成对象，只有它的子类才生成对象。Transaction 类分别与 AccountInfo 类、Agent 类和 BusinessManager 类相关联，在每个关联的端点，可以标注重复度；在关联上还可标注它的名字(属可选项)，如 Manages。

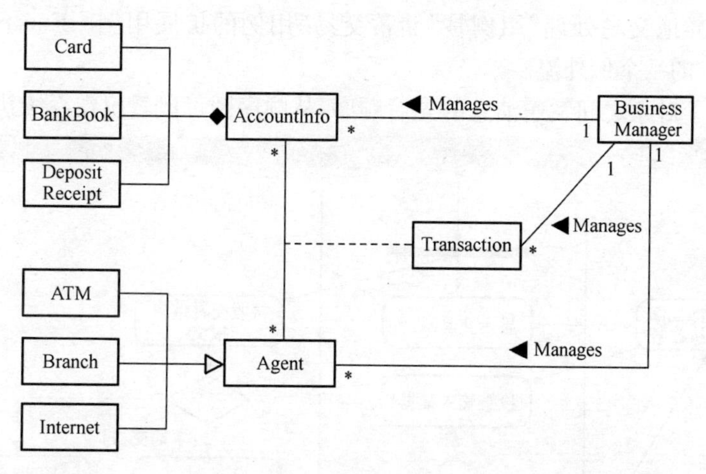

图 2.5　类图举例

对象图是类图的变种，两者之间的差别在于对象图表示的是类的对象实例，除了在对象图中对象名下要加下划线标记之外，对象图中使用的图示标记与类图几乎完全相同。

状态图是表示状态机的图，状态和状态转移是状态图的主要成分。图 2.6 是一个表示订单状态的状态图，图上有一个起始状态(黑圆点)，两个终止状态(加圈的黑圆点)、两个简单状态(Tentative 和 Canceled)和一个复合状态(Confirmed)。在状态符号之间可以指明状态迁移发生的条件，包括发生的事件和条件，如只有当“取消订单”事件发生，并且目前还没有发货，订单的 Confirmed 状态才能转换到 Canceled 状态。UML 还给出了一些预定义事件，如 when(布尔表达式)和 after(时间间隔)等。例如，一个订单在 30 天后仍没有获得确认，就进入 Canceled 状态。状态可以包含状态子图，精化表示该状态的行为方式。为了使图面简洁，复合状态的子状态图可以另图展开。状态图既可用于描述类的行为，也可用于描述用例、主角、子系统和操作等的行为。

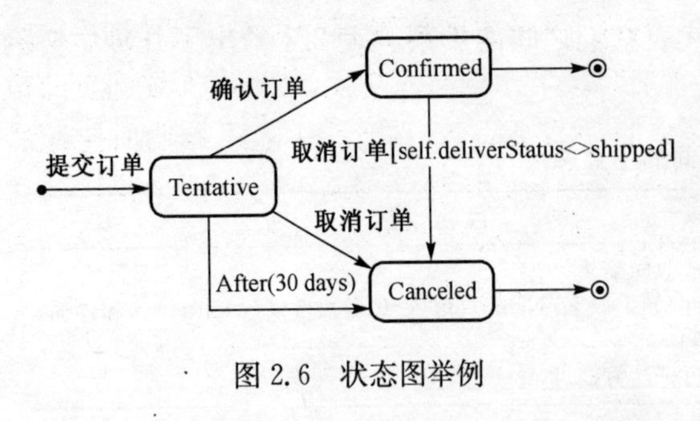

图 2.6 状态图举例

活动图是状态图的特例，即所有的状态是动作或子活动，完成了动作或子活动，就会触发状态转移。活动图还可以表示状态转移中的条件分支、并行执行及动作-对象流关系。图 2.7 给出了一个简化的储蓄交易用例的活动图。其中，显示交易画面和接收交易请求是两个并发执行的活动序列，图 2.7 用同步条(黑粗线)表示这种并发情况。交易处理时要根据交易的性质是本地交易还是异地交易，而进入不同的活动，图 2.7 用菱形框表示这种条件分支情况。为区分系统中不同角色的职责，图 2.7 使用了储户、网点和储蓄业务中心等 3 个泳道，还使用了三类构造型活动：Presentation，Connector 和 Exception。其中，Presentation 活动用于抽象用户接口，表示系统和储户角色之间的交互，包括用户输入和系统给用户的输出。Connector 活动表示与另外的活动图相连，该构造型可用来表示扩展用例和包含用例的活动，在表示扩展用例时，Connector 活动一般都跟在分支点后，满足一定条件才能进入该活动。Exception 活动用于表示用例的交易失败处理。在图 2.7 中，Presentation 活动集中在储户泳道，用于和用户的交互。网点接收交易请求，储蓄业务中心处理交易请求，活动图中网点的处理和储蓄业务中心的处理是并发的，在不同的泳道中进行。Connector 构造型表示的是一个连接，它将与“异地交易处理”用例的活动图相连接。“异地交易处理”用例是“储蓄交易”用例的扩展用例。Exception 构造型表示“储蓄交易”用例中的一个例外流。

顺序图给出了对象之间发送消息的先后顺序，从顺序图可以看出在系统执行的某一具体时

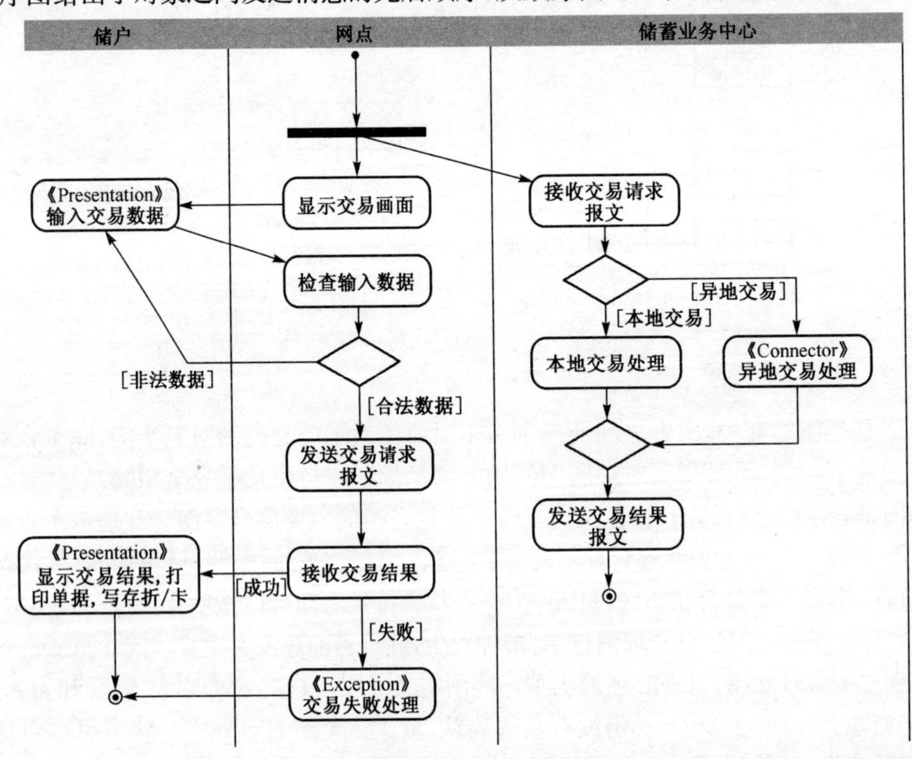

图 2.7 活动图举例

刻，将会有什么事件发生。顺序图的垂直方向表示时间，水平方向放置若干对象，并用垂直虚线表示对象，对象的每个操作的执行都在该虚线上表现为一个比较窄的交互，其长度大致同它的执行时间成正比。对象之间传递的消息用垂直虚线之间的箭头表示，在箭头上还可标明所传递的消息。图 2.8 是银行转账业务的顺序图，指定了 withdrawFunds 和 depositFunds 两个操作的时间约束都是小于 100ms，而在标识为 alt 的控制操作符体中表示了两种条件执行情况。如果一切正常，flag 为 True，将提交该账户转账业务；否则，将放弃该转账操作。

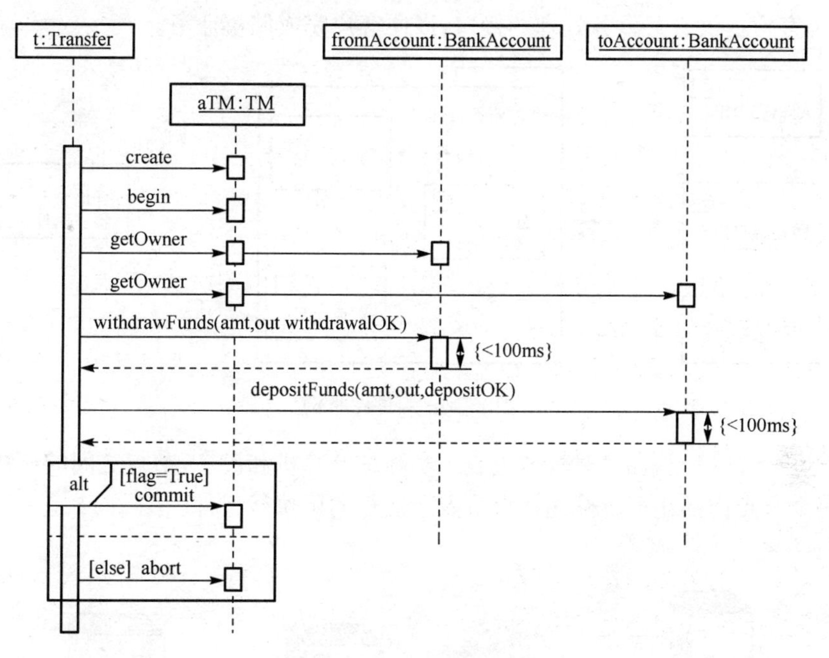

图 2.8　顺序图举例

通信图表示的是针对某一目的而进行的交互，包含有若干对象和它们之间的通信连接，对象用方框表示，对象之间的消息用箭头表示，并可以标注消息发送的顺序、条件、迭代方式和返回值等。图 2.9 为银行转账业务的通信图。

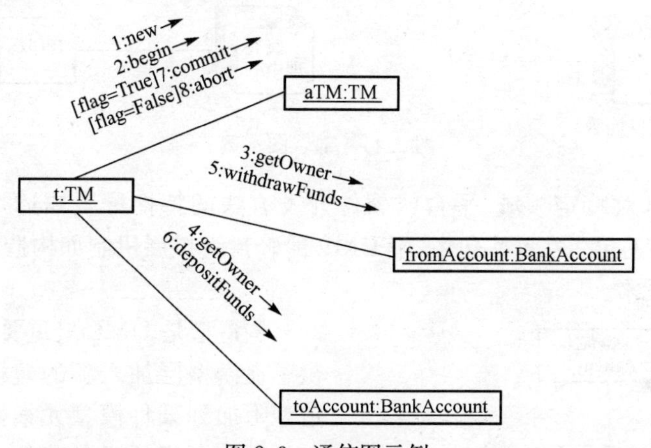

图 2.9　通信图示例

组件图给出了组件及组件之间的依赖关系。这里，组件可以是源代码组件、二进制代码组件或可执行组件。UML 用形如凹槽的符号表示组件所需要的接口，用形如棒棒糖的符号表示组件对外提供的接口，组件通过对外接口为外部世界提供有效的服务。组件图可以用“部件”(Part)来刻画一个组件的内部组成，并表示部件与组件接口的映射关系。组件图上组件之间的依赖关系可用于分析一个组件的变化会给其他组件带来的影响。除了描述的对象粒度有差别外，组件图与复合结构图区别很小；复合结构图可以给出类内部的逻辑分组情况，并可以表示出类中的每一部分与类接口的映射关系。

图 2.10 给出了一个储蓄交易系统的组件图。在储蓄业务处理包的三个组件中，分布事务处理组件对各种客户提供有关事务处理的接口，以便客户完成储蓄业务。

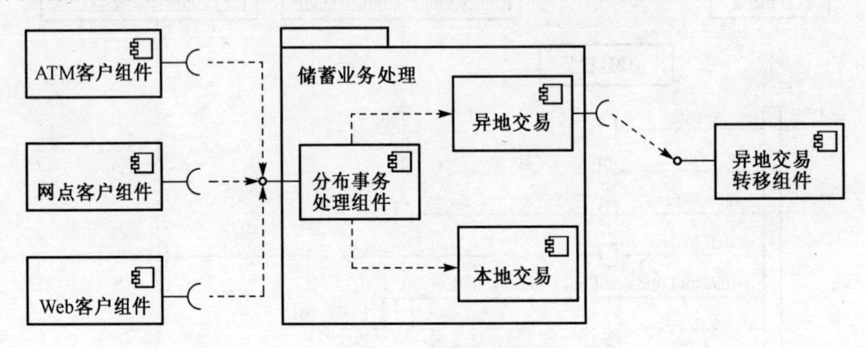

图 2.10　组件图举例

部署图给出了环境元素的配置，节点表示实际的计算机和设备，节点之间的连线表示节点之间的关系，每个节点内部还可以标注在该节点上运行的可执行组件。图 2.11 是一个储蓄交易系统的部署图。

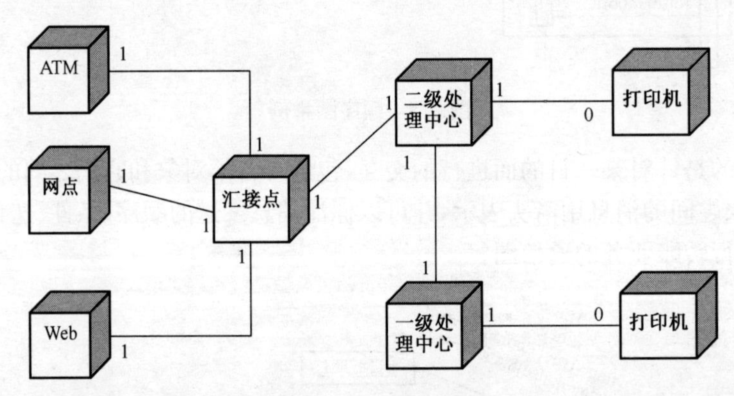

图 2.11　部署图示例

特性配置图是针对特定领域、平台或软件开发方法的特性配置描述，该图定义了一些以≪profile≫为关键字的包。在这些包中，用 UML 的轻量级扩展机制如构造型、标签和约束等定义应用所需的模型元素。

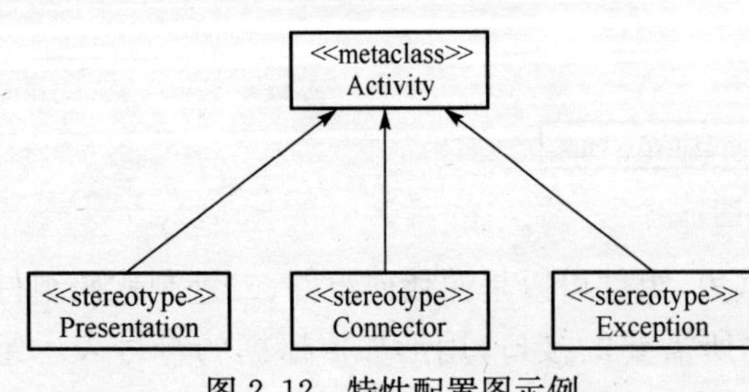

图 2.12　特性配置图示例

构造型是 UML 最重要的一种扩展机制，提供了在模型层加入新的建模元素的方式，将构造型附加到某种模型元素，起到了修改和重定义原模型元素语义的作用。因此，该模型元素也就成为了一种新的元素。图 2.12 是特性配置图的一部分，给出了图 2.7 所用构造型的定义。

在UML的扩展机制中，约束是对模型元素的限制，可限制模型元素的语义和用法。UML提供有对象约束语言(OCL)，用于表示对象和对象之间关系的静态一致性限制。OCL是一个纯表达式语言，用OCL表示的约束是无副作用的，即OCL表达式的求值不会改变相应执行系统的状态。用户也可以用自然语言或某种给定的其他语言给出自定义的约束。

约束常常加在类或对象上，如果约束加在类上，就会对该类的所有对象都具有约束作用。约束也可以加在关系上，用来约束参与关系的类或对象。下面给出两个约束的例子：前一个约束加在Card类上，表示只要是取钱交易(kind = 2)，那么所取的钱数一定在10～5000元之间；后一个约束指定了操作addSession的后条件，即任何交易后，储蓄卡上所剩的钱数不得低于10元。

```
context Card
inv: self.getSessions()→forAll(p | if (p.getKind()=2 ) then
                                     p.getMoney() >= 10 and p.getMoney() <= 5000
                                   endif)
```

(其中，getKind()、getMoney()为Session对象上的操作)

```
context Card :: addSession(d:Date, kind:int, money:real): void
post: self.leftMoney>=10
```

标签(Tag)也是可应用到模型元素上的特定属性，可在任何模型元素上添加标签。在UML中，标签表示为括在一对花括号内的若干(关键字和值)对，如可将标签{author="Yulin", deadline= 30-Dec-2010, status="draft"}加到book类的实例"网络分布计算与软件工程"上。UML预定义了一些标准的标签值。

约束和标签可以直接定义和标注在需要使用的图上，也可以存放在单独的文档中。

UML标准给出了建模的基本元素、表示法、相关语义和扩展机制，相关的详细内容可参见UML用户手册等有关文献。

2.3 RUP：统一建模的过程

UML是一种建模语言，软件开发人员在用UML建模时，还必须选用合适的过程。建模过程的选用与所开发软件的类型和规模等有关，也与软件开发过程不同的因素有关。可以根据不同的需要采用不同的建模过程，然而使用UML建模仍然有着大致统一的过程框架。

RUP(Rational Unified Process)[Kroll,2003]是在Rational公司的建模过程基础上提出的，具有三个主要特点：用例驱动、以体系结构为中心和基于组件进行的软件开发。综合运用UML和RUP进行面向对象的软件系统建模称为统一建模，UML是统一建模的基础，RUP是统一建模的过程。

2.3.1 RUP基本概念

RUP从静态和动态两个方面描述过程。在过程的动态方面，RUP把一个开发周期划分成四个连续的阶段：开始阶段(Inception Phase)、细化阶段(Elaboration Phase)、构造阶段(Construction Phase)和产品化阶段(Transition Phase)。每个阶段可包含多次迭代。每个阶段都要有一个评估标志阶段的结束过程，此时必须根据各个阶段的评估准则对该阶段的工作进行评估，判断该阶段是否达到目标。如果某个阶段不能通过本阶段的评估，则应该重新审查和进行这个阶段的工作。

1. 开发周期四个阶段

1)开始阶段

在开始阶段,要为系统建立用例模型,划定项目范围。为此,必须识别出与系统交互的所有外部实体(角色),描述一些有意义的用例。在这个阶段,如果需要,可尝试不同的解决方案和不同的体系结构。开始阶段的成果是:

- 前景文档,对项目需求、关键性质和主要约束进行一般性的描述。
- 初级用例模型,是全部系统用例的10%~20%。
- 初级项目词汇表。
- 初级风险评估。
- 项目规划。
- 需要的话,可提交一个或多个原型。

开始阶段的评估准则是:

- 所有参与者是否都实际参与了领域定义和成本/进度估计。
- 主要的用例是否无二义地表达了需求。
- 开发过程的优先级、风险和可信度是否可以接受。
- 原型所展示的深度和广度是否可以接受。

2)细化阶段

细化阶段的目标是分析问题域,建立合理的体系结构,制定项目规划,减少项目中风险最大的元素。在细化阶段强调体系结构和项目规划平衡开发。细化阶段的成果是:

- 用例模型至少完成全部用例的80%。
- 增加非功能性需求及与特定用例无关的需求。
- 软件体系结构描述。
- 一个可执行的原型作为演示系统。
- 一个修正过的风险表。
- 一份整个项目的开发规划。
- 一个更新过的开发用例。
- 一份初步的用户手册(可选)。

细化阶段主要的评估准则是:

- 产品的前景是否足够详细。
- 体系结构是否稳定。
- 演示系统是否强调了主要的风险元素,并且已经解决。
- 项目规划是否已经足够详细和准确,是否有可信的评估支持。
- 如果用当前的规划来开发整个系统,并使用当前的体系结构,是否所有的参与者对当前的前景都达成一致。
- 实际的资源支出与计划的支出是否都是可接受的。

3)构造阶段

这一阶段的主要任务是系统开发和测试,并将它们集成到产品中。从某种意义上说,构造阶段是一个制造过程,重点是资源管理、进度控制及成本和质量的优化。对于大型项目,可以用并行递增的方式进行构造。并行开发能够显著加速产品版本的开发速度,但也增加了资源管理和工作流程同步的复杂性。健壮的体系结构加上易于理解的规划对于构造阶段是至关重要的。构造阶段的成果是一个可提交给最终用户使用的产品，它至少应该包括：

· 软件产品。

· 用户使用手册和当前版本说明。

· 测试工具。

构造阶段的评估准则包括：

· 产品版本是否足够稳定和成熟，是否可在大量用户中发布。

· 是否所有的参与者都已经准备好把它提交给用户。

· 实际的资源支出和计划的支出是否仍然可接受。

· 如果系统还不具有初始运行能力，那么必须推迟进入产品化阶段。

4)产品化阶段

这一阶段的最终目标是把产品提交给用户。通常，一旦产品提交给最终用户，就会产生新的需求，如继续开发新版本，修正已发布版本中的错误，或者完成某些被推迟的功能部件。此时，通常要求已发布版本达到一定的质量要求，这样才能使产品化阶段产生积极的效果。这一阶段的成果包括：

· 通过 beta 测试，确认新的系统达到用户的预期。

· 与新系统即将取代的旧系统并行操作。

· 转换运行的数据库。

· 训练用户和维护人员。

· 向市场、分销商和销售人员展示新产品。

产品化阶段主要的评估准则是回答这样两个问题：用户是否满意？实际的支出和计划的资源支出是否能够接受？

上述四个阶段组成一个开发周期，每经过一个开发周期就会产生一个软件版本。重复上述四个阶段可不断演进生成下一开发周期版本的产品。

2. 四种建模角色

软件开发的每个阶段(包括每次迭代)所进行的活动都基于过程的一种静态结构。在这种静态结构上，RUP 定义了四种建模元素：角色(Worker)、工件(Artifact)、活动(Activity)和工作流程(Workflow)，这四个元素分别回答了软件由谁开发、开发什么、怎么开发，以及什么时候开发。

1)角色

有分析员、开发人员、测试人员和经理等几大类角色。每一类角色又可以细分，如开发人员中有架构设计师、数据库设计师、软件工程师、设计复审员和代码复审员等。通常由一个人或一个团队来完成一个角色所需完成的职责。

2)活动

活动定义了角色要执行的工作。例如，架构设计师要为用例设定优先级，确定设计原则，识别设计元素，进行体系结构分析，给出系统环境的物理分布情况，描述系统运行时体系结构，建立实施模型，制定设计指南，制定编程指南等。

3)工件

工件的形式包括文档(如业务用例或软件体系结构文档、源代码和可执行程序等)、模型(如用例模型或设计模型)及模型元素(如类、用例或子系统)。它可以是一个活动的输入或输出。

图 2.13 给出了软件架构设计师角色所进行的活动和输出的工件。

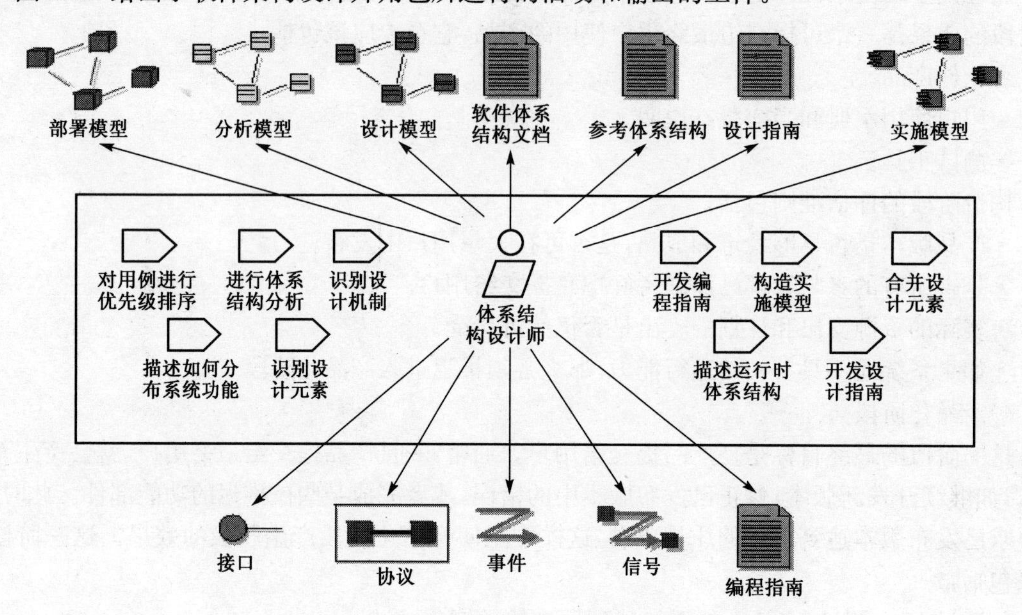

图 2.13 架构设计师角色及其活动和工件

4)工作流程

工作流程是一个活动序列,描述了为生成工件集可能要经历的所有活动,可以用 UML 序列图、通信图或活动图表示工作流程。图 2.14 是用 UML 活动图描述的需求分析工作流程。

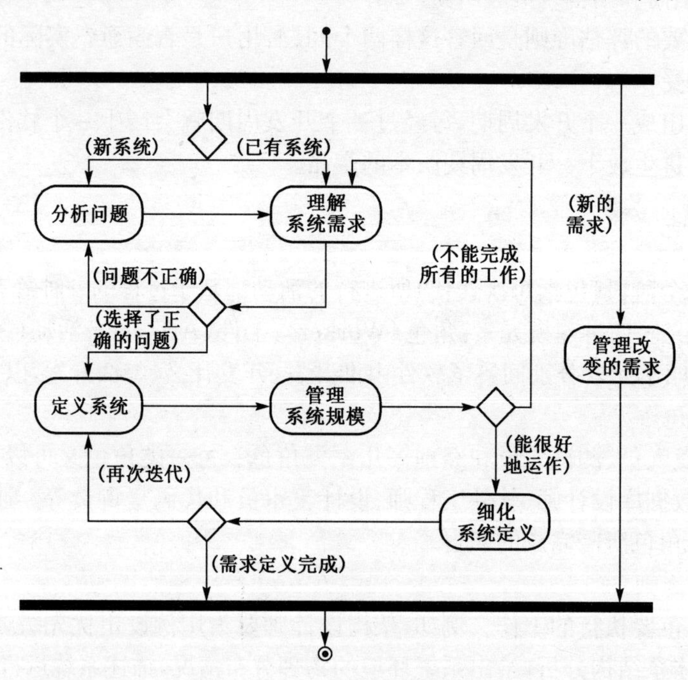

图 2.14 需求分析工作流程

2.3.2 核心工作流程

RUP 定义了九个工作流程,其中六个为核心工作流程,包括:① 业务建模(Business Modeling);②需求(Requirements);③分析与设计(Analysis and Design);④实施(Implementation);⑤测试(Test);⑥部署(Deployment)。另外三个为支持型工作流程,包括:①项目管理(Project Management);②配置和变更管理(Configuration and Change Management);③环境(Environment)。在实际项目的实施过程中,会多次应用这些工作流程,每次迭代都可能以不同的重点和强度重复它们。下面简单介绍九个工作流程。

1. 业务建模

通过建立组织的业务模型,促进最终用户和开发人员对目标组织的内部结构、动态行为及存在的问题取得一致的理解,找到有效的解决措施,形成为支持目标组织业务过程实现而服务的软件系统需求。

产生的文档包括:词汇表、业务前景、业务用例模型、业务对象模型及补充业务规约。其中,业务前景文档确定了业务建模工作的目标和对象。业务用例模型是一个面向业务功能的模型,用来确认主角和可交付的产品;与需求阶段的用例模型相比,业务用例模型的粒度较大。业务对象模型是描述业务用例实现的对象模型,包括业务主角、业务实体和组织单位,描述业务主角和业务实体如何协作实现业务用例。

2. 需求

该工作流程的任务是描述目标系统应该“开发什么”,形成开发人员和用户一致同意的需求描述。为此,需要确定系统的功能和约束,找出可能与系统交互的主角,找出代表系统行为的用例,编制需求文档,跟踪并记录所制订的各种决策。工作流程的结果是用例模型,它是后期设计、开发及测试的依据。同时,还要生成参与者请求清单、前景文档、用例规约和补充规约。

前景文档为要开发的目标系统提供完整的前景,内容包括系统的关键术语和系统要解决的问题,指出参与者、用户及他们的需求,给出产品特色、功能需求、非功能需求和设计限制。前景文档提供的是一个高层的但有时可能是矛盾的需求基础,在系统的迭代开发过程中,会进一步陈述更多的细节,逐步补充形成明确的需求。

图形化表示的用例模型不能提供该用例所具有的全部信息,通常还要使用文字来描述主角与用例如何交互,给出用例规约。用例规约是根据用例模型生成的,说明用例中各个事件的基本流、备选流、例外流、前置条件、后置条件和扩展点等。辅助规约是用例模型的重要补充,描述用例模型中的用例不能描述的需求,如应该遵循的法规和应用领域的标准,系统的质量要求如可用性、可靠性、性能和可维护性,对操作系统和环境的要求如兼容性、设计限制等。

3. 分析与设计

在 RUP 中分析与设计同属一个工作流程,这是 RUP 与传统软件过程不同的地方。分析工作主要是获取业务规则,设计工作主要是具体构造所要求的系统。在实际的工作中,分析与设计常常没有明确的界线,在进行设计工作时,经常会出现新的需求,因此又需要进行分析。分析工作没有一个里程碑那样的标志表明该阶段工作已经结束。

RUP 的分析与设计工作流程是将需求转换成目标系统的设计。在分析阶段,只为问题域的类建模,不定义软件系统的解决方案细节。在设计阶段,要把分析阶段的结果扩展成技术解决方案,如定义用户接口类和数据库等。更为重要的是,还要提供软件体系结构的设计。

该工作流程的结果是一个分析模型和一个设计模型。分析模型主要描述分析类,给出系统由哪些类组成及这些类之间的关系，这些类是如何组织的，又是如何用来实现用例的。设计模型是源代码的一个抽象，主要描述系统的设计类、接口、事件、信号和协议等基本元素，以及如何将设计类组织成包和子系统。与软件体系结构有关的设计部分会放到体系结构文档中集中描述。

4. 实施

该工作流程要把设计阶段的类转换成某种面向对象程序设计语言的代码。为提高系统可维护性和可复用性，要尽可能地复用已有的组件。实施工作流程所提交的实施模型既包含了可交付的组件如可执行文件，也包含了用来生成可执行文件的源代码文件。

5. 测试

该工作流程要求验证所有对象之间交互的正确性，验证系统是否恰当地集成了软件的所有组件；要求在软件发布之前，尽可能找出错误并改正。RUP 采用迭代方式在整个项目的开发过程中不断地进行测试，以便尽早发现错误，降低修改错误的成本。对系统的测试分为单元测试、集成测试、系统测试和接受测试等几个级别。RUP 测试沿着可靠性、功能和性能等三个质量维度进行，对每一质量维，RUP 都描述了一种或多种测试类型，如用完整性测试和结构测试来测试系统的可靠性，用基准测试、负载测试和压力测试来测试系统的性能。为了方便进行回归测试，RUP 建议最好能使用测试工具，以提高测试自动化程度。

测试工作流程所提交的测试模型收集了测试用例、测试过程、测试脚本和测试结果。

6. 部署

该工作流程是为了成功地开发出产品版本，并提交给最终用户。它包括一系列的活动，如制作软件的发布版本，把软件打包，分发软件，为用户提供帮助和支持等。它在许多情况下还包括规划和实施 beta 测试，移植现有软件或数据等。部署活动大部分在产品化阶段，也有一些活动必须在早些阶段就进行准备。部署模型描述了软件是如何应用到实际环境中的。

7. 项目管理

该工作流程为项目规划、人员管理、运行和监督提供实用的指南，提供一个管理风险的框架，以及能够有效提高项目质量的管理方法。

8. 配置和变更管理

该工作流程的目标是管理和控制由于项目参加人员多而可能造成的混乱，对重复工作和无效修改进行控制和监视；提供管理多个软件版本的指南，跟踪正在开发的版本，保证按照用户定义的规约进行开发；包括变更请求管理，即如何报告和管理故障，以及如何使用故障数据来跟踪开发的进展和趋势等。

9. 环境

该工作流程的目标是为软件开发组织提供软件开发环境需要的过程和工具支持。重点是调配过程的活动，确定如何在一个组织机构内实现过程。此外，该工作流程还为开发工具包提供定制过程的指南、模板和工具。

RUP 提供了非常丰富的内容，但 RUP 本身是可裁减的。RUP 工作流程的取舍与要开发软件系统的规模和复杂程度有很大的关系。在RUP提供的九个工作流程中，业务建模是一个可选的工作流程。一个大型系统常常可划分成互相关联的若干子系统，开发人员也划分成若干组并行工作，为了建立对整个业务系统的共同理解，就有必要首先进行业务建模。但在许多情况下，项目规模较小，开发人员也少，就可以不用从业务建模开始，而直接进入需求流程就可以了。RUP描述有一百多个工件，在实际的过程开发中，可通过定制RUP这个通用的过程框架以去掉不必要的工件和工作流程，并吸取XP等敏捷软件开发的思想，如短小的迭代周期、结对编程和程序重构等，使实际的软件过程与项目特性相适应，从而高效地开发出高质量的软件。

2.3.3 UML对开发过程的支持

软件生命周期的每一个阶段，从业务分析、系统分析设计、软件编码直到软件测试，都采用统一的模型描述语言，可保证软件过程及文档的连续性、一致性和有效性。UML具备全程建模的能力。RUP基于面向对象方法采用UML，既可以描述业务逻辑，又可以描述软件过程。具体地说，在RUP中，每个工作流程都用相应的一个或多个模型来描述，而这些模型都是用UML来表达的。表2.2给出了工作流程、模型和UML图形表示之间的对应关系。RUP的迭代过程最终反映到对UML图的迭代修改和补充上。

表2.2 RUP工作流程和UML图形表示

工作流程	模型类别	UML图形表示
业务建模	业务用例模型	用例图、顺序图、通信图、状态图和活动图
	业务对象模型	类图和对象图(包括子系统和包)、顺序图、通信图、状态图和活动图
需求	用例模型	用例图、顺序图、通信图、状态图、活动图和时序图
分析与设计	分析模型	类图和对象图(包括子系统和包)、顺序图、通信图、状态图、活动图、复合结构图、时序图和特性配置图
	设计模型	类图和对象图(包括子系统和包)、顺序图、通信图、状态图和活动图、复合结构图、时序图和特性配置图
实施	实现模型	组件图、顺序图、通信图和复合结构图
测试	测试模型	使用对应的所有图
部署	部署模型	部署图(包括活动类和组件)、顺序图和通信图

用例驱动、以体系结构为中心和基于组件进行的软件开发是RUP的三个主要特点。

RUP是用例驱动的，用例模型影响软件开发所有的工作流程。在业务建模中，“用例”的概念用来表示业务流程；在需求工作流程中，用例用于描述所要求的功能，并由客户确认这些功能；在分析设计工作流程提交的设计模型中，要给出用例的实现，说明如何通过对象的交互来完成用例所包含的功能；实施工作流程是在代码级实现用例；在测试工作流程中，由用例构造测试用例，对系统进行验证；在项目管理工作流程中，用例也是规划迭代开发的基础；在部署工作流程中，用例为用户手册，用于说明系统的功能。总之，用例模型在整个系统开发中起着非常关键的作用。

RUP提供了多种方法支持以体系结构为中心和基于组件的开发。RUP在分析设计工作流程中，定义了一些特定的活动如“进行体系结构分析”和“描述系统运行时体系结构”，借助这些活动可确定体系结构约束及对体系结构有特别重要意义的元素。RUP还提供有关的体系结构模式，专门用于抽象和复用系统的体系结构。在具体体系结构的描述上，应用了UML的包、子系统、层次和接口等概念。

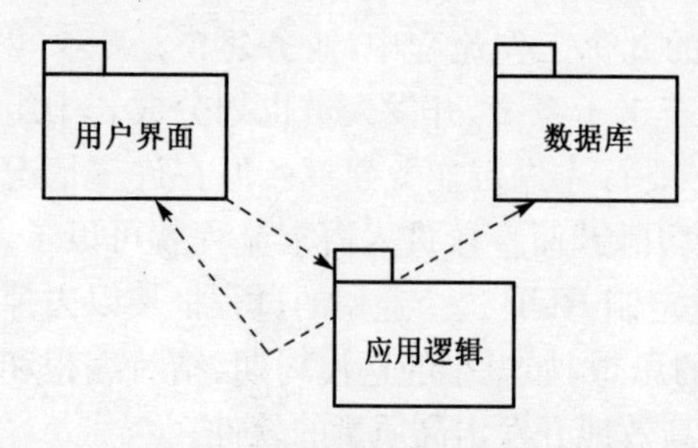

图 2.15　破坏体系结构风格的例子

在体系结构设计时，除了要考虑它的灵活性、扩展性和重用性之外，还要注意在整个设计过程中保持统一的体系结构风格。图 2.15 是一个破坏体系结构风格的例子。在三层客户/服务器结构中，用户界面依赖应用逻辑，应用逻辑依赖数据库，因此，不应该出现应用逻辑依赖用户界面的情况。但图 2.15出现了体系结构风格所不允许的依赖关系，从而导致体系结构风格被破坏。

为解决这类问题，需要检测包之间的依赖关系并删除体系结构风格所不允许的依赖关系。如果在设计中两个包之间的依赖关系与体系结构风格确定的原则方向相反，可用增加抽象类的方法解决。例如，在图 2.16(a)中，包 P_2 可以依赖包 P_1，包 P_1 不可以依赖包 P_2，但类 B 违反了该规定。修正的方法是增加抽象类 C_abstr 和 D_abstr，如图 2.16(b)所示，C_abstr 和 D_abstr 类不需要包含 C 和 D 的所有方法，只需要包含 B 所需的方法。这样，包之间正常的依赖关系就能得到维护。UML 图形化表示有助于直观地发现这类问题，并解决这些问题。

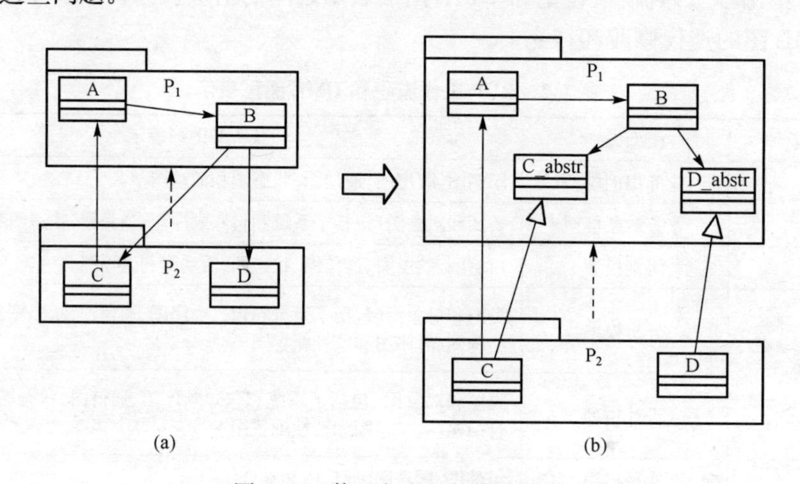

图 2.16　修正包之间的依赖关系

第 3 章　软件体系结构

软件体系结构在软件系统开发中起着十分重要的作用。软件体系结构必须与软件产品需求和软件实现环境相适应，在系统模型建立之后，软件体系结构就是软件设计优先考虑的问题。尽管人们已经认识到体系结构设计将直接影响到软件项目开发的成败，但是，当前对软件体系结构的描述都是很不规范的，在很大程度上依赖于个人的经验和技巧。一种实用的软件体系结构描述方法采用 UML 将软件体系结构的设计、描述和表示同软件系统建模融为一体，已被广大软件开发人员所接受。此外，还有软件体系结构的风格问题，人们根据以往体系结构设计的经验，提出了若干具有共同结构和语义特征的体系结构风格。有原则地使用体系结构风格会给设计者带来许多实际的好处。本章重点介绍软件体系结构的模型、软件体系结构描述语言及软件体系结构风格。

3.1　软件体系结构模型

软件体系结构设计是决定一种大型软件系统开发成败的关键因素之一。软件体系结构应包含组成系统组件的描述、组件之间及组件和环境之间的关系的描述与约束。为了实施高效的软件开发，除了要有满足产品需求的软件组件，更要有合适的软件体系结构将这些组件有效地组织在一起。本节介绍软件体系结构的一般概念及体系结构模型。

3.1.1　软件体系结构定义

不同的研究人员对软件体系结构概念提出了不同的定义，下面给出其中的几种。

(1)M. Shaw 和 D. Garlan [Shaw，1996]认为软件体系结构应包含对组成系统组件的描述、组件之间的交互关系，以及系统组合的模式和应该满足的约束等。其中，组件可以是一组代码，如程序模块，也可以是一个独立的软件，如消息通信中间件；组件之间的相互关联用连接器(Connector)表示，它可以是过程调用、管道(Pipe)和通道(Channel)等，消息路由、共享变量、入口表和缓存等也可以作为连接器。一个软件体系结构还应包括将组件进行组合的模式和对这些模式的约束。

(2)D. Perry 和 A. Wolf [Perry，1992]认为软件体系结构由元素(Element)、形式(Form)和准则(Rational)构成。其中，元素分成三类：处理元素(Processing Element)、数据元素(Data Element)和连接元素(Connecting Element)；形式由特性(Property)和关系(Relationship)组成，前者用于限制软件体系结构元素的选择，后者用于限制软件体系结构元素组合的拓扑结构。按照这种定义，软件体系结构是具有特定形式的一组体系结构元素。在面对多个体系结构方案时，选择合适的体系结构方案往往要基于一组准则。

(3)在 IEEE 610.12－1990 软件工程标准词汇中，对软件体系结构给出了如下的定义：软件体系结构是以组件、组件之间的关系，以及组件与环境之间的关系为内容的某一系统的基本组织结构，它还包括指导上述内容设计和演化的原理。

在所有这些定义中，M. Shaw 和 D. Garlan 强调了从构造的角度来审视软件体系结构，

D. Perry和A. Wolf则侧重于从体系结构风格、模式和规则等角度考虑软件体系结构,而IEEE的定义突出了软件体系结构是一组概念及关于软件体系结构的设计决策,用于表示待开发系统在体系结构上要满足的功能和质量需求。虽然具体的软件体系结构定义各有不同,但其核心覆盖了下列内容:组件、组件之间的关系、约束、设计原则和指导方针。

软件体系结构是决定软件系统开发成败的关键因素之一。好的体系结构设计,能够帮助系统在性能、可靠性、可移植性、可伸缩性和互操作性等方面更好地满足用户的需求。虽然一个良好的体系结构并不能保证产品一定能满足它的所有各种需求,但是一个缺乏良好设计且体系结构不清晰的软件几乎不可能满足产品需求。选择一种不合适的体系结构将会给整个软件系统带来灾难性的后果。软件体系结构至少在以下六个方面对软件系统开发产生正面的影响。

• 系统理解。软件体系结构通过对系统高层设计的抽象,可以增强软件开发人员对大型软件系统的理解能力。同时,对软件体系结构的描述还能够展现系统设计中高层次的约束关系,以及对某种具体的体系结构进行选择的原则。

• 软件复用。体系结构描述支持多层次的软件复用,既支持组件的复用,也支持对组件集成的设计模式的复用。特定领域范围内软件体系结构和设计模式上已开展的工作充分体现了软件体系结构对软件复用的支持。

• 系统构造。体系结构描述给出了系统中组件和组件之间的依赖关系,为系统开发的组织提供了部分蓝图。例如,一个分层系统的体系结构定义了组件之间的抽象边界,清楚地展现系统中哪些组件要依赖其他组件所提供的服务,从而使开发人员能依据其层次化的接口约束关系进行系统开发和构造。

• 软件进化。软件体系结构明确地勾画出一个系统的支撑体,使系统维护人员能够更好地理解对系统的修改,更加准确地估算维护的代价。体系结构描述将组件的功能和组件之间的交互相分离,使得通过改变组件之间的连接机制来改善系统性能成为可能。

• 系统分析。体系结构描述为系统分析提供了新的途径和方法,这里的系统分析包括高层次的系统一致性检查、体系结构风格的满足、依赖性分析,以及对按特定风格构造的体系结构进行领域分析等。

• 项目管理。经验表明,成功的项目都将软件体系结构的可行性作为软件开发过程的一个重要组成部分。客观地评估一个体系结构,有利于加深对需求分析、实现策略和潜在风险的理解。

软件体系结构的发展经历了两个阶段。在20世纪80年代,软件体系结构描述的随意性很大。在体系结构设计中可能会采用一些以前的设计,但体系结构设计人员只能从经验中学习,而且往往很难将获得的知识传授给他人。在系统构造完成之后,这些体系结构就很少被人关注,更谈不上对体系结构进行有效的系统分析。实际上,也没有方法检查一个实际的系统是否完全地实现了它的体系结构要求。十多年来,软件体系结构已经正式作为软件开发中的一个设计活动,系统架构设计师也已成为一个正式的技术职位。与此同时,软件体系结构的技术基础也得到很大的提高,特别是用于描述软件体系结构的语言和工具得到了迅速发展,软件体系结构的设计知识得到了系统化的整理和应用,出现了各种不同风格的软件体系结构模型。

3.1.2 软件体系结构模型

软件体系结构设计首先要解决的问题是如何对软件体系结构进行建模。根据建模不同的侧重点,体系结构模型可分成五种:结构化模型、框架模型、功能模型、过程模型和动态模型。

(1)结构化模型是最常见的体系结构模型,它将整个体系结构看成是一系列组件、连接件及其他一些元素的结构化组合。这种模型通过结构反映系统的主要内涵,包括系统的结构拓扑、系统的配置、约束、风格和属性等。

(2)框架模型类似于结构化模型,但它把描述的重点放在系统的整体一致性上,而不是一些结构化的细节。这种框架模型具有更多的领域特色,一般用于某些特定领域的应用。

(3)功能模型按接口调用关系的层次组织功能组件,可看成是一种特殊的框架模型。

(4)过程模型是一种构造性的、可操作的、命令式的模型。这种模型主要将注意力集中在系统的构造过程上,即如何按照一定的步骤描述系统的构造过程。

(5)结构化模型、框架模型和功能模型都是静态的体系结构模型,这种定义的体系结构在运行时不能发生改变。但静态体系结构缺乏动态更新的机制,如果外部需求或环境发生变化,要求对体系结构进行调整,就有可能带来维护的困难和系统安全的风险。软件体系结构的动态改变和演化对于需要长期运行或具有特殊任务的系统来说尤其重要。动态模型是静态体系结构模型的补充,用于描述系统的一些粗粒度的行为特征。"动态"是指运行时对系统结构修改的能力,如系统的重配置或根据预先设定的演进路线进行调整等。

最后值得一提的是多视图模型,它是另一种对软件体系结构进行建模的方法。多视图模型体现了关注点分离原则,通过定义不同的视图刻画软件体系结构,视图的数量和种类取决于对软件体系结构的认识。

P. Kruchten [Kruchten,1995]提出了4+1视图模型,即逻辑视图(Logical View)、进程视图(Process View)、物理视图(Physical View)、开发视图(Development View)和场景视图(Scenarios View)用五个视图描述软件体系结构。逻辑视图描述系统设计的对象模型;进程视图描述系统设计的并发和同步方面;物理视图描述如何将软件映射到硬件节点,指出系统的拓扑结构、系统安装和通信设施等;开发视图也称为模块视图,主要侧重于软件模块的组织和管理;场景视图描述系统的用例。前四个视图用于刻画系统的设计决策,后一个视图是重要系统活动的抽象,使前四个视图有机地联系起来,说明四个视图的元素如何协作实现系统用例。

C. Hofmeister,et al [Hofmeister,1999]提出利用四个不同的视图分析软件体系结构:概念视图(Concept View)、模块视图(Module View)、执行视图(Execution View)和代码视图(Code View)。具体的视图内容参见3.2.3小节。

在多视图模型中,每一个视图只关心系统的一个侧面;多个视图结合在一起,可反映软件体系结构的全部内容。在实际的软件系统开发中,重要的是为所要构造的系统选择合适的视图,而不是预先指定采用什么固定的视图。美国 Carnegie Mellon 大学软件工程研究所(SEI)提出 Views and Beyond 方法[Clements,1999],将不同的体系结构模型分成三大类,即模块类型、组件-连接器类型和分配类型。其中,模块类型主要是从实现的角度刻画系统,组件-连接器类型是从动态交互的角度刻画系统,分配类型则刻画软件结构与软件环境之间的关系。当一种风格被应用到一种具体的系统时,相应的视图就会产生。刻画软件体系结构的视图最终要根据系统需求来确定和选择。

3.2 软件体系结构描述语言

尽管人们已经认识到体系结构设计之优劣将直接影响到整个软件系统开发的成败。但是,当前对软件体系结构的描述却是很不规范的,它很大程度上依赖个人的经验和技巧。软件体系结构是在高级抽象层次上对软件系统结构的一种描述，需要把信息准确而无二义性地传递给软件开发过程的所有参与者，包括开发的人员、测试人员、维护人员及项目管理人员。为了保证软件体系结构描述能够满足系统功能、性能及质量的需求，需要有规范的软件体系结构描述方法。本节首先给出软件体系结构描述语言的一般设计考虑，再通过实例说明体系结构描述语言的设计和使用，最后介绍从实用的角度出发将软件体系结构的设计、描述和表示同软件系统建模融为一体，形成基于 UML 的实用软件体系结构描述方法。

3.2.1 体系结构描述语言设计考虑

体系结构描述语言(ADL)提供一个概念框架和一套具体的语法规则，用于描述整个系统的高层结构。对于任何一个体系结构描述语言，还应提供相应的工具用来分析、显示、编译和模拟用该语言描述的体系结构。由于研究目标和应用领域的不同，已开发出各种具有不同风格和描述能力的 ADL。

在设计 ADL 时，首先要确定 ADL 能对体系结构的哪些方面进行建模，以及如何对这些方面进行建模；其次要考虑在基于 ADL 的开发过程中，需要为开发者提供哪些方面的工具支持。有无工具支持是 ADL 是否可用的重要标志。上述两个方面构成了 ADL 设计考虑中最顶层的两个范畴，如图 3.1 所示。

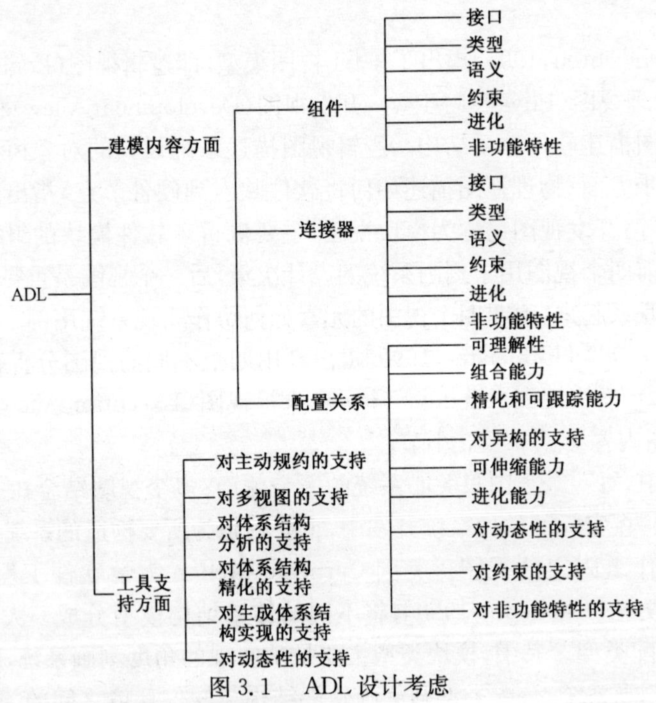

图 3.1 ADL 设计考虑

体系结构建模必须包含对其三个基本组成部分的建模：组件、连接器和配置关系。体系结构描述语言必须给出这三个部分的明确规范。

组件是体系结构中计算或数据存储的单元，它通过接口与外界进行信息交换，组件接口是组件描述不可缺少的一部分。对组件的建模包含以下几个方面：

• 接口(Interface)。组件通过接口与外界进行交互，接口定义了组件对外所提供的服务(消息、数据和操作)。为了支持组件运行及对包含该组件的体系结构进行分析，ADL 应能描述组件对外界环境的需求。

· 类型(Type)。组件类型将组件功能抽象成可复用的模块,一种组件类型在一种体系结构中可以被多次实例化,一种组件类型也可以在多种体系结构中使用。

· 语义(Semantics)。组件语义是关于组件行为的高层次描述,可用于进行体系结构分析,判别约束是否满足,以及保证不同抽象层次体系结构之间相互转换的一致性。

· 约束(Constraint)。约束是系统或其组成部分的某种性质或断言的描述,对约束的破坏将导致不能接受或错误的结果。

· 进化(Evolution)。组件进化是指对组件接口、行为或实现的修改。ADL 可以保证这种修改是以一种系统化方式进行的。

· 非功能特性(Non-Functional Properties)。组件的非功能特性如安全性、可移植性和性能等,通常难以在行为规范中描述。但是这些性质对于体系结构的行为模拟、性能分析、约束控制、组件实现乃至项目管理都是很重要的。

连接器用于对组件之间的交互进行建模。与组件不同的是,连接器不会与最终系统实现中的某个编译模块相对应。从广义上讲,消息路由设备、共享变量、缓存区、动态数据结构、管道、数据库与应用之间的 SQL 连接等都可以作为连接器。对连接器的设计考虑与对组件的设计考虑两者类似(图 3.1)。但不同的是,连接器不包含与应用相关的计算,其接口描述是对其相关联组件所提供服务的需求。连接器的类型是对组件通信、协调和控制决策的抽象。由于体系结构层连接器的交互主要通过交互协议,所以连接器的语义要给出交互协议的规约。此外,约束部分用来确保连接器遵循的交互协议的一致性、连接器之间的内部依赖及对该连接器使用上的限制等。

配置关系描述组成系统的组件和连接器之间的连接关系。这些信息可以用来确定组件及连接器之间的连接是否匹配,构成的系统是否具有所期望的行为等。基于对配置关系的描述,可以对系统分布和并发方面的特性如死锁、可靠性、安全性和性能等进行分析。具体来说,配置关系应包含以下几个方面的能力:

· 可理解性(Understandability)。用 ADL 描述的配置关系应该使所有的参与者能得到明确的系统结构信息。

· 组合能力(Compositionality)。ADL 应该提供层次化的抽象机制,能在不同层次上对软件系统结构进行描述,有利于对组件的复用。

· 精化和可跟踪能力(Refinement and Traceability)。ADL 应能支持不同抽象层次的体系结构之间由较高抽象层次到较低抽象层次的精化,并能保持求精过程的一致性。

· 对异构(Heterogeneity)的支持。ADL 应该具有开放性,能够集成异构的组件和连接器。

· 可伸缩能力(Scalability)。ADL 应能够对将来有可能扩大规模的软件系统规范和开发提供直接的支持。

· 进化能力(Evolvability)。ADL 不仅应该在组件和连接器层次提供对系统进化的支持,而且要在系统配置关系上提供进化能力,如对配置进行增删、替换和重连接等。

· 对动态性(Dynamism)的支持。与进化能力不同的是,动态性要求在系统运行时对体系结构进行修改,这种能力对于某些关键业务系统尤为重要。

· 对约束(Constraint)的支持。在对组件和连接器的约束进行描述的基础上,系统配置关系应该提供对全局约束关系的描述能力。

· 对非功能特性(Non-Functional Property)的支持。许多非功能特性是系统级的,并非由单个的组件或连接器所能决定。这些性质可以被用来指导对组件和连接器的选择、对性能的分析及对约束的检查等。

对软件体系结构进行形式化描述的同时,必须有相应的工具支持。虽然工具支持并不是ADL本身的内容,但是ADL作用的大小与相关的体系结构设计、分析、进化及可执行系统生成等支持工具有着直接的关系。对ADL支持工具的设计一般从以下几个方面进行:

· 对主动规约的支持。通过提供设计向导等方式缩小当前体系结构设计时的选择空间。

· 对多视图的支持。为不同的参与者提供不同形式但却是一致的体系结构描述。

· 对体系结构分析的支持。在体系结构层次上对系统各方面的性质进行分析和评价。

· 对体系结构精化的支持。体系结构精化过程中的正确性和一致性不能完全靠形式化的证明来保证,适当的支持工具有利于提高这方面的可靠性。

· 对生成体系结构实现的支持。软件建模和设计的目标是生成可执行系统。体系结构模型的实现生成工具可以保证模型和实现的一致性,并可提高开发效率。

· 对动态性的支持。提供分析工具来判断体系结构的动态改变是否仍然能够满足预期的要求。

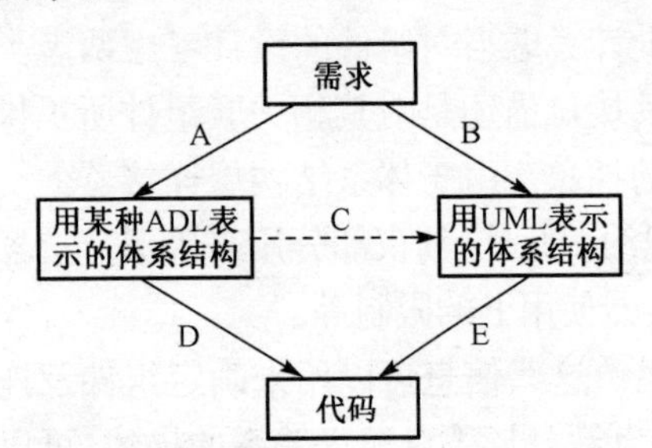

图3.2 描述软件体系结构的两种方法

软件体系结构并非一定要用专门的ADL来描述,还可以利用通用的对象设计标记方法进行体系结构的建模,将ADL中的概念直接映射到面向对象的标记方法如UML上。但是,采用UML描述软件体系结构要对UML进行一些扩展,使得UML也能表示与对象设计不同的抽象概念。图3.2给出了描述体系结构的两种方法。

图3.2中,路径A—D是将ADL作为建模语言,路径B—E是将UML作为建模标记方法。路径A—C—E表示体系结构先用ADL表示,然后在实现前转换成UML表示。使用诸如UML之类的通用建模语言,其优点是使用者很熟悉这种标记语言,并且有工具可直接从通用建模语言的表示转换到面向对象的实现。

3.2.2 体系结构描述语言实例研究

本节以Standford大学研发的Rapide[Luckham,1995]为例,说明体系结构描述语言的设计和使用。

Rapide是一种可执行的体系结构描述语言,由五种子语言构成,即类型(Type)语言、体系结构(Architecture)语言、约束(Constraint)语言、模式(Pattern)语言和可执行(Executable)语言。应用Rapide可在分布式系统开发的早期对系统的体系结构进行模拟和分析。

Rapide将系统的体系结构由定义模块的规约(称为接口)、定义接口之间通信的连接规则和定义通信模式的约束等三部分组成。其中,接口用Rapide的类型语言描述,接口之间的连接用Rapide的体系结构语言描述,接口和连接的各种约束(如通信的顺序和数据之间的关系)用Rapide的约束语言描述,模块的实现用可执行语言描述。可执行语言提供有一些编程结构,可用于并发控制及对事件做出反应。在描述体系结构时,需要定义具有因果、独立和时序等关系的事件所构成的事件模式,由Rapide的模式语言完成。

以下给出的Rapide定义中,关键字用黑体表示,非终结符用斜体表示,方括号表示0或1个实例,花括号表示1或多个实例,竖线用于分隔可选择的部分。

1. 接口定义

在 Rapide 的类型语言中，接口作为一种类型被定义，定义接口类型的语句如下：

```
类型声明::=
        type 标识符['(' [参数列表]')' ] is 接口表达式 ';'
接口表达式::=
        interface
            {接口组成}
        end [interface]
接口组成::=
    public{接口项定义}
    | private {接口项定义}
    | extern {接口项定义}
    |constraint 模式约束列表
    | behavior
        [说明列表]
    begin
        {状态变迁规则}
```

接口项定义包括类型声明、派生声明、函数声明和动作声明。在 Rapide 中，模块之间的异步通信用动作建模，模块之间的同步通信用函数建模。接口组成中的 public，extern 和 private 用于说明接口元素的可见性。其中，public 是可供外部模块使用的，extern 是模块要调用的且由其他模块提供的，private 是为模块自身提供而对外不可见的。

接口可以包括用约束语言描述的约束，接口的约束限制了模块的对外行为。接口可以包含用体系结构语言描述的行为。所谓"行为"，是在模块的执行上加上类似状态机的约束。一个行为包括一组变换规则，一个变换规则包括两部分：一个是触发器，定义要观察的事件；另一个是变换体，定义在本地对象上的操作及要生成的事件模式。接口可以带参数。

Rapide 可以将接口的相关成分汇集在一起，形成服务。

2. 体系结构定义

定义体系结构的语句为：

```
体系结构声明::=
        architecture 标识符['(' [参数列表]')' ]
                [return 接口表达式] is
                [模块组件列表]
                [connect{连接} ]
        end[architecture] [标识符]';'
连接::=
        基本模式 to 基本模式';'
        |其他类型的模式…
```

模块组件列表可给出一组组件。体系结构中的连接元素连接对偶的接口，一个体系结构必须将一个接口中的外部元素与其他接口中的公共元素绑定，这在语法定义上表示成两个事件模式的相连。每当与连接的左边模式相匹配的事件在外部类型的接口上发生时，就会执行连接，并在其他公共类型的接口上生成连接右边模式的事件。体系结构也可以连接对偶的服务，表示在两个服务中具有相同名字的对偶元素之间有相应的连接。还有一种连接模式是使用 generate 语句，以强制方式定义静态连接结构，这种方式适合创建固定的体系结构。

体系结构的执行由事件触发，当接口观察到感兴趣的事件模式时，就会对事件做出反应，或执行一些代码，或新生成一些事件，这个过程会重复进行，直到满足某一程序终止条件。

体系结构的执行结果是一个事件集合，其中的事件满足因果或时序关系，从而形成偏序关系。Rapide 提供多种分析工具，其分析的基础都是事件的偏序关系。

Rapide 允许仅基于接口定义体系结构，接口的实现留待开发的下一个阶段。开发者可以在某个体系结构中使用尚未存在的组件，只要该组件符合特定的接口便可以了。Rapide 描述的体系结构是独立于实现方式的。

3. 连接模式定义

定义连接模式的语句为：

```
模式::= 基本模式
        | 模式   二元模式操作符   模式
        | 模式'~'  '(' 迭代操作符 二元模式操作符')'
        | 模式 where 条件
        | {通配符声明}模式
        |'(' 模式')' | empty| any
        | 模式 during '('表达式','表达式')'

二元模式操作符 ::='→' |'||' |'⇔'| and| or|'~'
迭代操作符 ::='*' |'+' |expression
条件::= 布尔表达式
```

基本模式仅是指动作名，可加上可选的参数。例如，基本模式 Send("a")与 Send 事件匹配，而且要求参数的第一个参数是字符串 a。

Rapide 有六个二元模式操作符。假设二元模式操作符连接模式为 P 和 P'，那么 P →P'表示 P'依赖 P；P || P'表示 P 和 P'独立，P⇔P'表示 P 和 P'等价，P and P'表示满足模式 P 和模式 P'的匹配；P or P'表示满足模式 P 或模式 P'的匹配；P ~ P'表示与模式 P 匹配的事件和与模式 P'匹配的事件不一样。

下面以 X/Open DTP 为例说明 Rapide 的描述能力和工作原理。

X/Open DTP 参考模型[X/OPEN，1996]为分布式事务应用提供了一个标准的软件体系框架，如图 3.3 所示。X/Open DTP 模型由三个组件构成：应用程序（AP）、资源管理器（RM）和事务管理器（TM）。X/Open DTP 给出了这三者的接口及使用这些接口的协议。按照 X/Open DTP，AP 向 TM 发起一个新的事务，由 TM 通知 RM，如果所有的相关 RM 都同意，TM 将事务标识符 xid 发给 AP；AP 向 TM 请求提交该事务，最终由 TM 完成两阶段提交。

将 X/Open DTP 模型用 Rapide 体系结构表示，包括以下两个步骤：

- 用 Rapide 的接口类型表示 X/Open DTP 的接口。

· 用 Rapide 的连接规则和模式约束表示 X/Open DTP 协议。

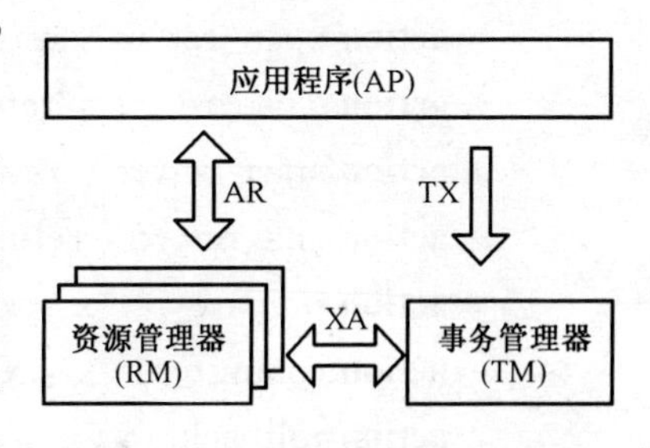

图 3.3　X/Open DTP 体系结构

分析 X/Open DTP 模型，发现 AP 有一组与 TM 交互的组成元素，而 TM 通过与之对偶的元素与 AP 交互，将这组交互的元素抽取出来，定义成 TX 服务；同理，定义了 RM 与 TM 之间交互的 XA 服务及 AP 与 RM 之间交互的 AR 服务。下面是 X/Open DTP 简化了的 Rapide 描述：

```
type TX_Service is interface
  public
  type return_code is enum
      tx_ok, tx_error
  end;
  action open_call();
  action close_call();
  action begin_call();
  action commit_call(x : xid);
  action rollback_call(x : xid);
  extern
  action open_ret(rc : return_code);
  action close_ret(rc : return_code);
  action begin_ret(x : xid; rc : return_code);
  action commit_ret(x : xid; rc : return_code);
  action rollback_ret(x : xid; rc : return_code);
  constraint
    …
end TX_Service;

type XA_Service is interface
  public
  type return_code is enum
      xa_ok, xa_error
  end;
  action open_call();
  action close_call();
  action start_call();
  action end_call();
  action prepare_call(x : xid);
  action commit_call(x : xid);
  action rollback_call(x : xid);
  extern
```

```
  action open_ret(rc : return_code);
  action close_ret(rc : return_code);
  action start_ret(rc : return_code);
  action end_ret(rc : return_code);
  action prepare_ret(x : xid; rc : return_code);
  action commit_ret(x : xid; rc : return_code);
  action rollback_ret(x : xid; rc : return_code);
  constraint
    ——约束省略了
end XA_Service;
type AR_Service is interface
    public action Request(x : xid);
    extern action Results(x : xid);
end AR_Service;

type Application(NumRMs : Integer) is interface
  extern TX : service TX_Service;
         AR : service(1..NumRMs) AR_Service;
  ...
  constraint
  behavior
  ...
end Application;

type Resource is interface
    public AR : service AR_Service;
           XA : service XA_Service;
  behavior
  ...
  constraint
  ...
end Resource;

type Transaction_Manager(NumRMs:Integer) is interface
  public TX : service TX_Service;
  extern XAs : service(1..NumRMs)XA_Service;
  behavior
  ——两阶段提交协议
     ——轮询阶段
     (? x in xid) TX.commit_call(? x) =>
```

```
            (! i in 1.. NumRMs ||) XAs(! i). prepare_call(? x);;
      ——决策阶段:进行提交
      (? x in xid)((! i in 1.. NumRMs ~)
      XAs(! i). prepare_ret(? x, xa_ok)) =>
            (! j in 1.. NumRMs ||) XAs(! j). commit_call(? x);;
      ——决策阶段:进行回退
      (? x in xid)((? i in 1.. NumRMs ~)
      XAs(! i). prepare_ret(? x, xa_error)) =>
            (! i in 1.. NumRMs ||) XAs(! i). rollback_call(? x);;
  constraint
  ——协调限制
    never (? x in xid) (? i, ? j in 1 .. NumRMs)
    XAs(? i). prepare_ret(? x. xa_ok)
    || XAs(? j). commit_call(? x)
end Transaction_Manager;
```

在 Rapide 中,“?”相当于存在量词,“!”相当于全称量词。

为了进行接口的绑定,TM 的接口定义要将 TX 服务定义为公共的,而 AP 的接口定义要将 TX 服务定义为外部的。

现在就可以给出整个体系结构的描述了。

```
architecture X/Open_Architecture(NumRMs: Integer)
  return X/Open is
    AP : Application_Program(NumRMs);
    TM : Transaction_Manager(NumRMs);
    RMs: array(Integer) of Resource_Manager;
  connect
    AP. TX to TM. TX;
    for i : Integer in 1.. NumRMs generate
      TM. XAs(i) to RMs[i]. XA;
      AP. AR(i) to RMs[i]. AR;
    end generate;
    constraint
      ——原子性约束
      never(? RM,? RM in Resource_Manager)
      (? x in xid) ? RM. XA. commit_ret(? x,xa_ok)
      ~? RM'. XA. rollback_ret(? x,xa_ok);
      ...
end architecture X/Open_Architecture;
```

一个 X/Open DTP 模型有一个 AP、一个 TM 和多个 RM。X/Open DTP 体系结构的描述带一个参数 NumRMs,用于在事务管理器和资源管理器之间,以及应用程序和资源管理器之间各创建 NumRMs 次连接。体系结构中第一个连接建立在应用程序的 TX 服务和事务管理器的

TX 服务之间。然后,用 generate 语句在 TM 和 RM 之间创建了 NumRMs 个服务连接,用 TM 中第 i 个 XA 服务与 RM 的第 i 个 XA 服务相连接。最后,用 generate 语句在 AP 和 RM 之间创建了 NumRMs 个服务连接,用 AP 中第 i 个 AR 服务与 RM 的第 i 个 XA 服务相连接。通过 generate 语句和服务连接可计算出总连接的数量,从而可估算出系统的可伸缩性能。

X/Open DTP 体系结构要满足的一个约束是它的原子性。在 Rapide 中,原子性表示成在所有 RM 行为上的一个约束:一个 xid 不能既是 commit_ret 事件的参数,又是 rollback_ret 事件的参数。如果满足该约束,那么一个事务或者被所有的 RM 提交,或者都不提交。

一个应用程序调用在 AP 接口中定义的 TX 服务时,可打开/关闭 RM、开始/提交/回滚全局事务。一般的流程是应用程序生成一个 begin_call 事件,请求开始一个新的事务;事务管理器回应一个 begin_ret 事件,该事件内包含一个新的 xid。以后,应用就可以在向资源管理器的请求中使用该 xid。为了结束一个事务,应用程序可以用 commit_call(x)提交该事务或用 rollback_call(x)放弃该事务。应用程序通过 commit_ret 和 rollback_ret 事件接收提交或回滚的结果。

Rapide 提供一组工具集,包括:

· 体系结构建模图形工具。

· 执行工具(包括编译器,连接器和运行库)。

· 仿真工具。

· 浏览工具。

· 约束检查器。

对照 ADL 设计考虑的因素,可以从如下几个方面概括 Rapide 的特点:

· 在组件的建模方面,Rapide 将组件称为接口,以接口作为建模概念,组件的实现方式独立于描述;函数、动作和服务这些接口元素是组件之间的连接点;Rapide 有单独的类型语言;在语义表达上,用事件偏序集表示组件行为和组件之间的交互;可以指定组件的约束,包括对组件状态的代数约束和事件偏序集上的模式约束;通过继承支持组件的进化;不支持对组件的非功能特性进行建模。

· 在连接器的建模方面,没有把连接器作为实体,而是通过内部构造实现连接器。在 Rapide 中,对应的建模概念为连接,其语义用事件偏序集表示。由于连接是内部构造的,因此,不能在连接上指定约束条件,不提供连接的进化,更无法描述连接的非功能特性。

· 在配置关系的建模方面,Rapide 的配置是内嵌的,Rapide 为内嵌的配置规约提供图形化的表示方法,增加了可理解性;Rapide 具有的映射能力支持体系结构的组合,也使得对不同层次上的体系结构仿真和比较成为可能;Rapide 的内嵌配置不利于体系结构的伸缩,也不利于体系结构的进化;在对非功能特性的支持方面,Rapide 通过约束子语言可以对时序关系进行建模分析。

· 在工具支持方面,Rapide 提供多种工具,使得体系结构的执行是可视化的,对体系结构的分析主要通过事件过滤和模拟工具及约束检查器完成,Rapide 的执行子语言可支持体系结构的精化和实现。对体系结构的动态改变,Rapide 有编译和运行的支持,但 Rapide 不支持主动规约。

3.2.3 实用软件体系结构描述方法

从实用角度将软件体系结构的设计、描述和表示同软件系统建模融为一体,形成实用软件体系结构描述方法[Hofmeister,1999]。实用软件体系结构描述方法用概念视图(Concept View)、模块视图(Module View)、执行视图(Execution View)和代码视图(Code View)等四个不同的视图来分析软件体系结构。其中,概念视图按照系统的主要设计元素之间的关系来描述系统;模块视图用于系统分解并将模块进行层次划分;执行视图用于将功能组件分配给运行实体,侧重于软件的动态结构问题;代码视图用于将源代码组织成目标代码、运行库和二进制文件。这四个视图均用 UML 描述,并大量使用 UML 构造型。

软件体系结构分析是一个不断反复的过程,在各个视图的设计过程中,都有可能存在着反馈,有时需要返回到上一个视图或前一个任务进行重新设计,以求满足不断出现的新需求。图 3.4 给出了软件体系结构的四个视图及它们之间的关系。

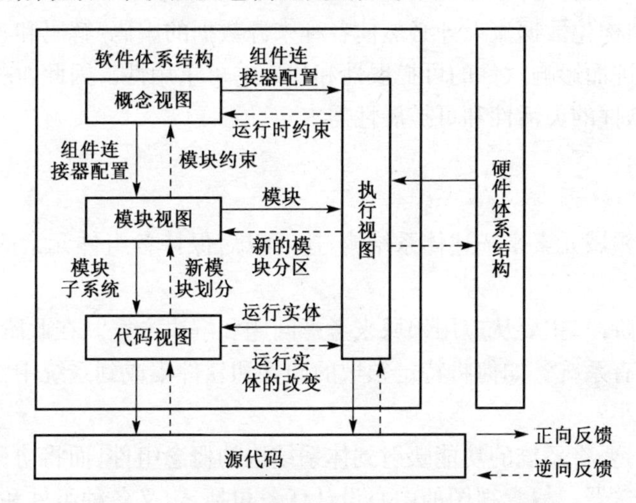

图 3.4　软件体系结构的四个视图及其关系

在软件体系结构设计之前,要对那些影响体系结构和开发策略的因素进行全局分析,需要分析的各种全局因素包括组织因素、技术因素和产品因素等。其中,组织因素包括管理抉择、人员技能和兴趣、开发过程、开发环境、开发时间表,以及开发预算等,这些因素会对设计抉择产生约束;技术因素包括硬件环境(如处理器和网络)、软件技术(如操作系统、用户接口和设计模式)、体系结构技术(如体系结构风格和框架),以及一些技术标准等;产品因素包括功能特性和产品质量,而产品质量包括可用性、可靠性、性能、错误检测、产品服务和产品价格等,产品因素对软件体系结构有很大的影响。

全局分析要分析上述各种因素,提出解决策略,包含如下三个步骤:①识别和描述因素;②给出各种因素的适应性和可变性;③分析各个因素之间的相互影响。通过因素分析,产生一张全局因素表。全局分析的目的就是要识别由上述因素带来的问题,提出解决方案和策略,最终得到一组由问题、影响因素和可应用策略组成的列表。

全局分析的工作贯穿于各个视图的设计活动中,全局分析的结果为其后各个视图的设计提供了基础,也是对需求分析和风险分析的一个补充。

以下使用网驰平台[ONCE,2010] 的数据集成中间件 OnceDI(简称 DI)作为例子,说明如何用 UML 来描述软件体系结构。

数据集成中间件 OnceDI 在 Internet/Intranet 环境中为各种数据源提供基于异步通信方式的数据传输和集成。在 DI 的数据发送端,用户选择要发送数据的来源(数据库数据、带格式的文本文件或 XML 文件)。对于数据库数据,用户需要指定数据表和列名;对于文本文件,用户需要指定其数据格式;用户还要选择发送目的地和完成相应配置的设置,包括指定消息管理器的目标队列、FTP 和 Email 的服务器、用户名和密码、自动周期发送或手动发送等，然后用户就可以提交数据发送任务了。与发送端类似的是，在 DI 的接收端，系统按照用户配置好的通信方式定时监控新数据的到来，用户需要指定新到达数据的目标形态。与发送端相对应的是，对于数据库方式，用户需要指定目标数据表和列名；对于文本文件，用户需要指定文本数据的存储格式。在接收端，用户可以指定系统在新数据到达时按主题自动接收数据；在自动接收模式下，对于超时未到的数据，系统可自动发送电子邮件通知发送方。DI 在发送端和接收端都提供相应的操作向导，以引导用户的操作行为。

由于 DI 必须能够支持多种数据源和多种通信方式，数据在多种编码/解码器和通信组件之间交互，采用传统的结构化数据流设计必然使各种来源数据的编码/解码和各种通信功能黏合在一起，导致代码冗余，进而影响软件的可扩展性和代码的可重用性。因此，在对 DI 进行体系结构设计时，要特别注意软件的灵活性和可扩展性需求。

1. 概念视图设计

概念视图是按照领域元素来描述体系结构，这对以后保持各组件元素的简洁性和分离控制有着重要的意义。

在概念视图设计阶段，主要从应用领域来考虑问题和解决方案。在此阶段主要考虑：如何实现需求？能否集成已有系统？如何将特定领域的硬件和软件集成到系统中？如何使需求改变对系统的影响减少到最小？

在全局分析之后，要将系统的功能映射到体系结构的概念组件，而将协调这些组件并进行数据交换的元素称为连接器。概念视图的中心设计任务包括：定义各种组件和组件之间的连接器，给出组件和连接器的关联，将系统的功能映射到组件和连接器。其中，功能集中放到组件中，控制行为集中放到连接器中，定义组件和连接器在产品中的实例。

概念视图是用 UML 的类图描述的，图 3.5 给出了概念视图的元模型。从图 3.5 中可以看到，概念配置(Conceptual Configuration)由组件和连接器组成。一个组件可以包含一系列组件(cComponent)、连接器(cConnector)和端口(cPort)。其中，端口定义组件收到和发出的消息，是组件之间的交互作用点；与“接口”概念不同的是，端口可以有自身的实现，可以处理组件之间的交互操作。端口还可以拥有自身的协议，并由协议安排进行消息交换。

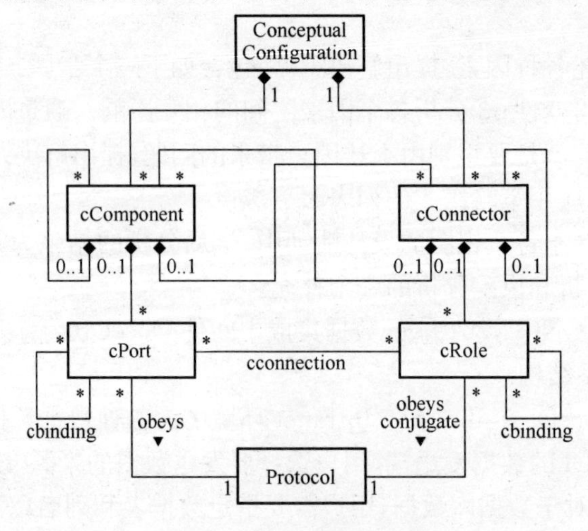

图 3.5　概念视图元模型

一个连接器可以包含一系列组件、连接器和角色(cRole)。其中,角色是和其他体系结构元素交互的作用点。角色与端口类似,也遵循相关的协议。组件和连接器通过端口和角色进行互联。角色与端口所遵循的协议必须是在配对的情况下才能互联,所谓"配对"是指:角色协议所接收的消息是端口协议所发送的消息,端口协议所处理的消息是角色协议所发送的消息。

现在来看例子。作为传输工具,DI很自然地由两部分组成:发送端组件和接收端组件。以发送端组件为例,为了分离发送任务定义和发送控制,组件采用客户/服务器结构,为此设计了组件 ExportWizard 和 ExportServer,ExportWizard 用于接收用户的数据导出定义,ExportServer 负责数据编码和发送。由于组件 ExportServer 要支持多种通信方式和多种编码方式,为保持组件元素的简洁性和分离控制的要求,它再次分解出两个组件 DataEncode 和 Transfer,分别用于对编码方式和通信方式进行控制。进一步确定具体的连接器,ExportWizard 和 ExportServer 之间是用客户/服务器方式连接,ExportServer 和 DataEncode 之间,以及 ExportServer 和 Transfer 之间采用方法调用。图 3.6 给出了 DI 发送端组件的概念视图。

图 3.6 中的发送端组件有三个端口。SendDef 端口负责接收用户的数据导出定义,并经 Client/Server 连接器传递给 ExportServer 组件。DataIn 端口用于获得源数据,源数据经过指定的编码器由 DataControl 端口传给 ExportServer,再由 Transfer 组件负责打包进行传输。DataOut 端口用于输出数据。

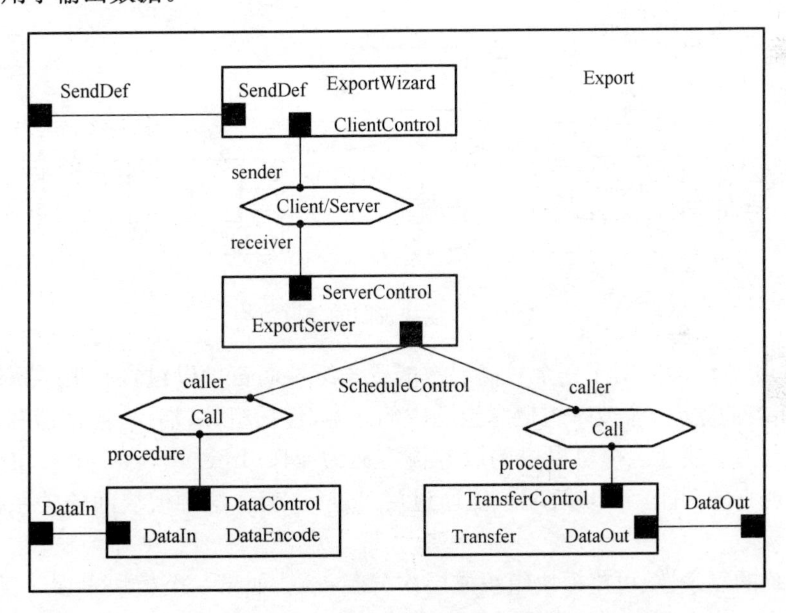

图 3.6 DI 发送端的概念视图

图 3.6 看上去不像经典的 UML 图,但它确实是一个扩展的 UML 类图,其中的组件、端口、连接器和角色都是构造型类,由于 UML 构造型可以引入自身的图形符号,所以在图形表示上看上去与 UML 有些差距。这里,组件用矩形表示;端口表示成组件边缘正方形的小黑块,在小黑块的旁边可以加上端口名,连接器用一个拉长的六边形表示,角色是连接器边缘的小黑圈,在小黑圈的旁边可以加角色名。

对于概念视图的组件和连接器,如果有必要,可以用 UML 状态图来定义它们基于消息的状态变换。如果概念视图包含协议,还可以用 UML 顺序图描述协议内部消息的交互。

2. 模块视图设计

模块视图是在概念视图功能特性划分的基础上，明确地将功能映射到实现模块。

模块视图描述如何实现概念视图的解决方案，所考虑的问题包括：如何将系统功能映射到软件模块？使用什么样的系统支持和服务？如何支持测试？如何减小模块间的相互依赖？如何重用模块和子系统？

在模块视图的设计中，概念视图的组件和连接器被映射成了子系统和模块，但模块视图并不直接是概念视图的精化，模块视图和概念视图基于两种不同的基础模型。在概念视图中，组件是应用功能的抽象，它们通过起控制作用的连接器进行交互。在模块视图中，所有的应用功能、控制功能和协调功能等都被映射到模块。

模块视图设计包含了三个紧密耦合的设计任务：划分模块、划分层次和全局评价。具体地说，即在全局分析的基础上，需要将概念视图的元素映射到子系统和模块，建立层次并定义模块和层次的接口。模块视图可以用 UML 的类图描述，图 3.7 为模块视图的元模型。

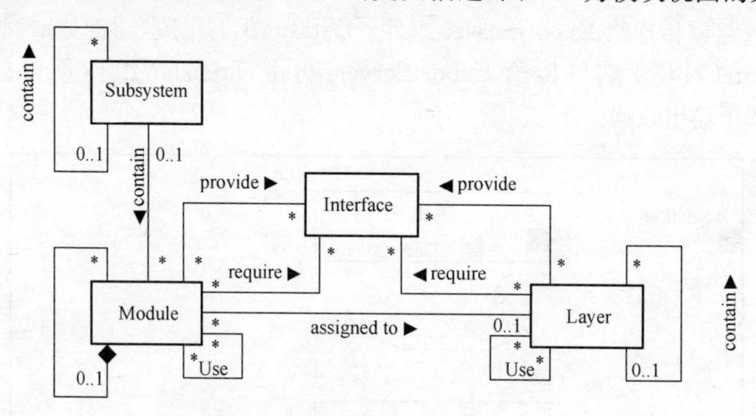

图 3.7　模块视图的元模型

子系统(Subsystem)相对于一个较高层次的概念组件而言可以包含其他子系统和模块。一个模块(Module)对应于一个或一组概念视图中的元素，包括组件、端口、连接器和角色。模块也可以进一步划分为子模块。模块提供的服务被定义为接口(Interface)，一个模块可以利用其他模块的接口实现它的功能。模块之间只能通过接口进行交互，这种模块间的关系被定义为使用(Use)关系。

为降低系统的复杂性，可将模块组织成层次(Layer)。如果一个模块隶属于某个层次，那么它可以使用这个层次中所有的其他模块。当模块跨层次调用时，层次必须提供模块所需的接口。层次同样也可以包含子层次。

可以用表格给出概念视图中的元素与模块视图中的元素的对应关系。表 3.1 给出了 DI 发送端概念视图中的元素与模块视图中的元素的对应关系。基于图 3.6 的 DI 发送端概念视图，可以将整个发送端组件 Export 作为一个子系统 SExport，而概念视图中的其他元素则按照表 3.1 的对应关系映射成模块，即有 MExportWizard(发送向导模块)、MExportServer(发送服务器模块)、MSchedule(调度模块)、MTransferControl(传输控制模块)、MDataControl(编码控制模块)、MDataEncode(编码模块)和 MTransfer(传输模块)。其中，MDataEncode 按照不同编码方式又可精化为多个子模块。同样，MTransfer 根据不同的传输方式也可精化为多个子模块。

表 3.1 DI 发送端的模块设计

概念视图元素	子系统或模块
Export	SExport
ExportWizard，SendDef，ClientControl，Client/Server，sender，receiver	MExportWizard
ExportServer，ServerControl	MExportServer
ScheduleControl，Call，caller，procedure	MSchedule
TransferControl，DataOut	MTransferControl
DataControl，DataIn	MDataControl
DataEnCode	MDataEncode
Transfer	MTransfer

3. 执行视图设计

执行视图按照系统的运行平台元素来描述系统的结构，描述系统的功能是如何赋给这些平台元素的，运行实体是如何相互通信的，物理资源是如何分配的。执行视图用于性能监控、优化分析，以及调试和维护。

执行视图主要针对运行平台上的控制流，需要考虑的问题有：如何才能满足性能需求？如何平衡资源使用？如何选择必要的并发和分布，而不增加控制算法的复杂度？如何最小化由于运行平台改变所带来的影响？执行视图的设计任务包括全局分析、运行实体设计、通信路径设计、配置设置、全局评价和资源分配。

执行视图的元模型如图 3.8 所示。在全局分析中，需要确定软件平台上可用的与操作系统相关的平台元素，如进程、线程、队列、文件、共享内存和 DLL 等，然后决定概念组件和模块如何映射到平台元素上。根据图 3.8 的执行视图元模型，运行实体与模块是多对多的关联关系，即一个模块可以赋给多个运行实体，一个运行实体也可以赋给多个模块；一个运行实体只能与软件平台上的一个平台元素相对应。软件系统中也有些运行实体如守护进程没有相应的模块。接着要考虑运行实体之间的资源共享，如文件共享、缓冲区共享和服务器共享等。在定义运行实体之

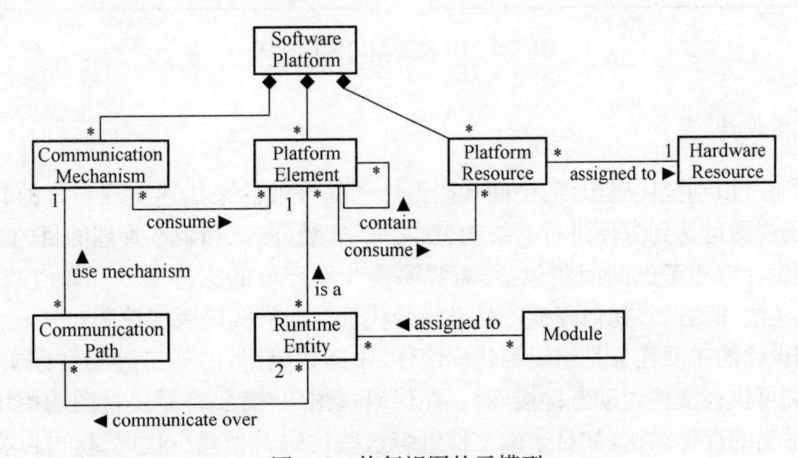

图 3.8 执行视图的元模型

外，还需要识别实体间的通信机制和通信路径，从图 3.8 可以看出，通信机制有可能要依赖平台元素，如邮箱、队列、缓冲区和文件等，而通信路径是建立在两个以上运行实体上的。在完成执行视图的总体搭建后，还需要给出执行时的配置关系。最后进行全局评价，通过性能分析和原型实验以决定是否要精化运行实体的边界，修改运行实体的特性，以及更合理地分配物理资源。

执行视图描述运行实体及它们的配置关系，可用 UML 类图表示；运行配置到硬件设备的映射可用 UML 的部署图描述，配置的动态行为可用 UML 顺序图描述。

在 DI 发送端概念视图和模块设计的基础上，可以把组件 ExportWizard 和 ExportServer 分别映射到两个进程上，进程 EExport 对应客户端的用户数据导出定义，进程 EExport Server 处理服务器端数据编码和发送任务。发送端的数据自动发送映射为服务器上的守护线程 TAutoSendDaemon，它按用户定义完成自动的数据发送，而自定义发送过程封装于线程 TSendNode 中。图 3.9 是 DI 发送端的执行视图。该视图还标识出了运行实体间的通信方式和对应的拓扑关系。通过 IPC 调用，一个服务器进程 EExportServer 可以对应若干个客户端进程 EExport，而 MSchedule 模块通过过程调用(PC)对应若干个发送守护线程和自定义发送线程。

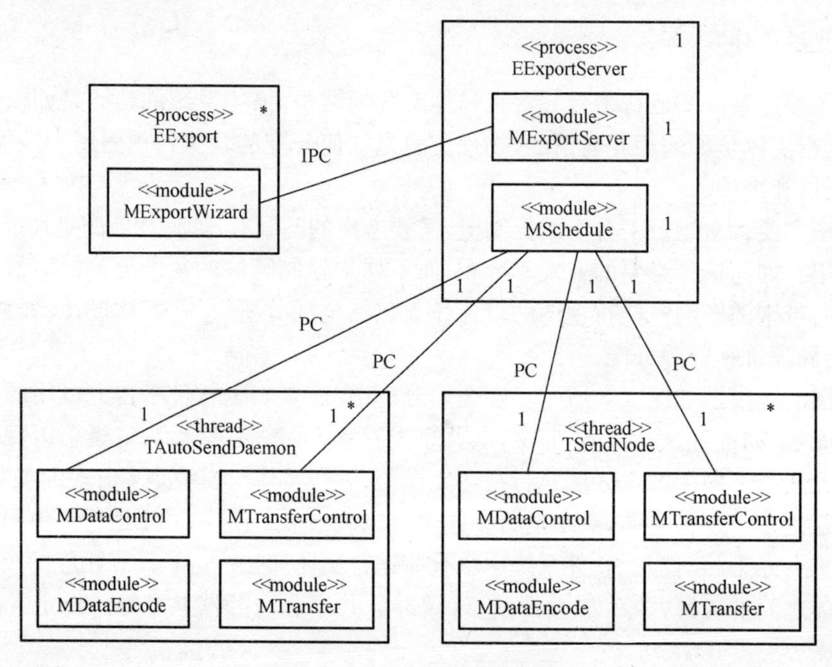

图 3.9　DI 发送端的执行视图

4. 代码视图设计

代码视图通过识别源代码组件、中间代码组件和部署组件来描述实现系统的软件是如何组织的，利用代码视图可达到方便进行系统构造、集成、安装、测试和版本管理的目的。

代码视图设计需要考虑的问题包括：需要哪些开发环境的支持工具？如何减少编译时间？如何支持产品集成和测试？如何降低产品升级的代价？如何实施版本控制？

代码视图设计的主要任务是组织源代码组件、中间代码组件（如二进制目标文件和静态库）和部署组件（如可执行文件和动态链接库）。在代码视图中，需要将模块视图的模块映射到源代码组件，可用适当的存储结构，如目录或文件组织这些代码。为减少代码量，可以将接口定义单独生成以便于重用。对于复杂的模块，可以将实现分散到多个代码文件中。在代码视图中，还要将执行视图的运行实体和相互依赖关系映射到部署组件和它们之间的关系上，部署组件在运行时刻实例化运行实体。中间代码组件起到连接源代码组件和部署组件的作用。最后还要设计构建系统的过程，包括编译顺序、编译脚本和安装程序等，用于有效地构建整个系统或部分系统。

在表示形式上，可以用 UML 的组件图表示代码视图中的组件、组件的组织及组件之间的关系，而模块和源文件的对应关系、运行实体和部署组件的对应关系则可用表格方式直接给出。图 3.10给出了代码视图的元模型。

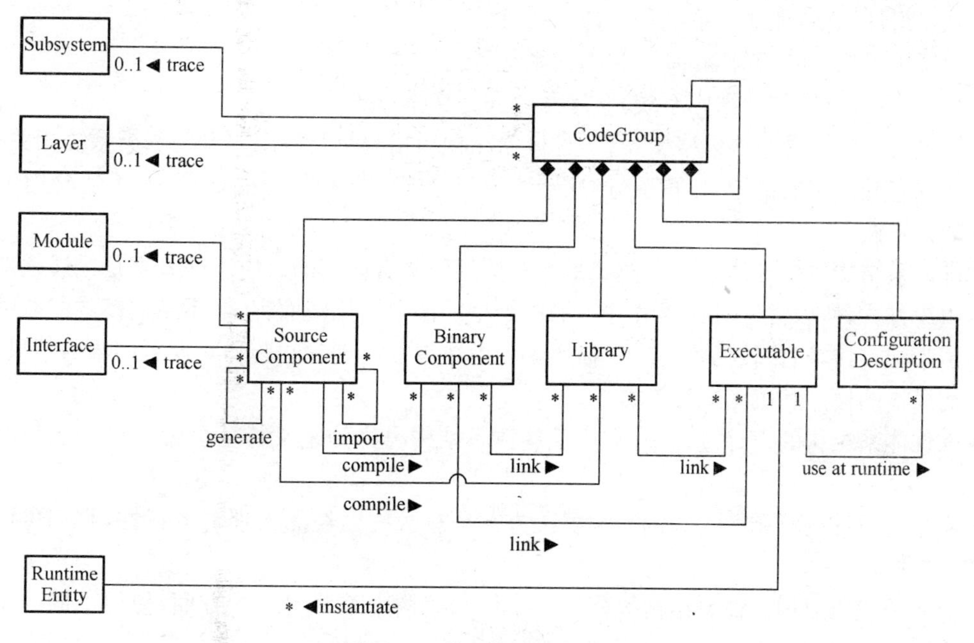

图 3.10　代码视图的元模型

DI 的代码视图这里从略。在上述多个视图的基础上，可以容易地进行 DI 的详细设计和编码。体系结构的规范化描述为以后系统功能的变化和体系结构设计的重用提供了良好的支持。

3.3　软件体系结构风格

软件体系结构的设计与其他设计活动一样，都面临如何利用以往的经验进行更好设计的问题，为此提出了“体系结构风格(Architectural Style)”的概念。软件体系结构风格刻画一类具有共同的结构和语义特征的系统，有原则地利用体系结构风格将带来一系列实际的好处。但是，体系结构风格的选择必须根据特定项目的具体特点，并进行分析比较才能确定。本节首先介绍体系结构风格的定义和作用，然后介绍分布式环境中常用的两种体系结构风格，即分层系统和容器系统。

3.3.1　定义和作用

体系结构风格刻画了一类具有共同的结构和语义特征的系统。定义一种体系结构风格，至少需要包括以下几项内容：

- 词汇表，描述组件和连接器类型的词汇表。
- 配置，明确组成元素的合法组成方式。

· 约束，描述组件和连接器之间的组合限制。

· 语义，描述如何通过组件和连接器的性质确定系统的语义。

对软件体系结构风格的分类没有一个统一的标准，每一种体系结构风格都是针对某一软件系统特征而言的。常见的软件体系结构风格有：

· 数据流风格，如批处理系统和管道/过滤器等。

· 调用返回风格，如主程序/子程序、面向对象系统和分层系统等。

· 独立组件风格，如通信系统和事件系统等。

· 虚拟机风格，如解释器和基于规则的系统等。

· 数据仓库风格，如数据库系统、仓库系统和超文本系统等。

在以上所列的体系结构风格中，每一种体系结构风格都是与特定类型的一类系统相关的，每一种风格都有其使用的范围，如管道/过滤器适用于流式数据和信号的处理，而不适合用于对共享数据的并发访问。

软件体系结构风格和体系结构模式是非常接近但又有区别的。由于两者都是描述软件系统的基本组织方式，所以常常对这两者并不加以严格的区分。比较而言，体系结构模式的意图和目标更为清晰和直接，用比较抽象的形式描述如何解决重复出现的问题和实现所期望的结果；软件体系结构风格的概念和范围则较为宽松。

在软件体系结构的设计过程中，利用某些体系结构风格的定义特征会带来许多实际上的好处，例如：

· 实现对设计的复用。一些例行的解决方案具有某些已经深入理解的特性，它们可以运用到新的问题中。

· 有效的代码复用。体系结构风格给出了体系结构中某些不变的方面，使得不同的系统可以共享同一模块的实现代码。

· 易于对系统结构的理解。即使在没有细节描述的情况下，仅仅通过体系结构风格的名称，就会大致了解系统由哪些部分组成，以及这些部分是怎样组织和工作的。

· 支持风格相关的体系结构分析。

下面介绍分布式环境中常用的两种体系结构风格，即分层系统和容器系统。具有分层风格的系统通过将系统分层来简化系统设计的复杂性。分层系统这种体系结构风格与 ISO OSI 模型具有直接的渊源关系，而多层客户/服务器可以看做是分层系统在分布式环境中的应用。容器风格的系统支持服务的集成，允许服务动态而透明地加到组件运行环境，当某一事件发生时，可自动地触发相应的服务。

3.3.2 分层系统及其应用

系统的复杂性随着系统元素的增加而快速增加。如何使系统具有高内聚性和低耦合性，避免模块之间不必要的依赖关系，成为复杂软件系统设计要解决的一个重要问题。系统分层就是主要解决途径之一。

分层系统采用层次化的组织方式，每层有其组成元素，有其语法和规则，具有描述所需系统或相关部分的能力。例如，一个 C＋＋程序和该程序经编译后的目标代码，这两者描述的是相同的系统，但它们是在不同抽象层次的表示。由于每一层都有其语义，所以来自不同层的元素放在一起没有意义。系统元素从一层转换到另一层意味着语义的转换。每一层可看成是一个基于下层服务并为它的上层提供服务的虚拟机。这种分层机制支持抽象程度逐次递增的系统设计，使得设计者可以把一个复杂系统按抽象级别逐次增加的步骤展开。每一层次对外提供的服务通过该层次的接口对外是可见的,除此而外,可能也会有一部分精心选择的功能和服务对其他的层次和系统外部可见。

在分层系统中,每一层次的组件可以看成是实现该层次功能的虚拟机,层次与层次之间交互的协议构成了连接器的内容,层次之间的交互还需要满足一定的约束。

分层系统的基本结构如图 3.11 所示。

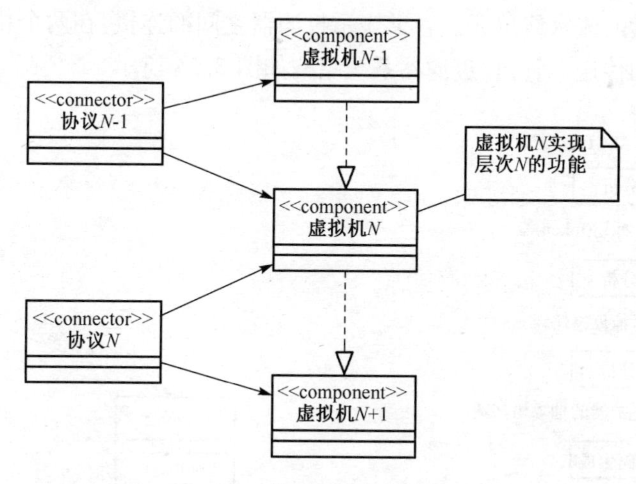

图 3.11 分层系统的基本结构

在体系结构设计中,还可以采用另外一种不同的分层方法。首先,把一个系统分解成若干子系统,再依次扩展每一个子系统的功能模块,最终系统的层次结构形成一棵树,如图 3.12 所示。必要时,可以调整节点的扇出(Fanout),以保证每一层中的节点具有大致相同的粒度。这种系统结构并不具有前述的分层含义,层次之间没有那种语义的转换,而是在一个语义域中对细节进行了扩展和精化。更准确地说,这是把它们进行"分级",级之间的元素是不严格的,可以从一级调整到另一级。用 UML 的术语来讲,这种分级相当于聚合。在实际应用中,分层系统与分级系统常不加区分,都称为分层系统。

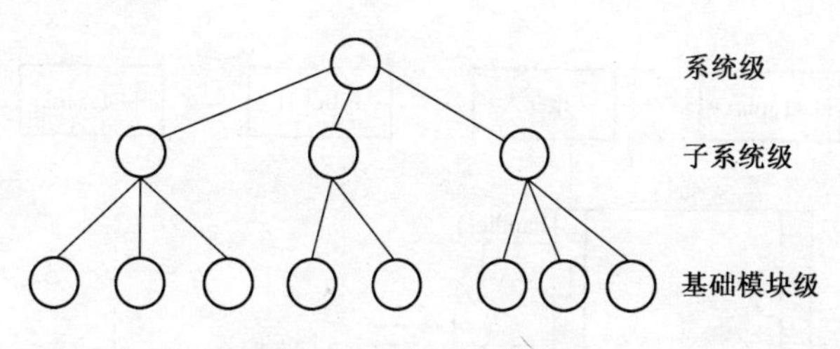

图 3.12 树型层次系统

分层系统最广泛的应用是分层通信协议。在这一应用中,每一层提供一个抽象的功能,为相邻的高层提供服务,高层则通过原语或过程调用相邻低层的服务。最底层只定义硬件物理连接。分层系统的其他应用包括分层的操作系统、分层的数据库管理系统,以及客户/服务器应用系统等。

管道/过滤器(Pipes and Filters)是一个典型的分层系统的例子。管道/过滤器为处理数据流的系统提供了一种通用的结构。数据流的处理被分解为几个处理步骤,每个步骤的处理封装在一个过滤器组件中,数据通过相邻过滤器组件之间的管道连接器传输,每个管道实现相连处理步骤间的数据流动,不相邻的处理步骤不共享信息。

例如,要求设计一个程序设计语言的编译器,输入是ASCII码程序文本,输出是可执行的机器二进制代码。编译器就是对数据流一系列处理的步骤,包括词法分析、语法分析、语义分析、中间代码生成和代码优化等,最终将ASCII数据流转换成为二进制数据流。为此采用管道/过滤器系统结构,将每一个处理步骤封装成组件,组件之间的管道连接器支持相邻步骤间的数据流动。编译器的管道/过滤器结构如图3.13所示。

在管道/过滤器结构中,过滤器是流水线的处理单元,从前面的流水线单元获得数据并进行处理,然后提供给后续的流水线单元。管道表示过滤器之间的连接,在两个相连的过滤器之间对数据进行缓冲、同步和传送。管道/过滤器系统结构如图3.14所示。

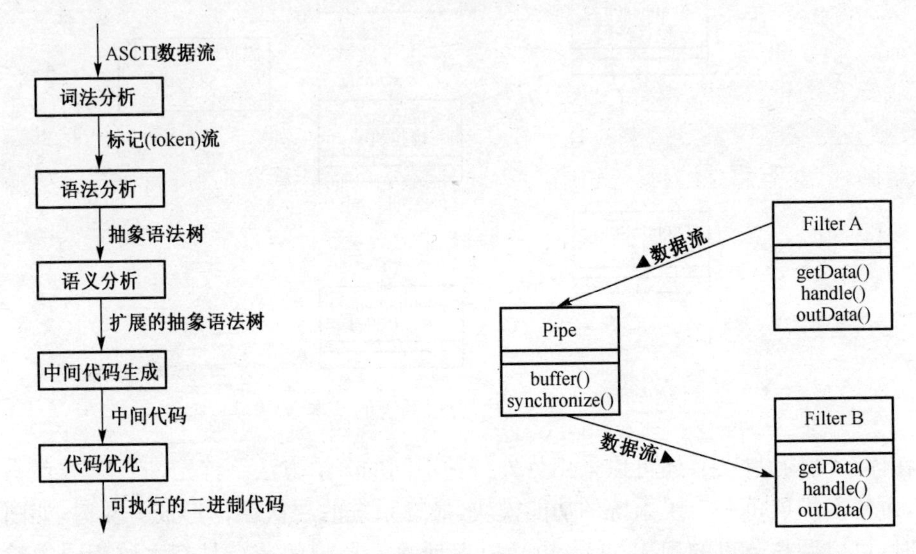

图3.13 编译器的管道/过滤器结构　　图3.14 管道/过滤器系统结构

设整个流水线的输入端为DataSource,输出端为DataSink。DataSource和DataSink可以输入/输出各种各样的数据。依据流水线中数据流动的方式,DataSource把数据从第一个过滤器写入,然后从这个过滤器依次向下写,直至在DataSink中完成整个写操作,其顺序如图3.15所示。

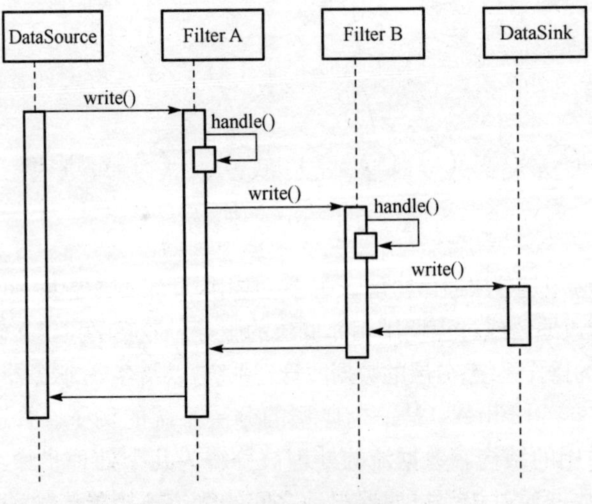

图3.15 管道/过滤器顺序图

图 3.15 描述的数据流动方式是由 DataSource 主导的，称之为推方式。数据流动也可以由 DataSink 主导，一步一步地向前面的过滤器发送读请求直至 DataSource，然后从 DataSource 处把需要的数据“拉”回来。还有一种方式，就是系统中 DataSource 和 DataSink 本身都是被动的，虽然它们对外暴露出数据服务接口，但由于并不知道另一方何时会使用它们，所以它们只能被动地等待外界的调用。既然两端都不动，那这个“动”的工作就要交给管道或管道中某个过滤器完成。

管道/过滤器是一种解决复杂应用处理过程的典型结构。对于一些性能要求较高的环境，可以为每个管道或过滤器分配一个线程，实现管道/过滤器的并行计算。在分布式计算环境中，许多应用会涉及网络上不同的站点，因此在体系结构设计时往往把传递的数据设计为统一的流(Stream)对象，通过扩展流对象使其具有过滤器的功能。

随着 Internet 的发展和分布式计算应用范围的扩大，分层系统的结构越来越普遍。多层客户/服务器系统就是分层系统在分布式环境中的应用。图 3.16 是一个 Web 应用的体系结构示意图，它具有 4 层结构。关于客户/服务器分布式计算的内容，将在本书后面的章节重点介绍。

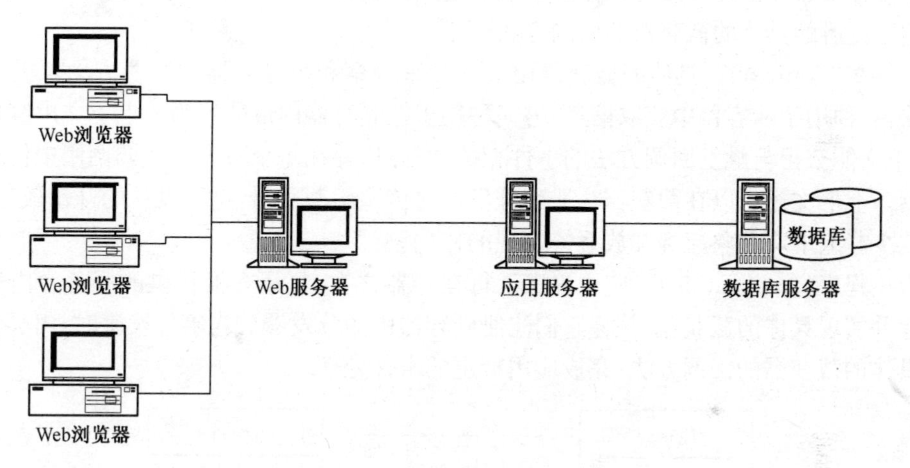

图 3.16 Web 应用的分层系统结构

分层系统的应用具有如下优点：

· 支持基于抽象程度递增的系统设计。一个复杂的系统可以按递增的步骤分解展开。

· 支持功能的逐步完善。分层系统的每一层只与相邻的上下层交互，功能的改变最多影响相邻的上下层。

· 支持复用。只要提供给相邻层的服务接口不变，层次内部的组件可使用不同的具体实现。利用所定义的标准接口，各个层次的组件可以在不同的平台中使用。

但是，并不是每个系统都可以很容易地划分为分层的模式，即使一个系统的逻辑结构是层次化的，出于对系统性能的考虑，可能需要把一些低层次操作耦合到高层次的模块中。另外，如何确定一个抽象层次是正确的或是合适的，也是一件很不容易的事情。

3.3.3 容器系统及其应用

软件系统的功能是通过所提供的服务实现的，体现服务好坏的一项主要指标是其对指定事件的反应和处理能力。一种方法是将所有的服务都预先定制在系统中，这种策略会使得软件系统非常庞大而且不灵活；另一种方法是尽量使软件系统本身简单和清晰，一些功能交由应用开发人员去实现。第二种方法有许多不足之处，一是应用开发人员要实现许多额外的代码，应用会变得过分复杂；二是某些服务要与核心功能交互，难以在应用级实现，除非应用开发人员伪装成超级用户访问受保护的系统资源，而这种伪装身份的做法有可能会给系统带来安全隐患。

容器系统采取服务动态注册方式达到灵活扩充和集成服务的目的。具体的解决办法是在系统中设置预定义的接口，注册扩展的服务，并在应用级事件发生时，让系统自动触发这些服务。容器系统同时开放系统的实现，使新增的服务能访问和控制系统行为的某一方面。

容器系统的组成如图 3.17 所示，包括：

• 容器(Container)。提供一个通用而可扩展的应用环境，用于定义特定系统所提供的服务。

• 截获器(Interceptor)。针对每个要处理的事件给出一个回调方法。当事件发生时，容器就通过指定的分发机制自动地调用这个回调。新增一个服务，就对应地有一个具体的截获器(Concrete Interceptor)，并按需求给出截获器中相应回调方法的实现。

• 分发器(Dispatcher)。负责维护一个容器中所有注册的截获器，包括配置和触发截获器。应用程序用分发器提供的方法将具体的截获器连接到容器中，若发生截获器所注册的事件，分发器将调用已注册的具体的截获器的回调方法。

• 上下文(Context)。具体的截获器用上下文来观察和控制容器的某些方面。上下文提供两类方法：一种用于从容器中获取信息，另一种用于控制容器内部的行为。上下文由容器负责初始化，上下文能获得与触发回调方法的事件相关的信息，并在每个事件的回调调用中传递给具体的截获器。上下文还可以在截获器注册到分发器时传递给截获器，这种设计的开销较少，提供的信息也较少。上下文对象起到开放系统实现的作用。

• 应用程序(Application)。应用程序运行在容器之上，复用容器提供的服务。由应用程序负责创建并实现具体的截获器，并将它们注册到容器中的分发器。当事件发生时，由容器的分发器调用具体的截获器的回调方法，完成应用特定的事件处理。

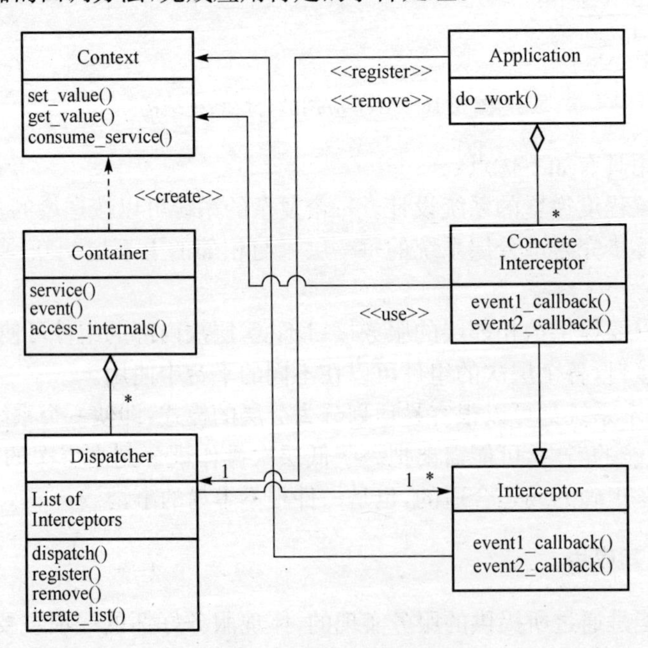

图 3.17　容器系统的组成

容器系统的工作流程如图 3.18 所示。步骤如下：

①针对每一个扩展的服务，确定系统要处理的事件集，给出截获器的回调接口。

②实例化具体的截获器，实现该截获器接口，应用程序将具体的截获器注册到相应的分发器。

③当指定事件发生时，容器实例化上下文对象，该上下文包含所发生事件的信息，并具有访问和部分控制容器的功能。容器将该上下文传递给分发器，告之发生了某事件。

④分发器调用所注册截获器的回调方法，并将上下文信息传递给具体的截获器。

⑤具体的截获器执行回调方法，并可使用上下文来检索事件或容器的信息，或控制容器的行为。

⑥回调方法执行完毕，容器继续它的正常操作。

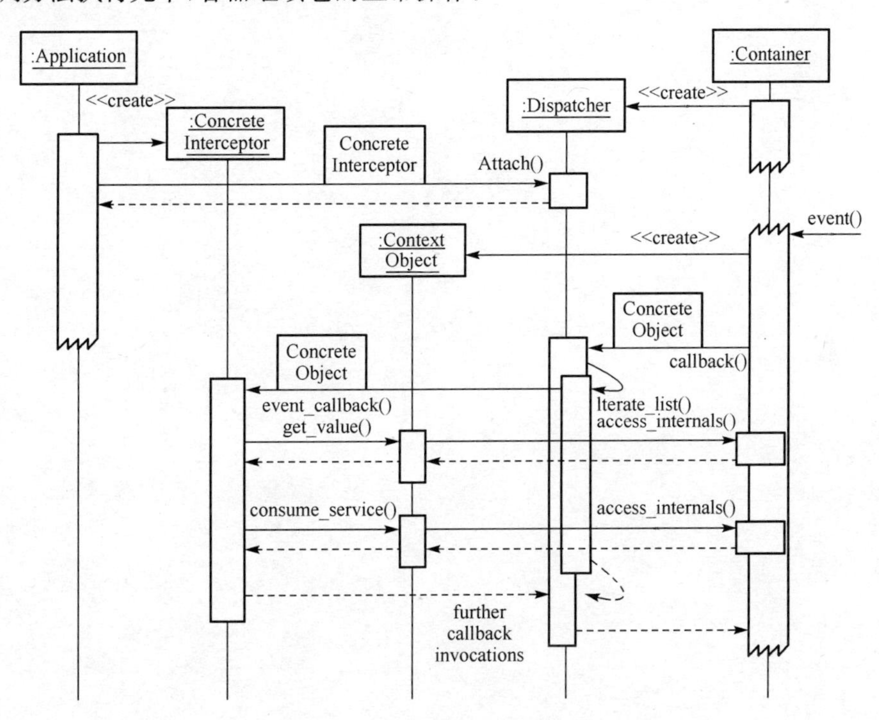

图 3.18　容器系统的工作流程图

容器系统可作为组件的运行环境部署到分布式系统中。应用服务器体系结构引入了容器，用于支持应用组件的运行，使应用组件不再需要实现那些系统服务，如事务、安全和持久性等，而仅需配置属性，声明其的需求即可。在一个新的应用组件创建之后，将由服务器自动生成一个容器实例，使之与组件相关联；当客户请求到达时，如果需要调用某个系统服务，则由该容器实例检查组件的配置属性，完成客户所期望的服务。

容器系统的应用具有如下优点：

· 增加可扩展性和灵活性。在容器系统中，可以通过配置截获器和分发器接口来增加、改变或删除服务，而无须改变容器的体系结构和实现。

· 分离核心代码和应用逻辑。容器系统中的截获器并不与应用紧密耦合，可以在不影响已有应用代码的前提下透明地增加截获器，既可以保证核心代码和应用逻辑相对独立，又可以使系统级服务代码在多个应用中重用。

· 支持对系统的监控。借助于截获器和上下文，既可动态获取容器的信息，又可动态控制容器的行为。这种能力可用来帮助开发人员创建管理工具和调试器。

但是，容器系统会使设计变得复杂。通常，分发器数量不够会减少容器的灵活性和扩展性，而分发器太多又会使效率降低，系统的实现和优化发生困难。此外，截获器的使用有可能导致发生未期望的活动，或是引起运行时错误。如果容器所调用的截获器出错，那么整个应用程序将会阻塞在那里。为了防止这种情况发生，容器要使用超时机制，即如果在指定时间内截获器没有应答，就中断该截获器的执行。但是，这又可能增加容器设计的复杂性。截获器可利用上下文改变容器的行为，而行为的改变会触发新的事件，甚至可能会引起连续调用多个截获器。一个容器提供的分发器越多，越可能发生连续的截获动作。连续的截获动作会引起严重的服务器瓶颈或死锁。

第4章　分布计算原理

与网络技术发展和应用需求的增长相适应，网络分布计算已成为新一代计算和应用的主流。各种不同的工作站系统通过高速网络互相连接，协同完成复杂的计算任务。网络分布计算提供跨越网络透明访问并处理各种异构信息资源的能力，是大规模网络应用的基础。网络分布计算是通过基于网络的分布式系统来实现的。本章首先讲解什么是网络分布计算，给出网络分布计算的基本特征；然后根据分布式系统的设计要求，从基础模型、通信、进程、并发控制、寻址定位和容错等六个方面对分布式系统的原理和技术进行讨论[Tanenbaum，2002]。

4.1　概　述

网络分布计算是利用分布在网络上的各种计算机软硬资源进行信息处理的过程，它是通过基于网络的分布式系统实现的。分布式计算反映了计算结构的组织形式，每个组织在面向网络提供资源共享的同时，独立维护本地组织内的计算资源。本节讨论什么是网络分布计算，介绍三种不同的分布式系统，即早期的分布式操作系统、网络操作系统，以及基于中间件的分布式系统。分布式系统同时催生了中间件技术的发展和进步。

4.1.1　网络分布计算

早期的计算机应用主要是集中式的，由主机及共享主机资源的一些联机终端或工作站组成，用户通过联机终端或工作站与主机交互。这种集中计算模式不能支持大量的并发用户访问，更难于做到多个物理分布的系统资源的共享。计算机网络的出现和网络技术的发展使物理位置分散的客户机和服务器可以通过网络实现连接和交互，协同完成大规模的复杂计算任务。这样，软件工程就出现了一个新的领域分支，即基于网络的分布式计算。

计算机应用从集中式走向分布式，其需求和动力主要来源于：

· 网络分布计算具有很好的性能价格比，可以提供单个大型主机所不能提供的并发计算能力。分布式计算具有良好的可伸缩性，计算能力的增加可通过系统资源的扩充来实现。

· 网络分布计算具有很好的容错性。当网络中单个节点出现故障时，整个系统仍能正常工作，这对于关键业务应用是非常重要的。但分布式系统的非集中式管理给非授权用户的访问提供了更多的机会，使安全策略的实施和增强变得困难。

· 许多计算机应用本身就是分布的。现代企业或企业集团通常由分布于不同地点的公司/子公司组成，企业行为就是分布式的协同工作。企业内部要进行大量的信息处理和分布计算，企业之间、企业与合作伙伴和客户之间也要进行大量的信息交换和计算。企业应用与分布式系统两者之间在逻辑结构上有天然的一致性。

各种不同的个人工作站和服务器通过网络互相连接，网络分布计算需要具有跨越网络透明访问各种异构设备和资源的能力，用户可以充分利用网络上的各种计算资源完成任务。有许多相关的形容词描述了网络分布计算的不同方面，如分布式的、网络的、并发的和分散的。网络分布计算是一个发展迅速的领域，还没有形成统一的定义。与集中式计算相比，网络分布计算是利用网络上动态配置的多台计算机和各种信息资源进行信息数据处理的过程，通过基于网络的分布式系统来实现多个计算单元间的协同工作。

网络分布计算有两个最基本的属性：第一是它所包含的计算单元的自治性，每个计算单元具有其物理存储和处理器，可以独立自治地进行工作；第二是它的同一性，计算单元之间相互通信和协同工作，呈现给用户的是逻辑上同一的系统。网络分布计算还必须是可动态扩展的，支持不定数目的进程或计算单元。从物理和逻辑的观点描述这样的系统，网络分布计算应该具有如下定义的属性：

- 具有不定数目的计算单元(PE)，每个 PE 称之为物理资源。
- 具有不定数目的进程，每个进程称之为逻辑资源。
- 进程之间以消息传递的方式进行通信。
- 进程之间通过交互，协同完成计算任务。
- 通信延迟不可忽略。
- 任何单个逻辑或物理的资源故障不会导致整个系统崩溃。
- 在资源故障的情况下，系统必须具有重新配置和故障恢复的能力。

从以上的定义属性可见，网络分布计算并不等同于网络，它是在更高的抽象层次上考虑问题。网络分布计算也不同于一般意义下的并行计算或并行处理。并行计算采用多个处理器并行执行单个程序，使程序执行得更快。它通常是在一台具有共享存储器的多处理器计算机上执行，主要用于密集型的科学计算领域。由于其中的主要计算单元紧密耦合，不具有相对的独立性，故不在本书讨论范围之内。现代的并行计算也可能通过网络上互连多个计算机共同来完成一个大规模科学计算任务，这种类型的并行处理一般需要专门的分布式并行处理软件的支持。

Internet/Intranet 上的多数应用都是典型的网络分布计算的例子。在 Internet 上连接的计算机都具有各自的操作系统和本地存储，可以独立地进行工作。然而，它们通过 Internet 互相连接在一起，任何一台计算机都可以通过网络与其他计算机进行交互，实现通信和信息资源的共享。万维网(WWW)计算就是一个巨大的基于 Internet 实现文档资源共享的网络分布计算。万维网包含规模巨大的分布在世界各地的客户机和服务器，服务器负责维护共享的文档资源，客户机负责为用户提供访问界面和展示所请求的文档。客户机和服务器都是相互独立地进行工作，它们通过网络互相连接并通信，对用户而言，文档的位置完全是透明的，就像存储在本地一样。ERP/CRM 系统是另一类广泛应用的网络分布计算的例子。Intranet 是 Internet 的子网，它由一个或多个局域网通过 Internet 连接而成，利用 Internet 技术实现信息底层服务。Internet 提供多种形式的网络服务，如远程文件服务 FTP、电子邮件服务 E-mail、WWW 服务及由 Internet 服务提供商(ISP)提供的专项服务等。Intranet 是企业内部网，为了适应不同的企业应用需求，企业内部网在使用 Internet 服务时要遵循一些内部的安全策略，采用防火墙阻止非法信息的侵入。基于 Internet/Intranet 开发的网络应用是分布式的，用户只需从本地工作站上输入命令，系统将根据命令在本地或远程工作站上执行。对用户而言，并不需要知道任务的具体工作流程和发生的具体物理位置，一切就像是在本地计算机上处理一样。

4.1.2 分布式系统

网络分布计算是通过基于网络的分布式系统实现的，分布式系统的特征更多地由软件确定。从资源管理的角度看，分布式系统允许多个应用共享在网络上分布的各种资源，如 CPU、存储、外设及各种数据等；从虚拟机的角度看，分布式系统隐藏了系统中各个计算单元在底层硬件和系统平台的异构性和复杂性，以统一的虚拟机形式提供给用户使用。

分布式系统较之单机系统，在体系结构上的差别是很大的。在单机情形下，用户界面、服务进程及数据存储都在同一台机器上，在集中的控制流下协同工作。网络环境下的分布式系统，其服务进程和数据可以存储在连接松散的不同站点机上，服务进程通过网络通信实现协同工作。分布式系统要处理许多在单机情形不会出现的问题，如通信连接和服务协议、事件发生和处理，以及进程并发控制等，这些问题一般说来都是与特定的应用无关的，是分布式系统服务的公共基础需求。

按照分布式系统中各个站点机互相连接的紧密程度，分布式系统可分为紧密耦合和松散耦合两大类。紧密耦合系统采用一种全局的观点来管辖各种系统资源，每个站点机运行相同的操作系统内核，它的主要目的是隐藏底层硬件的异构性和复杂性，这样的系统通常又称为分布式操作系统，或者全分布式系统。松散耦合系统是通过网络连接的一群站点机，每台站点机独立运行各自的操作系统且为其他的站点机提供系统服务，这样的分布式系统又分为网络操作系统和基于中间件的分布式系统。

以下具体分析三种不同的分布式系统，即分布式操作系统、网络操作系统和基于中间件的分布式系统。

1. 分布式操作系统

分布式操作系统与传统的单机操作系统在功能上基本一致，但在结构上完全不同。分布式操作系统涉及多台计算机，系统资源的管理不再是基于共享存储，而是只能通过计算机相互之间的消息通信。因此，分布式操作系统的结构和算法比单机操作系统要复杂和困难得多。分布式操作系统的结构如图 4.1 所示。

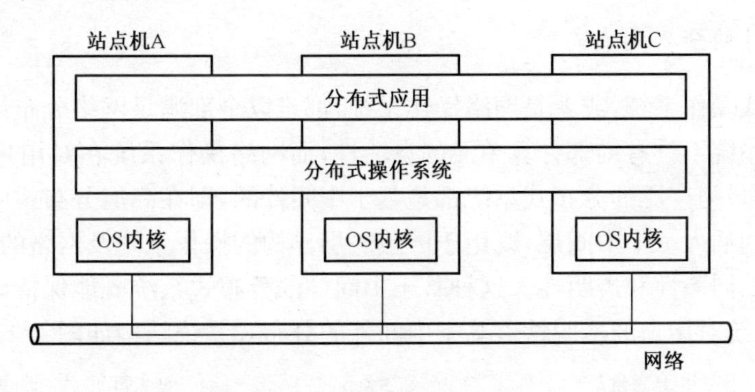

图 4.1 分布式操作系统

在一般情况下，分布式操作系统所驻留的站点机上都有一个相同的操作系统内核，负责处理站点机的局部资源，如 CPU 和内存等，并有一个专门的模块负责处理站点机之间的通信。这些系统内核之上是分布式操作系统的公共部分，负责处理分布式系统进程的并发执行，包括进程调度、并发控制、存储共享和错误恢复等。分布式操作系统将各个站点机“聚集”在一起，对用户而言，这一切就像一个通常的共享存储的单机操作系统一样。

2. 网络操作系统

网络操作系统是一种松散耦合的分布式系统，它不要求所涉及的站点机具有相同的操作系统内核。这些站点机独立运行各自的操作系统并通过网络彼此相互连接，对外提供服务，如远程登录(rlogin)和远程文件复制(rcp)等。网络操作系统的结构如图 4.2 所示。

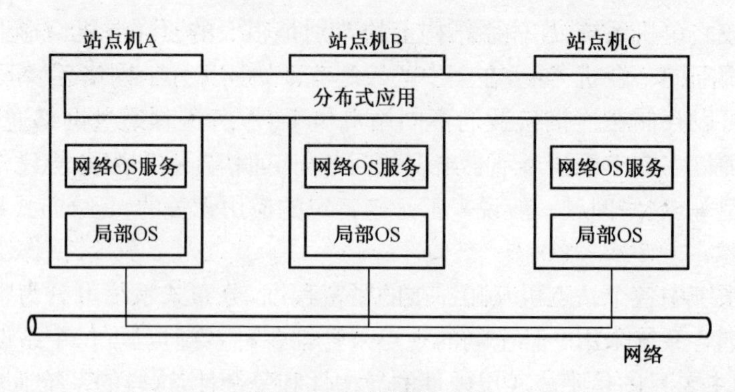

图 4.2　网络操作系统

网络文件系统是网络操作系统的一个例子，如图 4.3 所示，它通过文件服务器为网络上所有站点机提供共享的全局文件服务，任何一个站点机可以在其授权范围内装载或卸载该文件服务器中的文件，又可读写其中的文件。

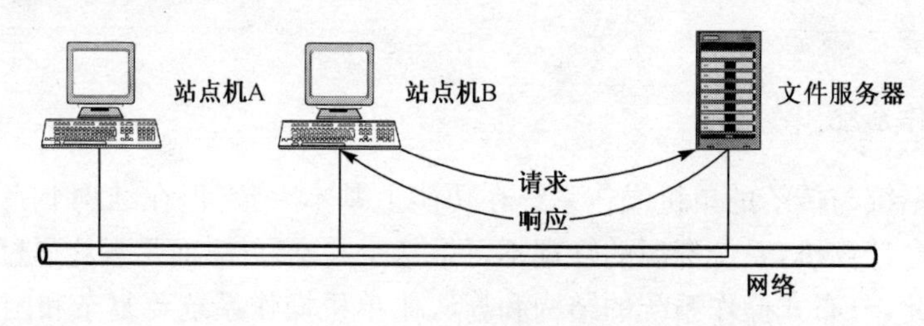

图 4.3　网络文件系统

3. 基于中间件的分布式系统

无论是分布式操作系统，或者是网络操作系统，都难以全部满足网络分布计算的主要定义属性。分布式操作系统不具有局部计算单元的自治性，而网络操作系统在对用户的透明性上明显不足。目前，应用最为广泛的分布式系统都是基于中间件的，即在高层分布式应用和底层局部操作系统及网络之间插入一个中间层，既用于屏蔽底层异构的操作系统及网络的差异，又能对高层应用表现出系统的同一性和透明性。这种基于中间件的分布式系统既能保持局部自治单元的自治性，又能提高系统对用户的透明性。基于中间件的分布式系统结构如图 4.4 所示。

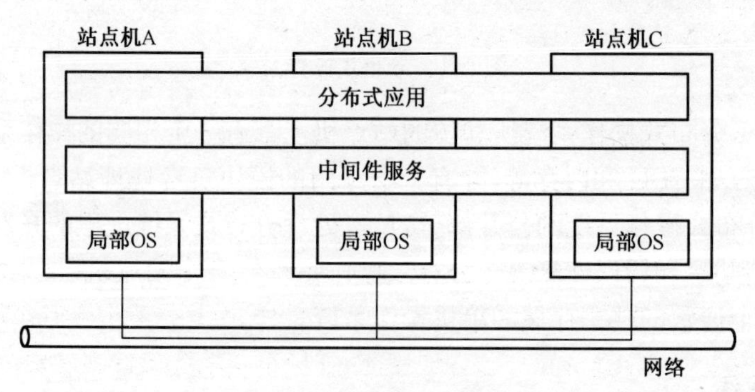

图 4.4　基于中间件的分布式系统

中间层的出现来源于技术和应用两方面的实际需求。由于许多分布应用很难集成到一起，人们开始寻找那些独立于应用的系统服务。例如，许多应用可能需要采用同样一些访问控制，以访问网络上的数据库，这种对数据库的访问控制实际上构成了应用的基础设施，它们是多数应用的共同部分，对应用而言是非常重要的。这些应用基础设施以前都是构建在应用的内部，而在基于中间件的分布式系统中，则是将应用的业务逻辑和应用的基础设施相分离，使用中间件作为应用的基础设施，并由独立的软件开发商提供，这样一来，应用的开发者就只要关注应用的业务逻辑部分就行了。

从计算机软件系统结构的垂直层次来看，中间件位于底层计算机硬件、操作系统和高层应用之间，提供通用的系统服务。高层应用通过这些系统服务，实现对底层异构系统资源透明一致的访问。中间件系统为高层的分布式应用提供了一个在网络分布环境下的运行支撑平台。无论从资源管理的角度，还是从虚拟机的角度，可以认为，中间件系统构成了网络分布环境下的"操作系统"。高层应用只依赖这些中间件而独立于网络上各个站点机的局部操作系统。

以上介绍了不同发展时期的三种分布式系统，最后给出它们的比较，如表 4.1 所示。

表 4.1　三种不同分布式系统的比较

	分布式 OS	网络 OS	基于中间件的分布式系统
同构性	是	否	否
通信方式	消息	文件	消息
资源管理	全局	分布	分布
透明性	高	低	高
可操作性	低	高	高
开放性	低	高	高
可伸缩性	低	高	高

网络分布计算是大规模网络应用的基础，能够充分利用 Internet/Intranet 上的各种资源，协同完成复杂的计算任务。从网络分布计算的用户目标出发，分布式系统需要满足如下几个方面的要求。

(1)互操作性(Interoperation)。分布式系统中各个站点机上所具有的计算资源可能具有非常不同的异构特征，如异构的计算机硬件和操作系统、不同的程序设计语言和应用接口等。用户能够通过分布式系统实现资源共享，如远程使用一台打印机或调用一个服务。异构性在实现计算资源的远程访问有困难。在分布式系统中，需要有不同层次的信息交换协议和语义上的共同理解，才能实现不同站点机之间的互操作。

由于各种计算资源在网络上是分布和动态配置的，因此对计算资源的安全控制和一致性保障也成为互操作的一个主要问题。在分布式系统中，这种互操作的连接具有实时性，使用方只有在需要时才与供应方的数据资源或服务器进行连接。

(2)透明性(Transparency)。分布式系统呈现给用户的感觉应是一个单一的系统，而将在网络上分布的系统进程和资源信息都不同程度地被屏蔽，这称为透明性。分布式系统可以具有不同层次和形式的透明性，如网络透明性、表示透明性、复制透明性、存储透明性和并发透明性等。

分布透明性显然是分布式系统的一个重要特性。分布式系统设计在考虑分布透明性的同时，还要考虑性能效率等其他因素。如果过于强调透明性，可能会带来性能和效率的损失。例如，为满足复制透明性的要求，可在不同站点机上保存同一数据资源的不同复件。为了保持数据一致性，如若其中的一个复件发生了变化，分布式系统要将这个复件的改变传送到所有的其他复件并对它们作同样的改变，而每一个复件的变化都会引起大量的数据传输和存储，从而导致性能下降。

(3)开放性(Openness)。开放性不仅指系统的用户界面、API和使用文档的发布和公开化，更重要的是指分布式系统设计必须遵循公共的标准规范。分布式系统必须是可灵活配置的和可扩展的。虽然新增加的或者替换的软件模块可能是由不同的软件开发商生产的，但只要它们满足相同的标准规范，它们就可以容易重新配置，从而生成新的分布式系统。

互操作性和可移植性也要求分布式系统设计采用开放的标准规范。通常，分布式系统在交付使用之前要针对各种不同的硬件和软件进行相容性测试，检查分布式系统的开放程度。

(4)可伸缩性(Scalability)。分布式系统要求系统规模易于扩张，新的用户或资源要易于加入，而且这些要求加入系统的用户和资源可能在地理位置上是分布的；最后还要求所有这种可伸缩性是可管理和控制的。可伸缩性同样可能是引起系统性能下降的一个原因。例如，对于一个域名系统(DNS)，当节点数目增长到一定程度时，域名解析的速率就会降低，因此要采取有效的措施防止这种由于系统规模扩张而引起的性能下降。

4.1.3 中间件

随着计算机应用及网络技术的发展，基于客户/服务器结构的网络分布计算已得到广泛应用。在客户/服务器结构中，客户和服务器分别运行于物理位置不同的机器或进程中。通常，用户界面驻留于用户的桌面环境，数据库驻留在另一个较强大的能为多个客户提供服务的“服务器”中。这样，两层结构的分布计算包括三个逻辑组成部分，即表示服务、业务逻辑和数据库服务。表示服务用于处理屏幕I/O并接收用户输入；业务逻辑通常是一些封装了业务处理的SQL语句或存储过程调用；数据库服务则是由管理物理数据的数据库管理软件提供的，如DB2和Oracle等。业务逻辑部分可以驻留在客户端，也可以驻留在服务器端。通常，简单查询和应用的业务逻辑驻留在客户端。为了减少执行SQL语句和数据库过程语言而带来的处理和网络传输开销，数据库厂商提供了专门的存储过程处理程序并将之驻留在服务器端，使得应用开发者可以通过服务器端的存储过程创建和执行业务逻辑，从而提高系统性能。

以数据库为中心的两层分布计算环境比较简单，对于拥有数量少于100个并发客户的部门级应用，两层客户/服务器结构提供了良好的解决方案。但由于服务器必须与每个客户保持连接，系统的进程和内存资源被占用，当并发客户数增加时，系统性能就会急剧下降。另外，两层客户/服务器结构的业务处理逻辑通常采用数据库厂商提供的特定接口，这也限制了系统的可适应性和对数据库管理系统的选择。两层客户/服务器结构有如下的缺点：

- 以单一的服务器和局域网为中心，系统难以扩展。
- 难以管理大量的并发客户。
- 软硬件组合和集成能力有限。
- 易使应用受制于特定的供应商。

这些在两层结构模式下不可逾越的障碍不仅降低了人们对开放系统的信心，更阻碍了开放系统的进一步发展。随着计算机应用水平的提高，越来越多的用户对应用系统的开放性提出了更高的要求：

- 能够支撑大规模用户的并发请求。
- 由单服务器向多服务器扩展，由单一的局域网向跨多个网络协议的广域网扩展。
- 不仅支持一般的信息管理，而且还要支持关键业务的联机交易处理。
- 不仅可支持单一的系统平台和数据源，而且能支持异构的多系统平台和多数据源。

面对这些用户的新需求，三层客户/服务器结构应运而生。将应用逻辑部分从客户端或者服务器端分离出来，在客户端和服务器端之间插入一个中间层，用于专门处理应用的逻辑部分。传统的两层客户/服务器分布计算以数据库为中心，而三层客户/服务器分布计算则是以中间件为中心。客户/服务器结构采用两层还是三层，取决于是否将应用的基础结构与应用的业务逻辑相分离。对于大规模网络的应用，业务逻辑的这种划分是非常重要的。体系结构设计的好坏直接关系到最终网络应用的成败。三层客户/服务器分布计算，或者更多层客户/服务器分布计算，在用户界面环境和数据库服务器之间增加了一个相对独立的中间层来处理应用基础结构，有助于提高系统的可适应性；对于拥有大量并发用户的网络应用，还可大幅度提高系统的可靠性和性能。应用系统采用三层客户/服务器结构具有如下的优点：

· 应用系统更容易适应外部需求的变化，如当客户类型或数据库系统发生变化时，只需修改中间件的相关连接部分，而高层应用可以保持不变。

· 应用系统具有更强的互操作性。中间件能够支持多种基础运行平台，从而使一个已有的应用可以方便地扩展，也能快速有效地建立新的应用。

· 应用系统更易于开发和维护。利用标准的中间件，应用开发者不必开发应用的基础结构，而只要将精力集中于具体应用的业务逻辑层次，从而可大幅度提高开发效率。

三层或多层分布计算的中间层并不是实现为一个大而全的一块程序，而是实现为一组相关联的中间件服务。每个中间件实现某个相对独立的应用逻辑功能，通过多个中间件的协同工作形成应用的基础结构。中间层所提供的基础的系统服务称为中间件服务，主要包括：

· 通信服务，用于屏蔽底层网络通信接口，为高层应用提供可靠的消息通信和远程访问。

· 名字服务，提供全局的名字访问空间，屏蔽底层实体分布的具体物理位置。

· 数据服务，提供全局的一致数据访问，集成底层分布的局部文件系统和数据库。

· 事务服务，提供分布事务处理，包括事务管理和调度、事务并发控制和失败恢复等。

· 应用服务，提供分布应用的运行支撑，包括事件服务、流程控制和负载平衡等。

· 安全服务，提供存取访问控制，在中间件层次上保证分布式系统的安全性。

· 其他服务，如集成服务和门户服务等。

中间件作为应用支撑软件，为网络分布应用提供了跨网络和跨平台的透明性和互操作支持。从计算机软件系统结构的垂直层次分析，中间件是位于底层硬件/操作系统平台和高层应用之间的通用服务，这些服务具有标准的程序接口和协议。针对不同的硬件/操作系统平台，中间件可以有符合接口和协议规范的多种实现。

总体来说，中间件具有如下的一些定义特征：

· 是独立的系统软件，满足大量应用的需要。

· 运行于多种异构硬件和操作系统平台。

· 支持分布式计算，提供跨平台的应用透明性。

· 支持标准的协议和接口。

对于应用软件开发者来说，中间件远比底层的操作系统更为重要。中间件提供的程序接口定义了一个相对稳定的高层应用环境，不管底层的计算机硬件和基础系统软件怎样更新换代，只要将中间件升级更新，并保持中间件对外的接口定义不变，应用软件几乎不需要做任何修改，这样就保护了企业在应用软件开发和维护中的大量投资。

中间件所包括的范围十分广泛，针对不同的应用需求涌现出各种各样的中间件产品，其中具有代表性的是：消息通信中间件、事务处理中间件、应用服务器中间体、数据集成中间件、流程集成中间件、服务集成中间件、信息门户中间件和安全中间件等。中间件是一种灵活而可伸缩的系统结构。在软件工程实践中，用户可以选择最能满足业务需求和最有效逻辑配置的中间件和分布计算解决方案。

4.2 基础模型

不同的分布式系统具有不同的应用模型和不同的运行环境，其实现技术也不相同。然而，这些分布式系统的基础模型在许多方面有共同的特征。由于分布式计算本身的复杂性，分布式计算的模型种类尤其繁多。本节不讨论各种不同的分布式计算模型，而是介绍分布式计算模型中的若干基础问题，而这些基础问题是众多分布式计算模型所共有的。

系统结构模型描述分布式系统的进程是如何组织的，分布式计算是组成系统的诸进程协同工作的结果。4.2.1 节介绍分布式系统的进程模型，即客户/服务器模型。

分布式系统没有公共的全局物理时间概念，系统中不同的站点机独立自治，按照各自的局部时钟工作，进程之间通过消息通信完成互操作。时钟是分布式系统涉及的另一个基本概念，4.2.2 节介绍分布式计算的时间模型。

计算就是从输入到输出的状态转换。为了描述和验证分布式计算，分布式系统的状态是不可或缺的基本概念。4.2.3节讨论分布式计算的状态模型。

最后，4.2.4 节介绍分布式系统的失败模型，给出分布式系统中各种错误的类型和解决办法。

4.2.1 进程模型

网络分布计算的核心是进程间通信(InterProcess Communication，IPC)，即相互独立的进程通过通信协作完成计算任务。同一台计算机上的并发进程，不管它们是在多 CPU 情形下的真实并发，还是在单 CPU 情形下的虚拟并发，进程之间的通信都是由操作系统所支持的，不需要有额外的支持程序。对于运行在多台独立计算机上的并发进程，它们通过网络交换消息实现交互。由于进程本身的执行是完全独立的，参与通信的各进程必须遵守一组约定的规则或协议才能进行进程间通信。这组规则是对底层操作系统实现细节的隐藏，在抽象层为分布式系统提供最基本的进程通信支持。两个运行在不同机器上的独立进程，通过网络交换数据时，参与 IPC 进程基本操作的每次执行都会触发一个事件，如发送进程的发送操作导致把数据传送到接收进程的事件，而接收进程的接收操作导致数据被传送到接收进程中。分布式系统的客户和服务器进程就是通过这样的进程间通信实现交互的。

客户/服务器模型是分布式计算的最基本模型。分布式系统中的进程可以扮演两种不同的角色，即客户进程(Client Process)和服务器进程(Server Process)。一般说来，服务器进程运行于网络上的服务器站点机上，管理该站点机提供的网络服务；客户进程运行于另外一台客户机上，用于向服务器请求服务。

在客户/服务器模型中，进程之间的交互遵循一种请求/应答(Request/Response)的会话模式。在一次会话期间，客户向服务器发出服务请求，服务器回复一条应答消息；客户接着可以发出下一个请求，随后再接收到服务器的另一条应答消息；如此重复下去，直到会话结束。会话的双方遵循预先定义的服务协议，包括客户和服务器进程之间的通信顺序、交换数据的表示和解释，以及双方在接收到特定请求或应答后应采取的动作。客户和服务器进程的交互可以用时空顺序图来表示，如图 4.5 所示。

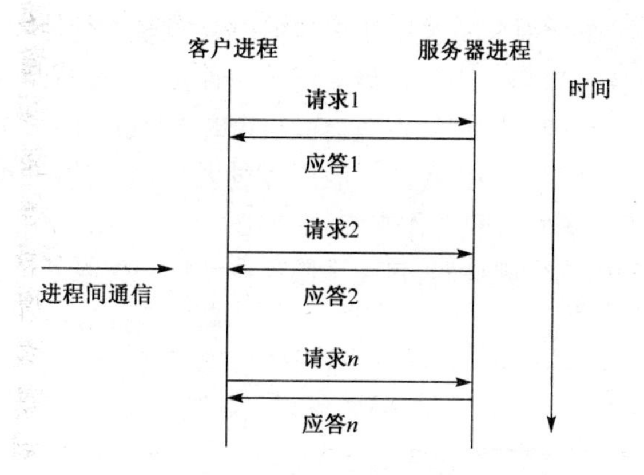

图 4.5 请求/应答模式

在分布式系统中,进程之间的客户和服务器的关系是相对而动态的概念,在一种情形下的客户进程在另一种情形下可能是服务器进程。在一对客户和服务器进程之间,按照请求/应答方式的一次交互,其时间顺序如图 4.6 所示。客户向服务器发出请求,然后等待服务器返回结果。当服务器收到客户发来的请求后,就对请求的服务进行处理,并将返回结果发送给客户,正在等待结果的客户一旦收到服务器发来的结果,就从等待的断点处继续执行。

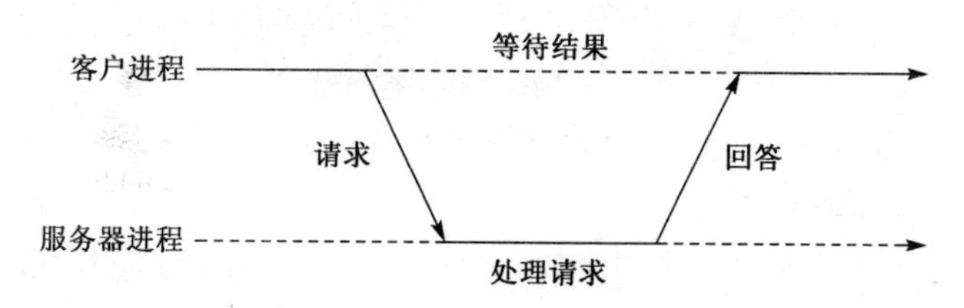

图 4.6 客户/服务器进程交互

客户和服务器进程通过底层网络通信传输消息来实现交互。当消息不会丢失或破坏时,这种请求/应答模式可以工作得很好。但是,网络通信出现故障是不可避免的,如果客户发出消息后一直等待却得不到应答,可以重发此消息。问题在于客户并不能判断究竟是什么原因得不到应答:是由于发出的请求丢失,还是由于应答信息丢失?如果是应答信息丢失,则重发请求可能引起服务器重复处理请求的服务,在某些情况下会导致系统错误。因此,在实际系统中,在客户和服务器之间要求采用可靠的消息通信协议,特别是在广域网的情况下,要求保证在客户和服务器之间通信的消息能够确实无误地到达对方。

在客户和服务器进程之间的这种客户/服务器关系还可以是嵌套的,即服务器在提供服务的过程中,可以作为客户向其他的服务器请求服务,系统结构在逻辑上将彼此关联的不同进程组织在不同层次结构上,如图 4.7 所示。

在面向连接的服务器中不存在重叠的客户会话,这是因为服务器进程在同一时刻仅能与一个已接受但尚未断开连接的客户进程交换数据。当多个客户进程向同一个服务器提出服务请求时,除已连接的客户进程外,其余的客户进程将被阻塞。如果一个进程的会话时间很长,如文件传输,这将会

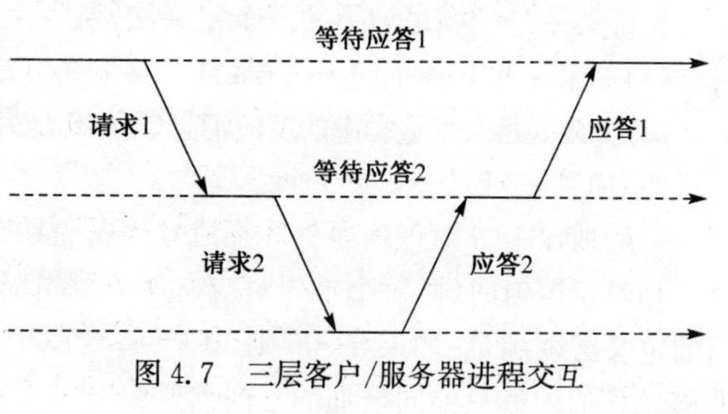

图 4.7 三层客户/服务器进程交互

导致其余的客户进程很长的阻塞时间。为了使服务器进程能够并行处理多个客户会话，可以使用线程或异步通信来解决这个问题。线程是最常用的一种技术，服务器通过创建新线程来接收并发的服务请求，并与客户建立服务对话，直至会话结束时再终止该线程。

众多客户的并发访问导致服务器进程的负载压力过大时，服务器处理服务请求的效率就会降低。为此，可以使用多个服务器进程合作来完成，如图 4.8 所示。这里，集群服务可以是相同服务器的复制，也可以选用不同的服务器，每一个服务器处理一类服务请求。

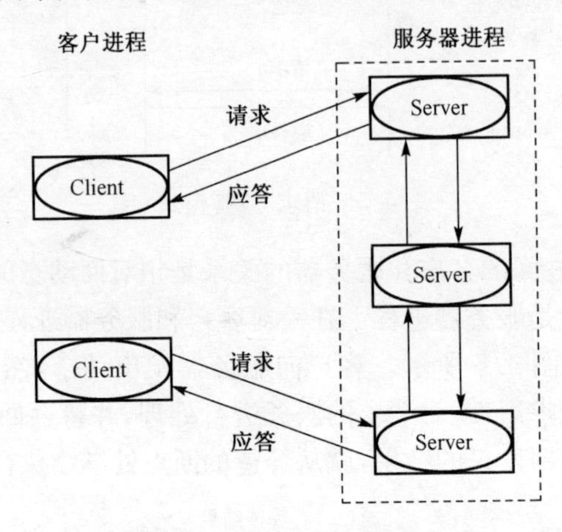

图 4.8　集群服务器进程

4.2.2　时间模型

在集中式系统中，总是可以确定不同进程中事件的发生顺序，因为集中式系统有单一的公共存储器和时钟。进程要想知道当前的时间，只要使用一个访问时间的系统调用，操作系统就会返回当前的机器时间。但是，在分布式系统中，没有公共的存储器和时钟。由于不同站点机的物理时钟的差别，要求得到一个全系统一致的时间，并不是一件容易的事。即使有能够精确到毫秒级的网络协议，通过物理时钟判断分布式系统所发生事件的先后关系仍然是不现实的。可以认为，分布式系统没有统一的全局物理时间。事实上，在大多数场合，人们并不一定要知道事件发生的确切时间，而是只要知道事件发生的前后次序，为此引入"逻辑时钟"[Lamport，1978]的概念，由逻辑时钟提供的逻辑时间保证所有进程保持事件前后次序的一致性。

在分布式系统的事件集合上，定义一种表征事件先后的偏序关系。设 a 和 b 是两个事件，a→b表示事件 a 在事件 b 之前发生。这种偏序关系定义是基于系统的这样一个事实：进程是顺序的，单个进程中执行的所有事件是全序的；一个消息传输只能在它被发送之后才能被接收，即对同一个消息，发送消息事件先于接收消息事件。

先于关系"→"满足如下的三个定义法则：

(1)如果 a 和 b 属于同一进程，且 a 发生在 b 之前，则 a→b。

(2)如果 a 是某个进程中的发送消息事件，b 是另外一个进程接收该消息的事件，则 a →b。

(3)如果 a→b，b→c，则 a→c。

一般地，a $\not\rightarrow$ a 对任何事件 a 都成立。这说明"→"是一个非自反的偏序关系。

相对于逻辑时钟，每个事件对应有一个逻辑时间，设事件 a 的逻辑时间为 LC(a)，则逻辑时间的定义必须满足：如果 a→b，则 LC(a) $<$ LC(b)。逻辑时钟与物理时钟一样，随着"时间"的推移，LC 值永远只能向增加的方向前进。

逻辑时钟计量方法有多种，最简单的是采用标量方法。设分布式系统有进程 P_i，局部时钟为 LC_i。LC_i的初始值为 $INIT_i$，不同的进程可以有不同的初始值。进程 P_i发送消息时，同时要带上 P_i的时间戳，即 LC_i的当前值和进程的标号 i。

LC_i的更新算法满足如下两条规则：

(1)P_i在发生一个事件(内部事件或发送事件)之前，$LC_i := LC_i + d$，$(d>0)$

(2)P_i在收到来自 P_j 的带时间戳 LC_j 的消息时，$LC_i := \max(LC_i, LC_j + d)$，$(d>0)$

这里，d 是一个正整数，可取 $d=1$。

对进程 P_i的任何事件 a，定义 LC(a)为进程 P_i中事件 a 的当前 LC_i值。不难证明，按照如上的定义，对分布式系统中的任何两个事件 a 和 b，如果 a→b，则 LC(a)< LC(b)。但在一般情况下，条件反过来并不成立，也就是说，当 LC(a)< LC(b)时，不一定有 a→b。

例 4.1 考虑 3 个进程，如图 4.9(a)所示，每个进程运行在各自不同的机器上，每个机器都有其局部时钟。这些局部时钟的速率各不相同，图 4.9(a)的 A，B，C 和 D 表示进程之间的通信，注意到从进程 3 向进程 2 发送的消息 C，在进程 3 处发送事件的 LC_3值为 40，而在进程 2 相应接收事件的 LC_2值在接收前为 35，根据法则(2)，应将进程 2 相应接收事件的 LC_2值更新为 41(此处假设 $d=1$)。对于从进程 2 向进程 1 发送的消息 D，情况与此类似。整个算法执行的结果如图 4.9(b)所示。

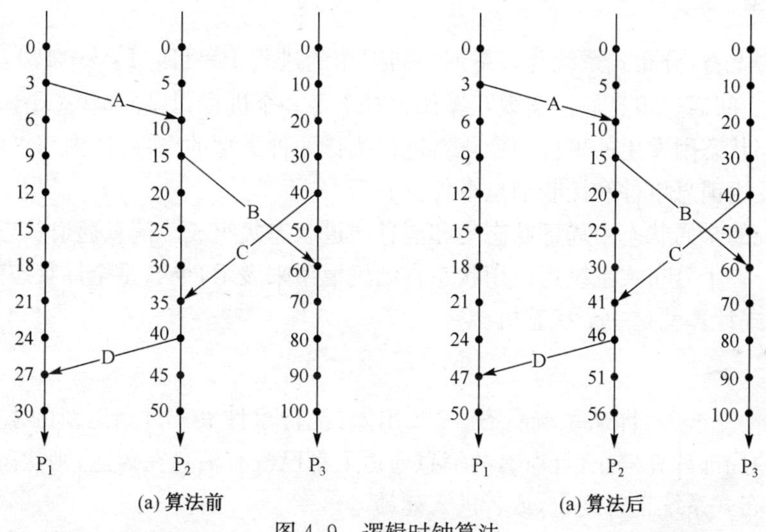

图 4.9 逻辑时钟算法

以上讨论的逻辑时钟使用的是线性时间，用正整数来表示时间。然而，线性的时钟关系不能区分事件之间的因果关系，即不能区分是由于局部事件引起的时钟前进还是由于进程间的消息交换引起的时钟前进。为了捕捉事件因果关系的信息，可以使用 n 维的整数向量来表示时间，即向量时间方法。

设每个进程 P_i和一个向量 $LC_i[1..n]$相关联，其中

- $LC_i[i]$ 表示进程 P_i中的内部事件计数。
- $LC_i[j]$ 表示进程 P_j中在因果关系上处于当前 P_i之先的事件计数。

对于每个进程 P_i，LC_i的更新算法规则扩展如下：

(1)P_i在发生一个事件(内部事件或发送事件)之前，$LC_i[i] := LC_i[i] + d$

(2)P_i在收到来自 P_j的带时间戳 LC_j的消息时，

$$LC_i[k] := \max(LC_i[k], LC_j[k]), k \neq i$$
$$LC_i[i] := LC_i[i] + d$$

对进程 P_i 的任何事件 a，定义 LC(a)为进程 P_i 中事件 a 的当前时间戳向量。对分布式系统中的任何两个事件 a 和 b，有 $a \rightarrow b$，当且仅当 $LC(a) < LC(b)$。这里的逻辑时钟 LC 值按向量法进行比较，即 $LC(a) < LC(b)$，当且仅当 $\forall k(LC(a)[k] \leqslant LC(b)[k]) \wedge \exists r(LC(a)[r] < LC(b)[r])$。

例 4.2 如图 4.10 所示，有三个进程 P_1，P_2 和 P_3 的分布式系统，每个进程有四个带标志的事件。事件之间发生的先后关系如下：

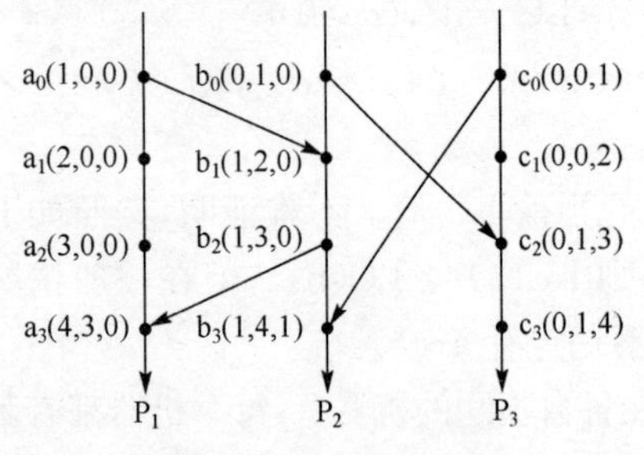

图 4.10 向量时钟实例

$a_0 \rightarrow a_1 \rightarrow a_2 \rightarrow a_3$

$b_0 \rightarrow b_1 \rightarrow b_2 \rightarrow b_3$

$c_0 \rightarrow c_1 \rightarrow c_2 \rightarrow c_3$

$a_0 \rightarrow b_1$

$b_0 \rightarrow c_2$，$b_2 \rightarrow a_3$

$c_0 \rightarrow b_3$

每个事件都附有一个按上述两条更新算法计算的时钟向量，其中 $d=1$，INIT$=0$。再根据时钟向量关系的判别法则容易推出 $b_0 \rightarrow c_2$，$b_0 \rightarrow c_3$，$c_0 \rightarrow b_3$，但 b_1 和 c_0 与 c_1 之间无任何先后关系。

4.2.3 状态模型

从逻辑层次上看，分布式系统是一系列协同工作的进程 $P=\{P_1, P_2, \cdots, P_n\}$，进程可以是物理分布的，它们之间通过消息通信实现互操作。对于每一个进程，其局部状态是该进程中变量取值的集合。局部状态因发生的事件而变化。进程执行两种类型的事件，即内部事件和外部事件，外部事件包括发送消息事件和接收消息事件。

分布式系统的全局状态由局部状态集和消息通道状态集组成。消息通道状态是在传输执行中的消息序列。一个分布式系统可以用状态自动机模型来表示，令 S 是全局状态的集合，C 是事件集合，则分布式计算就是一个状态机

$$M: C \times S \rightarrow S$$

上式表示 $M=\{s \xrightarrow{e} s'\}$，即从系统状态 $s \in S$ 出发，执行事件 $e \in C$，到达新的系统状态 $s' \in S$。一旦所有进程的局部计算停止，且所有的消息通道上都已没有消息在传送，则状态机进入一个终结状态，表明分布式系统正常终止，或者进入死锁。

消息通道可以有 FIFO(先进先出)顺序、因果顺序和随机顺序等几种不同类型。如果一个通道在接收时能保持它发送的消息顺序，就被称作是 FIFO 顺序。因果顺序传送只在有因果关系的事件消息之间保持发送和接收的顺序。随机顺序通道对消息的发送和接收次序无任何限制。本书在没有明确说明给定通道的类型时，都假设是 FIFO 通道。

举一个例子。考虑一个由三个支行 A、B 和 C 通过消息通道联网组成的分布式银行系统。初始时，客户在银行 A 存款 100 万元，在银行 B 存款 150 万元，在银行 C 存款 30 万元。系统全局状态的改变由外部事件即发送消息事件和接收消息事件触发，外部事件用圆黑点表示，共有 4 对发送和接收事件 $a_0 \rightarrow b_3$，$b_0 \rightarrow c_0$，$b_1 \rightarrow a_1$，$b_2 \rightarrow c_1$，如图 4.11 所示。按时间次序，第一个为发送事件，银行 A 转账 20 万元到银行 B，该事件引起银行 A 局部状态改变为 80，当银行 B 尚未收到转账款，即接收事件尚未发生时，此 20 万元为在途资金，A 到 B 的通道状态为 20。如此继续，假设这 8 个外部事件按照 a_0，b_0，b_1，c_0，b_2，a_1，b_3 和 c_1 的次序依次发生，可以得到全局状态序列，如图 4.12 所示。序列中的所有状态都是一致的。

全局状态又可称为快照(Snapshot),它记录分布式系统可能到达的状态。全局状态是一致的,如果快照记录了进程P收到来自进程Q的消息,则它也一定记录了进程Q发送了该消息。否则,若快照包含有接收消息的记录却没有发送该消息的记录,这样的全局状态就不是一致的。例如,图4.12中状态序列的所有状态都是一致的。一般地,按照状态机模型M定义的所有状态都是一致的全局状态。

可以引入"切割"(Cut)的概念来说明全局状态的一致性问题。如图4.13所示,切割用虚线表示。$\{c_1, c_2, c_3\}$表示一个一致的切割,在此切割之前,对所有记录的接收消息一定记录有相对应的发送消息。相反,$\{d_1, d_2, d_3\}$表示一个不一致的切割。在此切割之前,进程P_3记录了接收消息m_2,但是,快照中没有任何发送消息m_2的记录。

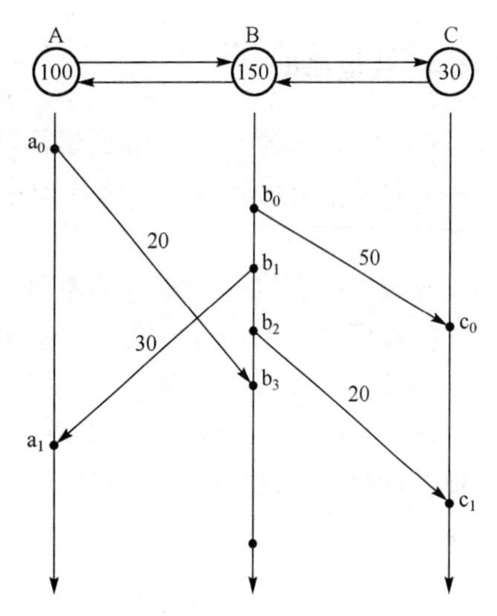

图4.11　银行系统实例

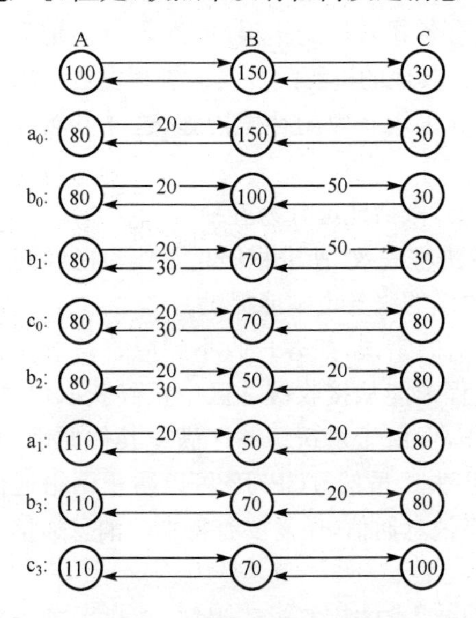

图4.12　系统全局状态序列

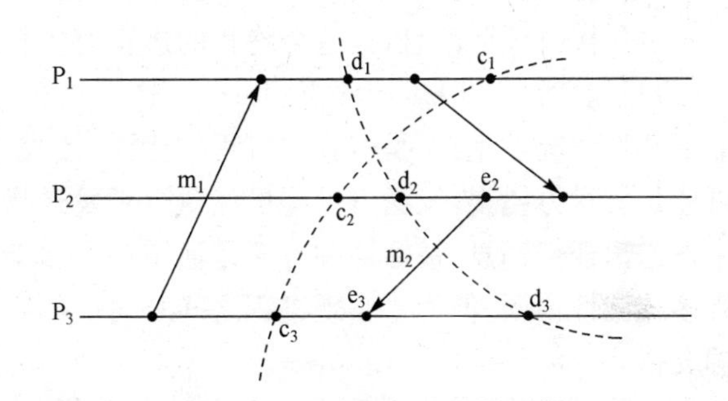

图4.13　一致和不一致切割

分布式计算的切割可以定义为一个事件集合$C = \{c_1, c_2, \cdots, c_n\}$,其中$c_i$是进程$P_i$中的切割事件。设$e_i$是$P_i$的事件,一个切割是一致的,当且仅当对所有的$P_i$和$P_j$,不存在这样的事件$e_i$和$e_j$,使

$$(e_i \rightarrow e_j) \wedge (e_j \rightarrow c_j) \wedge (e_i \not\rightarrow c_i)$$

实际上,一个切割C是一致的,当且仅当没有两个切割事件是因果关联的。图4.13中的切割线$\{c_1, c_2, c_3\}$虽然跨越了通信线,但没有两个切割事件是因果关联的,所以它不会导致切割的不一致;对于切割线$\{d_1, d_2, d_3\}$,由于两个切割事件d_2和d_3是因果关联的,即

$$d_2 \rightarrow e_2, e_2 \rightarrow e_3, e_3 \rightarrow d_3$$

所以它们形成了不一致的切割。

4.2.4 失败模型

在分布式系统中，进程和通道都有可能发生错误，从而引发分布式系统处于不正确的运行状态。失败模型给出分布式系统各种错误类型的描述，分布式系统的可靠性设计要求失败恢复处理。

分布式系统的错误按照其错误性质可分为三种：

(1)暂态性(Transient)错误。这样的错误可能只偶尔出现一次，以后就没有了。再执行同样的操作，错误也可能不再出现，如外部环境的随机信息干扰导致系统内部出现的错误。

(2)间歇性(Intermittent)错误。这样的错误可能会有规律地或者没有规律地重复出现，系统很难诊断，且会使整个系统运行的状态恶化，但是一旦准确诊断并修复，系统就能继续正常工作。

(3)永久性(Permanent)错误。大多数软件错误都是永久性的，反复执行同样的操作，错误就会反复地出现。这种错误会永久存在下去，直到它们被清除。

系统存在的错误会导致系统运行失效，使系统中的进程或者通信不能完成应有的操作，从而使得整个系统不能提供指定的服务。分布式系统存在有各式各样的错误，但许多错误是可检测且可自动修复的。例如，当一个进程失效而停止运行时，其他的进程反复向该进程发送请求消息均不能得到应答，因此可以检测到这个进程已经失效，并采用有效的补偿措施，这样虽然存在失效进程，系统仍能正确运行。

分布式系统的错误按照其发生的原因及造成的后果，概括地可分为五种。

(1)崩溃性错误(Crash Failure)。这种错误会导致进程失效，使进程停止工作。已经终止的进程不再能接收任何消息，与这个终止的进程有依赖关系的服务也不能提供。

(2)疏漏性错误(Omission Failure)。这是消息通信的错误，如客户收不到应答信息。可能有如下几种情况发生：一是接收方进程的错误，接收进程未能从接收缓冲区中正确获取消息；另一可能是发送方错误，发送方进程虽然执行了发送操作，但由于发送缓冲区满或其他原因，其实并未发送出任何消息；最后一种可能是通道中的消息丢失。虽然 TCP/IP 可以防止网络通信中的许多疏漏性错误，但为了实现进程之间一对一的可靠消息通信，还需要有特别的消息通信中间件的支持。

(3)时序性错误(Timing Failure)。当服务器对客户请求的应答过于迟缓，超过了预先规定的时间限制时，就可能导致时序错误。在基于同步通信的分布式系统中，对消息传输和请求处理等都设置有一定的时间限制，如果消息传输时间或者请求的局部处理时间太长，就会影响相关事件发生的同步和时序正确性。特别是对于时间特性要求很高的实时系统，以及包含声音和图像传输的多媒体系统，时序性错误会带来更严重的后果。

(4)应答性错误(Response Failure)。任何形式的语义错误都会导致应答性错误，如错误地给变量赋值，错误地执行控制等。这种类型的错误只有通过系统测试的方法才能解决。

(5)拜占庭(Byzantine)错误。这是最严重的一种错误。当一个进程发生错误时，会产生许多意想不到的后果，这些错误的后果会继续扩散到其他相关的进程。解决拜占庭错误的最好办法是采用故障-停止模式。一旦发现这种致命错误，就使相关的进程或处理机停止工作，然后利用其他进程或处理机进行相应的处理。

4.3 通　　信

进程通信是所有分布式系统的核心。一个分布式系统可以同时有许多进程运行于网络上不同的站点机上,通过网络提供的通信机制交换信息,实现互操作。与集中式系统中进程通过共享存储交换信息不同的是,分布式系统通过网络通信实现交互和协同工作。本节首先讨论支持进程通信的底层网络协议,然后介绍高层应用的几种不同通信模式,即远程过程调用、远程方法调用、面向消息的通信和组播通信等。

4.3.1 网络通信协议

网络协议是计算机网络中相互通信的对等实体间交换信息时所必须遵守的规则的集合,对等实体通常是指在计算机网络体系结构中处于相同层次的通信进程。OSI 网络体系结构是由国际标准化组织(ISO)提出和定义的计算机网络的分层、各层协议和层间接口的标准,称为 OSI 参考模型。其中,低层协议为相邻的高层提供服务,高层则通过原语或过程调用相邻低层的服务。OSI 参考模型有 7 层,如图 4.14 所示。

在 OSI 结构中,每一层处理网络通信的一个特别方面。物理层保证在通信信道上传输和接收比特(bit)流,并不关心它的定义和结构。数据链路层把数据分装在不同数据帧中发送,并处理接收端送回的确认帧。网络层负责选择从发送端传输数据包到接收端的路由,还负责完成对通信子网的运行控制。网络层协议有面向连接和无连接两种,它们分别向高层提供连接方式的和无连接方式的网络服务。传输层是 OSI 体系结构中最核心的一层,把实际使用的通信子网与应用层分开,负责提供发送端和接收端之间的可靠数据传输。传输层同样有面向连接和无连接的两种传输服务。会话层规定如何建立远程通信会话。表示层完成被传输数据的表示和解释,包括数据转换、数据加密和数据压缩等。应用层包含用户普遍需要的应用服务协议,如虚拟终端、文件传送、远程用户登录和电子邮件等。

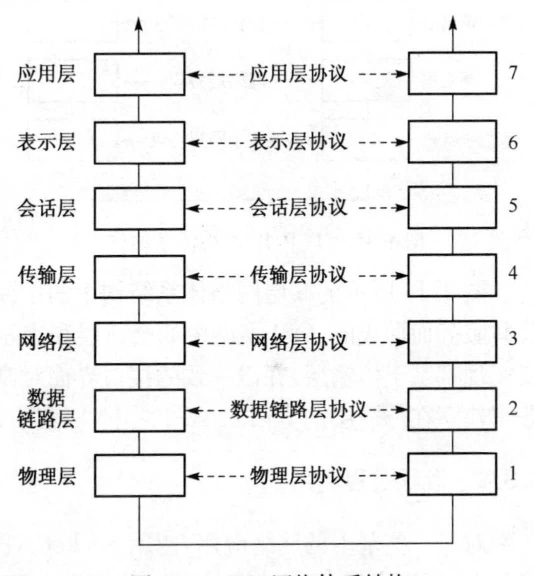

图 4.14　OSI 网络体系结构

Internet 网络体系结构以 TCP/IP 为核心。其中,IP 用来给各种不同的通信子网或局域网提供统一的互连平台,TCP 则用来为应用程序提供端到端的通信和控制功能。基于 TCP/IP 的网络体系结构如图 4.15 所示。

TCP/IP 分为 4 层,即通信子网层、网络层、传输层和应用层。通信子网层与 OSI 的物理层、数据链路层及网络层的一部分相对应。该层所使用的协议为各通信子网本身固有的协议,如以太网的 802.3 协议、令牌网络的 802.5 协议和分组交换网络的 X.25 协议等。网络层使用的协议是 IP,将传输层送来的消息组装成统一的 IP 数据包格式,传递给通信子网层。传输层为应用程序提供端到端通信功能,包括 3 个主要协议,即传输控制协议(TCP)、用户数据报协议(UDP)和因特网控制消息协议(ICMP)。传输层提供基于 UDP 或 TCP 的 Socket 编程接口。UDP 允许使用无连接通信传送报文，根据无连接通信协议，每个传输的数据包都被分别解析和路由，并且可能按任何次序到达接收进程。TCP是面向连接的协议，通过在发送进程和接收进程之间建立的逻辑连接来传输数据流，并保证数据传输的顺序一致。

应用层为用户提供所需要的各种服务，如文件传输(FTP)、电子邮件(SMTP)和Web访问(HTTP)等。中间件在逻辑上位于TCP/IP网络体系结构中的应用层。为了支持中间件服务，除了以上提及的FTP、SMTP和HTTP等外，还有许多不依赖特别应用的协议，如认证协议(Authentication Protocol)用于在对系统资源进行访问时，对用户进程的身份进行合理的确认；分布锁协议(Locking Protocol)用于控制进程对系统资源访问的并发控制；两阶段提交协议(Commit Protocol)用于保证分布事务的完整性。还有几种不同的高级通信协议，如远程过程调用、远程方法调用及面向消息通信等。在网络体系结构中加入中间件层次，得到如图4.16所示的5层结构。

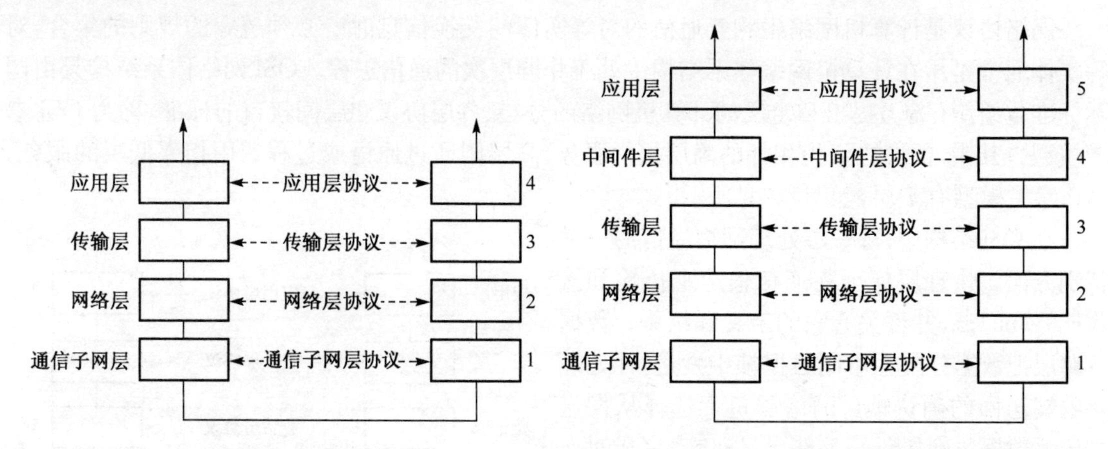

图4.15　TCP/IP网络体系结构　　图4.16　具有中间件层的TCP/IP网络体系结构

图4.16所示的5层网络体系结构中的中间件层是从TCP/IP模型的应用层分离出应用的公共服务而形成的，OSI模型中的会话层和表示层也部分包含在此中间件层。中间件层次的协议实现都基于传输层，并以一致的接口界面对高层应用提供支持。中间件层提供的各种通信服务都建立在传输层的Socket API之上，屏蔽了低层网络传输的细节，具有更好的位置透明性。

4.3.2　远程过程调用

对于一些基本的网络应用，使用Socket API编程就已足够。但随着网络应用程序变得越来越复杂，网络编程应进一步抽象化，使开发人员可以像过去编写单机上的应用程序一样来编写分布式应用。远程过程调用(RPC)就提供了这种抽象，它使开发人员能够使用与本地过程调用相似的编程方法来构建网络应用程序。

远程过程调用应用于程序，对远程站点机上的过程(Procedure)进行调用。当站点机A上的一个进程调用另一站点机B上的过程时，A上的调用进程挂起，B上的被调用过程执行，并将结果返回给调用进程，使调用进程继续执行。B上被调用过程的参数和执行结果在调用和被调用进程之间是通过消息传递来实现的。进程在调用和被调用之间的关系表现为客户和服务器的关系。远程过程调用的时空顺序如图4.17所示。

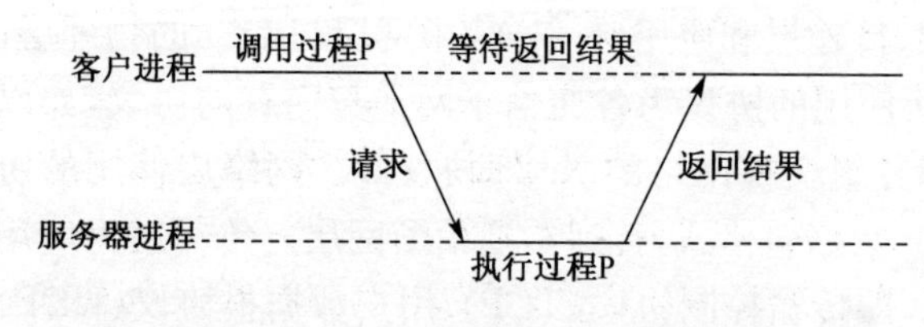

图4.17　远程过程调用的时空顺序图

远程过程调用的概念是很简单明了的。但是，因为调用和被调进程是在不同的站点机上，具有不同的地址空间，这就增加了问题的复杂性。如果不同站点机的硬件和操作系统不相同，这将给调用和被调用进程之间的参数传递带来更大的困难。如果任何一方的进程发生故障，则远程过程调用的失败还会给系统带来其他问题。

与在同一台机器上进行过程调用不同的是，为了实现不同站点机上的远程过程调用，调用和被调用进程各方都要保留一个用于存放过程参数和执行结果的运行栈，分别称为客户和服务器的存根(Stub)，为各自不同地址空间上的运行提供支持。

完成一个远程过程调用需要经过如下几步：

①调用客户存根，填参数。

②客户存根打包参数消息，调用客户机操作系统。

③客户机操作系统向远程服务器操作系统发送消息，客户进程等待返回结果。

④服务器操作系统接收参数消息并传给服务器存根。

⑤服务器存根解包参数消息，启动服务器进程。

⑥服务器进程执行完成，将结果填入给服务器存根。

⑦服务器存根打包结果消息，调用服务器操作系统。

⑧服务器操作系统发送结果消息到客户机操作系统。

⑨客户机操作系统接收结果消息，并传给客户存根。

⑩客户存根解包结果消息，返回给客户进程。

以上所有这些步骤对外都是透明的，用户只需要知道执行了一个远程过程调用，返回了执行结果。一个远程过程调用的例子如下：

FOO(char x ;float y;int z[5])

图 4.18 给出了该远程过程调用的执行步骤。

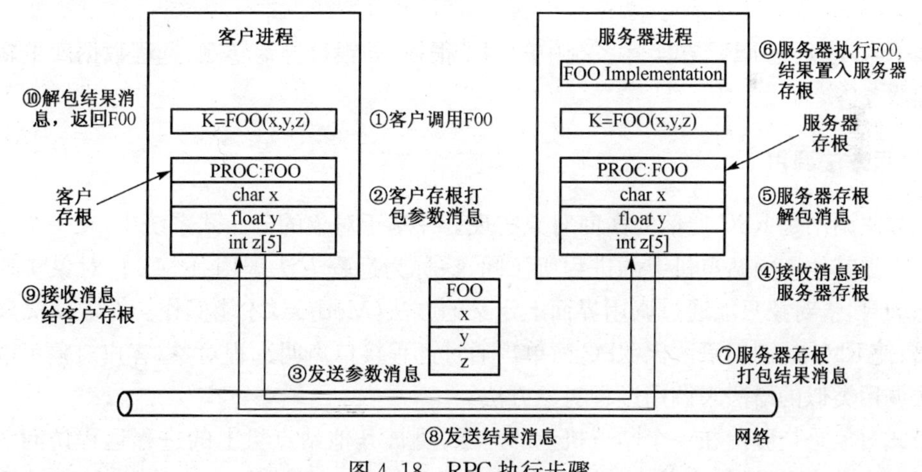

图 4.18 RPC 执行步骤

远程过程调用的参数由客户存根打包，通过消息传输存入服务器存根，由于客户和服务器双方所在站点机的操作系统可能不同，这就要求双方的消息传输遵循一定的规范和约定，主要是关于消息格式和数据结构表示的规定。至于消息传输，RPC 一般采用面向连接的消息传输协议。客户和服务器双方的存根取决于调用过程的界面定义，它是用界面定义语言(IDL)描述的。IDL 定义经编译可同时生成客户和服务器的存根。客户进程和服务器进程通过各自的存根实现过程参数和执行结果的传递。

在实际应用中，RPC 通信有几种不同的扩展形式。

1. 异步 RPC

客户发出远程过程调用请求后，不必等待过程执行结果返回，而是只要确认服务器已收到请求，客户就继续工作下去。服务器只要接收到客户发来的请求消息，立即发回消息以确认收到，如图 4.19 所示。

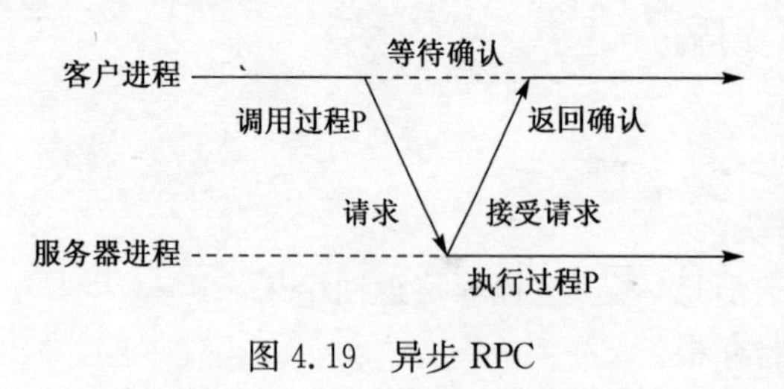

图 4.19 异步 RPC

异步 RPC 的一个特例是单向 RPC，即客户发出远程调用请求后，不必等待任何回答信息，就直接继续工作下去。在网络传输不可靠的情况下，单向 RPC 不能确认服务方是否已经收到了调用请求的信息。

2. 延迟 RPC

在异步 RPC 中，一旦服务器执行完成被调用的过程，服务器向客户发出一个单向 RPC，返回执行结果。客户可以中断自身的运行并处理返回结果。这样，客户对服务器调用过程所有的步骤总的来说是被延迟完成了，如图 4.20 所示。

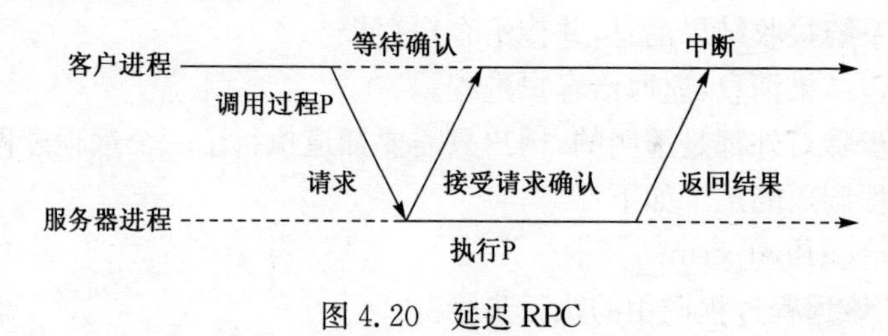

图 4.20 延迟 RPC

异步 RPC 或延迟 RPC 在实际系统中的例子很多，如银行异地转账、远程数据库更新及启动一个远程服务等。

4.3.3 远程方法调用

远程方法调用是 RPC 通信的面向对象实现。在基于对象的分布式系统中，在一个站点机上的对象可以被其他不同站点机上的进程所访问，这称为远程方法调用(RMI)。对象实现了对象内部状态的封装，对象只能通过调用界面上定义的方法(Method)才能操作。对象定义和对象实现相分离，使 RMI 的调用语法比 RPC 简单。通过远程接口声明远程对象，客户对象可以使用与本地方法调用类似的语法来调用远程对象方法。

分布式对象是指驻留在一个站点机上的对象，可被其他站点机上的进程远程访问。客户进程在访问一个分布式对象之前，首先要在该进程的局部地址空间内生成一个该对象的代理(Proxy)，对象代理可作为客户进程的局部对象使用，其功能类似于远程过程调用中的客户存根，可以将客户的访问请求和参数打包成消息，发送给服务器，由服务器方相应的存根(Skeleton)解包消息后调用对应方法。这些 Proxy 和 Skeleton 可通过使用 Java SDK 提供的 RMI 编译器编译远程接口实现生成。远程方法调用的过程与 RPC 类似，如图 4.21 所示。由于分布式系统中的对象具有系统范围内唯一的对象标识或对象引用，这样的对象引用可以方便地在不同站点机进程之间与参数一起传送。与 RPC 相比较，RMI 具有更好的分布透明性。

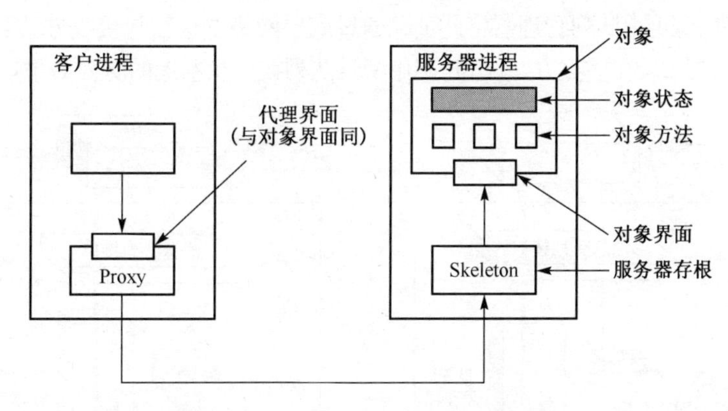

图 4.21 分布式对象的远程方法调用

客户要访问一个远程对象时，首先要与该对象进行绑定(Binding)，对象引用包含有足够的信息实现这种对象绑定，绑定的结果就是在进程的地址空间内生成一个对象代理。对象代理的界面与对象本身的界面完全一样。在多数情况下，这种绑定都是由系统自动完成的，对用户是透明的。

界面定义语言可以定义两种不同的绑定模式。一种是静态绑定，在编译时就能确定并生成对象代理，一旦客户应用或者对象方法发生变化，应用程序就要重新编译。另一种是动态绑定，对象方法的调用是在程序执行时完成的。许多应用都要求使用动态绑定。例如，对象浏览器需要显示远程对象的界面并进行方法调用，为了有可能支持各种不同对象的界面显示，应适当选择动态绑定对象和远程方法调用。

Java RMI 需要特定的 Java 运行时支持，使用 Java RMI 实现的应用必须用 Java 语言编写，并且也只能运行在 Java 平台上。由于 RMI 提供了进程通信更为高级的抽象，基于此编写的程序易于理解，也易于测试。然而，由于 RMI 需要有额外的运行时支持，包括代理和目录服务，这就不可避免地带来运行时开销。对于有特别高性能要求的网络应用来说，直接用 Socket API 编程更为适宜。

4.3.4 面向消息的通信

远程过程调用或远程方法调用都要求调用方和被调用方的进程处于执行状态。如果被调用过程或者对象所处的站点处于停机或故障状态，则远程过程调用或远程方法调用失败。面向消息的通信一般采用持久通信模式，但可以取消这个限制，在发送方发送消息时，不要求接收方进程正在运行；在接收方进程接收消息之时，不要求发送方进程也在工作。

面向消息的通信提供持久通信方式，其中的每个站点机都连接到一个通信服务器，负责消息路由和网络传输，通信服务器之间构成消息通信系统，而站点机提供到通信服务器的接口。从客户端发送的消息被持久存储到与客户端相连接的通信服务器中，直到这个消息被传输到下一个通信服务器为止。由于消息在通信服务器中被存储，对于客户端应用，发出消息之后就可继续执行，而且发送时也不要求最终的接收方正在工作。持久通信方式能够保证消息一定成功到达接收方，这是其他通信方式所做不到的。在非持久通信方式中，存储在通信服务器中的消息如果不能成功地传送给下一个通信服务器，就将该消息丢弃。

图 4.22 表示两个应用怎样利用通信服务器的消息队列进行通信。应用 A 需要发送一个消息给位于不同站点机的另一个应用 B，它首先调用消息队列接口将该消息发给与之相连接的通信服

务器，放入消息队列 A，再由队列管理器将此消息通过底层网络发送给与接收方站点机相连接的通信服务器，放入消息队列 B。在接收方，应用 B 调用消息队列接口从本地的队列 B 中取得消息。

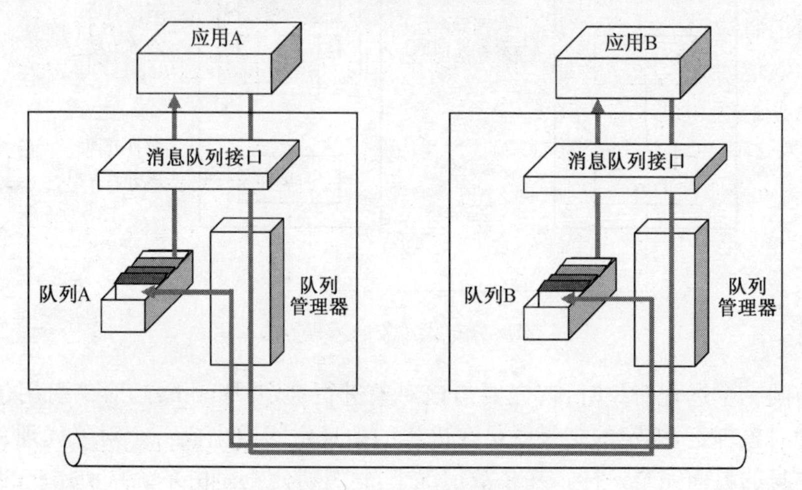

图 4.22　消息通信方式

由图 4.22 可以看出，应用程序在网络上的通信，是间接地通过消息队列进行，消息通信双方不必同时都在运行。当应用 A 发送消息放入消息队列时，并不需要目标程序正在运行；即使目标程序在运行，也不意味着要立即处理该消息。应用 A 发送来的消息保留在队列 B 中，直到应用 B 接收它们为止。

持久通信的实现也有同步和异步之分。异步方式要求发送方发出消息后仍继续执行，而将消息存储在通信服务器的缓冲存储中。同步方式表示发送方发出消息后就等待，直到接收方或者接收方的通信服务器收到时才继续执行。

分布式系统采用什么样的通信方式，取决于系统对通信的要求。RPC 和 RMI 是非持久同步通信系统，而在网络分布应用中广泛使用的面向消息的中间件（Message-oriented Middleware, MOM）是一种持久异步通信系统，通过消息队列（Message Queue）为分布应用提供一种可靠的消息通信机制，特别适合于松散耦合的分布式应用系统。

MOM 基本结构如图 4.23 所示。所有消息缓冲包括持久队列和内存队列都由队列管理器（Message Queue Manager，MQM）管理。队列管理器负责从发送方进程接收消息，转发给另一个队列管理器。另一个队列管理器则负责接收到来的消息，并放入接收方进程的队列。

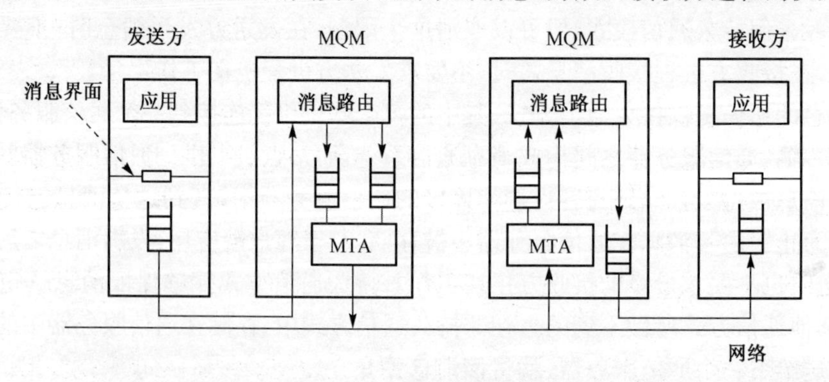

图 4.23　MOM 基本结构

消息通道是MOM的重要组成部分，通过消息转发代理（Message Transfer Agent，MTA）完成消息从发送方队列传输到接收方队列，MTA的具体实现依赖底层的网络传输协议。MTA的属性设置决定消息通道的性质。例如，“传输类型”属性指定所使用的网络传输协议，FIFO属性指明消息按照发送时先后次序传送，“优先”属性指明有选择的消息优先传送，还有其他属性，如允许的最大消息长度和最多重传次数等。

MOM与电子邮件系统同样基于持久异步通信，但MOM提供较电子邮件系统更多的一些系统特征，如消息断点续传、消息优先、消息日志和消息广播等。MOM的应用界面非常简单，提供一组API供应用程序以RPC方式调用，如put用于将消息放入消息管理器的消息队列，get用于从消息管理器的消息队列取出消息。

4.3.5 组播通信

以上所讲进程的通信都是一对一的。但是，许多网络应用如视频会议和信息发布等，都要求从一个进程同时将消息发往一个进程组中的每个成员，这就是组播（Multicast）。如果要求将消息发往系统中的所有进程，这就是广播（Broadcast）。组播中接收消息的进程组包括哪些进程，对发送消息的进程来说是透明的。发送方只需要执行一次消息的组播发送，而不是要求发送方多次反复地执行消息发送操作。进程组中的进程可以是固定的，也可以是动态组织的，进程组可动态加入一个新的进程，或者删减一个进程组成员。

组播是分布式系统进程协同工作的一种需求，例如：

· 基于容错目的，分布式系统的一组服务器提供相同的一个服务，客户方请求服务时，系统将该服务请求组播给这些服务器组的每个成员，并执行相同的服务操作。这样，即使服务器组有一个或多个服务器失效，客户方请求仍能产生满意的结果。

· 基于数据存储的安全性考虑，数据备份是最经常使用的方法，即相同的一组数据同时存储在若干个不同的服务器上。为了保证这些数据备份的数据一致性，当一个服务器上存储的数据发生改变时，就要将这种改变的信息组播到其他各个服务器，对数据进行及时更新。

· 在提供事件机制的分布式系统中，当事件发生时，就要将事件通知组播给与该事件相关的所有进程，激发并执行相应的动作。例如，在新闻组（Newsgroup）中注册有阅读新闻需求的用户，一旦有新闻发生，就立即将该新闻组播发送到新闻组中的每个进程。

IP组播是一种最简单的组播实现方式，只能通过UDP得到。与基于IP实现点到点数据通信一样，IP组播不能保证组播消息能全部准确无误地到达组中每个成员。

某些应用，如新闻发布对组播消息的可靠性没有什么特别的要求。尽管新闻组中的某些成员没有收到全部的新闻消息，但这对系统和应用本身都不会造成很大的损害。这种组播通信称为基本组播（Basic Multicast），实现方式是针对目标进程组中的每个进程，执行一对一的可靠通信。但是，分布式系统的许多应用对组播消息的可靠性要求特别高。对于组播消息，接收进程组中的每个成员，或者都收到，或者一个也不收。以上提到的数据备份的更新算法就是如此。这种组播通信就是可靠组播（Reliable Multicast），要求有特别的组播实现算法。

在分布式系统中，组播通信的进程组可以是动态组织的，发布/订阅系统就是一个典型的例子。

发布/订阅系统采用基于事件的协同机制。用户在使用事件前，必须分别注册进程为事件的提供者或者使用者，进程以这两种角色参与事件通信。提供者和使用者之间通过事件服务器传递事件。事件的提供者将事件发送给事件服务器，事件的使用者在使用事件之前必须在事件服务器注册其订阅条件，表示对系统中的某些事件感兴趣，而事件服务器则保证将所发布的事件及时组播给所有对之感兴趣的事件使用者。

在发布/订阅系统中，事件的提供者称为发布者(Publisher)，事件的使用者称为订阅者(Subscriber)，发布者和订阅者统称为客户，事件服务器称为事件代理(Event Broker, EB)，负责事件在各客户之间的连接和发送。所有客户连接到事件代理上，它们既可以作为事件的发布者，又可以作为事件的订阅者。发布/订阅系统的逻辑结构如图 4.24 所示。

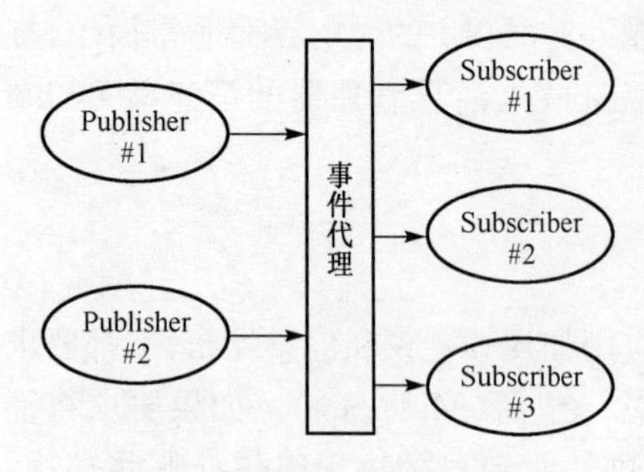

图 4.24　发布/订阅系统的结构

事件代理是发布/订阅系统的关键部件，提供基本的事件订阅/发布服务，即进行事件发布者和订阅者的注册和撤销，允许订阅者注册其关注的事件类型，并保存注册信息。事件代理从发布者接收事件，然后激发注册了的订阅者。所有符合订阅条件的订阅者构成当前的目标进程组，事件代理负责将事件信息组播发送给这个目标进程组的每个成员。在具体的实现上，事件代理可以有集中式和分布式两种结构。在集中式结构下，只有一个事件代理服务器，该事件代理必须知道所有客户的订阅条件，并负责在各客户之间转发事件。在一个大型的发布/订阅系统中，客户的数量很大，事件的发布也很频繁，对于每个发布的事件，事件代理都要在很短的时间内将其与订阅条件进行匹配，找到相关的订阅者，并转发给它们，这样就会使该事件代理成为性能瓶颈。为了提高系统的可伸缩性，大规模的发布/订阅系统通常采用分布式系统结构，其中分布着多个事件代理，每个事件代理为一定数量的本地客户服务，还负责事件在各事件代理节点之间的转发。两种不同的事件代理结构如图 4.25 所示。

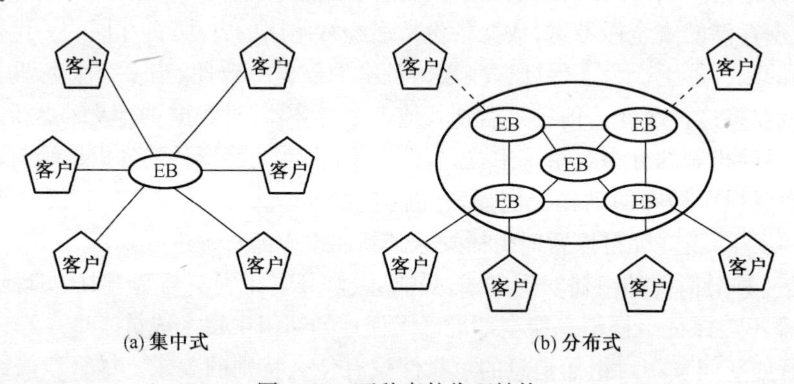

图 4.25　两种事件代理结构

发布/订阅系统可以支持“推”(Push)和“拉”(Pull)两种协同工作模式。“推”模式由事件发布者产生事件，主动推送事件到事件代理，然后由事件代理推送事件到事件订阅者。“拉”模式由事件订阅者主动请求发布者产生事件，事件代理等待订阅者的事件请求到来，然后再请求事件发布者产生事件并发布到事件代理。两种模式的区别是：“推”模式中的事件订阅者是被动地等待事件到来，而“拉”模式中的订阅者则是主动地请求事件。还可以有第三种模式，即“推拉”混合模式，它是两者的结合。由于发布者与订阅者完全独立于事件代理，因此它们可以是两种模式的任意结合。

由于发布/订阅系统具有松散耦合、匿名性和可扩展性等优点，因此它在高度动态的网络分布计算环境中得到了广泛的应用。

4.4 进　　程

“进程”概念来源于操作系统，是系统中可并发执行的程序单元。进程的调度和管理是操作系统的基本内容。在分布式系统中，为了有效地组织客户和服务器进程，使进程通信和进程内部的逻辑处理高度并发执行，可采用多线程技术以提高系统的执行效率。4.4.1节介绍进程中的线程，并说明在进程中如何实现多线程。4.4.2节从一般设计的角度讲述客户进程和服务器进程如何组织。最后，4.4.3节讨论进程迁移问题，即将进程从一个站点机迁移到另一个不同的站点机。进程迁移不仅仅是迁移执行代码，还涉及进程的运行环境，显然这是一项复杂的任务。

4.4.1 进程和线程

进程是并发执行的程序，操作系统支持多个进程共享资源和并发执行。进程管理负责进程的创建、撤销和运行。一旦进程进入运行状态，操作系统就要切换CPU并恢复进程的用户地址空间。在分布式系统中，进程创建还必须考虑多个站点机的使用。新进程在创建执行环境之前必须首先指定和选择目标机。选择新进程驻留的站点是一个策略问题，一般总是选择在产生进程的站点机上运行，或者根据当前站点机的相对负载情况选择一个负载较轻的站点机运行。

为了使进程能与多个并发活动联系起来，引入了“线移”概念。线程是进程内部更小单元的可并发执行的程序，或者说，进程是由一个执行环境和一个或多个线程组成，执行环境是进程内所有线程共享的资源集，包括地址空间、同步机制、通信资源及其他本地高级资源。线程也可以动态地创建和撤销，由于对线程的管理是在用户地址空间中进行的，所以创建和撤销一个线程的开销相对较小。一个进程内部的所有线程具有相同的地址空间，共享相同的全局变量和文件，线程之间的切换仅仅需要重新配置CPU及相关的运行栈，运行效率很高。

然而，当线程执行了一个系统调用而阻塞时，可能会导致整个进程阻塞，以及进程中的所有线程阻塞。为了解决这个问题，线程的实现采用一种轻量级进程(Lightweight Process，LWP)模式。进程在核心空间内设置若干个LWP，每个LWP都对应相关的线程。LWP在进程的核心态运行，所有的线程在用户态运行，如图4.26所示。

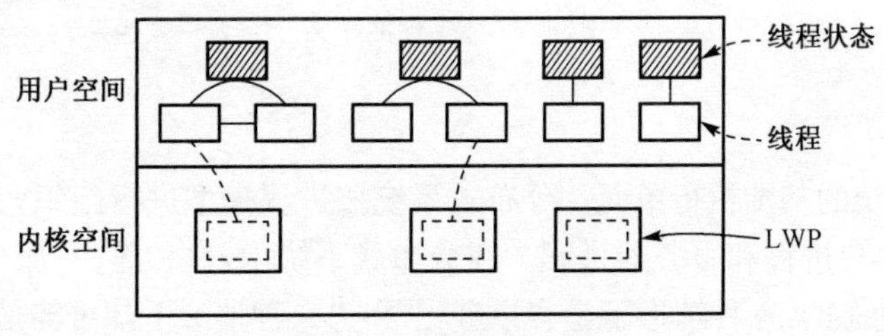

图4.26　线程和LWP

当线程进入系统调用阻塞时，就建立LWP并进入核心态。如果LWP不能继续，则通过LWP调度寻找另一个可运行的LWP，进入用户态执行与之相关联的线程。使用LWP模式有如下几个方面的好处：

- 线程的创建、撤销和同步工作都是在用户态运行，开销较小。
- 只要系统允许足够多的LWP，就不会出现整个进程的阻塞。
- LWP对用户透明，用户见到的所有线程都是在用户态工作。
- LWP方便地应用在多处理器环境中，可利用不同的CPU执行不同的LWP。

线程执行系统调用的阻塞不会导致整个进程的阻塞，这个特性使得线程特别适用于分布式系统。例如，在客户/服务器结构中，采用多线程技术，可使进程之间的通信与进程内部逻辑的处理高度并发执行，从而极大地提高执行效率。

Web 浏览器是多线程的一个典型例子。Web 文档的 HTML 文件包含正文和图形图像信息。浏览一个 Web 文档时，首先要建立浏览器到 Web 服务器的连接，读取 Web 文档信息并传输到浏览器显示。若采用单线程技术，依顺序先建立连接，再远程读取数据，然后再显示，这样可能会使用户在浏览器端长时间地等待，特别是当系统调用或网络传输发生阻塞时。通常的解决办法是采用多线程技术，即在浏览器端同时建立几个线程。在一个线程读取 HTML 页面并显示时，同时启动另一个线程，连接到 Web 服务器，读取其他页面的数据信息并显示。这样，不仅可以提高并发性，而且任何一个线程中系统调用的阻塞都不会影响到其他线程的执行。特别地，在 Web 服务器因访问流量过大导致性能急剧下降的情况下，可设立多个相同内容复制的 Web 服务器，当线程与服务器建立连接时，可根据服务器负载的情况，将不同线程连接到不同的服务器，通过增加并发性提高 Web 服务器的访问效率。

服务器端也是一样，可以利用一个拥有多个线程的线程池以提高服务器的吞吐量。创建一个线程作为调度线程，负责接收请求并分派任务，如图 4.27 所示。当调度线程接收到服务请求时，从线程池中选择一个空闲的工作线程去完成这个任务。工作线程在读/写文件时，可能会因阻塞而挂起。但是，一个工作线程的阻塞不会影响其他工作线程。当正在运行的工作线程因阻塞而挂起时，就从准备就绪的工作线程中取出一个继续运行。如此，采用了多线程的服务器就可提高并发性和运行效率。线程池结构还可以引入多个请求队列以处理不同的请求优先级，使工作线程能按优先顺序处理服务请求，当然这会带来一些额外的开销。

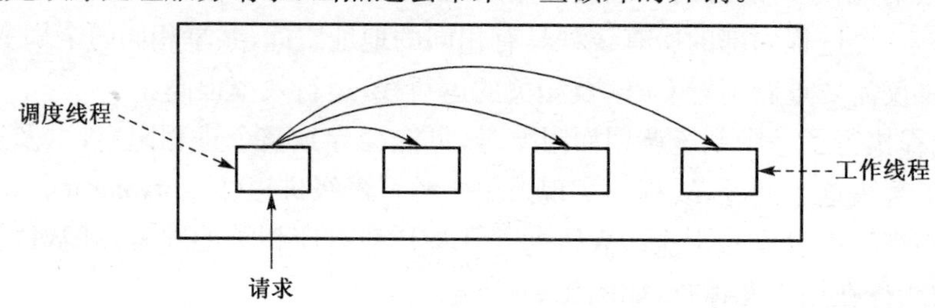

图 4.27　线程池结构

4.4.2　进程组织

进程是分布式系统的基本执行单元。分布式系统按进程模型进行组织，其中的进程可以扮演两种不同的角色，即客户进程和服务器进程。在分布式系统中，这种客户/服务器进程之间的关系是相对的，也可以是动态的：一种情形下是客户进程，在另一种情形下却可能是服务器进程。

服务进程应客户请求实现特别任务的处理。所有服务进程的工作方式都是相同的，即等待客户方的请求，根据客户请求执行任务，完成后再准备接收下一个请求。

服务进程有两种不同的组织方式。一是重复方式，直接由服务进程本身处理客户请求，再返回结果给客户进程，如此反复进行。另一是并发方式，服务进程本身并不直接处理客户请求，而是将请求转发给服务进程内部的线程或者其他进程。例如，在服务进程中的多线程就是并发进程的一个例子。UNIX 系统的 fork 进程是并发进程的另一个例子，当收到客户请求时，服务进程就 fork 一个进程去处理这个请求。

值得一提的是对象服务器(Object Server)。对象服务器被作为对象驻留的场所。对象由两部分组成:一部分是代表自身状态的数据,另一部分是构成其方法实现的代码。对象服务器本身不提供任何服务,所有的服务都是通过访问对象服务器中的对象实现的。对象服务器仅仅提供根据远程客户的请求以调用本地对象的方法。对象服务器一般都是并发服务器,可以使用不同的访问对象的策略,如可以采用单线程控制策略,也可以采用多线程控制策略,为每个调用请求使用一个单独的线程。

服务器进程分为无状态和有状态两种。无状态服务器不保留客户状态的任何信息。当服务器方的工作状态发生改变时,不必通知客户方。Web 服务器就是无状态服务器的例子。与此相反,有状态服务器要维护客户状态的部分信息,文件服务器是这种状态服务器的例子。还有带自适应功能的 Web 服务器,它可以保留客户访问的历史信息,当处理客户请求时,这些历史信息可以帮助服务器更快更好地得到客户所要求的结果。

在客户进程和服务器进程的交互中,有两个问题需要讨论:

(1)如何绑定服务器进程。一种是采用固定端口方式。对于一些公共服务,人们常赋予固定的端口,如 TCP Port 21 用于 FTP 服务,TCP Port 80 用于 HTTP 服务。为此,客户进程只需要知道服务器进程所在站点机的网络地址,就可以通过其固定端口建立连接并获得所需的服务。另一种方式是在服务器进程所在的站点机上设计一个特别的监听进程(Daemon),此进程记录本地机上所有运行进程提供服务的当前端口,当客户进程发出请求时,首先连接 Daemon 进程,然后通过它实现与相应的服务器进程的绑定,如图 4.28(a)所示。从提高资源利用率的角度考虑,也可以将 Daemon 进程设计成一个超级(Super)进程,只在接收到客户方的服务请求时,才建立相应的服务进程提供服务;当服务执行完毕时,该服务进程也随之结束,如图 4.28(b)所示。

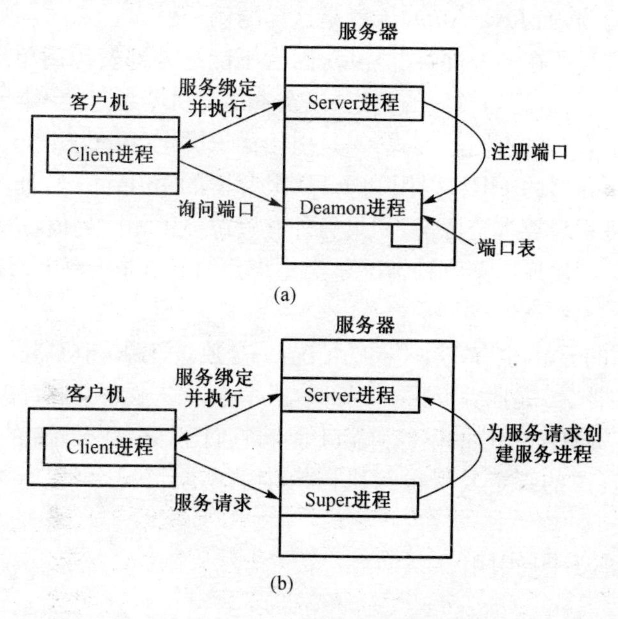

图 4.28 客户进程与服务器进程的绑定

(2)如何"中断"服务器进程。在建立客户进程和服务器进程的绑定之后,两个进程之间通过交互实现所请求的服务。在服务器进程处理客户请求的过程中,如果客户方改变主意,要求中断这个请求的处理,则可以由客户方发送一个紧急控制的特殊数据,服务方收到之后就会紧急处理而中断服务器进程的正常运行;也可以使用一个更简单而直接的方式,就是终止客户进程,从而引发一个异常处理。服务器进程会立即终止与客户方的连接,并终止正常的执行。

4.4.3 进程迁移

在分布式系统中，有时需要将进程从一台站点机迁移到另一台站点机。因为进程迁移不仅是迁移执行代码，还涉及进程的运行环境，这显然是一项复杂的任务。

为什么要进行进程迁移？在服务器集群的情况下，为了提高整个系统的运行效率，有时需要对服务器上的任务进行重新配置，将进程从负载重的机器向负载轻的机器迁移。再一个就是移动代理(Mobile Agent) 的例子，移动代理是一种可移动的程序或对象。一个代理进程可以从一个站点机出发，根据自身携带的执行路线，自动地在站点机之间迁移，代理进程可以直接访问本地的资源和服务，执行任务并完成其使命。

与进程迁移相关的内容由三部分组成：第一是进程代码，即进程的执行程序；第二是进程的资源环境，即进程执行所需要的外部资源引用，如文件、外设及其他相关进程；第三是进程的运行环境，即进程的当前执行状态，包括私有数据、栈和程序计数器等。

迁移模式有两种。弱迁移(Weak Mobility)只迁移进程代码部分，可能还包括初始数据。在弱迁移模式下，被迁移的进程永远都从初始状态开始执行。弱迁移的优点是简单，唯一的要求就是迁移的代码可在目标机上运行。另一种进程迁移模式是强迁移(Strong Mobility)。强迁移模式不仅要求迁移代码，而且要迁移进程的运行环境。在强迁移模式下，一个正在运行的进程可以暂停，然后迁移到目标机再恢复运行。一般说来，强迁移实现的难度较大。

进程从一台机器迁移到另一台机器，前者是迁移的发送方，后者是迁移的接收方。迁移可以是由发送方启动的，如将一个搜索引擎通过 Internet 发送到 Web 服务器上进行搜索。进程迁移也可以是由接收方启动的，如 Java Applets 就是这样的例子。

进程迁移还涉及进程所在的外部资源环境，因为不能把外部资源简单地从一台机器迁移到另一台机器，为此需要分析进程与资源的绑定，以及资源与机器绑定的不同情况。

进程与资源的绑定有三种不同的形式：一是引用标识绑定(Binding by Identifier)，进程只要求资源引用，如 Web 服务器的 URL 引用和 FTP 服务器的 Internet 地址等。第二个是值绑定(Binding by Value)，进程只要求资源值，如果另外有资源提供相同的值，进程执行不会受到任何影响，如标准 C 或 Java 程序库。第三种情况是类型绑定(Binding by Type)，进程要求特定类型的资源，如打印机等。

再考虑资源对机器的绑定，也有三种不同的情况：一是独立资源，与机器没有关联，如数据库文件可直接迁移到另一台机器。二是捆绑资源，如局部数据库，随同进程将它们直接迁移到其他机器显然是不现实的。三是固定资源，如相连的设备和端口等，将它们迁移更是不可能的。

综合分析进程与资源的绑定及资源与机器绑定的不同情况，可以有如下四种不同的解决办法：

①在系统范围内建立全局引用。

②直接迁移资源。

③复制资源值。

④重新绑定被迁移的进程局部资源。

组合以上进程对资源绑定的三种情况，以及资源对机器绑定的三种情况，在进程迁移时可能有九种不同的情况需要考虑。分别对这九种情形给出解决办法，如表 4.2 所示。

以上的讨论都是假定被迁移进程可在目标机上执行的情形。对于同构的系统平台，这个假定容易成立。但是，许多分布式系统都建立在异构平台上，问题就要复杂得多。对弱迁移情形，

表 4.2 进程迁移与外部资源环境

	独立资源	捆绑资源	固定资源
引用标识绑定	①②	①	①
值绑定	①②③	①③	①
类型绑定	②④	①④	①④

因为不需要迁移任何与运行相关的信息，所以在目标机上只要进行重编译就行。同样一个进程，在异构目标机上运行的是不同的执行代码。对强迁移情形，除了迁移进程代码之外，还要迁移进程的运行环境，包括进程私有数据、运行栈和程序计数器等，在运行栈中可能会包含与机器运行平台相关的数据，如寄存器值。只有当目标机与进程原来运行的机器具有相同的硬件结构并运行相同的操作系统时，才有可能不加改变地直接将运行环境全部迁移过去。否则，进程迁移只能限制在程序执行的特别点上，如当子程序调用开始或执行结束之时，因为这些特别点可以避免运行栈的那些直接与机器平台相关的信息。

在异构硬件平台上实现进程迁移最方便的途径是利用虚拟机，正如 Java 和多数脚本语言所实现的那样。Java 先将语言源码编译产生中间代码，再由虚拟机将中间代码解析到不同的机器平台。脚本语言一般都由虚拟机直接解析，此时基于虚拟机实现进程迁移就比较容易了。

4.5 并发控制

分布式系统的一个重要问题就是如何使网络分布的诸进程能够协同工作。这种“协同”包括两方面的交互：一是消息通信，二是资源共享。关于消息通信，前面已作了详细介绍。本节重点介绍在分布式系统中多个并发进程要求访问共享资源时，如何保证临界区资源的互斥利用，如何从并发诸进程中选出一个进程扮演协调者的角色，以及分布式死锁避免的有关问题。

4.5.1 概述

在分布式系统中，并发的诸进程共享若干系统资源，包括共享文件、共享数据、共享通道和共享外设等，进程对共享资源的访问必须协调，才不至于发生冲突，并保证共享资源的完整性和正确性。实现资源共享的关键在于进程的并发控制。在集中式系统中，进程受 CPU 控制，并发进程的协同控制是操作系统的基本功能。但由于分布式系统中各站点机的操作系统是相互独立且自治运行的，整个系统的并发控制自然就复杂了。如果在分布式系统中选择一个固定的进程，作为集中控制的协调进程，让这个协调进程扮演指挥全局的角色。这样，系统的正确性有了保障，但是系统的执行效率却大为降低了，因为协调进程成为整个分布式系统的瓶颈。特别是，如果协调进程发生故障，整个分布式系统就会崩溃。所以，在分布式系统中，一般不会采用固定的协调进程。分布性和并发性是分布式系统两个最基本的特征，由此带来了系统执行的不确定性。分布式系统进程的并发控制，较之集中式系统有更多的复杂因素要考虑。

(1)不能精确地知道事件发生的绝对时间或相对时间。

集中式系统有一个全局统一的时钟，系统执行由一系列操作事件组成，按事件发生时间的先后，这些事件是自然全序排列。任何两个事件必有一个事件在先，另一个在后。但是，分布式系统没有统一的全局物理时钟，事件时序关系的考察经常需要用逻辑时钟来实现。分布式系统中发生的事件在时序关系上经常不是全序的。对于任意两个事件，它们之间可能存在时序关系，也可能没有时序关系。

(2)不能基于全局状态进行控制决策。

在分布式系统中，每个站点机都在独立自主地运行，站点机只能根据其局部状态做出局部决策。站点机之间是通过消息通信进行交互的，任何一个服务器可以接收来自其他站点机上的进程发送来的消息，并基于这些消息做出决策。然而，当决策发生时，其他站点机包括发送消息进程的状态可能早已改变，决策所依据的信息事实上可能已经无效了。虽然分布式系统也可以定义全局状态，但是，系统的全局状态序列是不确定的，对于分布式系统的进程并发控制不能起到作用。

(3)不能保证系统中的每个计算单元都是可靠的。

在分布式系统中，每个计算单元都可能发生故障，分布式系统要能容忍一定限度的故障行为。即使系统有一部分计算单元出现故障，系统其他部分仍能继续工作。分布式系统中的进程并发控制是通过消息通信来实现的。但是，进程通信有可能因为网络传输过程中消息中断或破坏而失败。为此，假定分布式系统建立在可靠网络通信的基础之上，即假设网络连接和传输一定是可靠的，消息从发送方发出之后，只要接收方的进程没有失效，发送的消息一定可以在规定的时间内到达接收方。Internet 上的网络连接有复杂的拓扑结构和独立的路由选择，可靠网络通信屏蔽了网络传输过程中消息丢失和消息重发的实现细节，只要在规定时间之内不能收到对方的回答，就认为对方进程失效。分布式系统的进程失效处理是进程并发控制必须考虑的一个问题。

4.5.2 互斥

在单机系统中，为了解决多个并发进程对共享资源访问的冲突问题，通常将这个共享资源设置成临界区，并使用全局信号量和管程等同步控制方法，使得任何时间只能有一个进程进入临界区。同样，在分布式系统中，当多个并发进程要求访问共享资源时，也要保证这些临界区资源的互斥利用。

互斥的主要目标是保证在任何一个时刻，最多只能有一个进程进入临界区。有一些扩展的互斥问题，如 k-排斥问题，要求系统不会进入有多于 k 个进程在临界区执行的状态。本节仅讨论限于一个进程进入临界区的情形。一个正常的互斥控制必须满足：

- 不会死锁。当临界区可用时，进程不应该无限等待而没有一个进程可以进入。
- 无饥饿。每个进入临界区的请求最终都能得到满足。
- 公平性。对临界区的请求将按照它们提出的先后次序得到批准。

在分布式系统中，实现临界区互斥的一个最简单直接的方法就是使用一个服务器进程作为协调者以授予进入临界区的许可。任何一个进程，如果想进入临界区，首先要将请求发给协调者申请进入许可。如若当时在临界区中没有任何其他进程，则协调者发给申请进程同意进入的许可。进程一旦得到准入许可，就可立即进入临界区，如图 4.29(a)所示。如若当时在临界区中已有进程，则协调者就不能给申请进程准入许可，可以向申请进程发出拒绝进入的应答，或者不应答。不管是哪一种情况，都阻塞该申请进程并将其放入等待队列，如图 4.29(b)所示。一个进入临界区的进程执行任务完成后退出临界区时，要给协调者进程发送一个释放临界区的消息，从而使协调者将准入许可发给等待队列中的第一个进程，使其退出等待队列并进入临界区，如图 4.29(c)所示。

以上算法使用一个进程作为协调者，可以保证任何时候至多只有一个进程在临界区中工作。

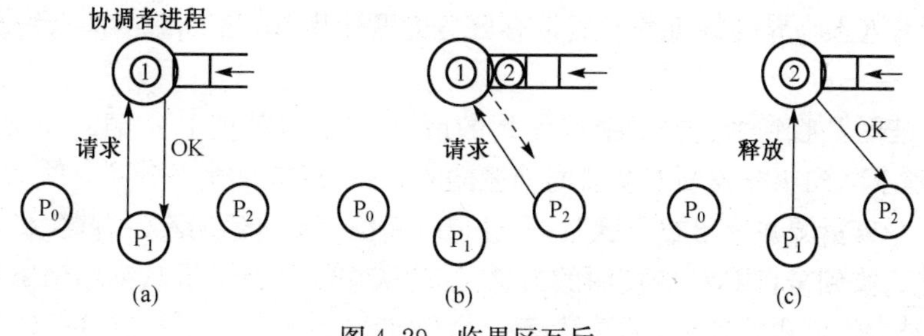

图 4.29 临界区互斥

假定任何一个在临界区中工作的进程必将在某个时候退出临界区，在这个前提下，以上算法过程是公正的，保证不会发生进程永远等待的现象。

以上算法可广泛应用于分布式资源调度，实现简单是其优点。但是，如果协调者进程发生故障，则系统就不能工作了。就性能效率而言，协调者进程是一个瓶颈。

分布式互斥算法没有协调者进程的角色，所有进程的地位都是平等的，通过相互通信来决定哪个进程进入临界区。以下介绍两种不同的解决方案。

1. 基于权标的解决方案

基于权标的解决方案引入了"权标"的概念。权标代表一个控制标记，它在所有的进程间传递。一个进程拥有权标时就可以进入临界区。

假定系统中共享某一资源的诸进程 $P_i(0 \leqslant i < m-1)$ 连接成一个环。每个进程被赋予它在环上的位置编号。进程之间如何排序并不重要，对于每个进程，只要知道它的下一个进程位置就行了。使用权标代表一个动态的单一控制点，如图 4.30 所示，该权标绕环逐个往下传递。

初始时，进程 0 被赋予权标，这个权标沿着环按一个方向逐个向下传递，如从进程 k 传递给进程 $k+1$。当一个进程接收到权标时，就检查它是否要求进入临界区。如若不想进入，就直接将标志传递给下一进程。如若想进入，则此进程就进入临界区，执行其任务，完成后再退出临界区。退出后该进程再将标志传递给下一进程。作为一个特殊情形，如果所有的进程都不要求进入临界区，则权标就在环上"空转"，从一个进程到下一个进程地循环往复。

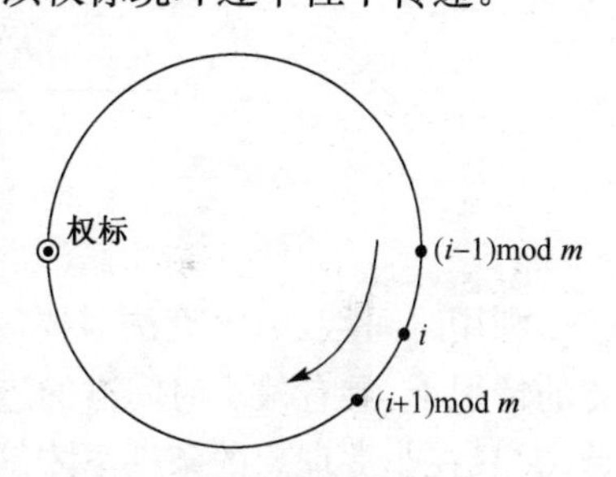

图 4.30 基于权标的互斥算法

如此，分布式算法的正确性显而易见。因为只能有一个进程持有权标，这样在临界区最多只能有一个进程。由于权标是绕环旋转的，每个进程都可能有机会持有权标，所以不会有"饥饿"的现象发生。

由于分布式系统会发生进程失效的情形，因此要求环中每一进程收到权标时都要给发送方进程一个应答信息。当某一个进程失效时，发送方进程虽经反复发送却收不到应答信息，就可将权标直接发送给失效进程的下一进程。为此，每个进程都要维护一张环中所有进程的位置表。

2. 非基于权标的解决方案

Lamport 在 1978 年发表的关于时钟同步的论文中首次提出了一种分布式互斥算法，所有的进程通过相互通信决定哪个进程可以进入临界区。为了使讨论简单，假定发出的消息一定会被收到，并按它们发送的时间顺序被接收。设一组进程 P_i，与 P_i 相关的 LC_i 是 4.2.2 节中定义的逻辑时钟。每个进程维护一个请求队列，算法规则有 4 条。

(1)每个请求进入临界区的进程发送带有自身进程号及当前时间戳的消息给所有的进程(包括自身);

(2)当一个进程 P_i 收到来自另一个进程 P_j 的请求消息时,就把 P_j 按照时间戳的先后顺序放入与 P_i 关联的请求队列中并发回一个带时间戳的应答;

(3)进程 P_i 释放资源并退出临界区时,发送带时间戳的消息给所有进程(包括 P_i 自身);

(4)当进程 P_j 收到来自 P_i 释放资源的消息时,就从它的局部请求队列中清除所有来自 P_i 的请求。进程 P_j 被允许进入临界区,条件是:

①P_j 进入临界区的请求在其局部请求队列的顶部。

②P_j 已经从所有其他进程处收到时间戳比 P_j 请求时间戳大的应答消息。

如图 4.31 所示,有三个进程 P_0、P_1 和 P_2。其中,P_0 和 P_1 请求进入临界区,P_0 在 P_1 之前请求,因而优先获得进入临界区的授权。图 4.31 显示了三种类型的消息:实线代表请求信息,虚线代表应答信息,点线代表释放信息。

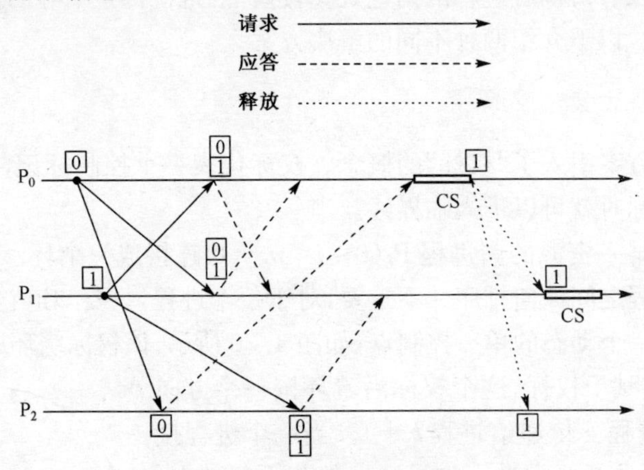

图 4.31 非基于权标的互斥算法

利用时间戳,以上算法需要 $3(n-1)$ 个消息保证 n 个进程集的互斥。算法规定了在产生冲突的情况下,具有最小时间戳的进程请求优先,所有的进程在对时间戳的顺序上达成了一致。但是,它只在非常理想的条件下才是可行的。由于网络上通信时间的延迟,因此要求消息按照其发送的先后顺序被接收可能是不现实的。再考虑到进程失效,算法会更加复杂。

4.5.3 选举

许多分布式控制都要求从诸进程中选举出一个进程扮演协调者的角色。选举算法在服务器集群、负载平衡和错误恢复等领域得到了广泛的应用,这些情况下的协调者选举往往是动态进行的。一旦选出的协调者发生故障,分布式系统会立即启动新的选举,另选新的协调者。

大部分选举算法是基于全局优先级的,其中的每个进程预先分配一个优先级。选举过程分为两个阶段:首先选择一个具有最高优先级的协调者,然后再通知所有的进程谁是协调者。两个阶段都需要在系统中发布进程标识,这可以通过点到点通信或者组播来实现。

基于将进程互连的拓扑结构类型,比如图、环或树等,可以提出不同的分布式选举算法。在一般的图结构情形中,如果生成树是预先已知的,那么从所有的叶节点上启动选举过程并把它们的进程标识向上传递给它们的祖先,沿着每条到根节点的路径只有最高优先级的进程可以保留下来。当最高优先级的进程标识到达根节点时,第一阶段结束。接下来的第二阶段,沿着生成树从根节点向所有的叶节点广播优胜者的进程标识。如若生成树是动态生成的，那么由一个进程(根节点)启动一个构造生成树的过程，然后再基于得到的生成树启动选举过程。

假定涉及的所有进程按任意顺序排列在一个环上，所有进程的 id 各不相同，具有最大 id 的进程的优先级最高。选举算法如图 4.32 所示，与图 4.30 所示的分布式互斥算法不同的是，这里的进程环没有使用权标。分布式选举算法如下：

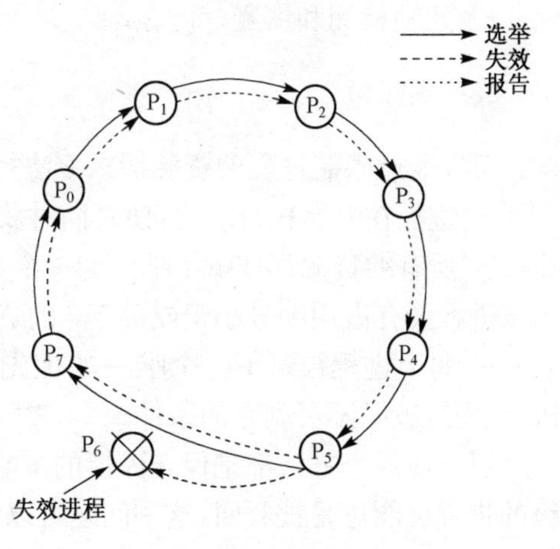

图 4.32　选举算法

1. 选举步骤

(1)环中每个进程都绕环(单向或双向)发送各自的进程标识。如果发现下一进程失效，则传输给该失效进程的再下一个进程。

(2)当一个进程接收到发送方的消息时，就将发送方的进程 id 与自身进程 id 进行比较，如果发送方的进程 id 比自身 id 大，就继续传递它；如果比自身 id 小，就丢弃之；如果和自身 id 相同，就宣称自己是协调者进程，进入报告步骤。

2. 报告步骤

由选中的协调者进程启动，将此最优先的进程信息沿环逐个向下或直接广播通知环中的每一个进程，结束选举过程。

选举也可以由环中任意一个或几个进程启动。若有几个进程同时发现原来的协调者进程失效，它们中的每一个都可以各自独立地启动一个选举过程，最后得到相同的协调者进程。

4.5.4　分布式死锁

分布式系统涉及资源的并发共享，可能会引发死锁。当一组进程中占有资源的进程由于无法访问该组中其他进程占用的资源而被无限期阻塞时，就产生了死锁。

进程死锁可以用等待图来描述。以进程集合$\{P_0,P_1,\cdots,P_{n-1}\}$中的进程作为节点，如果进程$P_i$等待一个被进程$P_j$占用的资源，则等待图中存在从$P_i$到$P_j$的有向边$(P_i,P_j)$。以哲学家就餐问题为例，五位哲学家要么吃饭，要么思考。饭桌上总共有五把叉子。如果一位哲学家饿了，他会拿起他左右放着的两把叉子，开始吃饭。吃完后，他会放下两把叉子。当每位哲学家都拿起右手的叉子，并且想得到左手的叉子时，就会发生死锁。以哲学家P_0、P_1、P_2、P_3和P_4作为节点，叉子是他们可占用的资源，与如上死锁情况对应的等待图存在从P_0到P_1，P_1到P_2，P_2到P_3，P_3到P_4，P_4再回到P_0的一个循环，如图 4.33 所示。

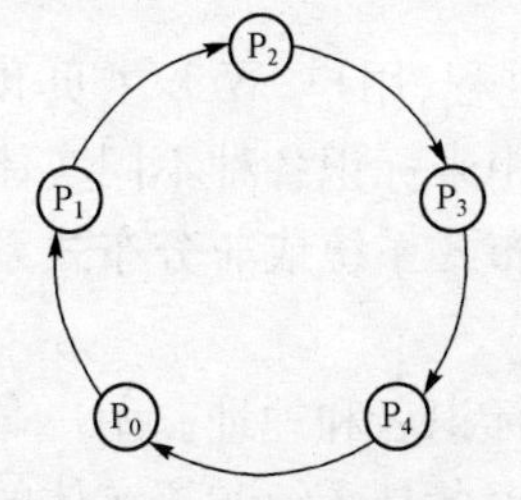

图 4.33　哲学家就餐等待图

严格地说，当且仅当下述四个条件同时成立时，死锁才会发生。

①互斥：同一资源在同一时刻不能被多个进程占用。

②占有并等待：一个进程占用了至少一个资源，同时在等待获取被其他进程占用的资源。

③非抢占性资源分配：任何进程正在持有的资源不能被抢占，系统不能强迫进程放弃资源的控制。

④循环等待:在等待图中存在循环。

为了使分布式系统避免出现死锁,提出以下三种处理死锁的控制策略,即死锁预防、死锁避免,以及死锁检测和恢复。

1. 死锁预防

可以通过限制进程的资源请求方法打破以上4个死锁条件中的一种,从而可以预防死锁。

· 进程在开始执行之前,使其同时获得全部所需的资源,从而打破了占有并等待的条件。

· 所有的资源都被赋予唯一的一个数字编码。一个进程可以请求一个编码为 i 的资源,仅当该进程没有占用编号小于或等于 i 的资源。这就打破了循环等待的条件。

· 每个进程被赋予一个唯一的优先级标识。优先级标识决定了进程 P_i 是否应等待进程 P_j,从而打破了不可剥夺的条件。

以上前两个方法都是保守谨慎的策略。第三个方法的问题是可能发生饥饿,具有较低优先级的进程可能总是被驳回,这一问题可以通过提高被拒绝进程的优先级来解决。

2. 死锁避免

为避免死锁,需要知道有关资源请求的附加信息,并动态检查资源分配状态,如果状态是安全的,就将资源分配给进程。一个状态是安全的,是指系统能够按某种执行序列为每一个进程分配资源,从而使所有的进程都能完成运行。没有一个可适用于任何系统的关于安全状态的统一定义。对于不同的应用,安全状态的定义会有所不同。安全状态不会导致死锁,但这样的死锁避免策略在分布式系统很少使用,这是因为分布式系统没有全局时钟,检查安全状态涉及进程和资源的大量计算,从而会引起昂贵的开销。

3. 死锁检测和恢复

死锁预防和避免采用悲观方法,即认为死锁会发生并试图阻止或避免它;死锁检测和恢复使用乐观方法,即允许死锁发生,然后发现并解除之。

死锁检测就是在全局等待图中寻找回路。根据等待图是集中存放或分布到不同站点存放,分别有集中式和分布式两种方法对等待图进行维护并寻找回路。如果发现回路,就要有一个进程被回卷,并向所有的其他进程通知这个受害者进程。死锁检测之后就是解决死锁的过程。解决死锁依赖死锁检测过程中取得的信息,包括以下几步:①选择一个受害者进程;②中断受害者进程;③删除所有的死锁信息。死锁检测和恢复方法不宜在死锁发生频繁的应用中采用。

4.6 寻址定位

分布式系统有各种不同的软硬件资源,如主机、打印机、文件、进程、用户、Web主页和端口等。为方便使用,这些实体在系统中都被赋予确定的名字。名字是用来标识各种不同实体的字符串,通过名字和目录服务就可以找到它所标识的实体位置。对分布式系统或非分布式系统而言,名字系统从概念上都是一样的,但实现寻址和定位的方式不同。

在分布式系统中,实体可以有三种不同类型的名字,即用户名、标识名和地址。用户名是由用户确定且易于记忆的友好名字,一个实体可以有多个用户名。标识名是系统赋予实体的唯一标识,任何一个实体只能有一个标识名。对于位置固定的实体,从标识名到地址有唯一确定的映射；对于位置可移动的实体，标识名到地址的映射是经常发生变化的。寻址就是指如何由标识名找到它所标识实体的位置。

名字空间是系统中所有实体名字的集合，名字空间的结构特性不同，相应的寻址和定位方法也就不同。4.6.1 节和 4.6.2 节介绍的名字解析方法和移动寻址方法都是针对有结构名字空间的，而 4.6.3 节介绍的散列表方法则是针对无结构名字空间的。由于分布式系统中的垃圾定位和回收与寻址密切相关，所以也一并收入在 4.6.4 节介绍。

4.6.1 名字解析

标识名是表示实体的一串字符。在同一系统中，标识名是不可重复使用的，不可能使同一个名字标识两个不同的实体。引用地址本身可以视为实体的一个特殊名字。在系统运行期间，实体有可能改变位置，如移动设备从一个端口位置移动到另一个端口位置，这样，移动设备的引用地址就改变了，所以在分布式系统中，使用独立于引用地址的标识名会带来许多方便。

名字空间是系统按一定规律组织的实体标识名字的集合，Internet 的名字空间是按层次结构组织的，可用带标号的无环有向图来表示，如图 4.34 所示。图 4.34 有两种类型的节点：圆圈和方框。圆圈表示叶节点，用于表示实体，并存储与实体相关的信息，如地址和状态信息等；方框表示目录节点，用于存储目录表，如节点 N_1 存储的目录表为（N_2："Ami"；N_3："Mike"；N_4："Sara"）。节点 N_0 没有输入边，是图的根节点。

在分布式系统中，由于不同站点机上操作系统的自治性，存在有不同的局部名字空间。必要时可以在诸局部名字空间之上增加一个逻辑的根节点，用来建立统一的全局名字空间。

可以使用结构化的统一资源标识符（Uniform Resource Identifiers，URI）作为标识名来表示实体。URI 包括 URL 和 URN 两种形式。URL（Uniform Resource Locator）包含实体引用的信息，是位置相关的实体引用，一般结构如图 4.35 所示。其中，Schema 是存取协议，如 http、ftp 和 telnet 等；Host Name 是主机在名字系统中的域名或者 IP 地址，如果需要提供端口，可在 Port 属性中说明；Path Nname 给出实体资源的路径。

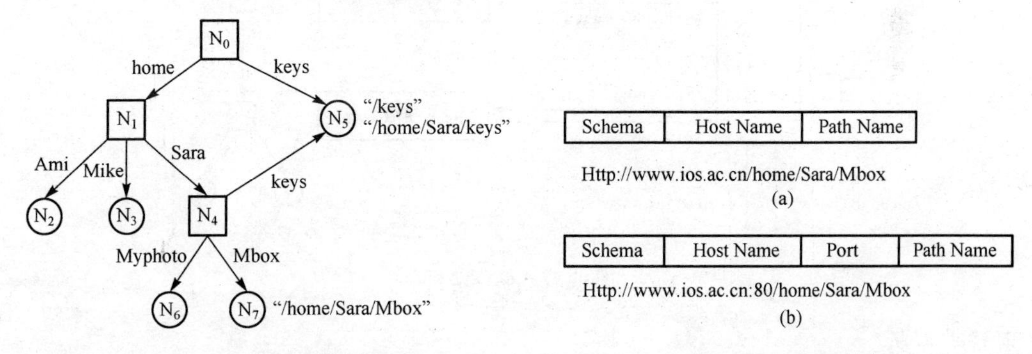

图 4.34 名字空间的图表示

图 4.35 URL 结构

URN (Uniform Resource Name)是全局唯一名字标识，是位置无关的永久的实体引用，一般的结构如图 4.36 所示。

虽然 URN 的定义简单，但是 URN 名字的解析依赖其中名字子空间的解析。当各个名字子空间的结构差异很大时，URN 名字的解析会有困难。

URN	Name Space	Name of Resource
URN :	NS_2 :	TR2002-68

图 4.36 URN 结构

名字服务建立在名字空间上，对实体标识名进行解析，从名字空间中寻找到该名字对应的实体。在局域网的情形下，名字和目录服务运行在客户都知道的服务器上，名字解析相对比较简单。而对于 Internet 应用，要使用多个名字服务器。由于不同的局部名字空间可能有不同的结构，因此其名字解析要求使用不同的算法。在名字空间的高层节点中，名字服务器的负担重，其可用性和性能需要重点优先考虑。如果这些高层节点上的名字服务失效，或者处理效率太低，名字空间中该节点下属的所有名字服务就都不能有效地工作。

下面用一个例子说明如何使用多个名字服务器对结构化标识名 URL 进行解析。假设要解析的 URL 名字是：http://www.ios.ac.cn/home/Sara/readme.html，解析方式两种。

1. 循环解析

由用户端发送 URL 名字到根节点服务器，首先解析路径名中的标号 cn，返回与 cn 相对应的名字服务器地址给解析器。然后，解析器再将余下的路径名 cn：＜ac，ios，www，home，Sara，readme.html＞ 传送给 cn 名字服务器进行解析。cn 名字服务器只能解析标号 ac，并返回 ac 名字服务器地址。如此循环继续下去，由 ac 名字服务器解析 ios，再由 ios 名字服务器解析 www，最后由 www 服务器解析余下的路径名 www：＜home，Sara，readme.html＞，即依次解析标号 home，Sara 和 readme.html，最终得到 HTML 文件实体 readme.html 的地址，再遵循 HTTP 执行相关的操作。如此循环解析的过程如图 4.37 所示。

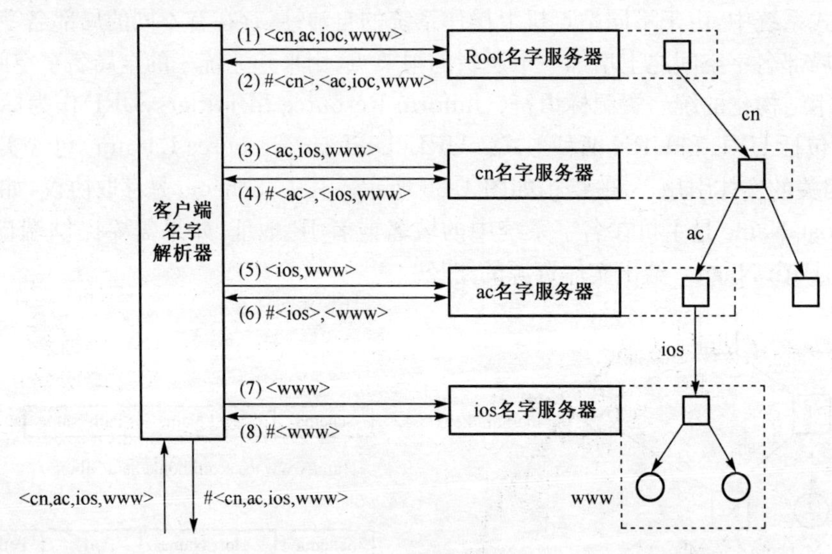

图 4.37　循环解析

2. 递归解析

使用递归过程进行名字解析时，每个名字服务器解析的结果不直接传递给客户端的名字解析器，而是传递给下一个名字服务器进行递归调用。当根节点名字服务器解析标号 cn 之后，立即要求 cn 节点的名字服务器去解析余下的路径名字。如此，递归过程继续，直至解析完成全部路径名并最终向根节点返回，再由根节点传送给客户端名字解析器。整个名字解析的递归过程如图 4.38 所示。

与循环解析的方法比较，递归解析方法的一大优点是通信开销少。但是，递归解析要求每个名字服务器都要经历整个名字解析过程，因此，它对每个名字服务器有较高的性能要求。

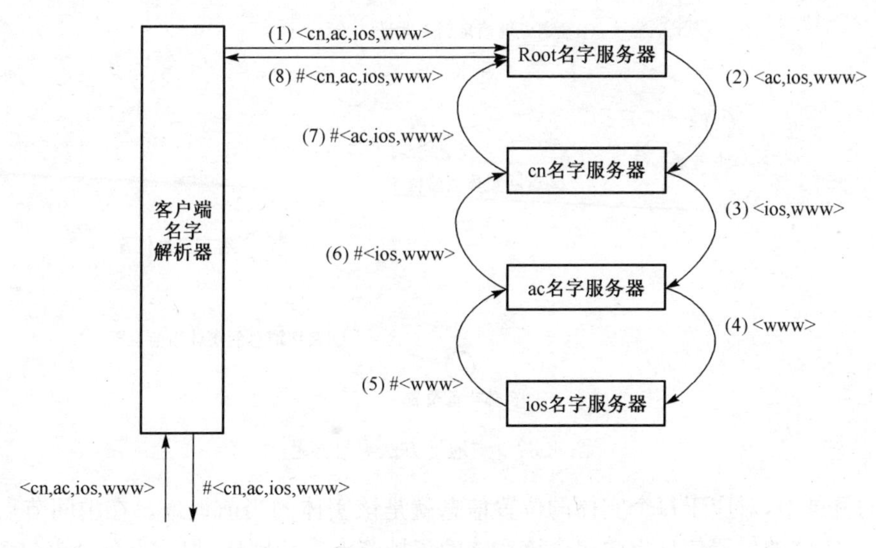

图 4.38　递归解析

4.6.2　移动寻址

上节讨论的名字解析算法只对固定位置的名字有效。对于实体位置经常变化的情况，如移动设备，名字到地址的映射经常发生变化。如何利用名字确定它所对应的当前地址是一个比较复杂的问题。在局域网的情形下，移动寻址服务可简单地采用如下方法实现：

(1)广播和组播方法。将含有实体标识名的消息广播或组播给连接在网络上的站点机，要求每个站点机检查其局部名字空间中是否存在该标识名，如有，则返回该实体的当前地址。

这种方法简单，但效率低。绝大多数的站点机很难无故地中断原来的执行去处理广播请求。

(2)向前引用方法。设移动实体原来的位置为A，移动到的新位置为B，则在A处可存放B的引用。如果移动实体再次移动到位置C，则在B处存放C的地址，如此继续，从移动实体最初的位置A出发，逐步向前引用直至当前位置，形成引用链。这样，可以用传统的名字服务先确定A，再通过引用链逐次向前引用，找到移动实体的当前地址。如果引用链很长，这种方法效率就低，特别是当引用链发生故障时，会导致全部解析过程失败。

无论是广播和组播方法，或者是向前引用方法，从效率的角度考虑都难以在广域网范围内使用。为此，下面介绍一种广域网使用的主地址方法。

为每个实体引入一个主地址(Home Address)，主地址保持跟踪实体移动的当前位置。通常，主地址选择该实体建立时的位置。主地址方法寻址过程如图 4.39 所示，可分为 3 步实现：①客户进程发送消息到主地址，寻找该实体的当前位置。②主地址进程向客户返回实体的当前位置信息。③客户进程向实体的当前位置发送消息。由于主地址是相对固定的，当客户进程和主地址处于完全不同的位置区域时，从客户进程到主地址的连接会增加通信的开销。

移动电话寻址在主地址方法中加入了层次结构。客户进程在与移动实体建立连接时，首先从本地注册机构检查移动实体是否在本地，如果不在本地，就连接到该实体的主地址，即该移动实体注册所在的地址，找到它的当前位置信息。这种将位置信息按主位置和当前位置的二层划分可以更普遍地推广到多层的情况。类似于域名服务器，位置域按照层次结构来组织。每个位置域由若干子位置域组成，子位置域又可再分为更小的子位置域，如图 4.40 所示。每个叶节点域对应于一个局域网。每个域节点都相应有一个目录表，保存跟踪域中所有实体的位置信息。

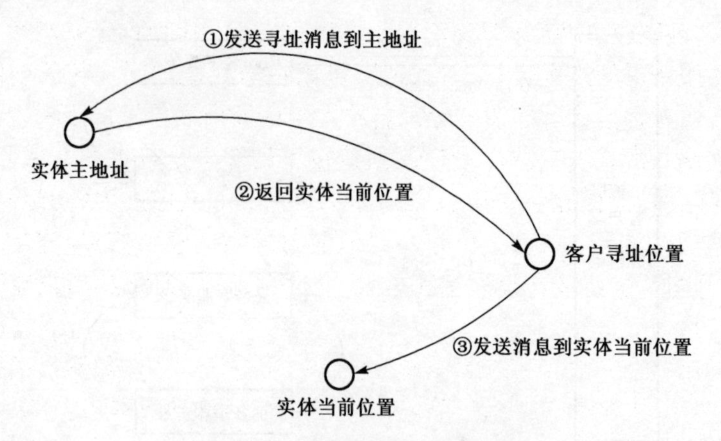

图 4.39　主地址方法寻址过程

在叶节点的目录中，对应于每个实体的位置信息就是该实体的当前地址。在中间节点的目录表中，对应一个实体的位置信息指向包含该实体的子域节点。特别地，根节点目录表包含每个实体的位置信息，指向相应实体当前所在的子域节点。基于位置域的层次组织结构进行寻址的过程如图 4.41 所示。

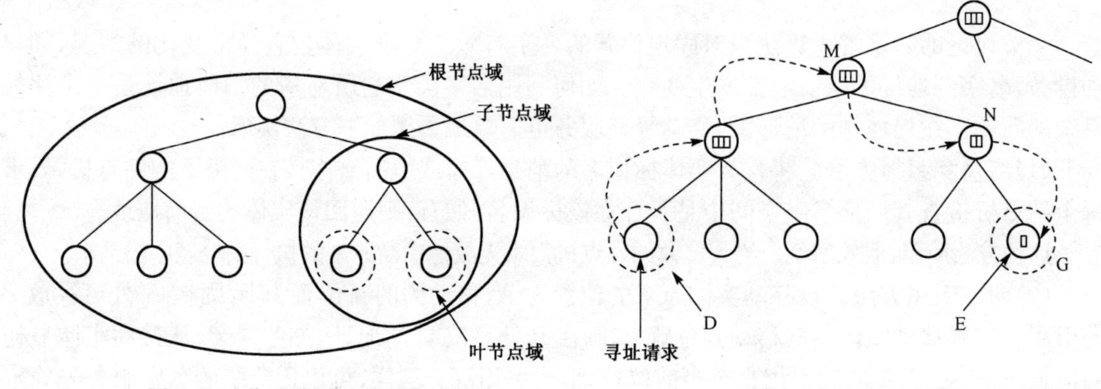

图 4.40　位置域的层次组织　　　　图 4.41　寻址过程

当在叶节点域 D 处要求对实体 E 寻址时，先搜寻 D 的目录表，如果 E 就在域 D 内部，则从 D 的目录表中可直接返回 E 的当前地址。否则，将寻址请求向上发送给 D 的父节点域，如果父节点域的目录表中仍不能发现 E，则继续向上转移，直至找到节点域 M，M 保存有实体 E 的位置信息，然后指向 M 的子节点域 N。寻址的过程继续向下寻找，直至找到叶节点域 G，其中存储的 E 的位置信息就是 E 的当前地址。

采用类似的算法可实现在叶节点域加入或者删除实体信息。设将移动实体 E 从叶节点域 G 移动到另一节点域 D，这就意味着从 G 中删除 E 信息，并在 D 中加入 E 信息。G 和 D 中实体 E 信息的变化导致从 G 和 D 自底向上的相关高层节点中 E 信息的改变。任何一个实体信息的加入或删除都要经过相关高层节点域作相应的处理。

4.6.3　分布式散列表

散列表(Hash Table)是按标识名的散列值实现高效查询的一种索引结构，特别适用于无结构的名字空间。设实体标识名为 ID，散列函数为 Hash，散列表长度为 N，则有对应的散列值 $h=\text{Hash}(\text{ID})\bmod N$，它被用来作为该实体的索引。

不同的标识名可能会有两个，但计算出来的散列值是相同的，这就产生了散列冲突。为解决此问题，就要按一定的规则进行"再散列"，可以在散列表的同一位置中保留并维护所有冲突名字的信息，或者直接将有冲突的标识名放入当前散列表位置的下一个空间位置。由于 N 足够大，且散列函数的选择应能尽量使散列值在散列表中是随机和均匀分布的，所以这种散列冲突出现的机会是很少的。在分布式系统中，使用分布式散列表(DHT)将实体索引信息分布到多个管理节点，每个节点负责保存一定范围内的实体索引信息，这样寻址任务就公平地由所有的节点分担。这些节点没有主次之分，全都处于平等地位，所以能够有效避免热点或性能瓶颈的问题。

假设 DHT 使用一个 m 位的标识名空间，由$[0,2^m-1]$区间中的整数形成以 2^m 为模的一维 Chord 环[Stoica，2001，2003]。每个管理节点和实体标识名都被散列映射到环中一个位置。对于任意一个实体名 D，散列函数 H，用散列值 $k=H(D)$来索引这个实体对象。若 p 是 DHT 的一个节点，succ(p)表示环中沿顺时针方向的后继节点，如果 $p<k\leqslant \text{succ}(p)$，那么节点 succ($p$)就是在 chord 环中负责保存和管理实体 D 的具体地址及相关信息的节点。

如图 4.42 所示，这是一个 $m=6$ 的 chord 环，有 $2^6=64$ 个散列位置。环上的黑色圆点表示节点位置，白色方框表示实体索引位置。实体索引 K_5 的后继节点是 N_8，说明 K_5 的实体信息由节点 N_8 负责管理。

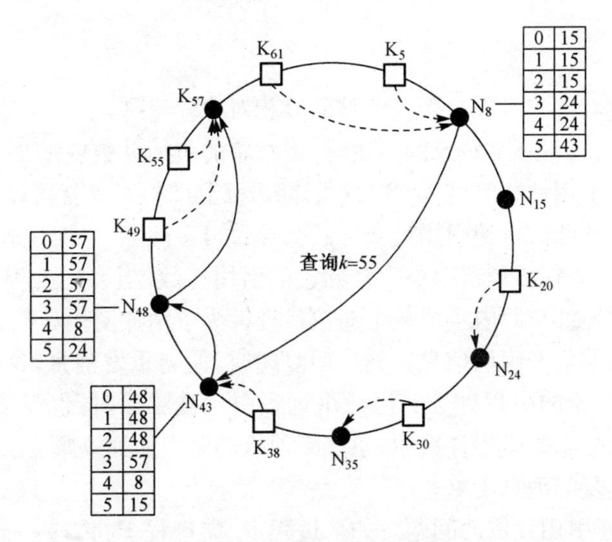

图 4.42　Chord 环表示

为了查找一个实体对象，首先要通过该实体索引找到管理这个实体信息的节点。DHT 实现了一种路由机制，可以有效地迅速寻址到这个节点。DHT 中的每个节点都附有一个指状路由表，提供的路由信息使寻址得以按指数的跳跃方式快速寻找。举一个例子说明，假如客户请求查询的实体标识名的散列值为 55，将请求发送到离该客户最"近"的节点，如 N_8 上，那么寻址过程就从 N_8 始，如图 4.42 中的连线所示，按照节点 N_8、N_{43} 和 N_{48} 这三个节点的指状路由表提供的路由信息，从 N_8 跳转到 N_{43}，再到 N_{48}，就可发现 K_{55} 的位置在 N_{48} 和 N_{57} 之间，从而知道管理该实体信息的节点是 N_{57}，总共只需跳转 3 次。

在一个大型的分布式系统中，负责管理索引信息的节点可能会发生变化，所以不仅要考虑节点的增加或离开，而且还要考虑节点失效的情形。例如，当有新节点要加入时，它只需与已有系统中的任何节点联系，计算该节点标识的散列值，迅速寻址到它在 Chord 环中的位置，并将其插入到该环中。由于该节点的加入除了它的后继节点要将其保存的部分索引信息转移到新的管理节点外，环中相关各节点的指状路由表信息也要随之更新，所以与加入一个新节点比较，对一个节点因失效而废弃情形的处理就要复杂得多了。总之，在任何的情况下，都必须保持 Chord 环索引信息的一致性。

4.6.4 分布式垃圾回收

寻址定位为实体对象提供了一种全局的引用服务。只要实体对象能被这种服务索引，它们就可以被引用和访问。当实体对象不再被引用时，就应该被删除。

许多系统都采用显式的方法删除不再被引用的对象。如果一个进程 P 知道它是最后一个使用某对象的进程，并且以后不会再有其他进程访问该对象，那么当进程 P 结束运行时，就可以删除这一对象。然而，在分布式系统中，管理对象的删除工作通常是相当困难的。系统并不知道是否还存在对该对象引用的进程。如果在这种情况下删除了对象，那么在有进程对此对象后续访问时就会发生错误。

如果系统不删除无用的对象，这种方式也是不可接受的。系统保留没有引用的对象，它们占用的系统资源实际上就浪费了。很明显，这些没有被引用的对象是系统垃圾，它们必须被清除。以下从三个方面介绍分布式系统如何自动回收那些不再被引用的对象。

1. 引用计数

在单处理机系统中，检测对象是否应该被删除相对比较容易，一个简单方法就是记录对象被引用的次数。当系统生成对一个对象的引用时，该对象的引用计数就增加 1。同样，当对象的一个引用被删除时，对象引用计数就减 1。当引用计数达到 0 时，对象就可以被删除了。

在分布式系统中，如此简单的引用计数方法会导致很多问题，原因是分布式系统中的通信可能是不可靠的。假设对象在服务器存根上存储它的引用计数，当客户进程生成一个对远程对象的引用时，它在本进程地址空间内生成一个对象代理。为了增加引用计数，代理向服务器存根发送消息，并且希望收到回复的确认信息。如果回复超时，便会重发消息，这样就有可能使服务器存根错误地多次增加对象的引用计数。当一个远程引用被删除时，也可能会出现类似的问题。为了解决这一问题，在分布式引用计数中，系统必须检测要求增加或减少引用计数的消息是否重复，并且不响应任何重复的消息请求。

还有另外一个关于引用计数的问题。如果进程 P_1 向进程 P_2 传递一个引用，相关对象的存根并不知道已经生成了这个新的引用。接下来，如果进程 P_1 决定删除这一引用，那么相关对象的引用计数就可能会减少为 0。这样，在进程 P_2 访问这一对象前，这个对象可能已经被删除了。加权的引用计数方法可以解决上述问题。

在加权引用计数方法中，每个对象都有一个固定的总权值。当对象生成时，总权值保存在相应的存根(用 s 表示)中，同时也保存一个部分权值，部分权值的初始值和总权值相同，图 4.43(a)描述了这一情况。

当系统生成一个远程引用(p, s)时，将存储在对象存根中的部分权值的一半赋予新代理 p，而将另一半保留在存根 s 的部分权值中，如图 4.43(b)所示。当远程引用被复制，如当进程 P_1 将此远程引用传递给进程 P_2 时，P_1 代理上部分权值的一半便被复制给进程 P_2，而另外一半则保留在进程 P_1 的代理中，如图 4.43(c) 所示。

当系统删除一个引用时，向对象存根发送一个删减引用计数的消息。存根在收到这一消息后，将其总权值减去对应引用的部分权值。当存根中的总权值和存根的部分权值相等时，就说明系统中已不存在对应的远程引用，所以系统可以安全地删除该无用对象。

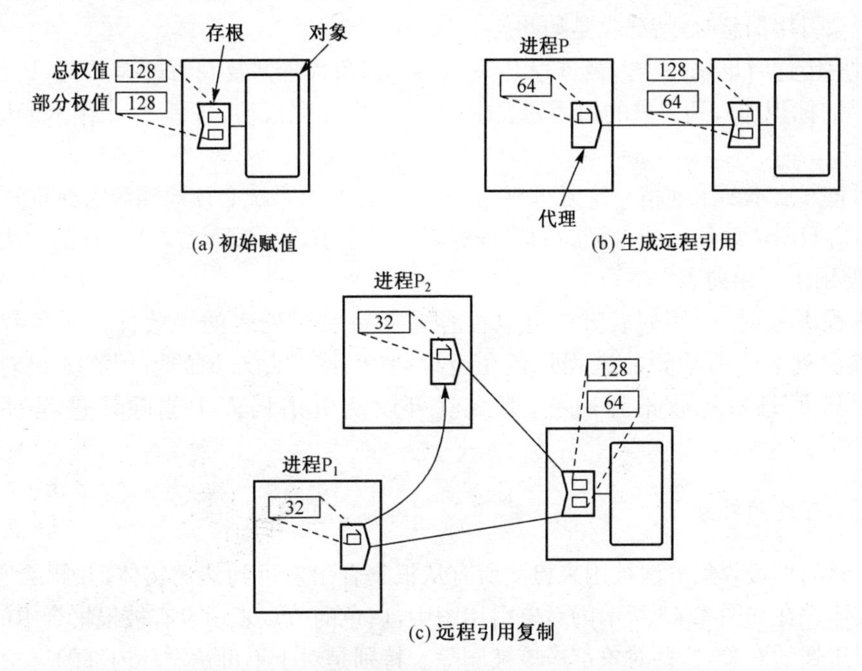

图 4.43　加权引用计数方法［Tanenbaum，2002］

加权引用计数方法只能允许生成有限数目的引用。一旦对象存根或者远程引用中的部分权值减少为 1，那么就不能生成新的引用或者复制引用了。为此，可以采用间接引用的方法来解决这一问题。如图 4.44 所示，假设进程 P_1要向进程 P_2传递一个引用，但它所拥有的对应代理的权值已经为 1 了。在这种情况下，P_1可以在其地址空间内生成一个存根 s′，并赋予它一个合适的总权值。这一存根 s′和对象所在地址空间内的那个存根 s 的作用完全相同。接着，进程 P_2生成一个代理指向这一存根 s′，并且将存根 s′部分权值的一半分配给新生成的代理，而权值的另一半由 s′保留，以后它还可以再分配给其他新生成的代理。

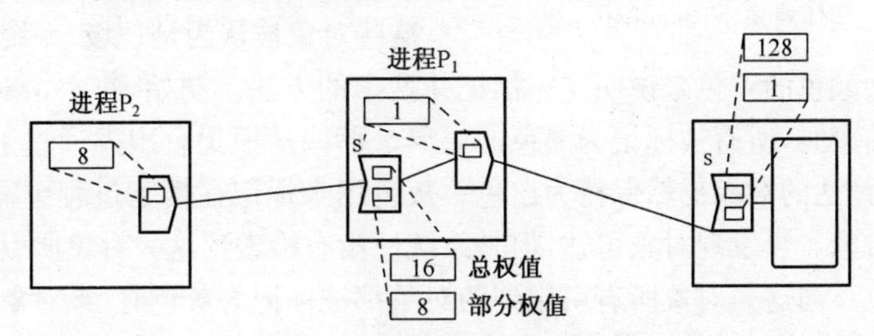

图 4.44　间接引用计数方法［Tanenbaum，2002］

2. 引用列表

另一种管理对象引用的方法，就是让存根保留所有对其引用的记录，即保持一个指向它的所有引用的列表，而不是仅仅只保持一个引用计数。引用列表被赋予如下的特性：当列表已经存在某个代理的记录时，再将这一代理加入不会改变引用列表记录的内容。同样，当删除列表中不存在的代理时，引用列表记录也不会改变。

这样，当一个对象生成新的引用时，生成此引用的进程可能会重复地向对象存根发送生成引用的消息，要求将这一代理加入到引用列表中，直到这一进程收到确认回复为止。当进程向对象存根发送删除引用消息时，情况也是如此。

对象引用传递时也是一样。当进程 P_1 发送一个对象代理并复制给进程 P_2 时，P_2 首先通知对象存根将 P_2 的标识加入到对象的引用列表中，在这一操作完成后，进程 P_2 才在本地址空间内建立相应的代理。

引用列表方法不要求通信一定是可靠的，也不一定要求系统必须检测和丢弃重复消息，只要求在消息中指明所需要加入或者删除的代理标识。对于引用计数而言，这是它的一大优点。Java RMI 就使用了引用列表方法。

当有进程失效时，引用列表方法可以很容易保持引用列表的一致性。对象存根通过发送消息来检测列表中所标识的进程是否在运行，且保持对此对象的引用。如果对象存根在多次重复发送消息后还收不到回答，那么就可以从引用列表中删除该进程对应的引用记录。

3. 检测不可达的对象

基于检索的垃圾收集方法被用来检测所有从根集合出发可到达的实体，并删除所有那些不可到达的实体。在如图 4.45 所示的对象引用图中，白色的节点表示没有被根集合中的对象直接或者间接引用到的对象，这些对象都应该被删除。特别是对于不可达循环内部的对象，虽然它们互相引用，但是都不能被根集合的对象直接或者间接引用到，对于这些对象，系统也应该删除它们。

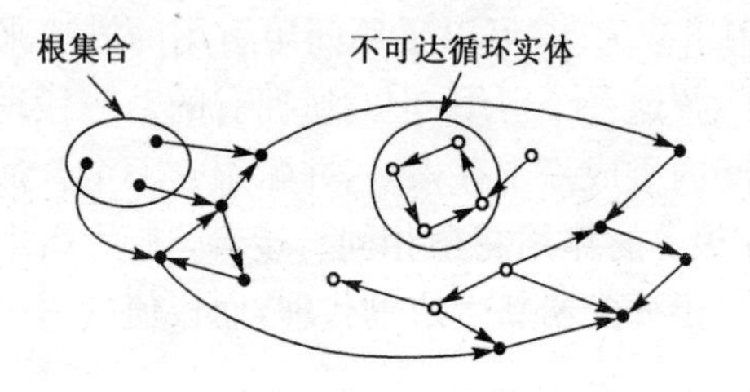

图 4.45　不可达实体对象［Tanenbaum，2002］

在单处理机环境中，最简单的检索方法是标记并搜索（Mark and Sweep）。这一检索过程分为标记和搜索两个阶段。在标记阶段，算法将会扫描到从根集合出发的引用链所涉及的所有对象，每一个被扫描到的对象会被标记。在搜索阶段，系统找到那些没有被标记的对象，这些对象被认为是垃圾，系统将删除它们。

可以通过三种颜色的着色来说明这一标记并搜索的方法。初始，每一个对象都被标记为白色。在标记阶段结束时，所有被标记为黑色的对象是那些从根集合出发通过引用链可以到达的对象，而那些不可到达的对象仍然保持为白色。灰色用来标记在搜索过程中需要进一步搜索其引用对象的当前对象。当发现对象可达，但是系统还没有检索到这一对象所引用的对象时，则将该对象标记为灰色。当这一对象所有引用到的对象都被标记为灰色时，该对象则被标记为黑色。

现在给出以上标记并搜索方法的一个分布式版本。每一个进程启动一个本地垃圾收集器，所有的这些收集器是并发执行的。这些收集器对代理、存根和实际的对象着色。一开始，所有的这些对象都被标记为白色。当在进程 P 地址空间内的对象可以被一个也在进程 P 地址空间中的根对象引用时，这一对象就被标记为灰色。当一个对象被标记为灰色时，此对象拥有的所有引用到其他对象的代理也都被标记为灰色。将对象标记为灰色意味着本地的垃圾收集器记录下来，被其引用的远程对象需要进行检查，这一检查由对应的远程对象所在进程的垃圾收集器来完成。

当一个代理被标记为灰色时，向代理关联的存根发送消息，此存根收到消息后也将其标记为灰色。当存根被标记为灰色，那么其对应的对象也立即被标记为灰色。重复这一着色过程，如果一个对象拥有的所有引用其他对象的代理都被标记为灰色，那么此对象存根及相应的对象都被标记为黑色，并且向引用到这一对象的所有代理发送一个消息。

当一个代理接收到“其关联的对象存根已经被标记为黑色”这一消息时，此代理也被标记为黑色。换句话说，本地垃圾收集器现在知道这一代理引用的远程对象已经记录为“可达”。

当所有的本地收集器完成其标记工作时，它们就可以彼此独立地收集所有白色的对象，并将这些对象作为垃圾删除。当所有的对象、存根及代理都仅标记为白色或者黑色时，标记阶段才结束。删除一个白色对象的同时，也意味着删除其对应的存根，以及对象拥有的所有指向其他对象的代理。

分布式标记并搜索方法的主要缺点是：在标记和搜索过程中，它要求系统中的可达图保持稳定。也就是说，为了使系统执行垃圾回收工作，当前执行的程序要暂时中断，显然，这种方式是很不友好的。为了缩短进行垃圾回收的时间，可分层次进行垃圾收集，将所有的进程分组，首先在低层次的进程组内收集垃圾。在低层次的进程组内所有的不可达对象被删除之后，再在高层次内对所有“干净”的进程组实施回收垃圾的过程，这种方法不仅可减少需要检索对象的数目，而且可使当前程序的执行与垃圾回收的过程适度交叉进行。

4.7 容　　错

分布式系统运行在网络上不同的站点机上，当系统发生局部故障或错误时，系统其他部分应能继续正常工作，即在一定程度上，分布式系统能容忍错误。当错误发生时，应能自动恢复，不致影响到整个系统执行的结果。

容错与系统可靠性密切相关。当存在局部错误时，系统仍能提供正确的服务，这称之为容错。不同的容错类型有如下几种：

- 时间容错，如 Redo/Undo 及超时重发机制，通过重复执行某个操作，达到容错的目的。
- 物理容错，如进程复制和数据复制等，通过增加重复的处理器或者存储器，达到容错的目的。
- 信息容错，如检查点和日志恢复等，通过增大信息冗余的方式，达到容错的目的。

在分布式系统中，复制是提供容错和高可用性的关键技术。本节只重点讲述第二种情形容错，即进程复制和数据复制的内容[Tanenbaum，2002]。关于第一和第三种情形的容错，本书的其他章节已有涉及，此处不再单独列出。

4.7.1 进程复制

为了容忍系统中出现的进程失效错误，可通过进程复制将若干个相同进程组织成组，这样，即使一个进程或者处理器失效，其他进程仍能提供正确的服务。

进程组是一组进程的抽象。向进程组发送消息，无须知道进程组中有多少进程，以及进程组中每个进程所在的具体位置。进程组中的每个进程都能同等地收到发送来的消息。即使进程组中有一个进程失效，其他的进程也能够收到。

进程组可以是动态生成的。在系统运行过程中，一个进程可以动态加入一个进程组或者从一个进程组中退出。分布式系统需要有相应的基础设施来负责进程组及其成员的管理。

按进程组内部进程组织的方式划分，进程组有两种不同类型。一种是扁平型，组内进程都是平等的，进程之间全连接，所有的决定通过互相通信产生，如图 4.46(a)所示。另一种是层次型，采用某种层次结构，如一个进程是协调者，其他进程都是工作者，所有的工作请求首先发往协调进程，然后再由协调进程确定发往哪些工作进程，如图 4.46(b)所示。

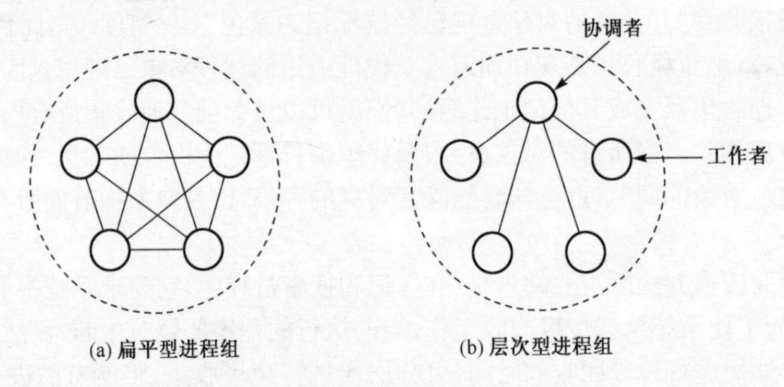

图 4.46　进程组结构

对于扁平型进程组，组中进程是互相平等且对称的。如果一个进程失效，进程组只是变得小一点，其他正常的进程都会继续运行。但是，对于这种结构的进程组，进程之间的决定要通过进程通信和表决产生，决策程序复杂，系统开销增加了。与此相反，层次型进程组由协调者进程进行决定，决策程序简单，但是一旦协调者进程出错，则整个进程组就会瘫痪。

进程组是实现系统容错的重要方法之一。对于系统中一个脆弱的进程，可以用一个进程组替代之，以求达到容错的目的。若一个进程组称之为是 k－容错的，表示它能允许最多 k 个进程出错，且仍能对外提供正确的服务。进程组需要多少个复制进程才能达到 k－容错的目的呢？如果失效进程不破坏，简单地就是失效/停止的行为，那么，进程组包含 $k+1$ 个进程就足以提供 k－容错。但是，失效进程通常会发出错误信息，从而发生 Byzantine 错误，在这种情况下，进程组中至少需要 $3k+1$ 个复制进程才能达到 k－容错的目的(见 6.2.3 节)。这些都只是理论结果，实际的情形是很难区分哪些是失效进程，哪些不是。实现系统容错确实很复杂。

4.7.2　数据复制

在分布式系统中，数据复制主要用于提高可靠性，并改进系统性能。

通过数据复制可提高系统可靠性。当一个数据存在多个复件时，如果其中一个数据被破坏了，则可转向访问其他的数据复件。如果存在三个数据复件，读写操作在每一个复件上独立进行，这样，数据访问的返回值，仅当至少有两个值相同时才能被确认是正确的。

数据复制还能提高系统性能。分布式系统在网络上地理位置不同的站点机上运行，如果将进程要访问的数据复制到进程所在的本地机上，显然可以减少进程访问这些数据的时间。但是，为了维持多个数据复件的一致性，当一个复件发生改变时，其他复件要随之进行更新，系统通信的开销因此增加了。

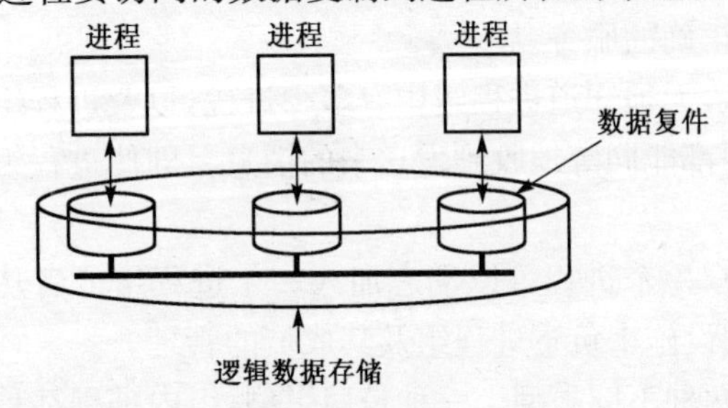

图 4.47　分布式数据存储组织

数据复制的一个重要问题就是保持复制数据的一致性。如图 4.47 所示，一组数据复件是逻辑上一致的数据对象，物理上分布存储在不同站点机的存储器中，系统进程直接访问本地存储器中的复件。数据一致性是在进程和数据存储之间的约定规则，只要进程对数据的访问满足这些约定的规则，则数据存储器就能正确地工作，保证进程在读取数据时，一定能返回该数据的最近一次更新值。

当全局时钟不存在时，很难精确判定某个写操作是否是最近一次。不同的一致性模型定义所给出的数据应满足不同的访问限制。

1. 严格一致性(Strict Consistency)

这是最严格限制的一种一致性模型。对数据的任何读操作都要返回最近写入的值。在这个意义下，所有写操作都要立即为所有进程可见，且要维护一个绝对的全局时钟顺序。因此，严格一致性是理想的一致性模型，它在分布式系统中是不可能实现的。

例如，在图 4.48(a)中，进程 P_1 执行写操作 W(x)a，将 x 值改变为 a。该写操作首先在进程 P_1 的局部数据上进行，然后再将对 x 的更新传播给其他数据复件。进程 P_2 执行读操作 R(x)，从其局部存储中读取 x 值为 a 。在严格一致性的意义下，这个结果是正确的。但是，进程 P_2 执行的读操作 R(x)可能在 P_2 局部数据更新之前，从而返回值为 NIL。在 P_2 所在局部存储更新之后，再次执行读操作 R(x)，返回值为 a 。如图 4.48(b)所示，这种情形在严格一致性的意义下是不正确的。

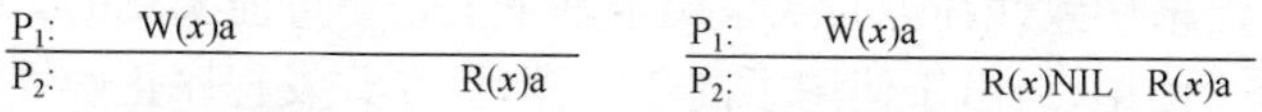

P_1:　W(x)a
P_2:　　　　　R(x)a

(a) 严格一致

P_1:　W(x)a
P_2:　　　R(x)NIL　R(x)a

(b) 非严格一致

图 4.48　严格一致性例子

2. 线性和顺序一致性(Linearizability and Sequential Consistency)

任意一个执行的结果都等同于所有进程中的读/写操作在某个顺序下的执行结果，且每个进程中的读/写操作出现的次序与所有进程操作顺序下这些操作出现的次序相同。这是一种比严格一致性限制弱一致性模型，它只定义了读/写操作之间次序的一致性，对这些操作执行的时间并未提出要求。

如图 4.49 所示，考虑在同一数据 x 上操作的四个进程：进程 P_1 执行写操作，置 x 为 a；进程 P_2 执行写操作，置 x 为 b；进程 P_3 和 P_4 执行两次读操作。假设进程 P_2 写操作先于进程 P_1 写操作，而且所有进程操作的执行结果都等同于按照 $W_2(x)$b，$R_3(x)$b，$R_4(x)$b，$W_1(x)$a，$R_3(x)$a，$R_4(x)$a 的操作顺序执行的结果，图 4.49(a)表示进程 P_3 和 P_4 都先读出 x 值为 b，再读出 x 为 a，满足顺序一致性条件。图 4.49(b)表示进程 P_3 先读出 x 为 b，再读出 x 值为 a；进程 P_4 先读出 x 值为 a，再读出 x 值为 b，图 4.49(b)不满足顺序一致性条件。

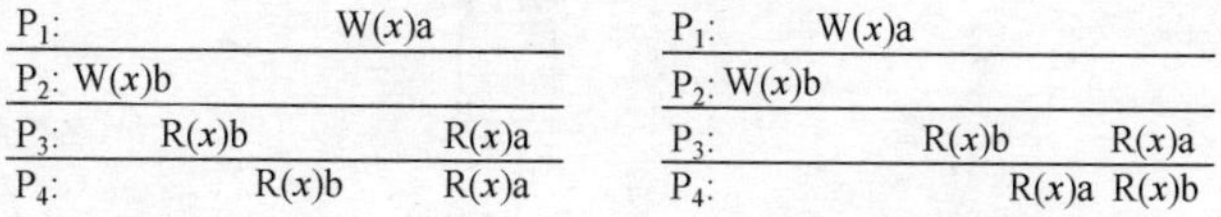

P_1:　　　　　W(x)a
P_2: W(x)b
P_3:　R(x)b　　R(x)a
P_4:　　　R(x)b　R(x)a

(a) 顺序一致

P_1:　W(x)a
P_2: W(x)b
P_3:　　　R(x)b　R(x)a
P_4:　　　　R(x)a　R(x)b

(b) 非顺序一致

图 4.49　顺序一致性例子

如果在顺序一致性条件的基础上再加上一个同步时钟要求，即得到线性一致性模型。令 $TS_{op}(x)$表示在 x 上的操作 op 执行时的时间戳，op 可以是读操作，也可以是写操作。如果 $TS_{op1}(x) < TS_{op2}(y)$，那么在顺序一致性模型中的读/写操作顺序下，操作 $op_1(x)$必须在操作 $op_2(y)$之前。显然，如此定义的线性一致性条件强于顺序一致性，但弱于严格一致性。

3. 因果一致性(Casual Consistency)

分布式系统的事件之间可能存在潜在的因果关系,如果事件 B 是由一个较早发生的事件 A 导出或引发的,则对系统中所有的进程而言都必须先发生事件 A,然后发生事件 B。这种互有潜在因果关系的事件称之为因果相关事件;两个事件无任何因果关联,称之为并发事件。因果一致性要求所有进程所见到的与写操作有因果相关的操作都在同样的次序之下。

P_1:	$W(x)a$					
P_2:		$R(x)a$	$W(x)b$			
P_3:		$R(x)a$		$W(x)c$	$R(x)c$	$R(x)b$
P_4:		$R(x)a$			$R(x)b$	$R(x)c$

图 4.50 因果一致性例子

如图 4.50 所示,进程 P_1 执行 $W_1(x)a$,进程 P_2 先读后写,执行 $R_2(x)a$,$W_2(x)b$。假设 P_2 和 P_3 的读操作和写操作是因果相关事件,写入 x 的值 b 和 c 是基于读出 x 的值 a 并计算的结果,则 $W_2(x)b$ 和 $W_3(x)c$ 必须在 $R(x)a$ 之后发生。$W_2(x)b$ 和 $W_3(x)c$ 是并发事件,对它们执行的次序没有什么要求。显然,图 4.50 的例子是因果一致的,但它不算是严格一致的,也不是顺序一致的。

以上给出了三种不同的数据一致性模型,它们在数据存取的操作限制、实现的复杂性和性能效率方面互有区别。严格一致性在分布式系统中基本上是不可能实现的。线性一致性在实际的分布式系统设计中很少使用,但由于使用了同步时钟,可在并发程序正确性推理中应用。在分布式系统中,应用最广泛的一致性模型是顺序一致性和因果一致性。

以上所讲的一致性模型都是在全系统范围内从一般的观点考虑的。然而,在一些实际的分布式系统中,常常采用更为宽松的一致性策略,在一定程度上容忍某种数据的不一致性,如为了提高网页访问的速率,浏览器将最新访问的网页内容保存在高速缓存中,用户再次访问网页时,就可以直接从局部存储器中读取,这样可以提高访问效率。但由于此时在 Web 服务器上的网页可能已经更新,用户在高速缓存中读取的网页内容在它尚未进一步更新之前就是一个过时的版本。

4.7.3 一致性协议

一致性协议描述一致性模型的实现。这里介绍一种主服务写操作协议。根据该协议,对每个数据都存在一个相应的主服务器,对数据的读操作可在本地复件上进行,而写操作则必须在主服务器上执行。这个主服务器可以是本地的,也可以是远程的。

如果主服务器是固定的,而写操作请求来自于主服务器不同的进程,则写操作就是一个远程操作,如图 4.51 所示。图中,W1:写操作请求;W2:将写操作请求转移到主服务器执行;W3:通

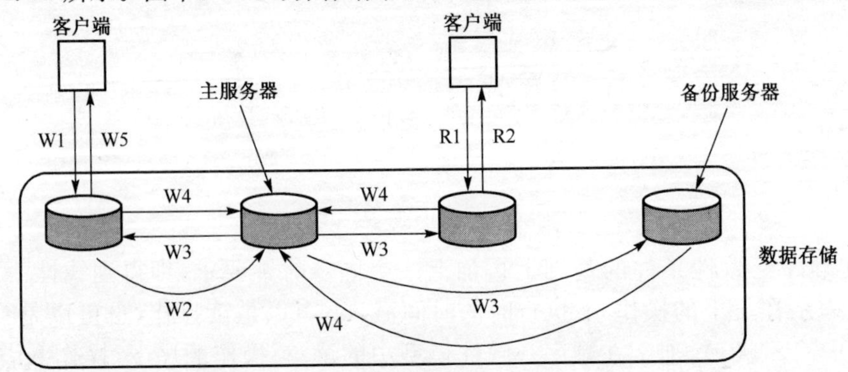

图 4.51 固定主服务写操作[Tanenbaum,2002]

知数据复件更新；W4：数据复件应答更新完成；W5：应答写操作完成；R1：请求读操作；R2：应答读操作。

这里，只有当所有的复件都执行了相应的更新操作，才发送写操作完成的回答信息。

通过将主服务器在进程之间转移，使得写操作请求直接在本地的主服务器上执行，如图 4.52所示。图中，W1：写操作请求；W2：将主服务器转向本地；W3：应答写操作完成；W4：通知所有的复件更新；W5：应答更新完成；R1：请求读操作；R2：应答读操作。

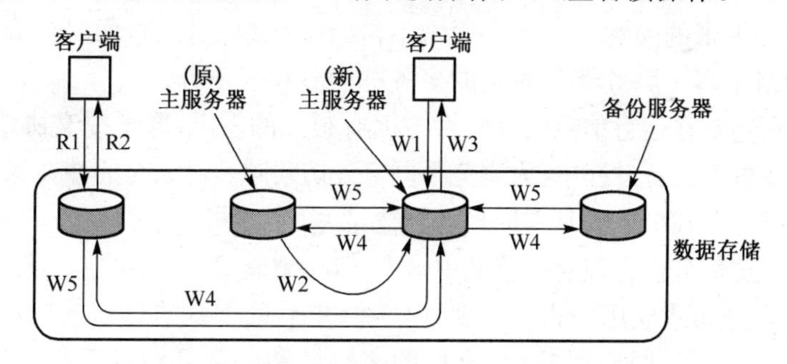

图 4.52 局部主服务写操作［Tanenbaum,2002］

由于主服务器可以协调并排序所有到来的写操作，所有进程都通过主服务器执行写操作，它们所见到的写操作次序都是一致的。因此，主服务器写操作协议满足顺序一致性模型的条件。然而，从用户请求写操作到操作完成，可能会经历一段较长的时间，性能效率是存在的主要问题。

主服务器写操作协议是最基本的一种一致性协议，还有其他一些不同的一致性协议，如可复制写操作协议(Replicated Write Protocols)允许同时在多个复件上执行写操作，缓存一致性协议(Cache Coherence Protocols)保证高速缓存与远程服务器数据的一致性。所有这些协议提供了各种不同的实现方式，而满足一致性约束的基本原则都是一样的。

第 5 章　分布事务处理

事务处理技术是保证软件可靠性和一致性的重要技术。在引入网络分布计算环境后，事务处理需要解决分布性带来的问题。事务作用域不再集中在单一站点，而是分布在多个不同的网络站点上。涉及网络中多个服务器上对象的事务称为分布式事务。

基于事务的应用通常在运行信息的完整性方面有很强的需求，原子提交协议是实现分布式事务原子性的关键。在事务执行过程中，为避免不同事务访问同一对象时的冲突操作，要进行事务并发控制。本章在介绍分布式事务的基本原理和概念的基础上，将详细讨论三种不同的并发控制方法及事务恢复处理。这部分内容包含金蓓弘中译本[Coulouris，2005]中的部分正文和图片。

尽管数据资源在分布式应用中占有重要地位，但并不是所有的分布式应用都只是以数据完整性为目的。工作流应用强调流程控制，流程的完整性和可恢复性是工作流应用的核心问题。工作流事务一般执行时间较长，传统的平面事务模型不适用于这种具有复杂业务过程的应用。本章最后一节专门介绍工作流事务的模型和调度。

5.1　分 布 事 务

事务是具有 ACID(Atomicity，Consistency，Isolation and Durability)特性的原子操作序列。网络应用中的数据和处理分布在不同的网络站点上，要求分布事务处理。分布式事务在结构上可以分为平面事务和嵌套事务。为了保证事务的原子性，分布事务处理采用两阶段提交协议。本节主要讲述分布式事务的概念、结构、模型及原子提交协议。

5.1.1　概述

事务处理技术是保证信息可靠性和一致性的重要技术。事务是具有 ACID 特性的原子操作序列。“事务”概念最早来源于数据库系统，用于保证应用程序对数据访问的一致性和可靠性。在早期的应用中，数据库系统内部集成的事务管理模块提供应用所需的事务处理功能。随着网络技术的发展及应用需求的变化，应用的数据和处理分布在不同的网络站点上，事务处理技术发展为分布式事务处理，并由专门的事务处理中间件提供事务服务。

事务是一组原子操作序列，具有四个关键特性，即 ACID 特性。

- 原子性(Atomicity)。事务中的一组操作，要么全部成功执行，要么都不执行。
- 一致性(Consistency)。事务必须保持数据库中数据的一致性。
- 隔离性(Isolation)。一组事务可并发执行，每个事务的执行结果等同于没有其他事务存在时各个事务单独执行的结果。
- 持久性(Durability)。事务成功执行后，其结果持久化存储于介质中，以后的操作和故障等不会对此结果产生影响。

从客户方的角度看，事务是由一组操作组成的原子步骤，这组操作在执行中不受其他并发客户端操作的影响；它们或者全部正确完成，或者在服务器出现故障时，消除其所有的执行效果。这样，事务的执行总是使服务器的数据从一个一致性状态迁移到另一个一致性状态。

以银行转账业务为例可直观地理解事务。从一个账户向另一个账户转账，转账事务 t 由四个操作组成：

```
Transaction t {
A. withdraw(300);
B. deposit(300);
C. withdraw(500);
B. deposit(500);
}
```

这里，A. withdraw(300)表示从账户 A 中取出 300 元钱，B. deposit(300)表示向账户 B 中存入 300 元钱。前两个操作从账号 A 转账 300 元至账号 B，后两个操作从账号 C 转账 500 元至账号 B。每次转账是通过一个取款操作和一个存款操作完成的，两次转账共四个操作组成一个事务。该事务执行完成，账号 B 增加 800 元。如果账号 C 已经不足以支付 500 元，在 C 上的取款操作失效，从而导致事务回退，账号 A 和 B 上已执行的操作也要取消，事务执行失败，所有账号均恢复到事务执行前的状态。

然而，在网络分布的环境下，事务作用域有可能不是集中在单一站点，而是分布在多个网络站点上，需要访问在不同网络站点上的对象。在上述的银行转账事务中，账户 A 和 C 为借款方，账户 B 为贷款方，A，C 与 B 可能位于不同的网络站点之上，这种分布式的事务流程的执行涉及网络通信和数据对象的远程访问，较之传统的单一集中式环境显然要复杂多了。

事务常常又被称为“原子事务”，它总是应用到可恢复对象上并且具有原子性。一个事务或者完整地执行，使它所有的效果都记录到相关的对象中；或者由于故障等原因执行失败而取消所有的效果。这种“全有或全无”的特性，体现为

- 故障原子性。事务执行失败时取消所有的执行效果，如同没有执行该事务一样。
- 持久性。一旦事务成功执行，它所有的效果都被记录到持久存储中。

在网络分布的环境下，需要同时允许多个用户执行联机事务，每个事务的执行不受其他事务的影响。为保证事务之间的这种隔离性，最简单的方法是串行执行事务，可以按次序逐个执行事务。但是，当有许多并发用户同时存在时，这种方式会使服务器资源利用率低到令人不可忍受的程度。事务处理通过并发控制来保证并发事务之间的隔离性，并要求并发程度最大化，以提高系统的性能。并发事务的执行结果必须等价于某种串行执行结果，这称为串行等价性。

事务处理技术的核心问题是并发控制和恢复处理。并发控制的目的在于保证多个并发执行事务的最终执行效果等价于某种串行执行的效果，即保证执行的串行等价性。串行等价性被用来判断并发事务是否正确执行，可防止更新丢失和不一致读取的问题。

分布事务处理需要解决分布性带来的问题。事务作用域不再集中在单一站点，而是分布在多个网络站点上，需要访问在不同网络站点上的对象。分布事务处理还涉及更多的不同类型的共享资源。分布式事务的并发控制保证在每个服务器上事务是局部可串行化的，还要保证分布在不同网络站点上的事务整体是全局可串行化的。在某些情况下，事务在不同服务器上串行化时，会由于全局范围内的循环相互依赖而导致分布式死锁现象。

事务处理的系统结构按事务管理、调度控制和数据管理等三个层次组织。其中，事务管理模块负责接收并处理并发事务，调度控制模块控制事务的执行，数据管理模块执行实际的 read/write 操作。

扩展到分布式的情形，事务处理系统结构如图 5.1 所示。每个节点都有各自的调度和数据

管理,保证局部数据的一致性和可靠性。与此同时,各站点上的调度要与协调站点上的事务管理进行远程通信,实现全局的分布式事务控制。

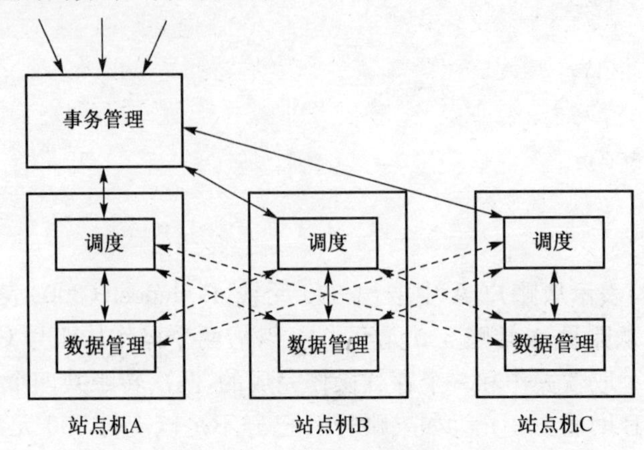

图 5.1 分布式事务处理系统结构

5.1.2 事务模型

分布式事务在结构上可以分为平面事务和嵌套事务。

在平面事务中,客户调用多个服务器的操作。例如,在图 5.2(a)中,平面事务 T 调用了服务器 X、Y 和 Z 上对象的操作。由于平面事务完成一个操作之后才发起下一个操作,因此这些事务按顺序访问服务器上的对象。当服务器被锁住时,事务只能等待。

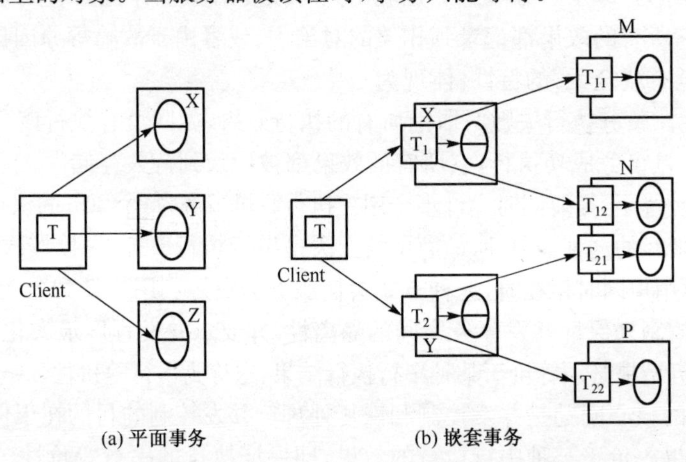

图 5.2 分布式事务模型

在嵌套事务中,顶层事务可以创建子事务,子事务又可以任意程度地进行嵌套。图 5.2(b)中的事务 T 创建了两个子事务 T_1 和 T_2,它们分别访问服务器 X 和 Y 上的对象。这两个子事务又创建子事务 T_{11}、T_{12}、T_{21} 和 T_{22},分别访问服务器 M、N 和 P 上的对象。就事务的并发访问和故障处理而言,子事务对它的父事务是原子的。在同一个层次上执行的子事务,如 T_1 和 T_2,可以并发执行,并且它们对数据的访问是串行化的。每一个子事务都可独立进行故障处理,而不受父事务和其子事务的影响。如果某个子事务执行失败,其父事务可以启动并执行另一个事务来完成同样的工作。只有当所有的子事务都完成以后,父事务才能提交或放弃。父事务放弃时,所有的子事务都被放弃。在图 5.2(b)中,T_2 放弃后,子事务 T_{21} 和 T_{22} 也必须放弃。如果某个子事务放弃,父事务可以决定是否放弃。即使子事务被放弃,父事务仍可提交。

平面事务所有的执行都在同一个层次中完成，且不可能提交或放弃其中的部分执行。相比较而言，嵌套事务模型具有如下的优点：

· 在同一个层次上执行的子事务可以并发执行，这就提高了事务内的并发度。由于子事务可以在不同的服务器上并发执行，从而提高了整个事务处理的性能效率。

· 子事务可以独立地提交和放弃，嵌套事务处理具有更好的健壮性，不会因某一个子事务的失败而导致整个事务放弃。

传统的事务处理模型，即平面事务模型适用于短事务，而在处理长时间事务时存在根本的不足之处。利用平面事务模型执行长时间事务时，由于过多占用的系统资源不能及时释放，从而降低了系统并发度和性能。嵌套事务一方面通过层次化结构增强了事务的模块化，另一方面支持子事务之间并发执行。特别是在分布式系统中，子事务可以在不同的服务器上并发执行，从而提高了性能，因此嵌套事务显得尤其重要。

还有其他一些扩展事务模型，如工作流事务，它结合事务处理技术和工作流技术两者各自的特点，可更好地支持分布式应用。工作流是由若干个相互关联的任务组成，通过工作流管理系统进行定义、执行和监控。某些应用领域要求一个工作流作为一个整体，或者正确提交，或者回退结束。也就是说，工作流具有事务的 ACID 属性。工作流事务模型用来保证工作流的正确性、数据一致性及可靠性。

5.1.3 原子提交协议

事务的原子特性要求分布式事务结束时，它的所有事务操作或者全部成功，或者全部取消。就分布式事务而言，客户端调用了多个服务器的操作。事务在客户端发起提交或放弃。一个保证事务原子性的简单方法是让协调者不断地向所有的参与者发送提交或放弃请求，直到所有的参与者确认已执行完相应的操作。这种方法是一种单阶段提交协议。

然而，这种简单的单阶段提交协议是不够用的。在客户请求提交时，该协议不允许任何服务器单方面放弃事务。按照事务原子性的要求，如果一个事务部分放弃，那么整个分布式事务也要放弃。因此，采取两阶段提交协议是必要的。在该协议的第一阶段，每个参与者决定是否要求提交。一旦参与者投票要求提交事务，那么它就不允许主动放弃事务。因此，在一个参与者投票要求提交事务之前，它必须保证最终能够提交该事务。在该协议的第二阶段，每个参与者执行最终统一的决定。如果任何一个参与者都投票放弃事务，那么最终的决定将是放弃事务。如果所有的参与者都投票提交事务，那么最终的决定是提交事务。总体来说，两阶段提交协议由投票阶段和完成阶段组成。

1. 阶段 1(投票阶段)

(1)协调者向每个参与者发出询问能否提交。

(2)当参与者收到能否提交的询问时，回答 Yes 或者 No。若回答 Yes，则在回答之前，要将对象状态存储，并准备提交；若回答 No，参与者立即放弃。

2. 阶段 2(完成阶段)

(1)协调者收集所有的投票(包括自身)。如果所有的回答都是 Yes，协调者决定提交，并将提交命令发送给每个参与者。否则，协调者决定放弃，并将放弃命令发送给每个回答 Yes 的参与者。

(2)回答 Yes 的参与者等待协调者的决定。当收到提交或放弃的决定时，就相应地执行提交或放弃。如若执行提交，要向协调者发出提交确认。

一组嵌套事务的最外层事务称为顶层事务，其他的事务称为子事务。在图 5.2(b)中，T 是顶层事务，T_1、T_2、T_{11}、T_{12}、T_{21}和 T_{22}都是子事务。T_1和 T_2是事务 T 的子事务，T 是它们的父事务。类似地，T_{11}和 T_{12}是事务 T_1的子事务，T_{21}和 T_{22}是事务 T_2的子事务。每个子事务在父事务开始后才能执行，并在父事务结束前结束。例如，T_{11}和 T_{12}在 T_1开始后执行，在 T_1结束前结束。

当子事务执行完毕时，它独立决定是临时提交还是放弃。临时提交只是一个局部决定，也不用记录到持久存储中。如果服务器随后失效，那么该服务器的替代者也不能提交。在所有的子事务完成后，临时提交的事务参与到一个两阶段提交协议中。因此，嵌套事务的两阶段提交协议可能需要放弃失效服务器中临时提交的事务。

在嵌套事务中，尽管子事务可能被放弃，但是它的父事务(包括顶层事务)仍然可以提交。在这种情况下，父事务将根据子事务提交还是放弃的情况来执行不同的动作。考虑图 5.3 中的顶层事务 T 和它的子事务，每个子事务或者临时提交或者临时放弃。例如，T_{12}临时提交而 T_{11}被临时放弃，但是 T_{12}的最终命运由它的父事务 T_1决定，且最终依赖顶层事务 T。尽管 T_{21}和 T_{22}都临时提交，T_2被放弃意味着 T_{21}和 T_{22}必须放弃。假定顶层事务 T 最终决定提交，尽管 T_2被放弃，并且虽然 T_{11}被放弃，T_1仍决定提交。

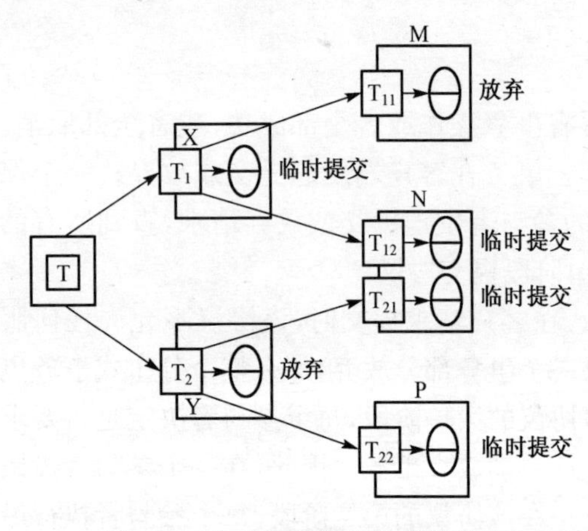

图 5.3　决定是否提交的嵌套事务

当顶层事务最终决定提交后，它的协调者将开始实施提交协议。此时，参与者子事务不能提交的唯一原因是在它临时提交后服务器出现故障。每个子事务创建后，它就加入到父事务中。每个父事务的协调者都有一个子事务列表。当一个嵌套事务提交后，它将自身的状态和所有子事务的状态报告给它的父事务。当一个嵌套事务放弃时，它只需将自身的状态报告给父事务，而不用报告子事务的任何信息。最终，顶层事务将获得嵌套事务树中所有的子事务及其状态列表，而被放弃的事务不在这个列表中。

顶层事务扮演两阶段提交协议中的协调者角色，每个临时提交子事务的协调者扮演参与者的角色，注意这些子事务都没有被放弃的父事务。到了这个阶段，顶层事务将试图提交整个事务，而不管其中是否有被放弃的子事务。此后，两阶段提交协议可以使用层次的或平面的方式继续。

嵌套事务的两阶段提交协议在最后阶段与非嵌套的情况是一致的。协调者收集所有的投票，然后将最终决定通知所有的参与者。协议结束时，调用者和参与者就一致地提交或一致地放弃整个事务。

两阶段提交协议可以很好地保证分布式事务的 ACID 特性。此外，还有三阶段提交协议。可以从理论上证明，在没有通信故障的情况下，三阶段提交协议可以避免系统的阻塞状态。但是三阶段提交协议的实现过于复杂，实际很少采用。

5.2　事务并发控制

每个服务器管理很多对象，它必须保证这些对象在并发事务访问时的一致性。因此，每个服务器需要对本地的对象进行并发控制。分布式事务中所有的服务器共同保证事务执行的串行等价性，即如果事务 T 对某一个服务器对象的冲突访问在事务 U 之前，那么对所有的服务器对象的冲突操作而言，事务 T 的访问都在事务 U 之前。

常用的事务并发控制方法有三种：

· 锁方法在事务访问同一个对象时根据这些操作的先后次序实施控制。

· 乐观并发控制方法不会阻塞事务运行，只是在提交时通过检查来确定是否有操作冲突。

· 时间戳排序方法利用时间戳将访问同一对象的事务进行排序，保证最终执行是可串行化的。

基于事务的应用通常在保证数据完整性方面有很强的需求。原子提交协议是分布式事务的关键。事务的原子特性要求所有已提交事务的作用持久化，并取消所有未提交事务的作用。事务的这种持久特性是通过检查点和日志的帮助来完成的，当新的进程取代失效服务器时，检查点和恢复文件被用于恢复处理。

5.2.1 锁方法

并发事务必须通过合理的调度使它们的执行效果是串行等价的。服务器可以通过控制对象访问的串行化来实现事务的串行等价化。

一个简单的串行化机制是使用互斥锁。在这种锁方法下，一个事务访问对象之前，服务器首先要将对象锁住。如果这个事务要访问一个已被其他事务锁住的对象，服务器将暂时挂起这个访问请求，直到对象被解锁。串行等价要求所有的并发事务对同一个对象的访问串行化，而所有的冲突操作必须以相同的次序执行。为了保证这一点，事务在释放任何一个锁之后，都不允许再申请新的锁。为此，事务的执行被分成两个阶段：在前面的增长阶段中，事务调度不断地获取所有的新锁；在后面的收缩阶段中，事务释放它的锁。这种提供串行调度的机制称为两阶段加锁，如图 5.4 所示。

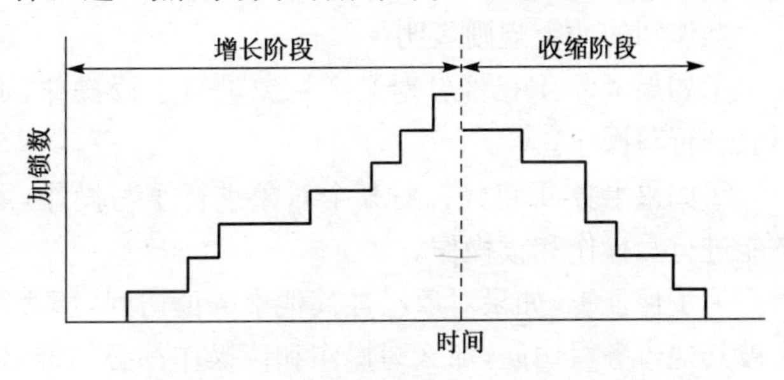

图 5.4 两阶段加锁 [Tanenbaum，2002]

为了避免因事务放弃可能引起的脏数据读取和过早写入问题，需要用“严格执行”来防止这些问题。所有在事务执行过程中获取的锁必须在事务提交或放弃后才能释放，这种方式称为严格的两阶段加锁，如图 5.5 所示。

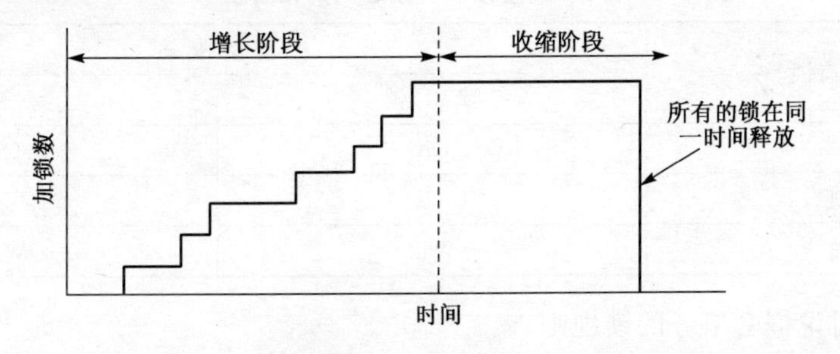

图 5.5 严格的两阶段加锁 [Tanenbaum，2002]

服务器通常包含大量的对象，而一个事务只访问其中少量的对象，不太可能与其他并发事务发生冲突。锁粒度是并发控制的一个重要问题，如果粒度控制得不好，服务器的性能会严重受损。以银行业务为例，如果一次将分行中所有的客户账户都锁住，那么在分行的各个部门，只有一个业务员能够进行联机事务，这在实际操作中是不可忍受的。因此，尽量缩小并发访问的粒度有利于提高系统性能。

下面介绍的内容不假定任何粒度，而是在一般的 read 和 write 操作基础上讨论并发控制协议。为了保证协议能够正常工作，read 和 write 操作必须是原子性的。

并发控制协议的作用在于控制不同事务访问同一个对象时的冲突操作。表 5.1 给出了 read 操作和 write 操作之间的冲突关系，其中不同事务对同一个对象的 read 操作是不冲突的。因此，对 read 和 write 操作都使用简单的互斥锁会过多地降低并发度。

表 5.1 read 和 write 操作的冲突关系

事务操作		冲突
read	read	No
read	write	Yes
write	write	Yes

好的锁机制能够支持多个并发事务同时读取某个对象，或者允许一个事务来写对象。为此要使用两种锁：读锁和写锁。在事务进行读操作之前，在对象上加读锁。在事务进行写操作之前，在对象上加写锁。如果暂时不能加相应的锁，则事务必须等待。

由于事务间的读操作不冲突，当对象已有读锁时，仍然可以再加读锁。所有访问这个对象的事务共享这个读锁，正是这个原因，读锁有时也被称为共享锁。

操作间的冲突规则表明：

①如果事务 T 已经针对某个对象进行了读操作，那么另一个并发事务 U 在事务 T 结束前不能进行写操作。

②如果事务 T 已经针对某个对象进行了写操作，那么另一个并发事务 U 在事务 T 结束前不能进行写操作和读操作。

为了保证①，如果对象已被其他事务读访问，那么写操作必须推迟。为了保证②，如果对象已被其他事务写访问，那么写操作和读操作都必须推迟。

表 5.2 列出了读操作和写操作之间的相容性。表中的第一列是对象已有的锁，新请求锁分为读锁和写锁，各表项分别指明一个事务请求新锁时服务器的反应。

表 5.2 读锁和写锁之间的相容性

对象已有锁	新请求锁	
	读锁	写锁
无	OK	OK
读锁	OK	Wait
写锁	Wait	Wait

下面进一步讨论嵌套事务的锁规则。

嵌套事务的锁规则需要按如下的方法将对象访问串行化：

(1)同一个父事务所有的子事务作为一个整体，顶层事务的部分更新效果不能被其他事务观察到。

(2)在同一个父事务下的任何子事务不能观察到其他子事务的部分更新效果。

第一个规则要求子事务成功执行后，必须将它的所有锁继承给它的父事务，随后，这些继承获得的锁继续被更高层的事务继承，这里的“继承”是从底层向高层传递。因此，顶层事务最终将继承所有的直接或间接子事务所有的锁。这些锁一直保存到顶层事务提交或放弃后，这就保证了顶层事务的部分更新不被其他事务观察到。

第二个规则要求父事务不能和子事务并发运行，如果父事务锁住某一个对象，它将在子事务执行时保留该锁。同层次的子事务允许并发执行，在它们访问同一个对象时，锁机制必须串行化它们的访问。

根据上面的讨论，嵌套事务需要按如下的方式来获取和释放锁：

· 如果子事务获取了某个对象的读锁，那么其他事务不能获取该对象的写锁。只有该子事务的父事务可以保留写锁。

· 如果子事务获取了某个对象的写锁，那么其他事务不能获取该对象的写锁或读锁。只有该子事务的父事务可以保留写锁或读锁。

· 当子事务提交时，它所有的锁由它的父事务继承，即允许父事务保留相同类型的锁。

· 当子事务放弃时，它所有的锁都被丢弃。如果父事务已经保留这些锁，那么它可以继续保持。

当同层次的子事务访问同一个对象时，子事务将轮流从父事务处获取锁，以保证对象访问的串行性。

在分布式事务中，某个对象的锁总是在同一个服务器中，也就是说这些锁是局部管理的。局部锁管理器决定是否满足客户端对锁的请求，或是阻塞相应事务。但是在事务被全局提交或放弃之前，局部锁管理器不能释放任何锁，其他事务不能访问这些对象。如果事务在第一阶段就被放弃，锁可以提早释放。

由于不同服务器上的锁管理器各自独立设置对象锁，对于不同的事务，它们之间的加锁次序可能不一致，有可能导致死锁。例如，事务 T 锁住了服务器 X 上的对象 A，而事务 U 锁住服务器 Y 上的对象 B。此后，当 T 试图访问服务器 Y 上的对象 B 时，被阻塞等待。同样，事务 U 在访问服务器 X 的对象 A 时也被阻塞。因此，服务器 X 的事务 T 在事务 U 之前，服务器 Y 的事务 U 在事务 T 之前。这种不同服务器上的不同事务次序导致事务之间的循环依赖，从而引起分布式死锁。一旦检测出死锁，必须将其中的某个事务放弃，以解除死锁。

5.2.2 时间戳排序方法

在基于时间戳排序的并发控制方式中，事务的每一个操作在执行之前首先进行验证。如果该操作不能通过验证，事务将被立即放弃并由客户重新启动。每个事务在启动时被赋予一个唯一的时间戳。这个时间戳定义了该事务在事务时间序列中的位置，来自不同事务的操作请求可以根据该时间戳进行全排序。

基本的时间戳排序规则是由基于操作之间的冲突确定的。事务的读请求通过验证，仅当该对象的最后一次写访问是由一个较早的事务执行的；事务的写请求能够通过验证，仅当该对象最后一次读访问或写访问是由一个较早的事务执行的。使用时间戳排序时，事务的每个读写请求在执行之前都需要验证，以此确定是否违反操作冲突规则。

1. 时间戳排序的写规则

针对某一对象 D，如果当前事务 T_c 的时间戳大于或等于该对象的最大读时间戳，且大于该对象提交版本的写时间戳，则事务 T_c就能够执行写操作。如果标记为 T_c时间戳的对象临时版本已经存在，那么写操作直接作用于这个版本，否则服务器创建一个新的临时版本并且标记上 T_c时间戳。如果上述条件不成立，表明另一个事务已经读写了这个对象，那么这个“到来太晚的”写操作将放弃事务 T_c。

2.时间戳排序的读规则

针对对象D，如果当前事务 T_c的时间戳大于D的提交版本的写时间戳，则事务 T_c能够执行读操作。但需注意下面几点：

(1)如果事务 T_c已经写了对象D的临时版本，那么读操作将针对这个临时版本。

(2)如果读操作来得太早，那么它要等待前面的事务处理完毕。如果前面有较早的事务提交，T_c的读操作将针对对象的最新提交版本。如果这个较早的事务被放弃，那么 T_c将重新运行读操作规则以防止脏数据读取。

(3)到来太晚的读操作将被放弃，这里的“太晚”是指另一个较早的事务已经写了相应的对象。

当一个协调者收到事务提交请求后，由于事务所有的操作在执行之前都进行了一致性检查，所以它总能提交。必须按照时间戳顺序创建每个对象的提交版本。协调者在写某个事务所访问对象的提交版本时，可能需要等待较早的事务结束，不过客户并不需要等待。为了保证事务的更新是可恢复的，在确认客户提交事务的请求之前，必须将对象的临时版本和提交信息记录到持久存储中。

需要指出的是，这里的时间戳排序算法是严格的，它保证事务能严格执行。时间戳排序的读规则要求事务对对象的读操作等待，直到所有写该对象的较早事务提交或者放弃。对象的提交版本也按时间戳序排列，保证事务写操作必须等待，直到所有写对象较早事务提交或者放弃。

对于单服务器上的事务，协调者在它们开始运行时会分配一个唯一的时间戳，并通过按访问对象事务的时间戳次序提交对象的版本来保证串行等价性。在分布式事务中，协调者必须保证每个事务附上全局唯一的时间戳，它在事务第一次访问协调者的事务管理器时获取。

分布式事务涉及的所有服务器共同保证事务执行的串行等价性。例如，如果在某个服务器上，由事务U访问的对象版本在事务T访问后提交；在另一个服务器上，事务T和事务U又访问了同一个对象，那么它们也必须按相同次序提交对象。为了保证所有服务器上的相同次序，协调者必须就时间戳排序达成一致。

当利用时间戳机制进行并发控制时，每个操作执行之前将冲突解除。如果为了解决冲突需要放弃某个事务，相应的协调者将通知所有的参与者放弃该事务。这样，如果事务能够坚持到客户发起提交请求命令时，这个事务应总能提交。因此，在两阶段提交协议中，参与者通常发回同意提交的表决，除非它在事务执行过程中崩溃过。

时间戳方法类似于两阶段加锁，它们都是悲观方法，在每次访问对象时都检测是否会产生冲突。时间戳方法静态地决定事务操作之间的串行顺序，在事务开始时决定；两阶段加锁则动态地决定事务操作之间的串行顺序，在访问对象时决定。对只读事务来说，时间戳方法可以有更高的并发度。如果事务的绝大多数操作是更新操作，则两阶段加锁具有更好的性能。两种方法在解决访问冲突时采用不同的策略，时间戳方法将事务立即放弃，而锁方法则让事务等待，但等待的结果可能会造成死锁。

5.2.3 乐观并发控制方法

与悲观方法不同的是，事务并发控制还可以采用基于乐观的方法，这是因为两个事务同时访问一个对象的概率是很低的。在乐观的并发控制方法中，事务总是被允许执行，就好像事务之间不存在冲突一样。当事务完成时，再检测是否有冲突。如果确实存在冲突，那么某些事务将被放弃。事务执行被分成如下几个步骤：

(1)工作步骤(Working phase)。

在事务的工作步骤中，每个事务针对它的临时版本进行更新。这个临时版本是对象最新提交版本的副本。利用临时版本，可以允许事务放弃而不产生副作用。读操作总是可以立即执行，如果对象的临时版本存在，那么就访问这个临时版本，否则访问对象的最新提交版本。写操作将对象的新值记录成临时值(这个临时值对其他事务是不可见的)。当系统中存在多个并发事务时，一个对象就可能有多个临时版本并存。另外，每个事务还维护两个集合：读集合包含事务读的所有对象；写集合包含事务写的对象。由于读操作都是在对象的提交版本或它们的副本上执行，因此不会出现脏数据读取。

(2)验证步骤(Validation phase)。

当服务器接收到事务完成请求后，事务要进行验证来判断它在对象上的操作是否与其他事务的操作相冲突。如果验证成功，那么该事务就允许提交；否则，必须使用某种冲突解除机制，或者放弃当前事务，或者放弃其他与当前事务冲突的事务。

(3)更新步骤(Update phase)。

当事务通过验证以后，记录在所有临时版本中的更新将持久化。只读事务可在通过验证后立即提交。写事务在临时版本记录到持久存储后即可提交。

验证过程通过读/写操作之间的冲突规则来确保某个事务的执行对其他交错执行的事务是串行等价的。为了辅助验证过程，每个事务在进入验证过程之前被附上一个事务号。如果事务通过验证并且成功完成，那么它就保留这个事务号；如果事务未通过验证，或者被放弃，或者它是只读事务，那么这个事务号被释放以便重用。事务号是整数，并按照升序进行分配。因此，事务号定义了该事务所处的时间位置，一个事务总是按照序号顺序完成各自的工作步骤。也就是说，如果 $i < j$，那么事务号为 i 的事务 T_i 总是在事务号为 j 的事务 T_j 之前通过验证。

针对事务 T_j 的验证是基于事务 T_i 和 T_j 之间的冲突操作。事务 T_j 对交错事务 T_i 是可串行化的，那么它们的操作必须满足表 5.3 中的规则。

表 5.3 事务验证中的操作冲突规则

规则	T_j	T_i	操作冲突限制
1	write	read	T_i 不能读取 T_j 写的对象
2	read	write	T_j 不能读取 T_i 写的对象
3	write	write	T_i 不能写 T_j 写的对象，T_j 不能写 T_i 写的对象

与事务的工作步骤相比，验证过程和更新过程通常只需要很短的时间，因此可以采用一个简单的方法：每次只允许一个事务进行验证和更新。当任何两个事务都不会在更新阶段交错时，规则 3 自动满足。为了防止交错，整个验证和更新过程可以实现成一个临界区，使每次只能有一个事务进入。为了增加并发度，验证和更新的部分操作可以在临界区的外部实现，但是事务号的分配必须串行执行。在任何时候，当前的事务号就像一个伪时钟，每当事务成功结束时，这个时钟就加 1。

一个事务的验证必须保证遵守 T_j 和 T_i 之间的规则 1 和规则 2。验证包括向前验证和向后验证两种形式。向后验证检查当前事务和其他较早事务之间的冲突；向前验证则检查当前事务和其他较晚事务之间的冲突。

1. 向后验证

由于较早事务的读操作在 T_j 事务验证之前进行，它们不会影响当前事务的写操作，因此规则 1 自动满足。T_j 的验证过程将检查它的读操作集和其他较早事务 T_i 的写操作是否交错，如果存在交错，验证失败。

由于向后验证是比较当前事务的读集合和已提交事务的写集合，因此一旦验证失败，唯一解决冲突的方法就是放弃当前事务。

在向后验证中，没有读操作的事务无需进行验证。

向后验证的乐观并发控制要求最近提交事务的写集合必须保留，直到没有交错的未验证事务。每当一个事务成功验证，它的事务号和写集合就被记录在系统的事务列表中，这个列表按事务号排列。

2. 向前验证

在向前验证中，T_j 的验证过程将检查当前事务 T_j 的写集合，并与所有交错的活动事务的读集合进行比较。由于活动事务在 T_j 完成之前不会进行写操作，规则 2 自动满足。向前验证应该允许事务的读集合在验证过程和写入过程中可能改变。由于当前事务的读集合不包括在验证过程中，因此只读事务总能通过验证。与当前事务进行验证比较的事务是活动的，因此冲突发生时，必须选择放弃哪一个事务。

将向前验证和向后验证两者进行比较可以发现，向前验证在处理冲突时有较强的灵活性，而向后验证只有一种选择，即放弃当前事务。通常，事务的读集合比写集合大得多。向后验证将较大的读集合与较早事务的写集合比较，而向前验证将较小的写集合与其他活动事务的读集合比较。

原先的验证协议假设验证过程很快，这在单服务器事务时是成立的。但在分布式事务中，由于两阶段提交协议需要一定的时间，在获得一致提交决定之前，可能会推迟其他事务进入验证过程。在分布式乐观并发控制中，每个服务器使用并行的验证协议，允许多个事务同时进入验证阶段。在这种情形下，向后验证除了检查规则 2，还必须检查规则 3。也就是说，正在验证事务的写集合必须和较早事务的写集合进行检查。

如果使用了并行验证，事务就不会在提交过程中出现死锁。然而，如果服务器只是简单地进行独立验证，同一个分布事务在不同服务器上可能按不同的次序序列化若干事务。分布式事务的服务器必须防止这种情况。一个解决方案是在每个服务器完成局部验证后，再执行一个全局验证。全局验证检查每个服务器上的事务执行次序是否全局可串行化，即这些事务不会形成验证环路。另一种方案是让分布式事务所有的服务器在验证开始时使用一个全局唯一的事务号。两阶段提交协议的协调者负责产生全局唯一的事务号，并将事务号通过消息传给参与者。不同的服务器会对事务进行协调，使生成的事务号有统一的排序。

与悲观方法不同的是，在使用乐观并发控制方法时，所有的事务总是执行，只是其中的一些事务在试图提交时被放弃。如果并发事务之间的冲突较小，乐观并发控制具有较好的性能。当事务放弃时，乐观并发控制需要恢复处理。

5.2.4 事务恢复

事务的原子特性要求持久化所有已提交事务的作用，取消所有未提交事务的作用。这个特性包含两方面的含义：持久性和故障原子性。持久性要求对象被永久地保存在持久存储中。因此，如果事务提交的请求一旦被确认，那么事务的所有更新就被记录到持久存储中。故障原子性要求即使服务器出现故障，事务的更新作用也是原子的。事务恢复的功能就是保证服务器上对象的持久性和故障原子性。

持久性要求和故障原子性要求并非完全独立，它们可以利用统一的机制来解决，即利用恢复管理器，其主要任务如下：

- 对于已提交的事务，将它们更新的对象保存在持久存储，即一个恢复文件中。
- 服务器崩溃后恢复服务器上的对象。
- 重新组织恢复文件以提高恢复性能。
- 回收恢复文件中的存储空间。

每一个参与分布式事务的服务器都需要记录事务访问的对象列表。当客户创建一个事务时，服务器首先要生成一个新的事务标识符，并返回给客户。此后的每个客户操作，包括最后的提交和放弃操作，都要将这个事务标识符作为一个额外的参数传递。在事务的执行过程中，所有的更新操作都是针对该事务私有的临时版本对象集进行的。

在每个服务器上，意图列表用来记录该服务器上所有的活动事务，列表中对应于每个特定的事务都记录了事务的引用列表和该事务修改的对象列表。当事务提交时，它的意图列表被用来确定所有受影响的对象，然后用该事务的临时版本来替换对象的正式版本，并将对象的新值写入恢复文件中。当事务放弃时，服务器利用意图列表来删除该事务所有的临时对象版本。

分布式事务在提交和放弃时必须执行原子提交协议。一旦某个参与者表决已准备好提交，那么它的恢复管理器必须将意图列表和对象的临时版本都保存到恢复文件中，此后不管中途是否出现服务器故障，它总能完成提交动作。

如果分布式事务中所有的参与者一致同意提交，那么协调者将向所有的参与者发送提交命令并通知客户。当客户得知事务正被提交时，参与者的恢复文件必须保存足够的信息。这样即使服务器在准备好提交和提交之间出现故障，都能保证事务最终完成提交。

为了处理分布式事务的恢复问题，除了保存对象值外，还需在恢复文件中保存其他信息。这些信息和事务状态相关，即事务是否处于“已提交”、“已放弃”还是“准备好”状态。另外，恢复文件中的每一个对象都通过意图列表和某个事务联系在一起。

恢复文件有两种常用表示方式：日志方式和阴影版本方式。

1. 日志

在日志方式中，恢复文件包含该服务器上执行的所有操作的历史。操作历史由对象值、事务状态和意图列表组成。恢复文件内容的次序反映了事务准备、提交或放弃的次序。

在服务器的正常操作过程中，每当事务准备提交、提交或放弃时，恢复管理器就被调用。当服务器准备提交某个事务时，恢复管理器将所有意图列表中的对象写入恢复文件，接着还要写入事务的当前状态和意图列表。当该事务最终提交或放弃后，恢复管理器将事务相应的状态写入恢复文件。

假定恢复文件的写操作是原子的，即它总是写入完整的内容。如果服务器崩溃，那么只有最后一次写操作可能不完整。为了提高磁盘的使用效率,几次连续的写操作可能暂时缓存在一起,然后通过一次操作写入恢复文件。

所有未提交的事务在服务器崩溃后全部放弃。因此,当事务提交时,它的“提交”状态应强制写入日志文件,连同其他缓存的内容一并写入。

在恢复文件中,每个事务状态记录都包含一个指针,指向恢复文件中前一个事务状态记录的位置。这样,恢复管理器可根据这个指针链逆向读取某个事务所有的事务状态值。

当服务器崩溃而被替换后,它首先将对象置为默认值,然后将控制转给恢复管理器。恢复管理器的任务是恢复所有对象的值,使这些值反映所有已提交事务的更新,而不包含任何未提交事务的更新。

有关事务最新的信息在日志的尾部。根据恢复文件来恢复数据有两种方法。一种方法是恢复管理器将对象的值恢复到最近一次检查点时的值,同时对所有已提交的事务更新对象值。这种方法按事务的执行次序来更新对象值,由于检查点离日志尾部可能很远,因此需要读取大量的日志记录。第二种方法是恢复管理器通过逆向读取恢复文件来恢复服务器的对象值。利用恢复文件中事务状态的向后指针恢复所有已提交事务更改的对象。这种方式的优点是每个对象只需恢复一次。

为了使恢复过程执行得更快并节省存储空间,有时需要重组恢复文件。如果恢复文件一直不重组,那么恢复过程可能需要逆向搜索整个恢复文件,直到找到所有对象的值为止。实际上,恢复过程需要的信息只需包含所有对象的提交后版本即可,这些值可用非常紧凑的方式存储。检查点过程就是用于这个目的。检查点过程是将当前所有已提交的对象版本写入一个新恢复文件的过程,同时写入的信息还包括事务的状态记录和尚未完全提交事务的意图列表。在检查点写入完毕后,当前恢复文件将不再使用。恢复过程一旦遇到检查点,恢复管理器就立即根据检查点中的对象值来恢复对象。设置检查点的目的就是减少恢复过程中需要处理的事务数目,并回收文件空间。

2.阴影版本

日志方法将事务状态信息、意图列表和对象记录在同一个日志文件中。阴影版本是另一种恢复文件的组织方式,它利用一个映射表来定位在版本存储文件中的某个对象版本。这个映射表将对象标识符和对象当前版本在版本存储中的位置对应起来,每个事务写入的对象均是对象的阴影版本。当使用阴影版本方式恢复处理时,事务状态和意图列表被分别对待。

当事务准备提交时,该事务更新的所有对象被追加到版本存储中,并保留对象的原始版本不变。对象的这个新的临时版本被称为阴影版本。当事务提交时,系统从旧映射表中复制一个新映射表并在其中输入阴影版本的位置。接着,将这个新映射表替换旧映射表即完成提交过程。当服务器崩溃后恢复对象时,恢复管理器读取映射表,并根据对象的位置来恢复对象。

映射表必须保存在一个已知的位置上,如版本存储的开始处或者作为一个独立文件,这样在系统需要进行恢复时总能找到它。

事务提交时从旧映射表到新映射表的切换必须用一个原子步骤完成。为了保证这一点,必须将映射表放在持久存储中,这样即使写文件操作失败,仍然能保留有效的映射表。在事务恢复的过程中,阴影版本方式记录了所有对象的最新提交版本,它比日志方法具有更好的性能。但是,在系统的正常操作过程中,日志方式反倒能显示更好的性能,因为日志方式只需向同一个文件追加日志记录,而阴影版本方式则需要一些额外的写操作。

阴影版本方法对于处理分布式事务的服务器而言还是不够的。事务状态和意图列表被记录在事务状态文件中，每个意图列表代表了某个事务提交后会改变的部分映射。事务状态文件可以按日志文件方式组织。

在提交状态写入事务状态文件和映射表被更新之间的这段时间内，服务器也有可能失效，此时，客户不会得到通知。恢复管理器可以检查映射表是否包含了在事务状态文件最后提交事务的效果，如果没有，那么这个事务就应该标记成"已放弃"。

现在进一步讨论不同事务模型下的事务恢复问题。

1)两阶段提交协议的恢复

在分布式事务中，每个服务器维护各自的恢复文件。前面介绍的恢复管理必须加以扩展以处理两阶段提交过程中出现的服务器故障。这时，恢复管理器会用到两个新的事务状态："完成"和"不确定"。协调者用状态"已提交"来标记投票的结果是 Yes，用状态"完成"来表示两阶段提交协议已经完成。参与者用状态"不确定"来表示它的投票是 Yes 但尚未收到事务的提交决议。另外，还使用了协调者和参与者两种记录类型，以便让协调者记录所有的参与者，每个参与者记录协调者。

在协议的第一阶段，当协调者准备提交时，它的恢复管理器在恢复文件中添加一个"协调者"记录。每个参与者在它投票 Yes 之前，必须已经进入准备提交状态，即在恢复文件中添加一个"准备好"状态记录。当它投票 Yes 时，它的恢复管理器在恢复文件中增加一个"参与者"记录，并写入"不确定"状态。当它投票 No 时，则在恢复文件中写入"已放弃"状态。

在协议的第二阶段，协调者的恢复管理器根据提交决议，在恢复文件中添加"已提交"或"已放弃"状态。这次添加必须是一次性强制写入。参与者的恢复管理器根据从协调者收到的消息，在恢复文件中分别添加"已提交"或"已放弃"状态。当协调者收到所有参与者的确认消息之后，它的恢复管理器向恢复文件写入"完成"状态。状态"完成"本身不是提交协议的一部分，但是使用它有利于组织恢复文件。

当服务器崩溃而被替代之后，恢复管理器除了需要恢复对象之外，还要处理两阶段提交协议。对于任何一个服务器扮演协调者角色的事务，恢复管理器寻找"协调者"记录和事务状态信息。对于任何一个服务器扮演参与者角色的事务，恢复管理器寻找"参与者"记录和事务状态信息。在这两种情况下，最新的事务状态信息反映了故障时的事务状态。此时，恢复管理器需要根据服务器扮演的不同角色及故障时的不同状态进行相应的恢复处理。

2)嵌套事务的恢复

在最简单的情况下，嵌套事务的每个子事务访问不同的对象集。在两阶段提交的过程中，每个参与者将它修改的对象和意图列表写入恢复文件，并且在这些记录上附上顶层事务的标识。尽管嵌套事务使用一种经改造的两阶段提交协议，恢复管理器使用的事务状态和平面事务的情况是一样的。但是，如果不同层次上的子事务访问了相同的对象，事务放弃和恢复过程将变得复杂一些。

嵌套事务访问的对象由各子事务提供临时版本来保证其可恢复性。为了支持事务放弃时的恢复，多个层次事务共享对象的服务器按堆栈方式组织临时版本，每个嵌套事务使用一个栈。

每当嵌套事务的第一个子事务访问对象时，该事务获得对象提供当前提交版本的一个临时版本，并且这个临时版本被放置在栈顶。但是，除非有其他的子事务访问同一个对象，这个堆栈实际上不需要真的产生。

当某个子事务访问同一个对象时，它将复制栈顶的版本并且重新入栈。所有的子事务更新都作用于栈顶的临时版本。当子事务临时提交后,它的父事务将继承新版本。为了实现这一点,子事务的版本和父事务的版本都从堆栈中丢弃,而将子事务的新版本重新放入堆栈(实际上替换了父事务的版本)。当子事务放弃后,它在栈顶的版本被丢弃。当顶层事务最终提交时,栈顶版本成为新的提交版本。

例如,在图 5.6 中,假设事务 T_1、T_{11}、T_{12}和 T_2访问同一个对象 A。设它们的临时版本分别是 A_1、A_{11}、A_{12}和 A_2。当 T_1 开始执行时,基于 A 提交版本的 A_1被推入堆栈;当 T_{11}开始执行时,基于 A_1版本的 A_{11}被推入堆栈,当它提交时,它替换父事务的对象版本(A_1)。事务 T_{12}和 T_2按相同方式执行时,T_2的版本最终被留在栈顶。

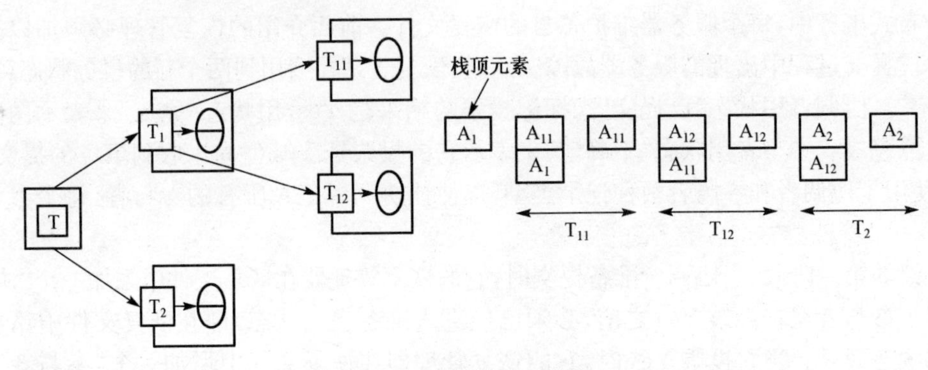

图 5.6 嵌套事务的恢复

5.3 工作流事务

目前,广泛使用的平面事务是具有 ACID 特性的原子操作序列,可靠性和 ACID 特性都是针对数据资源而言。尽管数据资源在分布式应用中占有重要的地位,但并不是所有的分布式应用都只是以数据完整性为目的,如工作流应用强调流程控制,因此,流程的完整性和可恢复性是工作流应用的核心问题。平面事务模型不能适用于这种具有复杂业务流程的应用。电子商务和工作流应用执行时间一般较长,执行时间的长短对事务的并发执行效率产生很大的影响。在基于锁的并发控制机制下,长事务占用大量的锁资源,又降低了系统的并发度。一旦出现故障,长事务整体回退常常造成不必要的工作丢失。

工作流是由若干个相互关联的任务组成的过程,由系统进行定义、执行和监控。工作流系统的目的是将网络上分布的异构信息资源有机地协调起来,提供群体协作服务,以此促进整个业务目标的实现。

许多应用要求一个工作流作为一个整体,要么正确提交,要么回退结束,也就是说工作流具有事务的 ACID 特性。为此,引入事务工作流(Transactional Work Flow),将事务处理有选择地引入工作流系统中,利用事务模型来保证工作流的正确性、数据一致性和可靠性。事务工作流结合了事务和工作流两者的特点,一个事务工作流的执行将系统从一个一致性状态转换到另一个一致性状态。

事务工作流由事务组合形成,其执行满足松弛原子性,即事务工作流的执行或者正常结束,或者通过补偿事务取消所有已提交事务的执行效果。由于事务具有不同的可补偿特性和可重复特性,它们之间的组合失配会导致事务工作流的执行不能满足松弛原子性。例如,一个不可补偿的事务顺序连接一个不可重复的事务就产生了组合失配。不存在组合失配的事务工作流是良构的,良构的事务工作流能够保证所有的执行均满足松弛原子性。很多应用需要使用结构复杂的事务工作流,在将这些事务工作流实施到应用环境之前,有必要验证它们的良构性。

本节介绍事务工作流的概念模型和事务工作流调度[丁柯,2002]。

5.3.1 松弛事务模型

事务工作流采用两层结构的事务模型,以解决业务过程中不同的两种需求。系统的底层提供具有严格 ACID 特性的平面事务,这些平面事务之间相互隔离。系统的高层提供具有松弛事务特性的事务工作流。对事务工作流而言,平面事务是以黑盒形式出现的基本构造块,即原子事务。

事务工作流具有松弛事务特性,这是因为它放松了 ACID 平面事务的隔离性和原子性。具体而言,事务工作流在执行完成某个平面事务后,该事务的执行效果全局可见,因此事务工作流之间并非完全隔离。另外,工作流的回退则根据应用语义通过执行补偿事务来消除已提交事务的执行效果。无论工作流事务之间如何松散耦合,数据的一致性仍然需要保证。事务工作流这种松弛的原子特性能够适应业务过程的需要。

1. 事务和事务实例

事务工作流的基本活动是原子事务。事务通常由一组操作组成,这些操作的组合模式实际上代表了某种事务类型,而事务类型的某次具体执行则称为一个事务实例。事务实例由事务类型和具体的输入参数组成。设 T 是一个事务类型,T 的实例记作 $t(a_1, \cdots, a_r)$,或者简写成 t,其中 $a_1, \cdots, a_r$是输入参数。在不产生歧义的情况下,事务类型也简称为事务。同一个事务的两次执行,可能因执行环境或输入参数的不同而产生不同的结果,它们是两个不同的事务实例。以下用 $t^{(n)}$ 表示事务实例 t 的第 n 次执行。

对于一个特定的事务工作流系统,设$\Sigma^* = \{T_1, T_2, T_3, \cdots\}$是该系统使用的所有事务组成的集合,$T^* = \{t_1, t_2, t_3, \cdots\}$是该系统中所有事务实例组成的集合。下面首先引入“无影响的事务序列”概念,然后给出事务可补偿性和可重试性的严格定义。

定义 5.1 (无影响的事务序列) 设 $\sigma = \langle t_1 t_2 t_3 \cdots t_k \rangle$是一个事务序列,其中 $t_i \in T^*$。如果对所有的事务序列 α 和 β,串连的事务序列$\langle \alpha\sigma\beta \rangle$和$\langle \alpha\beta \rangle$的执行效果相同,那么称事务序列 σ 是无影响的(Effect-free)。

定义 5.2 (可补偿的事务) 对事务 T 的任何实例 $t \in T^*$,如果存在另一个事务 T^{-1}和它的实例 $t^{-1} \in T^*$,使得事务序列 $\sigma = \langle t\ t^{-1} \rangle$是无影响的,则称 T^{-1}是 T 的补偿事务(Compensating Transaction),并称 T 是可补偿的;否则称 T 是不可补偿的。

定义 5.3 (可重试的事务) 对事务 T 的任何实例 $t \in T^*$,如果存在一个正整数 $m \in N$,即使对所有的 $1 \leqslant j < m$,$t^{(j)}$ 都被放弃,$t^{(m)}$ 仍能确保提交,则 T 是可重试的(Retriable)。

如果事务 T 是可补偿的或可重试的,则称它的事务实例也是可补偿的或可重试的。例如事务 T_1是可补偿的,则任何一个 T_1的实例 t_1也是可补偿的。

“可补偿”和“可重试”是两个重要的事务完成特性(Termination Characteristics)。“可重试”指该事务经过有限次重复调用后最终可以成功;“可补偿”指该事务支持补偿操作,可以完全消除执行的效果。根据不同的完成特性,可以将事务集Σ^*分为四个不相交的子集:$C^* = C_b \cup C_c \cup C_r \cup C_p$。其中,$C_b$中的事务既是可补偿的也是可重试的,只读事务是该类事务最典型的例子;C_c中的事务是可补偿的,但不可重试的,可以完全撤销执行结果;C_r中的事务是可重试的,但不可补偿的，重复调用有限次可以确保成功，但成功后就无法再撤销结果；C_p中的事务既不可补偿，也不可重试，表示这些事务不支持事务特性。为了下文表述方便，用上标表示事务的完成特性，例如T_1^c或t_1^c表示一个可补偿但不可重试的事务。

2. 事务工作流的结构

一个事务工作流由若干个基本活动通过各种控制结构组合形成。实际上，基本活动通过控制结构组合成复合活动，而事务工作流本身就是一个复合活动。事务工作流的基本活动是原子事务，控制结构包括顺序、并行、条件、优先和循环结构：

$$A = T \mid (A_1 \rightarrow A_2) \mid (A_1 \parallel A_2) \mid (A_1 \triangleright A_2) \mid (cond?\ A_1 : A_2) \mid (cond[A_1])$$

其中，T 是原子事务；A、A_1和A_2是复合活动；cond 是条件谓词；符号→、‖、▷、?、:和[]是控制结构算子。事务工作流是由原子事务通过这些控制结构算子组合形成的复合事务。

(1)顺序结构$A= A_1 \rightarrow A_2$：顺序结构是事务工作流中最常用的控制结构。活动 A 的开始将触发活动A_1开始，当A_1执行结束后，A_2开始执行，A_2执行结束将导致 A 结束。

(2)并行结构$A= A_1 \parallel A_2$：并行结构支持活动A_1和活动A_2并发执行。活动 A 的执行开始将导致活动A_1和A_2同时开始执行。当且仅当A_1和A_2都成功提交后，A 才能成功提交；如果其中之一被放弃，那么 A 就被放弃。

(3) 优先结构$A= A_1 \triangleright A_2$：优先结构提供了一种向前恢复(Forward Recovery)机制，活动A_2是活动A_1的备选分支。在优先结构的执行过程中总是试图先执行A_1，如果A_1执行成功，则 A 执行成功，否则执行A_2。

(4) 条件结构$A= (cond?\ A_1 : A_2)$：条件结构由一个条件谓词 cond 和两个互斥执行分支组成，当 cond 为真时执行A_1分支，否则执行A_2分支。

(5) 循环结构$A= (cond[A_1])$：循环结构类似于程序设计语言中的 while 循环，在条件谓词 cond 为真时，反复执行循环体A_1。

事务工作流的表达式描述了它的静态结构，例 5.1 是一个事务工作流结构表达式的例子，图 5.7 给出了对应的图示。

例 5.1　$W_1 = (T_1^c \rightarrow T_2^p) \rightarrow ((T_3^c \rightarrow T_4^p) \triangleright (T_5^r \rightarrow T_6^r))$

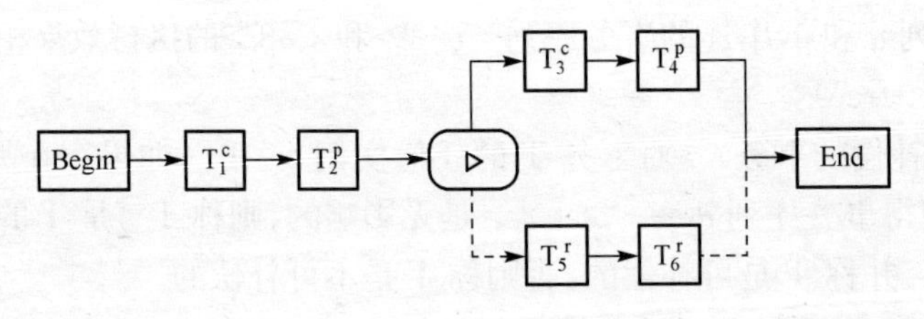

图 5.7　事务工作流的结构

当为原子事务引入完成特性之后，原子事务按照不同的控制结构组成一个复合事务，复合事务本身也具备了可补偿又可重试等完成特性。由于所有不同的完成特性都是由可补偿又可重试这两种特性正交组合而成，因此只需要计算在复合过程中这两种完成特性是如何传播的即可。对于大部分二元构造的结构，复合后的可补偿和可重试属性是结构中两个元素A_1和A_2相应属性的 AND 关系。唯一例外的是优先结构，在A_1和A_2中只要存在一个事务是可重试的，那么整个复合事务也是可重试的，即 OR 的关系。可补偿属性仍然是A_1和A_2两者属性的 AND，这是因为不能预测执行中会走哪一条路径。

3. 事务工作流的执行

事务工作流的执行是按照事务工作流的结构定义，依次执行其中的事务，直至结束，事务工作流的执行也是事务工作流（复合事务）的一个事务实例。

定义 5.4 （事务工作流的执行） 事务工作流的执行是一个二元组 $P=(T, <)$，其中 $T \subseteq T^*$ 是一个事务实例的集合，$<$是定义在 T 上的偏序关系，有$< \subseteq T \times T$，表示事务的执行次序：$t_1 < t_2$当且仅当 t_1在 t_2执行之前就完成提交。为直观起见，以下也用→表示事务实例之间的偏序关系。

如果某个执行 $P=(T, <)$，有 $T=\phi$，则称 P 是一个空的执行，用符号 λ 表示。

类似于事务的可补偿性和可重试性，事务工作流的执行也具有可补偿性和可重试性。

定义 5.5 （可补偿的执行） 事务工作流执行 $P=(T, <)$，如果所有的 $t \in T$ 都是可补偿的事务实例，则 P 是一个可补偿的执行。可补偿执行 P 的执行效果可通过 $P^{-1}=(T^{-1}, <^{-1})$来取消。P^{-1}被称为 P 的补偿执行，其中：

(1)$T^{-1}=\{t^{-1} \mid t \in T\}$。

(2)$\forall(t_1, t_2 \in T)$，若 $t_1 < t_2$则 $t_2^{-1} <^{-1} t_1^{-1}$。

定义 5.6 （可重试的执行） 事务工作流执行 $P=(T, <)$，如果所有的 $t \in T$ 都是可重试的事务实例，则 P 是一个可重试的执行。

例 5.2 事务工作流 $W_2=(T_1^c \rightarrow T_2^c) \rightarrow ((T_3^c \rightarrow T_4^p) \triangleright T_5^b))$和 $W_3=T_5^r \rightarrow T_6^r$的几个执行分别如下：

(1)W_2的（部分）执行 $t_1^c \rightarrow t_2^c$和 $t_1^c \rightarrow t_2^c \rightarrow t_3^c$是可补偿的。

(2)W_3的（部分）执行 t_5^r和 $t_5^r \rightarrow t_6^r$是可重试的。

在例 5.2 中，如果执行 $t_1^c \rightarrow t_2^c \rightarrow t_3^c$在接下去执行 T_4时遇到了一些故障而进行向前恢复，即执行 t_3^c的补偿事务 t_3^{-1}，那么现在 W_2的执行变成了 $t_1^c \rightarrow t_2^c \rightarrow t_3^c \rightarrow t_3^{-1}$，可使用消除规则将 $t_3^c \rightarrow t_3^{-1}$从 W_2中移除，而后继续执行 t_5^b。由此可引入“归约可补偿”(Reductively Compensatable)的执行概念。

定义 5.7 （归约可补偿的执行） 若事务工作流执行 P 通过反复使用消除规则可归约成一个可补偿的执行，那么 P 是归约可补偿的。P 归约后的执行记为 reduced(P)。

定义 5.8 （事务工作流的执行集） 事务工作流 A 的提交执行集是 A 所有成功提交执行的集合，记作 S(A)；A 的放弃执行集是 A 所有失败放弃执行的集合，记作 F(A)。

对于任何一个事务工作流的结构表达式，都可以精确地给出它的提交执行集和放弃执行集。

例 5.3 例 5.1 中的复合活动 W_1的提交执行集和放弃执行集如下：

$S(W_1)=\{t_1^c \rightarrow t_2^p \rightarrow t_3^c \rightarrow t_4^p,\ t_1^c \rightarrow t_2^p \rightarrow t_5^r \rightarrow t_6^r,\ t_1^c \rightarrow t_2^p \rightarrow t_3^c \rightarrow t_3^{-1} \rightarrow t_5^r \rightarrow t_6^r \mid$ 其中 t_i是 T_i的实例，$1 \leqslant i \leqslant 6\}$；$F(W_1)=\{\lambda,\ t_1^c \mid$ 其中 t_1是 T_1的实例$\}$。

4. 事务工作流的冲突

“冲突”是事务工作流执行中的一个重要概念。事务工作流调度应避免有冲突事务的并发执行。

定义 5.9 （可交换性和冲突） 两个事务实例 $t_i, t_j \in T^*$，如果对 T^*上的任意事务序列 ω_1和 ω_2，都有事务序列$<\omega_1 t_i t_j \omega_2>$的执行效果和$<\omega_1 t_j t_i \omega_2>$的执行效果相同，那么事务实例 t_i和 t_j是可交换的；否则称这两个事务实例是不可交换的或者冲突的，记作 $t_i \text{conf}\ t_j$。

若事务 t_i和 t_j是冲突的，那么对任何的 $\alpha, \beta \in \{-1, 1\}$的组合，均有 $t_i^\alpha \text{ conf } t_j^\beta$。类似地，如果事务 t_i和 t_j是可交换的，那么对任何的 $\alpha, \beta \in \{-1, 1\}$的组合，$t_i^\alpha$和 t_j^β均可交换。

定义 5.10 （事务冲突） 两个事务 T_i和 T_j，如果存在 T_i的实例 t_i和 T_j的实例 t_j，有 $t_i$conf t_j，那么事务 T_i和 T_j是冲突的，记作 $T_i$conf T_j。如果两个事务 T_i和 T_j的任何实例都不冲突，那么称 T_i和 T_j不冲突。

这样，可以基于事务和事务实例定义两种粒度的冲突关系：事务实例之间的冲突关系是细粒度的，而事务之间的冲突是粗粒度的。事务实例之间的冲突需要考虑它们的输入参数。

定义 5.11 （调度冲突） 事务工作流的调度 S 是一个三元组(P_S, T_S, $<_S$)，其中 $P_S=\{P_1,\cdots,P_n\}$是一个事务工作流执行的集合，$T_S\subseteq T^*$ 是 P_S中工作流执行的事务实例集合，$<_S$是定义在 T_S上的偏序关系，有$<_S\subseteq T_S\times T_S$。则偏序$<_S$必须同时满足下面两个条件：

(1) $\forall P_i: <_i\subseteq<_S$。

(2) $\forall(t_i\in P_i, t_j\in P_j)$, $i\neq j$, 且 $t_i$conf t_j，那么 $t_i<_S t_j$或者 $t_j<_S t_i$。

定义 5.12 （调度等价） 如果下面的条件成立，则事务工作流的调度 S 和 S′是等价的：

(1)S 和 S′定义在同样的事务工作流集合上，即 $P_S=P_{S'}$且 $T_S=T_{S'}$。

(2)S 和 S′对冲突事务的偏序是一致的，即如果 t_i和 t_j是调度 S 中的冲突事务，且 $t_i<_S t_j$，则有 $t_i<_{S'}t_j$。

定义 5.13 （可串行化调度） 如果事务工作流的调度 S 等价于某个串行的调度 S′，则称 S 是可串行化的。

定义 5.14 （不可返回点） 设 t_i是事务工作流的执行 $P_i=(T_i,<_i)$的一个可补偿事务，即 $t_i\in T_i$，不可补偿事务 t_i^* 被称为 t_i的下一个不可返回点，如果 $t_i<_i t_i^*$，并且不存在不可补偿事务t_i'使得 $t_i<t_i'<_i t_i^*$ 成立；若不存在这样的事务 t_i^*，则 P_i的提交点是 t_i的下一个不可返回点。

定义 5.15 （可恢复性） 如果对调度 S 中的任何两个冲突事务 $t_i\in P_i$和 $t_j\in P_j$，t_i是可补偿事务且 $t_i<_S t_j$，若下面条件之一成立，则 S 是可恢复的：

(1)$t_i^{-1}<_S t_j$ 或者 $t_i^*<_S t_j$，其中 t_i^* 是 t_i 的下一个不可返回点。

(2)如果 t_j是可补偿的并且 $t_j^*\in T_S$，那么必须有 $t_i^*<_S t_j^*$，其中 t_j^* 是 t_j 的下一个不可返回点；如果 t_j是不可补偿的，那么必须有 $t_i^*<_S t_j$。

直观地讲，如果 t_i conf t_j且 $t_i<_S t_j$，那么 P_j的执行效果受 P_i的影响。可恢复调度要求一个事务工作流必须在影响它的其他事务工作流提交后才能提交。一旦某个事务工作流执行了不可补偿事务，那么它就进入完成状态，它之前的补偿操作 t 不能再被补偿，因此与 t 冲突的事务也不能再被补偿。

5. 松弛原子性

原子事务具有严格的原子性，即“全有”或“全没有”。对一个原子事务的调用只会产生两种结果，即成功或失败。也就是说，无论发生哪种情况，都不会产生执行了一半的结果，这种原子性是由事务提供者通过本地事务来保证的，对事务调用者透明。

但这种“全有”或“全没有”的严格原子性无法适用于事务工作流的情况。工作流复合事务可能运行在网络的不同站点上，跨越多个组织，集成多种业务，运行时间长。如果采用严格原子性，那么任意一个原子事务的失败都将取消整个复合事务，其代价是昂贵的。相反，很多时候业务流程内存在多个可选路径，只要某些特定集合的事务成功就能满足应用上的语义一致性，此时由于一个原子事务的失败而导致整个工作流事务的放弃是没有必要的。

为此，针对工作流事务提出了“松弛原子性”(Relaxed Atomicity)的概念，它放松了原子性要求。事务工作流的执行或者正常结束，或者通过补偿事务取消已完成事务的执行效果，执行中允许部分事务的失败。

定义 5.16 （松弛原子性） 对事务工作流 A 的任何执行 P，如果有 $P \in S(A)$，或者 $P \in F(A)$，但 P 是归约可补偿的，则称 P 满足松弛原子性。

由于事务具有不同的完成特性，将它们组合成一个事务工作流后，不一定能保证所有执行均具有松弛原子性。例如，图 5.8 中的事务工作流在执行中就不能保证松弛原子性：当 T_2 成功提交后，若数据库状态不匹配造成 T_3 执行失败，由于 T_3 不是可重试的事务，且 T_2 不是可补偿事务，此时事务工作流既不能向前恢复（前滚），也不能向后恢复（后滚），因此不能满足松弛原子性。

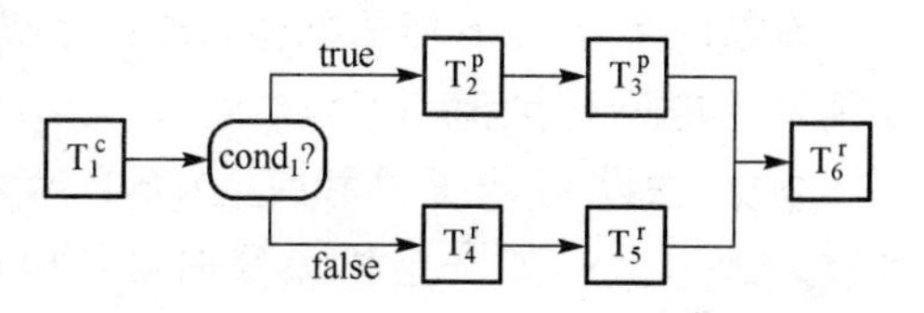

图 5.8 一个非良构的事务工作流

如果事务工作流只产生松弛原子性的执行，那么它就是良构的。也就是说，如果对事务工作流活动 A 的任意放弃执行 P，即对所有的 $P \in F(A)$，P 均是递归可补偿的，则 A 是良构的。当事务工作流的结构复杂时，在将它实施到应用环境之前，有必要验证它的结构是否是良构的。良构事务工作流所有的执行都能满足松弛原子性的要求。

值得指出的是，松弛原子性和良构性既有联系，又有本质的区别。松弛原子性用于描述事务工作流执行的特性，而良构性则是事务工作流的结构特性。良构性可以基于事务工作流的结构对各组成活动的完成特性进行分析而验证，通过良构性的验证就能判定一个事务工作流是否满足松弛原子性的要求。关于良构性验证的算法，可参阅本书 10.3 节。

5.3.2 事务工作流调度

当事务工作流中存在多个并发执行的事务时，事务工作流的执行引擎必须保证这些工作流的调度满足可串行化和可恢复。

在网络分布计算的环境下，需要保证并发执行的事务集合在可串行化意义上的正确性。事务工作流要比一般的事务模型具有更加丰富的语义，事务工作流的调度算法也不同于一般的事务调度。具体而言，这些不同表现在以下一些方面：

(1)执行粒度不同。平面事务是由若干个读写操作组成的线性序列，这些操作的粒度非常小；事务工作流的执行单位本身就是一些事务，粒度较大。

(2)故障处理方式不同。平面事务在执行过程中可能遇到各种故障，平面事务的恢复通常采用阴影版本或者日志方法进行，由于平面事务之间相互严格隔离，因此平面事务的操作总能恢复。事务工作流的执行满足松弛原子性，恢复处理是通过执行补偿事务完成的。

(3)数据库事务一旦遇到故障，会简单地将事务回退。在事务回退过程中，根据日志记录数据库的恢复管理器，可以将数据库的状态完全恢复到事务执行之前；事务工作流遇到故障时，需要进行后滚或前滚来解除故障。“后滚”是指通过执行一个补偿事务来消除事务更新，“前滚”则是执行另一条候选执行路径。由于某些事务不是可补偿的，因此事务工作流不可能单纯通过后滚来处理故障。

(4)占用资源的时间长短不同。数据库系统中的事务在通常情况下执行的时间较短，事务占用的资源在其结束后即释放，因此调度算法会尽可能地加快事务的执行；事务工作流的执行时间一般都较长，因此为提高系统性能和减少死锁的发生，事务在执行过程中可以释放部分资源，这也就是事务工作流的松弛原子性。

事务工作流调度与平面事务调度很大的不同在于：平面事务在结束之前，由于每个操作都写了日志记录，并且在事务提交之前并不释放资源，因此可以随时回退而完全消除事务的执行效果;事务工作流由平面事务组合形成,某些平面事务不具有可补偿性,一旦执行了这种平面事务,事务工作流将不能全局回退。

在事务工作流回退过程中执行的事务也可能发生冲突,当两个并发的事务工作流均执行了不可补偿的事务,并在随后的执行中产生循环冲突时,系统就不能保证可串行化的调度,并且也不能回退这两个事务工作流。

例如,假设 t_{i1}, $t_i \in P_i$ 和 t_{j1}, $t_j \in P_j$, t_i 和 t_j 是不可补偿事务,在某一个调度 S 中存在偏序 $t_{i1} <_S t_i$ 和 $t_{j1} <_S t_j$。如果 t_{i2} 和 t_{j2} 分别是 P_i 和 P_j 接下去要执行的事务(即 $t_i <_i t_{i2}$ 和 $t_j <_j t_{j2}$),并且 t_{i1} conf t_{j2} 和 t_{j1} conf t_{i2},那么就出现了一个循环冲突,如图 5.9 所示,其中箭头表示事务的执行次序,虚线表示事务冲突,此时 S 将不能满足可串行化,并且也不能恢复。

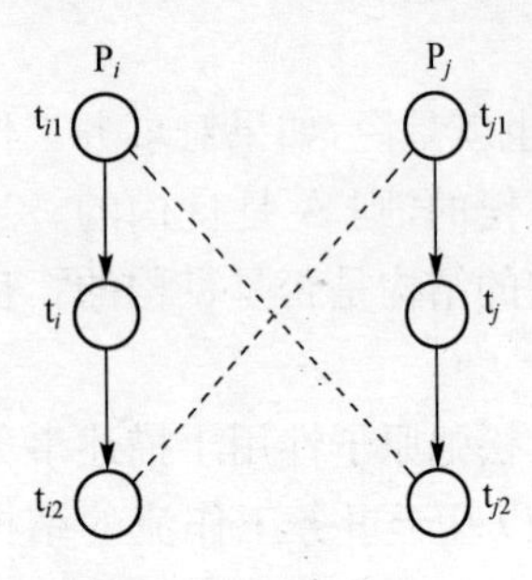

图 5.9　循环冲突问题

循环冲突一旦出现将无法消除,为了避免循环冲突,现有的调度算法采用一种保守的调度策略,即只允许最多一个事务工作流执行不可补偿事务,但这将严重影响并发度。解决该问题的有效方法是预测事务工作流将来的执行情况。如果两个工作流将来不会发生冲突,那么它们可以安全地执行不可补偿事务。

事务工作流之间的冲突概率在很大程度上依赖冲突检测的粒度。现有的调度算法通常基于事务的冲突检测。若事务冲突是大粒度的,会造成过多不必要的冲突。为了减少事务工作流之间的冲突概率,应该尽可能采用基于事务实例的冲突检测,如用数据库作为类比情况来说明。数据库系统支持两种操作:读操作和写操作。如果冲突检查是基于操作类型的,那么任何读操作和写操作均会产生冲突;但是,如果根据操作实例进行冲突检测,那么只有访问同一个数据对象的读操作和写操作才会产生冲突。

1. 事务实例冲突和事务冲突

上节介绍了两种类型的冲突:事务实例冲突和事务冲突。为了减少事务工作流之间的冲突概率,应该尽可能采用基于事务实例的冲突检测。

为了实现事务实例之间的冲突检测,系统按照事务来组织冲突矩阵 CON,其中每个 CON(i, j)存放冲突检测函数 $\text{conflict}_{t_{ij}}(a_1 \cdots a_r, b_1 \cdots b_s)$的返回值,用来判断事务 T_i 的实例 $t_i(a_1 \cdots a_r)$ 和事务 T_j 的实例 $t_j(b_1 \ldots b_s)$是否冲突。另外,如果两个事务 T_i 和 T_j 相互不冲突,那么 CON(i, j)存放常量 F;如果 T_i 和 T_j 所有的实例都相互冲突,那么 CON(i, j)存放常量 T。

表 5.4 表示银行业务中事务的冲突矩阵。对银行账户的存款事务 deposit(account_1, amount$_1$)和取款事务 withdraw(account$_2$, amount$_2$)而言,它们的冲突函数 conflict(account$_1$, amount$_1$, account$_2$, amount$_2$)会判断两者访问的账户是否相同,如果相同则返回 T 表示实例冲突,否则返回 F 表示不冲突。另外,deposit 事务和 deposit 事务不冲突,deposit 和 withdraw^{-1} 事务也不冲突,因此相应的冲突函数是常数 F。

表 5.4　银行业务中事务的冲突矩阵

	deposit(a_1, m_1)	withdraw(a_1, m_1)	$\text{withdraw}^{-1}(a_1, m_1)$
deposit(a_2, m_2)	F	$a_1 = a_2$	F
withdraw(a_2, m_2)	$a_1 = a_2$	$a_1 = a_2$	$a_1 = a_2$
$\text{withdraw}^{-1}(a_2, m_2)$	F	$a_1 = a_2$	F

2. 事务实例锁和后继事务集

每当执行某个事务实例时，工作流必须首先获取一个实例锁。事务实例 t 的实例锁用 lt 表示。如果事务实例 t_i 和 t_j 冲突，那么实例锁 lt_i 和 lt_j 冲突，记作 lt_i conf lt_j。

事务工作流 P_i 在执行过程中，始终维护两个集合：事务实例锁集 LS_i 和后继事务集 FS_i。其中 LS_i 用来记录目前 P_i 获取的所有事务实例锁，FS_i 表示 P_i 将要执行的事务集。随着事务工作流 P_i 的执行，LS_i 将不断变大，而 FS_i 将不断变小。当 P_i 准备提交时，$FS_i=\phi$。

根据事务实例锁集和后继事务集，可以判断两个工作流是否会在将来产生冲突。工作流 P_i 和 P_j 将来不冲突的充分条件是：

(1)P_i 已执行的事务与 P_j 将要执行的事务不冲突；

(2)P_j 已执行的事务与 P_i 将要执行的事务不冲突；

(3)P_i 将要执行的事务和 P_j 将要执行的事务不冲突。

因此，若使用粗粒度的冲突检测，事务工作流 P_i 和 P_j 在将来不产生冲突的充分条件是：

(1) $\forall lt_i \in LS_i$，$T_j \in FS_j$：$\neg(T_i \text{ conf } T_j)$，其中 t_i 是 T_i 的事务实例；

(2) $\forall lt_j \in LS_j$，$T_i \in FS_i$：$\neg(T_i \text{ conf } T_j)$，其中 t_j 是 T_j 的事务实例；

(3) $\forall T_i \in FS_i$，$T_j \in FS_j$：$\neg(T_i \text{ conf } T_j)$。

具体来说，只有当 CON(i, j)存放常量 F 时，$\neg(T_i \text{ conf } T_j)$ 才取真值。如果在事务工作流的执行过程中始终维护 LS 集合和 FS 集合，结合冲突矩阵 CON 就可以预测事务工作流在将来执行时的冲突情况。

3. 后继事务集的构造

每执行一个事务实例后，事务工作流的后继事务集就需要更新。后继事务集的计算通过对事务工作流的结构进行分析而完成。

事务工作流的结构可以用树表示，树的叶节点是事务，其他节点代表各种控制结构。每个节点有两个属性：CS 和 FS。CS 表示以该节点为根的子树中包含的所有事务集，FS 表示执行完该节点为根的子树后还要执行的事务集。叶节点的 FS 就是这里所关心的后继事务集。

CS 集合的构造通过后序遍历树即可获得：任何一个节点的 CS 是它子节点 CS 的并集，而叶节点的 CS 是它本身。FS 通过先序遍历树获取。树根节点的 FS 为空集，其他节点的 FS 通过表 5.5 中的计算规则得出，其中 parent 表示父节点，left 和 right 分别表示它的左子节点和右子节点。

表 5.5　FS 的计算规则

控制结构类型	FS 的构造
顺序结构	left. FS = right. CS∪parent. FS；right. FS = parent. FS
条件结构	left. FS = right. FS = parent. FS
优先结构	left. FS = right. FS= parent. FS
并行结构	left. FS= right. CS∪parent. FS；right. FS = left. CS∪parent. FS
循环结构	left. FS= parent. CS∪parent. FS

例 5.4　一个结构较为复杂的事务工作流：

$$W_1 = (\text{cond}_1 ?\ T_A : T_B) \rightarrow ((T_C \parallel T_D) \rhd T_E) \rightarrow (\text{cond}_2 [T_F \rightarrow T_G])$$

图 5.10 和 5.11 分别表示了事务工作流 W_1 的结构和它相应的树结构表示。图 5.12 表示了每个节点的 CS 和 FS 集，叶节点只列出 FS 集。例如，当工作流执行完事务 T_D 后，它的 FS = $\{T_F, T_G, T_C\}$。

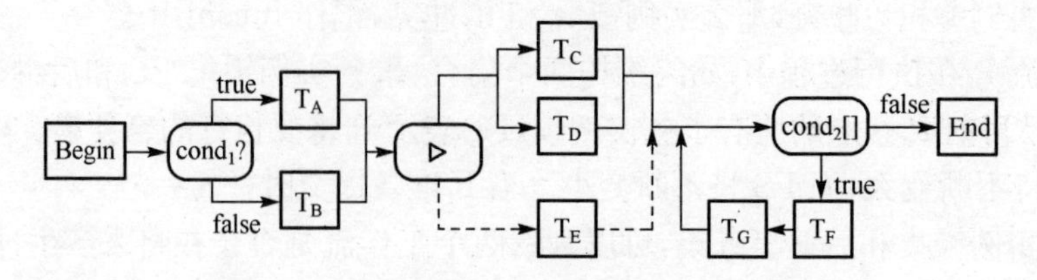

图 5.10　包含各种控制结构的事务工作流

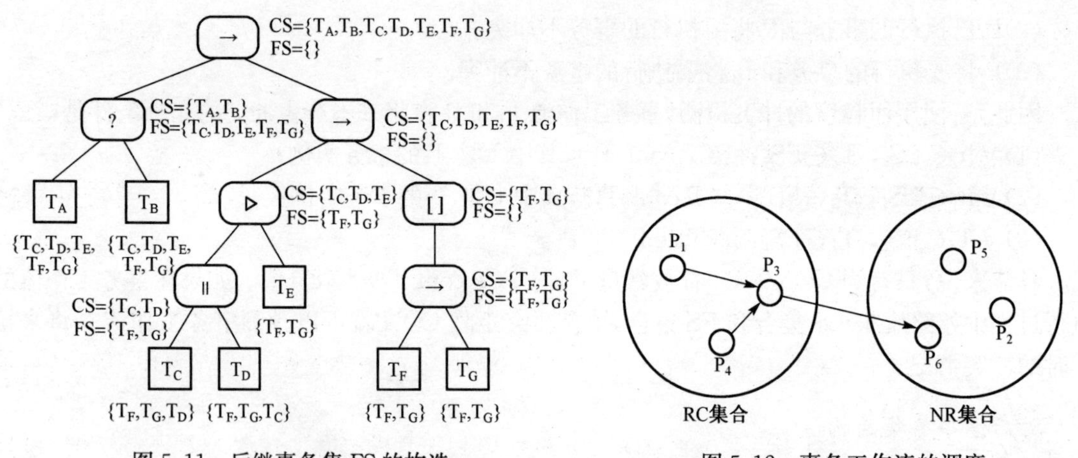

图 5.11　后继事务集 FS 的构造

图 5.12　事务工作流的调度

4. 调度算法

每个新运行的工作流 P_i 都被附上一个单调递升的时间戳 $ts(P_i)$，一个时间戳较小的事务工作流比时间戳较大的事务工作流运行得更早。某个事务工作流被放弃再重新运行时，将仍然使用原来的时间戳，这样可以通过适当的等待规则来防止饿死现象。系统为每个工作流 P_i 维护事务实例锁集 LS_i 和后继事务集 FS_i。

当系统中存在多个并发的事务工作流时，并非所有的工作流都可回退。系统将所有活动的事务工作流动态地分成两个集合：可回退工作流集合(RC)和不可回退工作流集合(NR)。如果某个工作流已执行的事务都是可补偿的，那么它被归于 RC 集合。如果某个工作流执行了至少一个不可补偿事务，那么系统将把它移至 NR 集合。在某个事务工作流刚开始运行时，它属于 RC 集合。

循环冲突发生的必要条件是两个 NR 集合中的事务工作流发生冲突。为了避免循环冲突，只要保证 NR 中的事务工作流不相互冲突即可。

基于混合粒度冲突检测的调度算法遵循下面几个调度规则：

(R_1) 时间戳较小的工作流不会等待 RC 中时间戳较大的工作流。

(R_2) 集合 NR 中的工作流不会等待其他工作流。

(R_3) 集合 NR 中的工作流相互不会发生冲突。

规则(R_1) 保证所有的事务工作流最终都能够执行结束。规则(R_2)保证 NR 集合中的工作流不会被阻塞，能够一直执行完，从而保证 NR 集合中的工作流可以不断提交结束；由于循环冲突产生的前提条件是两个 NR 中的工作流相互冲突，而规则(R_3)可防止循环冲突。

图 5.12 表示了调度算法执行时的一个快照，其中事务工作流 P_1 和 P_4 正在等待 P_3，而 P_3 则在等待 P_6。注意，NR 中的集合不会冲突，也不会相互等待。

基于混合粒度冲突检测的调度算法描述如下：

(1)工作流开始执行：当系统准备执行工作流 P_i 并且尚未执行它的任何事务时，系统将 P_i 放入 RC 集合。

(2)事务实例执行：事务工作流 P_i 执行事务实例 t_i 时，首先试图获取实例锁 lt_i，根据实例锁检测冲突。若存在下面两种冲突情况，则放弃相应的工作流 Pj：

- 如果 $P_i \in NR$，lt_i 与 RC 中的工作流 P_j 的 LS_j 冲突，那么放弃 P_j。
- 如果 $P_i \in RC$，lt_i 与 RC 中的工作流 P_j 的 LS_j 冲突并且 $ts(P_i) < ts(P_j)$，那么放弃 P_j。

然后判断是否存在冲突，如果存在则 P_i 必须等待：

- t_i 和一个时间戳较小的工作流或者 NR 中的工作流 P_j 的 LS_j 冲突，P_i 必须等待 P_j 结束。在 P_j 结束之后，P_i 再重新判断冲突。
- t_i 是一个不可补偿事务，并且 P_i 在将来会和 NR 中工作流 P_j 冲突，那么 P_i 必须等待 P_j 结束。在 P_j 结束之后，P_i 再重新判断冲突。
- t_i 是一个不可补偿事务，P_i 在将来会和 RC 中某个处于等待状态的工作流 P_j 冲突，并且 $ts(P_i) > ts(P_j)$，那么 P_i 必须等待 P_j 先进入 NR。P_j 进入 NR 后，P_i 再重新判断冲突。

P_i 获取了实例锁 lt_i 之后，系统即可执行 t_i。如果 t_i 是不可补偿事务并且 P_i 在 RC 集合中，系统将 P_i 移至 NR 集合。

(3)工作流提交：只有当事务工作流 P_i 和任何时间戳较小的事务工作流 P_j 都不冲突时，系统才能提交 P_i。系统提交工作流 P_i 时，将释放 LS_i 中所有的锁。如果 P_i 和时间戳较小的某个工作流 P_k 冲突，即 $ts(P_k) < ts(P_i)$，那么 P_i 必须等待 P_k 提交后才能提交。P_i 一旦提交完成，就被从相应的 RC 集合或 NR 集合中移除。

(4)工作流放弃：当事务工作流 P_i 放弃时，对于每个已执行的可补偿事务 t_i，按其执行的相反次序执行补偿事务 t_i^{-1}。当全部事务都被补偿后，工作流释放 LS_i 中所有的锁。如果工作流是由于冲突原因而被放弃，那么系统将重新运行该工作流，并且使用原来的时间戳。注意，只有 RC 集合中的工作流才会被放弃。P_i 一旦放弃，就被从相应的 RC 集合中移除。

随着 NR 集合中工作流的执行和完成，这些工作流的 FS_i 不断变小，越来越多 RC 集合中的工作流可允许进入 NR 集合。由于算法始终遵循(R_1)和(R_2)规则，因此工作流之间不会存在循环等待，这样就可防止调度死锁。虽然 RC 中的某个工作流 P_i 可能会等待时间戳较大的 NR 中的工作流，但算法能确保 P_i 最终进入 NR 集合，因此也不会出现饿死现象。

第6章 分布式算法

分布性和并发性是分布式算法的两个最基本特征，由此也带来了算法的不确定性。分布式系统的执行存在许多不确定因素，如不同处理机执行速度的差异及网络通信的阻塞和延迟，这些不可预见的因素可以导致不同情况下不同的算法执行序列。

分布式算法依赖分布式系统模型的选择。模型是系统的抽象和形式表示，模型之间的区别主要在于对同步或异步的假设，也有对IPC机制和故障的假设。如无特别说明，本章关于分布式系统模型约定如下：进程间通过同步消息传递进行通信；网络在逻辑上是全连接的，传输是无错的；消息传输延迟是有限的，但不可预测。由于没有给出这种分布式系统模型的形式定义，所以本章所有的分布式算法都采用非形式化的描述方式，也不进行算法复杂性的讨论。

本章介绍分布式系统中的几个常用算法，包括分布式路径路由算法、分布式系统的可靠性算法和负载分配算法等[Lynch,1996;Wu,1999]。

6.1 分布式路径路由算法

在分布式系统中，分布在不同站点机上的进程通过消息传递进行通信。消息从发送方传递到接收方，可能要通过一个或多个中间节点。路由则定义了一个消息如何从源节点到达目标节点。路由的代价为消息通信路径中逐次相邻节点通信代价的总和。路由算法往往都要求给出从源节点到目标节点的具有最小代价的路径。本节将介绍宽度优先、最短路径路由等常用的分布式算法及互联网的动态路由策略。

6.1.1 宽度优先搜索算法

设有图G=(V,E)，V是所有节点的集合，E是所有边的集合。图G称为是强连通的，当且仅当对G中任何两个节点v和w，存在从v到w和从w到v的路径，即任意两个节点互相可达。图G的支撑树T=(V′,E′)，其中V′=V，E′⊆E。对于强连通图，从图中任意一个节点i出发，都可建立一个以该节点i为根的支撑树。如若采用基于宽度优先的遍历策略，这样的支撑树称为基于宽度优先的支撑树，其中深度为d的节点是G中距离根节点i为d的节点。

分布式系统可以用图来表示，图中的节点表示进程，边表示相邻两个进程的通信连接。这些节点和边共同构成一个强连通图。进程之间只能通过连接它们的边直接进行通信。每个进程都有UID。从进程i_0出发，基于宽度优先策略，建立该网络连接图的支撑树，算法如下：

(1)给进程i_0加标志。

(2)从新加标志的进程出发向其每个扇出节点，发送消息search。

(3)如若收到消息search的进程是未标志的，则将该进程加标志，并置parent属性为发送消息的进程，否则不采取动作。

容易证明，以上算法可建立一个支撑树。事实上，在d步之后，每一个从i_0出发的距离i_0为d的进程都已确定了父进程，即指向距离i_0为$d-1$的某个进程。算法完成的最大步数是从i_0到图中所有进程的最大距离。

对算法略加改变，可使树的每个进程不仅知道父节点，而且知道所有的子节点。方法是在进程收到 search 消息后，向发送者发送应答消息，并且告诉发送者进程，说明该进程是否选择了发送者作为父节点。

为减少算法过程中的消息通信量，已加标志的进程发送消息 search 时，只需发送给那些尚未加标志的进程。一旦所有的进程都已加上标志，则算法完成。

进程 i_0 如何才能知道支撑树已建立完成呢？从支撑树的叶节点始，逐级向上发送完通知，直至 i_0。任何一个进程可以向它的父节点发出完成通知，条件是：

(1)它收到所有发出消息 search 的应答信息。

(2)它收到所有子节点的完成通知。

宽度优先搜索是最基本的分布式算法之一，可应用于网络分布计算许多的不同场合中，如：

· 广播。从一个进程发送消息到网络上所有其他的进程，可以先建立宽度优先的支撑树，然后沿树将要广播的消息从父节点向子节点发送。一旦支撑树建成，则单个消息广播的时间复杂度仅为 O(diam)，diam 是网络节点图的直径。

· 遍历计算。若函数计算需要遍历分布式的诸多节点，可先建立遍历所有相关节点的支撑树，然后基于树计算函数的相关值。

· 选举。如 4.5.3 节所述，要求从诸多 UID 进程中选出最大的 UID 作为协调者。采用如上基于宽度优先策略的遍历计算决定具有最大 UID 的进程，然后再将协调者的 UID 通知所有其他的进程。

6.1.2 最短路径路由算法

设网络节点图 G=(V,E)，对应于每个边 $e=(i,j)$，有一个非负权值 Weight(e)，或记作 $\text{Weight}_{i,j}$。图 G 中一个路径的权值是路径中所有边的权值的总和。设 G 中源节点 i_0 要求寻找从 i_0 出发到图 G 其他所有节点的最短路径，即具有最小权值的路径。

为使讨论简单，假定图 G 的边的权值在两个方向都是等同的，即对 G 中任意的边 $e=(i,j)$，$\text{Weight}_{i,j}=\text{Weight}_{j,i}$。如果图中两个节点之间没有边连接，则可认为它们具有边 e，且 Weight(e)= ∞。以图 6.1 给出的图作为示例，节点 P_0 和 P_2 之间没有边连接，可视同为具有边 $e=(0,2)$，且 $\text{Weight}_{0,2}=\infty$。

寻找最短路径路由的集中式算法由 Dijkstra 给出。令 D(v)表示从源节点 i_0 到节点 v 的距离，Weight(v,w)表示权值 $\text{Weight}_{v,w}$。算法如下：

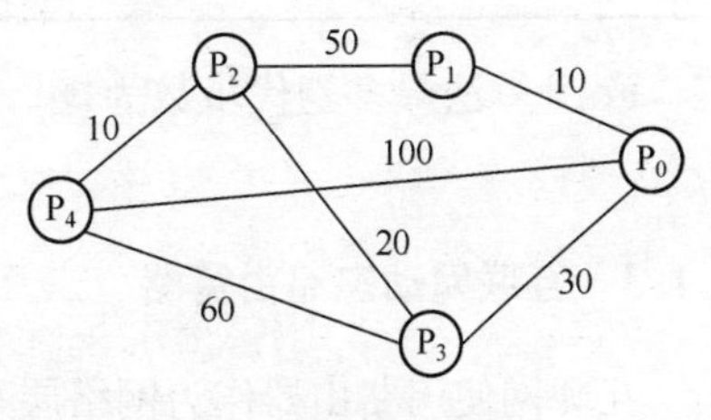

图 6.1 网络节点图

(1)初始步。标记节点 i_0。对其他所有的节点 v，令 D(v)=Weight(i_0,v)；对那些没有直接连接到 i_0 的节点 w，令 D(w)= ∞。

(2)循环步。对尚未标记的所有节点 w，找出最小D(w)最小者并标记该节点 w，再对 w 相邻的其他未标记节点 v，更新 D(v)，即

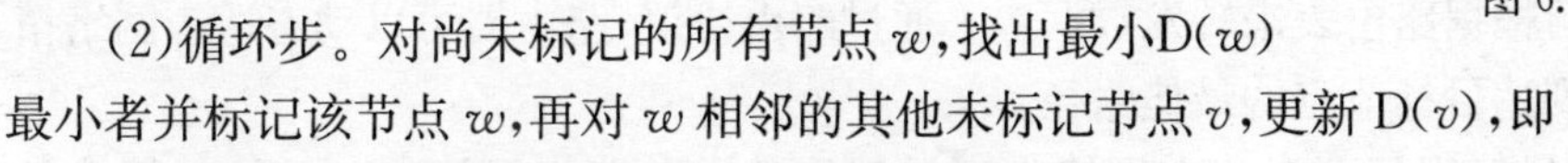

$$D(v):=\min[D(v),D(w)+\text{Weight}(w,v)]$$

(3)重复步骤(2)，直到所有的节点都已标记为止。

将上述算法应用于如图 6.1 所示的网络节点图，且假定 P_0 是源节点，按照计算的每一步，结果如表 6.1 所示。

集中式算法需要了解给定网络图的全局拓扑信息，每一个节点需要知道网络图中所有其他

节点的列表、它们之间的连接及每个连接的代价。与此不同的是,由 Ford 给出的分布式路由算法只需了解相邻节点的路由信息及连接代价。算法也分为两部分,即一个初始步和一个最短距离计算的步骤,后者需要重复计算,直至算法结束。

表 6.1 Dijkstra 算法例子

步数	标记节点	D(1)	D(2)	D(3)	D(4)
初始	$\{P_0\}$	10	∞	30	100
1	$\{P_0,P_1\}$	10	60	30	100
2	$\{P_0,P_1,P_3\}$	10	50	30	90
3	$\{P_0,P_1,P_3,P_2\}$	10	50	30	60
4	$\{P_0,P_1,P_3,P_2,P_4\}$	10	50	30	60

设每个节点 v 都有形如$(w,D(v))$的标记,这里的 $D(v)$代表该节点到目标节点最短距离的当前值,w 是截至目前得到的最短路径的下一个节点。设有目标节点 i_0,算法如下:

(1)初始步。令 $D(i_0)=0$,将所有其他的节点标记为$(\#,\infty)$。

(2)循环步。对每个节点进程 $v\neq i_0$,向 v 的每个邻节点 w 发送消息,获取其当前值 $D(w)$,进行如下更新,即

$$D(v):=\min\{D(v),D(w)+\mathrm{Weight}(w,v)\}$$

如果 $D(v)$新值不同于旧值,则更新 v 的标记为$(w,D(v))$,这里的 $D(v)$是新值,w 是形成此 $D(v)$新值的邻节点。

(3)重复循环步(2),直至不再有任何变化发生而结束。

上述算法应用于如图 6.1 所示的网络,令 P_0是目标节点,计算结果如表 6.2 所示。

表 6.2 Ford 算法例子

步数	P_1	P_2	P_3	P_4
初始	$(\#,\infty)$	$(\#,\infty)$	$(\#,\infty)$	$(\#,\infty)$
1	$(P_0,10)$	$(\#,\infty)$	$(P_0,30)$	$(P_0,100)$
2	$(P_0,10)$	$(P_3,50)$	$(P_0,30)$	$(P_3,90)$
3	$(P_0,10)$	$(P_3,50)$	$(P_0,30)$	$(P_2,60)$

Ford 算法最多迭代步数为$|v|$,即节点个数,并且算法的最后结果与节点连接边的更新次序无关。

6.1.3 互联网动态路由策略

互联网使用路由器作为网络层互联的设备。路由器之间基于路由协议主动交换路由信息,建立完整的路由表,然后根据路由表来转发数据包。通过路由协议,路由器可以动态适应网络拓扑结构的变化,并找出到达目标节点的最佳路径。

距离向量算法是较早使用且至今仍在网络中广泛使用的一种路由算法,它与 Ford 算法类似,每个节点都维护一个路由表,记录通过不同邻接节点的最短路径。这一表格包含从这个节点到其他所有节点的最优路径。每隔一个固定的时间间隔,这一表格就被传送到它所有的邻接节点,直到该路由表达到稳定状态为止。

表 6.3 显示了图 6.1 中 P_1、P_2、P_3和 P_4的一般路由表,P_0是目标节点,其他目标节点没有显

示在图中。表格中的每一栏是相应的节点通过每个邻接节点到达 P_0的最短距离。例如，P_1有两个邻接节点 P_0和 P_2，其路由表中有两行，分别表示 $P_1 \to P_0$的最短距离是 10，而 $P_1 \to P_2 \to \cdots \to P_0$的最短距离是 100。

表 6.3 路由表(P_0是目标节点)

源节点	邻接节点	最短距离
P_1	P_0	10
	P_2	100
P_2	P_1	60
	P_3	50
	P_4	70
P_3	P_0	30
	P_2	70
	P_4	120
P_4	P_0	100
	P_2	60
	P_3	90

假设在初始时刻，路由表达到了一个如表 6.3 所示的稳定点，然后在 P_3和 P_0之间发生了连接失败。当 P_3检测到这个错误时，它就更新到 P_0的代价为∞，并将这个变化传输到 P_3的所有邻接节点，从而使这些节点的路由表也发生变化。例如，对邻接节点 P_2，原来 P_2通过 P_3到达 P_0的最短距离是 50；由于当 P_3使用 P_2的消息时，P_2的消息尚未更新，这样 P_2通过 P_3到达 P_0的最短距离就由原来的 50 更新为 90，路径是 $P_2 \to P_3 \to P_2 \to P_0$ 。同样，邻接节点 P_4通过 P_3到达 P_0的最短距离由原来的 90 更新为 130。接下来由于 P_2和 P_4的路由表的变化再继续传递到它们的邻接节点，这一过程将持续下去，一直到路由表的一个新的稳定点为止，如表 6.4 所示。

表 6.4 变更后的路由表(P_0是目标节点)

源节点	邻接节点	最短距离					
P_1	P_0	10	10	10	10	10	10
	P_2	100	100	100	110	110	110
P_2	P_1	60	60	60	60	60	60
	P_3	50	50	90	90	100	100
	P_4	70	70	70	70	70	80
P_3	P_0	30	∞	∞	∞	∞	∞
	P_2	70	70	70	80	80	80
	P_4	120	120	120	120	120	130
P_4	P_0	100	100	100	100	100	100
	P_2	60	60	60	70	70	70
	P_3	90	90	130	130	140	140

动态路由协议仅适合于小型网络系统。当网络节点数目增多时，会出现一些问题，例如，路由表变更的收敛速度慢，而且有可能出现无限计数问题。为了避免不必要的循环，可以在路由消息表内同时存储路径中最近和次近的邻节点，这样可提高路由表变更的收敛速度，但增加了路由算法的复杂性。

从20世纪90年代开始，Internet使用一种链路状态协议作为其标准，该协议的核心是网络拓扑数据库，路由器根据这个数据库计算产生路由表。在实现数据库同步后，或者在接收到新的链路状态更新报文后，路由器都要根据拓扑数据库计算到各个子网的最短路径，建立路由表。在计算中，如果路由器发现有两条相等的最佳路径，则将它们都放入路由表中，用于数据传输和平衡负载。

在以上的路由算法中，距离值并不一定是表示网络链路长度，它也可能表示网络链路的其他参考数值，如网络传输延迟和网络链路带宽等。路由协议还可以根据不同的服务类型选择不同的路由，这就需要以不同的度量值(如延迟、带宽、吞吐量和可靠性等)作为节点间的权值，分别计算路由。

6.2　可靠性算法

分布式系统可能出现各种故障，如硬件故障、软件故障、通信故障和时序故障等。分布式系统的可靠性要求，当有局部错误发生时系统仍能正确运行并维持系统的全局一致性。容错是实现系统可靠性行之有效的方法。4.7节主要讲了物理容错，即通过进程复制和数据复制达到容错的目的。本节算法涉及另外两种方式的容错，即时间容错和信息容错。可靠通信算法中的超时重发机制实现了时间容错，而节点故障处理算法中的检查点和日志则是采用了信息容错的方法。

本节讨论分布式系统可靠性所涉及的几个方面的算法，包括可靠通信算法、节点故障处理算法和拜占庭故障处理算法。

6.2.1　可靠通信算法

各种通信故障都有可能发生。除了通信基础设施的故障外，网络站点的任何硬件故障或软件故障都有可能使进程之间的通信失效。可靠通信是指即使在存在通信故障的情况下，也要能保证系统的全局一致性，不会导致系统性错误或失败。

在一般的情况下，解决通信可靠性最简单的方法是使用有应答的超时机制。消息通过一个选定的路径传送，如果发送者没有收到接收者的应答信息，发送者就可以沿相同的路径或者选择另外的路径重新发送这个消息。如果经过反复的重发，在一个规定的时间限制内仍不能收到接收者的应答信息，则认为接收者进程已经失效。这时，系统就要采取必要的措施，如舍弃这个疑似失效的进程并选择其他一个新的进程替代之。假定消息不会在传输过程中被破坏，在应答的超时机制下，接收者进程有可能多次收到发送者发来的同一个消息，因此系统要在第一次收到消息时就做出决定，随后收到的相同消息都将被抛弃。

对于有多个目标的组播通信，可靠通信也可以通过应答机制实现。基本组播通信要求组播消息必须被进程组中所有的节点正常接收到。假设已生成有从源节点出发的支撑树，沿此支撑树的基本组播算法如下：消息从根节点开始，沿着支撑树转发。中间节点 i 在收到消息后，将消息转发给所有的后继节点 succ(i)，每个后继节点发送应答消息给节点 i。如果某个后继节点如 j 的应答超时，那么节点 i 就承担了 j 的责任，把消息转发给 succ(j)中所有的节点。注意，这时可能会有冗余的消息被发送，节点 j 在失效之前已转发给部分后继节点，节点 j 失效之后，由节点 i 再次发送消息给 succ(j)中所有的节点。对于重复发送的消息，接收者会检测并废弃之。

消息通信是分布式系统中最重要的进程交互方式，而中间件是实现可靠消息通信的有效手段。4.3.4 节介绍了基于消息队列的进程通信，它是一种异步通信，通过持久队列和断点续传实现消息通信的可靠性，发送方进程消息一旦发出，接收方进程一定能收到。

6.2.2 节点故障处理算法

节点故障的性质通常无法预知，节点故障处理可以采用基于进程复制的方法。使用主动复制方法时，同样的进程被复制 N 遍，再对输出结果做出整体表决。如果其中的一个服务器节点出现故障，则其余的进程在执行整体表决时就会屏蔽故障服务器的结果。但是，在分布式系统中使用主动复制，代价过于昂贵。下面介绍通过检测和恢复的方法，基于信息容错机制，使系统可以恢复到以前没发生故障时的状态。

基于信息容错的方法为分布式系统提供了一种通用的恢复机制。进程执行过程中的一些点被设置成检查点，每个检查点的系统状态都被存储到进程所在的本地稳定存储器中。当节点进程发生故障时，这些存储的信息不会丢失。在节点故障之后系统恢复的过程中，每个进程都可重新恢复到它最近的检查点上，进程修改的数据也要重新恢复到检查点时的状态。

检查点应被存储在稳定存储器中。实现稳定存储器的方法很多，所以检查点的存储方案也随着应用需求的不同而不同。

分层存储方案是存储等级的一个简单映射：寄存器和高速缓存为第一层，内存为第二层，磁盘为第三层，较高层的存储器保存那些还没有在较低的存储级别中反映的更新数据。通常由第一层和第二层存储活动数据，第三层存储检查点数据；在基于高速缓存的检查点方法中，由于检查点频率依赖高速缓存的大小和命中率，可以将活动数据和检查点数据存储在同一个等级上。

假定每个进程都定期在稳定存储器中对状态设置检查点，而且进程之间设置检查点的过程是独立的。一个全局状态定义为一系列局部状态的集合，可能会出现两种类型的不良状态：一是消息丢失。进程 P_i 的状态显示它给进程 P_j 发送了消息，但是进程 P_j 并没有关于这个消息的记录。如图 6.2(a) 所示，P_j 在接收到消息 m，但在开始下一个检查点之前崩溃了，致使接收者日志将其忽略了。另一种情况是消息孤儿。如图 6.2(b) 所示，P_i 在发送消息 m 后失效，并且被回退到前一个检查点。在这种情况下，进程 P_j 的状态显示它收到了一个来自 P_i 的消息 m，但显示它从来没有向 P_j 发送过 m，P_i 中的发送者日志将其忽略了。为了解决消息丢失和消息孤儿的问题，可以将 P_i 或 P_j 回退到上一个检查点并消除相应的消息发送或接收的记录，但要避免由此导致多个进程回退的多米诺效应(Domino Effect)。

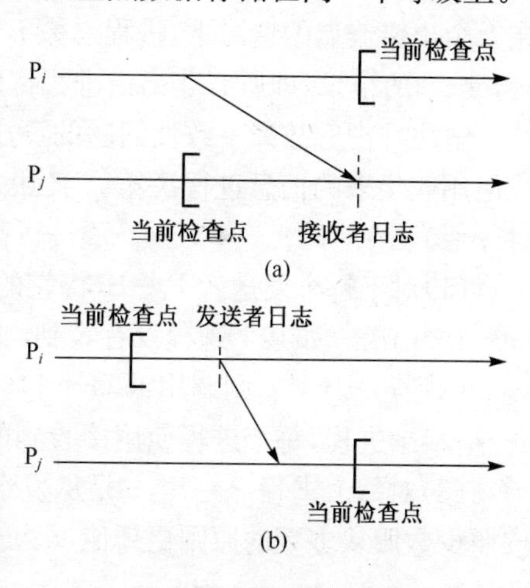

图 6.2 不良状态示例

构成全局状态的检查点集合，如果不包含消息孤儿和消息丢失的局部检查点，则检查点集合是强一致的切割。如果仅要求不包含消息孤儿的局部检查点，则检查点集合是一致的切割。显然，如果每个进程都在发送一个消息之后生成一个检查点，那么最近的检查点的集合将永远是一致的切割。

为了减少回退时撤销计算的工作量，所有接收和发送的消息都要被记录下来。前者是接收者日志，后者是发送者日志。回退时，接收者日志可用于将接收到的消息回放。例如，在图 6.2(a)中，如果 P_j 记录了消息 m 的接收者日志，那么 P_i 和 P_j 的当前检查点集合就是一致的。一旦 P_j 的当前检查点由于失效被恢复，接收的消息 m 可以通过 P_j 的接收者日志回放出来。同样，发送者日志可以用于将发送消息回放。在图 6.2(b)中，如果 P_i 在发送完消息 m 后失效，那么当 P_i 的当前检查点恢复后，它会根据发送者日志的记录知道曾经发送过消息，这样，也就没有必要再发送一次了。如果接收者 P_j 失效，而且没有接收者日志，它们仍可以根据从发送者日志中得到的消息中正确恢复。当然，所有基于消息日志的恢复方法都要求进程的执行是确定性的；否则，日志中的消息可能和重新运行这个进程之后的消息不一致。另一个重要的问题是如何减少检查点的开销。检查点的开销依赖检查点的间隔时间和需要保存的状态数据的数量。日志的规模选择要适当。

6.2.3 拜占庭故障处理算法

当一个进程失效时，最可靠的解决办法是让它停止工作，不要再进行任何不正确的操作。当故障发生时，进程停止运行，暂态性存储消失，稳定存储器不受影响。然而，一个有故障的进程在失效之前可能会向其他进程发出不正确甚至破坏性的消息，这种故障称为拜占庭(Byzantine)故障。

在保证可靠通信的前提下，出错进程行为的不确定性仍然可能给系统带来灾难性的结果。通过进程复制，由若干个相同的进程组织成组，可以要求即使其中可能有若干个出错进程，这样也可保证从所有正常的进程可以得到一致性的结果。那么，究竟需要多少个复制进程在一起工作才能够避免拜占庭式的错误呢？下面讨论一个最简单的情形，即 P_0 是一个非出错的进程，其他每个非出错进程都使用来自进程 P_0 同样的值进行决策。由于从一个进程发往另一个进程的消息是不可信的，为了检验一个进程发送值的真伪，还要将它与其他进程转发来的值进行比较。然而，那些转发的进程也可能是出错的，它们的消息也需要核实。已经证明[Pease，1980]，在存在 k 个出错节点的情况下，进程总数 n 不少于 $3k+1$ 时，才能获得交互一致性(Interactive Consistency)的结果，即所有非出错进程都使用 P_0 发送的值。

解决拜占庭故障一致性问题的算法包括两个阶段：第一阶段通过进程通信收集信息，第二阶段使用收集来的信息进行决策。交互一致性算法可定义为如下的递归过程 IC(r)，$r<k$；初始时，$r=0$，$S=\{P_0\}$。

(1)对于每个发送者 $P_i\in S$，将它的值 v_i 连同发送者列表 S 发送给不在 S 中的进程，共发送 $(n-1-r)$ 次。如某个进程没有收到，则使用默认值 nil，然后将 S 变更为 $S\cup\{P_i\}$。

(2)若 $r+1<k$，则调用 IC($r+1$)；若 $r+1=k$，则将每个发送者 $P_i\in S$ 的值 v_i 发送给其他的 $n-k-1$ 个进程，每个进程使用接收到的值或者默认值。

(3)对每个进程 $P_i\in S$，v_i 是从发送者接收到的值，$v_{i,j}$ 是发送者通过进程 P_j 转发给 P_i 的值，按照少数服从多数的原则更新值 v_i 为 $v_i'=\underset{j\notin S}{\text{majority}}(v_i, v_{i,j})$。

例如，设有若干进程 P_i，$0\leqslant i\leqslant 6$. 假定 $k=2$，即最多有两个出错进程。P_0 是发送者，m 是原始消息，m_i 是进程 P_i 在第 1 轮从 P_0 收到的消息。然而，每个 m_i 是不可信的，必须把它和 m_j($j\neq i$)进行验证。例如，为了验证 m_1，P_1 收集了 6 条消息 m_1、m_{21}、m_{31}、m_{41}、m_{51} 和 m_{61}。这里，m_{21} 是由 P_2 向 P_1 转发的 m_2 的一个拷贝。然而，每个 m_{i1} 仍然不可信，必须把它们与 P_i 发往 P_j($j\neq 1$)的消息相比较，如 m_{21} 应该和 m_{231}(即 m_2 被 P_2 发送到 P_3，P_3 又将其转发到 P_1)、m_{241}、m_{251} 和 m_{261} 比较。更新后的 m_{21}' 为 majority(m_{21}，m_{231}，m_{241}，m_{251}，m_{261})。同样，m_{31} 也可以通过 majority(m_{31}，m_{321}，m_{341}，m_{351}，m_{361})更新为 m_{31}'，其他也是如此。最后，更新 $m_1'=$ majority(m_1，m_{21}'，m_{31}'，m_{41}'，m_{51}'，m_{61}')。对于 n 个进程，仅当出错进程总数 $k\leqslant(n-1)/3$ 时，才能获得一致性的结果，即所有非出错进程都能确认并使用 P_0 发送的值。

通过对每个发送者采用同样的算法，可以将这种交互一致性结果扩展到多个发送者的情形。

同样，当且仅当 $n \geqslant 3k+1$ 时，这个问题才是可解的，这里的 n 是进程总数，k 是故障进程数，解决这个问题的算法需要至少 k 轮的消息交换。以上算法只适用于同步的分布式系统，在异步的分布式系统中，它们不可能达到一致的结果。

6.3 负载分配算法

为了实现分布式系统资源的充分利用和优化，要求合理有效地在服务器之间分配负载，以求达到系统的综合性能最优。负载分配算法可分为静态和动态两类。在静态负载分配中，进程对资源的分配是在进程执行之前完成的，而动态负载分配要到进程在系统中执行时才做出决定。自适应负载分配能够根据系统运行时的信息反馈调整分配算法。一个自适应负载分配算法可能是一些负载分配算法的集合，依据系统的运行参数来选择一个适合的算法。

由于绝大多数最优调度问题都是NP完全的，因此实际的解决办法往往是进行非最优调度，即局部最优方案或近优方案，启发式方法就是其中的一种。但启发式调度算法不是能够提高性能很好的方法。为此，人们常常将静态和动态负载分配相结合，在保持负载平衡算法有效性的同时，尽量降低系统管理的成本开销。

6.3.1 静态负载分配算法

每个服务请求都是一个任务，静态负载分配算法的目标是调度一个任务集合，使服务器负载状况与服务器的服务能力相适应。服务器负载与其服务能力的匹配有如下几种情况：

(1)欠载或正常。此时，负载小于或者等于服务器的服务能力，所有服务请求的时间约束都可以得到满足，负载管理不需要采取措施。

(2)轻微过载。此时，负载略大于服务器的服务能力，不能保障所有请求的时间约束，负载管理可以通过延长部分请求的最大时间约束使需求和能力得以匹配。

(3)严重过载。此时，负载远大于服务器的服务能力，需要负载管理对部分非重要服务请求采取准入控制。

一个任务能否被调度与这个任务的属性密切相关。任务属性可用一个三元组 $\langle w,c,d\rangle$ 表示，其中，w 表示任务的请求获益，即服务请求的重要程度；c 表示预期的任务执行时间；d 表示任务的时间约束，即服务请求执行的最大延迟，在时间范围 d 内，服务请求被处理完成。

假定一个服务器或服务器集群的服务能力可用 m 个可调度资源(处理器或线程等)来表示，当前负载状态由 n 个任务 $\{\mathrm{t}_i \mid \mathrm{t}_i=\langle w_i,c_i,d_i\rangle, i=1\cdots n, n>m\}$ 组成，计算每个任务需要等待调度的平均时间是 $\left(\sum_{i=1}^{n} c_i\right)/m$，以及平均的最大延迟时间是 $\left(\sum_{i=1}^{n} d_i\right)/n$，则此负载状态可满足调度的检测条件是 $\left(\sum_{i=1}^{n} c_i\right)/m \leqslant \left(\sum_{i=1}^{n} d_i\right)/n$。

当负载状态不能满足以上条件时，负载管理器即认为负载状态是不可调度的。从该检测条件分析来看，当负载状态不可调度时，可以减少负载中的任务数目。虽然负载状态的平均最大延迟时间并不会受到任务数的太大影响，但能有效地降低任务等待调度的时间，从而更容易满足检测条件；另外，延长对部分任务的时间约束，可以增加负载状态的平均最大延迟时间，同样可以使该检测条件得到满足。

不同的负载管理措施会影响对任务的QoS保障效果，为此，可以将负载管理措施分为从高到低的几个级别：

· 正常。不采取特别的负载管理措施。

· 降级。为任务指定一个降低的时间约束。如果 QoS 需求中对任务的时间约束分为 k 个级别,则对该任务降级也按照 k 个级别逐级进行。降低的级别越多,对任务的 QoS 保障效果也越差。

· 准入控制。按一定的规则接收或拒绝对任务的处理。

负载管理的策略要求按照任务请求获益值由高到低的顺序依次确定级别由高到低的负载管理措施,同一任务组所有的任务均采用相同级别的负载管理措施;获益值较高任务组的负载管理措施不会受获益值较低的任务组的影响,即重要任务的 QoS 保障效果不会受到非重要任务的影响。

负载管理的算法如下:检查当前的负载状态是否满足调度检测条件,如果不能满足,则将目标负载状态置为空,并按照任务组获益值由高到低的顺序依次加入目标负载状态,然后检查目标负载状态是否可满足。若可满足,继续循环检查下一任务组,否则尝试对该任务组作降级处理,并重新检查目标状态是否可满足;当降级到最低级别而目标负载仍不能得到满足时,该任务组及所有未检测的任务组均不包含在可满足调度的负载状态中,对它们采取准入控制措施。算法结束时,目标负载的状态就是一个可满足调度的负载状态。

6.3.2 动态负载分配算法

静态负载分配是以一种预分的方式把任务分配给服务器集群。然而,服务器的工作负载在运行时随着计算的过程会不断发生变化,初始时好的映射分配可能会变坏,这就要求在运行时能根据系统状态进行动态调整,将负载从重负担的服务器上转移到轻负担或者空闲的服务器。动态负载分配又称为负载平衡,是在运行过程中进行的负载分配决策。

动态负载分配算法所遵循的策略分为:

(1)启动策略,决定由谁来启动负载平衡活动。在发送者启动的方法中,由重负载的服务器启动负载转移进程。在接收者启动的方法中,由轻负载的服务器启动负载转移进程。

(2)选择策略,决定一个服务器节点是否需要参与负载转移。多数转移策略采用门槛规则,即当一个服务器的工作负载超过某个上限时,该节点的工作负载可以转移到网络中的其他服务器节点上。

(3) 转移策略,从源服务器上选择最适合转移且最能起平衡作用的任务,发送给合适的目标服务器。最简单的方法是选择最新生成的任务,而这个任务导致服务器负载超出限制。

动态负载平衡必须是对应用透明的,分为集中式控制的和分布式控制两类。集中控制算法由一个协调服务器收集其他服务器的状态和负载信息,并向各服务器发送全局状态信息。当协调服务器失效时,会导致系统任务转移失败。分布控制算法由每个服务器发送各自的负载变化情况给其相邻的服务器,足够多次的信息交换后,所有服务器会有一个相同的全局状态信息。分布控制算法具有更强的容错能力。但是,收集系统状态信息的负担会从一个服务器向其余的服务器扩散,服务器花费在收集信息上的开销增加了。

动态负载平衡有两种不同的启动方法,即发送者启动方法和接收者启动方法。

(1)在发送者启动方法中,发送者可以随机地或者按顺序选择目标。每个服务器有两个阈值,一个是过载标志 HWM,另一个是欠载标志 LWM。假设服务器负载简单地用 CPU 队列长度 queueLength 表示,则发送者向其他可轮询服务器的轮询是随机的,并受可轮询服务器数目 pollLimit 的限制。

当一个新的任务到来时,如果 queueLength ≥HWM,则启动算法如下:

①置可轮询的服务器集合 pollSet 为空。

②随机选择新的可轮询服务器节点 u,并加入 pollSet。

③如果 pollSet 存在节点 v,其 queueLength<HWM,则转移当前任务给 v,算法完成。

④如果 pollSet 的节点数小于 pollLimit,则转步骤②。否则,转步骤①。

以上给出的发送者启动算法如图 6.3 所示。

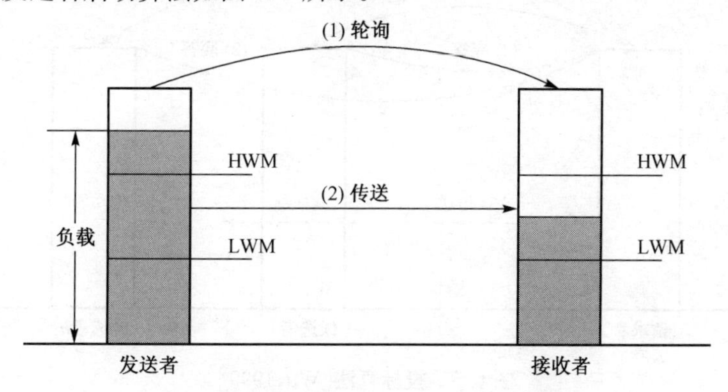

图 6.3 发送者启动负载平衡[Wu,1999]

(2)在接收者启动方法中,空闲处理器或欠载处理器向过载处理器要求工作。只要处理器负载小于 LWM,该处理器就向其他处理器发出请求。如果存在过载处理器,接收者就可以接收转移来的任务,直至它的负载水平适中。接收者启动方法如图 6.4 所示。当接收者有任务终结或者移出时,如果接收者 queueLength<LWM,则启动算法如下:

①置可轮询的服务器集合 pollSet 为空。

②随机选择新的可轮询服务器节点 u,并加入 pollSet。

③如果 pollSet 存在节点 v,其 queueLength>HWM,则从节点 v 中转移一个任务到本节点,算法完成。

④如果 pollSet 的节点数大于 pollLimit,则转步骤②;否则转步骤①。

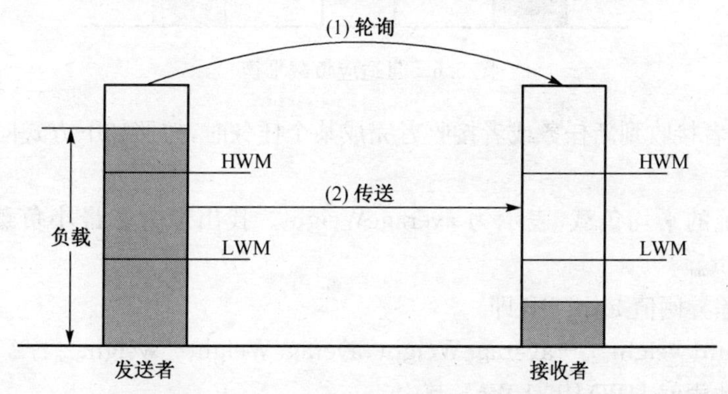

图 6.4 接收者启动负载平衡[Wu,1999]

考虑到目标节点状态信息的负载平衡决策要优先于考虑源节点状态信息的负载平衡决策,在负载转移的过程中,当接收者被检查并发现其负载状态已突然改变,已不再是轻负载时,就必须决定是继续强制接收者执行转移的任务,还是通知发送者尝试另一个接收者。一般说来,在轻负载的系统中,发送者启动方法要优于接收者方法,而在重负载系统中则相反。

另一种不同的发送者启动负载平衡算法是投标算法。在本地节点过载时,启动投标过程,它向其他节点发送出价请求,其他节点收到出价请求后,计算该节点的剩余处理能力作为出价,并将出价信息回复到发送者。当发送者收到从其他节点送回的出价后,就会评判出一个最低出价。投标算法如图 6.5 所示。

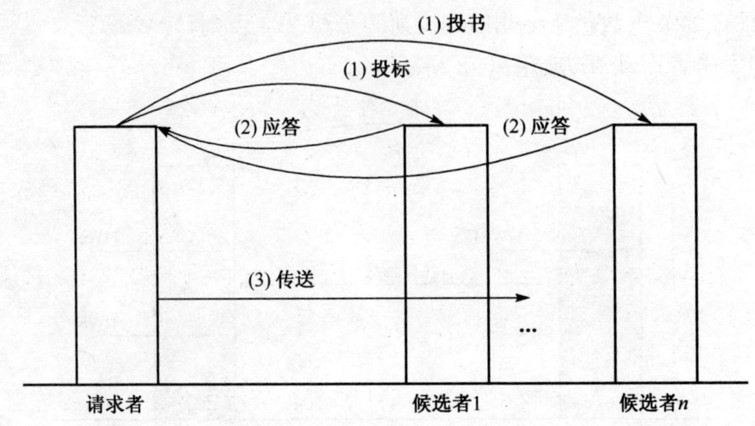

图 6.5 投标算法[Wu,1999]

自适应负载平衡算法则结合了发送者启动和接收者启动两种方法的优点,发送者和接收者都主动注册自身的负载状态,而相应的任务接收者或者发送者的匹配则由调度者完成。自适应负载平衡算法如图 6.6 所示。

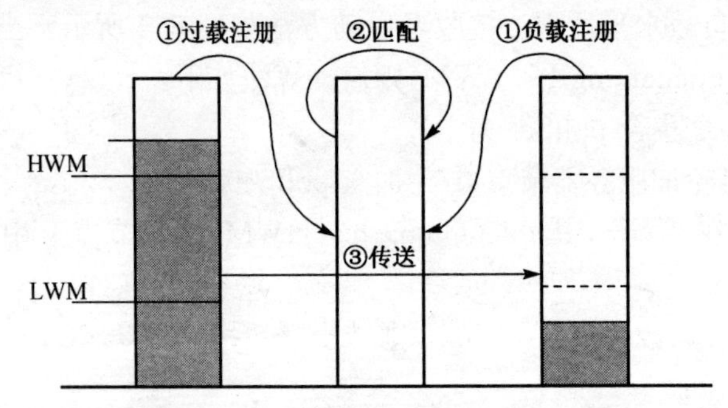

图 6.6 自适应负载平衡

(1)每当发送者接收到新任务或者接收者完成某个任务时,按照如下方式向调度者进行负载状况注册:

①计算出系统的平均负载,表示为 averageWeight。找出最大和最小负载值,分别表示为 $weight_{max}$ 和 $weight_{min}$。

②计算负载差异阈值 loadDiff,即

$$loadDiff = \min\{weight_{max} - averageWeight, averageWeight - weight_{min}\}/2$$

③计算出过载阈值 HWM 和 LWM,其中

$$HWM = averageWeight + loadDiff$$

$$LWM = averageWeight - loadDiff$$

④如果自身的负载大于 HWM,则将自身的负载状态设为重载状态;如果自身的负载小于 LWM,则将自身的负载状态设为欠载状态;否则将自身的负载状态设为正常状态;负载状态更新后,向调度者注册其负载状态。

(2)调度者负责维护所有发送者和接收者的负载状态列表。每当发送者或者接收者主动向调度者注册其负载状态时,调度者能快速在列表中找到欠负载的接收者或重负载的发送者。

(3)匹配成功后,调度者将发送者当前新任务或者从重负载的发送者中选出一个任务转移给接收者,算法完成。

自适应平衡的策略不是在全局范围内随机盲目地轮询,而是通过维护负载状态列表,调度者从中快速选择出匹配的接收者或发送者。但是,由于调度者的匹配策略依赖全局的负载信息,收集和维护这些全局信息需要增加一些额外的开销,特别是当系统规模增大时,算法的伸缩性就会受到影响。同时,由于匹配策略是全局范围的整体性能优化,因此并未考虑每个处理器负载的具体情况。例如,当发送者和接收者在网络上的节点距离太远时,传送和通信延迟就会过大。如果有一个服务器离发送者比较近,亦为轻负载,虽然它相对于离发送者较远的服务器有较高的负载,但从降低管理成本的角度考虑,这个服务器对于移植任务来说可能是一个更好的选择。因此,负载平衡算法常常是在邻接节点范围内为一个任务寻找可能的目标节点,从而可对自适应负载平衡算法进行许多局部优化。

在 Web 应用的环境下,每个应用通过中间件和逻辑资源配给来获取物理资源,通过逻辑资源池(如线程池和连接池等)的管理和控制来实现物理资源的有效利用。合理的逻辑资源池容量设置是一个必须考虑的问题:容量过小,就无法充分利用底层的物理资源;容量过大,可能会导致物理资源的使用瓶颈。可以利用中间件采取多种控制和调度策略实现资源的有效利用和负载均衡的目标。

第7章 分布式系统

随着计算机技术和网络技术的发展,基于网络的分布式系统已成为计算机应用的主流,分布式系统应用在各种不同领域,体系结构风格各异。早期的分布式系统是基于文件服务器的,实现了局域网环境下的文件共享。20 世纪 90 年代,随着图形用户界面技术的发展和微机工作站的大量应用,基于 SQL 数据库的分布式应用得到了很大的发展。WWW 的出现标志着分布式应用开始走向一个新的阶段,Web 服务器以统一的界面形式简化了基于文档的网络化应用。对象技术和分布计算技术的结合使基于对象的分布式系统成为技术发展的主要方向,与此同时,消息和协同也在分布式应用中扮演着越来越重要的角色。值得指出的是中间件技术的发展强力推动了分布式系统的应用和普及。

本章介绍几类典型的分布式系统,包括基于文件的分布式系统、基于对象的分布式系统、基于 Web 的分布式系统、基于消息和协同的分布式系统及对等网络系统等,并分别从系统结构、通信、进程、寻址定位、并发控制和容错等方面展开讨论[Tanenbaum,2002]。

7.1 基于文件的分布式系统

基于文件的分布式系统是早期的分布式应用,其目的是使多个并发进程可以安全可靠地共享文件资源。这种分布式应用基于客户/服务器结构,支持客户透明地访问存储在远程服务器上的文件系统。

7.1.1 NFS

SUN 公司的网络文件系统(Network File System,NFS)是分布式文件系统的典型代表,NFS 服务器支持统一的分布式文件系统的协议模型,提供通信协议,使得客户可以访问服务器上存储的文件。无论本地文件系统是如何实现的,文件服务器都提供本地文件系统的标准化视图。只要有 NFS 的支持,运行于不同站点机和异构操作系统上的进程就可以共享文件系统。NFS 的版本历经多次扩充[Shepler,1999],不仅提升了性能,增强了安全性,而且还能支持集群服务器的部署。

1. 概述

NFS 是一种分布式文件系统协议模型。NFS 有多种实现,运行于各种不同的操作系统和不同的机器之上。通过 NFS 协议,各种具体的实现能够形成一体,使得 NFS 可提供对异种计算机集群的支持。

NFS 的系统结构如图 7.1 所示。其中,虚拟文件系统(VFS)用于隐藏各种本地文件系统之间的差别。对 VFS 接口的操作请求,或者传递给本地文件系统,或者传递给 NFS 客户,后者负责访问存储在远程服务器上的文件。客户和服务器之间的通信通过 RPC 完成。NFS 客户向服务器发送 RPC 请求,经过相应的编码和解码,由 NFS 服务器将请求转换为 VFS 文件操作,传给 VFS 层,进而访问本地文件系统。VFS 已成为访问不同文件系统的标准。

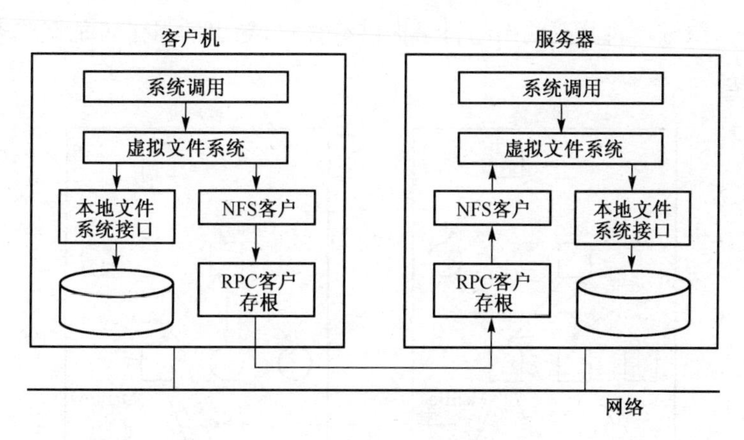

图 7.1　NFS 系统结构

NFS 完全独立于本地文件系统。当然这些文件系统必须与 NFS 提供的文件系统模型兼容。NFS 文件系统模型与 UNIX 的文件系统模型几乎一样。文件按照层次化方法组织,形成命名图,图中的节点代表目录或文件。文件具有文件名,对文件的访问要使用文件句柄,即为了访问文件,必须首先使用名字服务查找文件名,获得相应的文件句柄。每个文件都有若干个属性,可以查找或更改这些属性值。

2. 通信

NFS 要求具有操作的独立性,屏蔽底层操作系统、网络结构和传输协议的差异。这种独立性可带来很多好处,如确保使用 Windows 操作系统的客户能够访问 UINX 文件服务器。NFS 操作的独立性主要通过作为 NFS 协议基础的 RPC 层实现,它隐藏了底层通信的实现细节。NFS 中所有客户和服务器之间的通信都是通过 RPC 实现的。

3. 进程

NFS 是传统意义上的客户/服务器系统,客户向文件服务器提出请求,文件服务器执行有关的文件操作。长期以来,NFS 服务器被设计成无状态的,即不要求服务器进程保持任何客户状态。

无状态服务器的主要好处是简单性。当无状态服务器崩溃时,不必进入恢复阶段即可使服务器进程回到原来的状态。但真正的无状态是很难达到,因为无状态服务器很难锁定文件,而且某些确认协议也需要保持有关客户的状态。因此,NFS 服务器一般保留少量的客户状态信息。

为有效支持 NFS 在广域网的应用,需要有高效的缓存一致性协议。在这种情况下,服务器应能保持客户使用文件的有关信息,从而允许客户有效地使用缓存以发挥最佳效果。因此 NFS 4.0 还是放弃了无状态模式[Shepler, 2000]。NFS 4.0 支持 open 操作,它本质上是有状态操作。此外,NFS 支持回调过程,服务器可向客户发出远程过程调用,显然,这也需要服务器保留客户的有关信息。

4. 寻址定位

名字服务在 NFS 中占有重要的地位。NFS 提供了对远程文件系统完全透明的访问方式,这种透明性是通过允许客户为本地文件系统加载远程文件系统而实现的。客户也可以仅加载文件系统的一部分。服务器将其要输出的目录提供给客户，导出的目录可加载到客户本地名字空间，如图7.2所示。

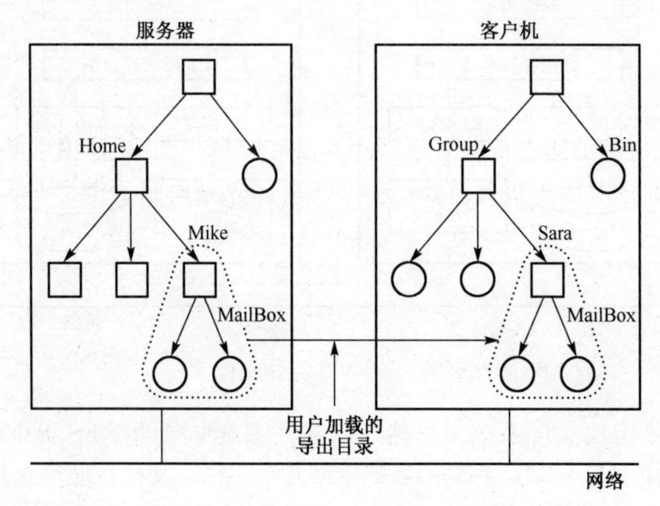

图7.2　NFS的远程文件系统加载

用户原则上不共享名字空间，文件的名称依赖用户本地名字空间的组织方式，以及文件系统所能加载的目录，这样就给文件共享带来了困难。为了解决这一问题，可以提供部分标准化的名字空间，如每个用户都使用本地目录/usr/bin加载包含所有用户都需要访问的标准程序集合内的文件系统，使用目录/local加载客户机上的本地文件系统。另外，通过客户机的独立进程即自动加载器，NFS可根据需要在第一次访问另一用户共享目录时将其透明地加载。

文件句柄是对文件系统内文件的引用，它独立于所引用的文件名。文件句柄由文件系统所在的服务器随着文件的创建而创建，对客户是完全透明的，而且在由该服务器导出的所有文件系统中是唯一的。文件句柄通常被实现为文件系统真正的文件标识符。这样，只要文件存在，文件句柄就存在，客户通过文件名查找到文件后，就可在本地存储文件句柄。由于许多文件操作都要求使用文件句柄而不是文件名，所以客户就无须要每次在文件操作之前反复地查找文件名，从而可提高系统性能。

NFS 4.0允许在服务器上跨加载点查找。lookup操作返回加载目录的文件句柄，而不是原始目录的文件句柄。客户可通过检查文件系统标识符确定查找是否越过了加载点。

5. 并发控制

分布式文件系统的文件通常被多个客户共享，但共享是有代价的，为保证共享文件内容的一致性，需要实现同步和并发控制，为此需要精确定义读/写操作的语义。在UNIX系统中，对于共享文件的每个操作，所有进程立即可见。在其他分布式系统中对共享文件修改时，只有执行修改操作的进程立即可见，其他进程只有在文件关闭后才能知道对文件所作的修改。

锁操作是同步和并发控制的基本操作。NFS的锁操作由特定的协议处理，由锁管理器负责实施。由于协议过于细致和性能的原因，NFS锁协议并没有得到普遍应用。NFS 4.0把文件锁集成到NFS文件访问协议中，使得客户的文件锁操作更为简捷。

NFS 4.0中与文件锁有关的操作只有4个，即加锁(lock)、检测锁冲突(lockt)、解锁(locku)和延长锁期限(renew)。NFS区分了读锁和写锁，多个进行读操作的客户可同时访问同一文件；修改文件则须使用写锁，获取排他性的访问权。此外，还有一种隐含的锁文件方式，称作共享预约。共享预约完全独立于文件锁,客户打开文件时,可指定访问类型(读、写或二者兼有),以及需要拒绝其他客户访问的类型。

6. 容错

RPC是NFS协议的基础,但RPC不保证可靠性,主要的问题它是缺乏检验重发请求的机制。为此,NFS在服务器端实现重发请求缓存。由客户发出的RPC请求均携带唯一的事务标识符,即XID,请求到达时服务器将XID放入缓存;如果超时没有收到应答,就重发携带相同XID的请求。RPC请求处理完毕,相应的应答消息也被放入缓存,方便以后重发。

早期的NFS服务器是无状态的,这样就不用处理状态丢失的问题,系统崩溃后的恢复十分简单。当然,单独的锁管理器还需要维护状态,因而要采取特殊的措施。NFS 4.0放弃了无状态的设计模式,容错和恢复成为必须处理的问题,特别是客户或服务器崩溃时的情况。为解决客户崩溃的问题,服务器给每个锁附加一个租约,租约到期,服务器便解锁,释放相关的文件。如果服务器崩溃,则假设赋予客户的锁信息已丢失,恢复后客户需重新申请锁,服务器据此重建先前的锁状态。锁恢复独立于其他丢失信息的恢复。

NFS 4.0广泛使用客户端缓存来提高性能,同时也对文件系统复制提供最低限度的支持。然而,实际提供客户端高速缓存一致性和服务器端文件系统复制的方法都取决于特定的NFS实现。

7.1.2 xFS

分布式文件系统xFS[Anderson,1996]是美国加州大学Berkeley分校开发的,是NOW计划的一部分。xFS的特色之处在于其"无服务器"的设计:整个文件系统分布于包括客户机在内的多台计算机上。

1. 概述

xFS是针对通过高速链路进行互联的局域网设计的,尤其是工作站集群。通过把数据和控制完全分布于局域网上,xFS的设计者试图达到更高的可扩展性和容错性。

xFS体系结构存在着三种不同的进程,即客户进程、元数据管理器和存储服务器。存储服务器负责文件的存储,实现了类似于RAID的虚拟磁盘阵列。元数据管理器负责跟踪文件数据块的实际存储位置,是文件数据块的定位服务器。一个文件的数据块可能分布于多个存储服务器上,元数据管理器把客户请求传递给相应的存储服务器。客户负责接收用户的文件操作请求。每个客户进程都具有缓存能力,并能向其他客户提供缓存数据。

在xFS中,客户、管理器和服务器进程的角色可由任一台计算机担任。例如,在一个完全对称的系统中,每台计算机都同时运行这三种进程。另一种情形是某些特定的计算机运行存储服务器进程,而其他计算机仅运行客户和管理器进程,如图7.3所示。

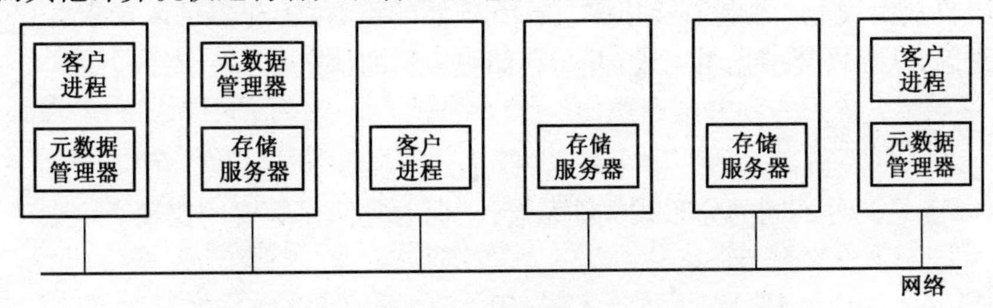

图7.3 xFS进程在多台计算机上的分布示例

2. 通信

起初，xFS所有的通信都通过RPC实现。RPC通常假设使用者是在进行点对点通信，而xFS要求数据和控制完全分布于多台计算机上。一个客户请求可能涉及一系列进程的通信，这样RPC服务器需要跟踪发出的请求，并使收到的应答与相应的请求相匹配，性能较差。因此，xFS最终选择了活动消息(Active Message)，以求获得高效率。活动消息指定了接收端的处理程序及调用参数。消息到达后，处理程序被直接调用，且运行过程中不发送其他消息。但是，活动消息使通信设计复杂化；处理程序需要独占宿主机的网络通信，且不允许阻塞，因此必须是轻量的。

3. 进程

xFS有三种不同的进程，即客户进程、元数据管理器和存储服务器。除客户端缓存外，客户进程是很简单的进程，仅发送文件读写请求。存储服务器负责文件的存储。基于Berkeley日志结构文件系统(LFS)的存储系统，所有xFS的存储服务器联合实现了类似于RAID的虚拟磁盘阵列。xFS日志也分散在若干个服务器上，xFS将存储服务器组织成一些条块组，客户向日志追加数据段时，将数据段分为几个大小相同的片段，并使之并将片段存储在同一条块组中的不同存储服务器内。客户还要计算生成奇偶校验片段，并使之存储在另一服务器中。如果某个服务器出错，可以通过奇偶校验片段和其他未出错服务器上的片段来重新计算生成数据段。

元数据管理器是定位服务器，负责定位文件数据块的实际存储位置。xFS将文件管理分布在多个管理器上，可能存在多个管理器集体维护文件数据存储位置的信息，并提供一个全局备份的管理器映射表，可根据文件标识符通过该表查找对应的管理器，进而查找文件。

4. 寻址定位

元数据管理器负责维护文件数据存储位置的信息，可根据文件标识符通过管理器映射表查找对应的管理器，进而查找文件数据块的实际存储位置。

5. 容错

xFS将存储服务器配置成维护冗余信息的条块组，使xFS的可靠性大幅度提高。如果一个服务器崩溃，xFS可以通过其他服务器上的奇偶校验片段恢复丢失的数据段。如果奇偶校验片段丢失，也可从现有的数据段中重新计算出来。但是，如果同一组中的多个服务器崩溃，这就需要使用特别的方法进行恢复。

xFS为管理器数据设置检查点以支持管理器恢复，即恢复管理器维护的节点引用表。这样，客户只需记录自从设置上一个检查点以来发往管理器的更新，管理器可以请求客户重新发送检查点之后的更新，从而恢复节点引用表，并与存储服务器的信息保持一致。

7.1.3 分布式文件系统比较

NFS和xFS是两种不同的分布式文件系统，下面对它们作简要的比较。

1. 基本思想

不同的文件系统具有不同的设计目标。NFS的目标是支持客户透明地访问存储在远程服务器上的文件系统。NFS通过隐藏底层操作细节，提供广域连接中的访问透明性。NFS允许客户缓存或下载整个文件，并在本地对文件进行处理。

xFS的目标是提供高可靠性和高可扩展性，即使客户或服务器出现了故障，也尽量能完成访问操作。xFS通过"无服务器"系统实现这些目标。

2. 通信

如同多数分布式文件系统依赖某种形式的RPC一样，NFS直接使用底层的RPC系统。xFS最初也使用RPC系统处理所有的通信，但由于性能方面的原因，加之本质上xFS要求多方参与通信，RPC系统最终被活动消息所取代。

3. 进程

NFS原则上假设文件位于一个单独的无备份服务器上。xFS则假设局域网内的计算机构成若干个服务器组，每个服务器组储存文件的一个副本。两者的客户所扮演的角色基本相同。客户向服务器发出需要执行的操作请求，并通过缓存协作以提高系统性能。

4. 寻址定位

NFS和xFS都支持类似于UNIX的名字空间，加载的粒度可以是目录或文件。在提供全局共享名字空间的基础上，NFS允许用户可以具有各自的私有名字空间，为此需将部分名字空间标准化；xFS用户有权使用私有的本地名字空间以扩展全局名字空间。

文件引用也有差别。NFS不使用作用于整个系统的唯一文件引用，文件引用仅在它的文件系统内是唯一的，需要额外的信息来定位文件。xFS则通过元数据管理器间接引用文件，实际上是通过引用管理器定位文件节点，文件引用在整个系统内是唯一的。

5. 并发控制

分布式文件系统同步和并发控制最重要的方面是文件系统提供的文件共享语义。严格地讲，NFS提供会话语义，进程作出的修改只有在最后关闭文件后才能在服务器上产生效果。xFS则提供UNIX语义，并采用协同缓存机制，只有文件块的当前拥有者才允许执行写操作。

两者在控制文件的方式上也有重要的区别：NFS支持由服务器控制文件，文件操作执行远程访问模式；xFS则实现了一个日志结构的文件系统。

6. 容错

在NFS中，通信的可靠性需要额外的支持，因为底层的RPC不提供"最多传输一次"语义。xFS通过划分条块防止条块组的服务器崩溃。

NFS的故障恢复主要是基于客户的，它允许客户重新申请资源，如在服务器崩溃时重新申请丢失的文件锁。xFS则使用检查点，帮助恢复到管理器数据与日志数据相吻合的某个检查点。

7.2 基于对象的分布式系统

在分布式系统中，"对象"是最基本的概念，分布协同的基本单元就是这些对象组件。对象之间只能通过预先定义的接口进行访问，这些接口构成连接客户和服务器的协议。任何对象都可向其他对象请求和提供服务。对象之间实现互操作时，客户和服务器表示对象在具体请求中的角色。通过对象接口,可以很好地隐藏内部实现和分布的细节,基于对象的分布式系统已成为构建分布式系统的一种主要方式。这里介绍几种基于对象的分布式系统,即 CORBA、Java EE、.NET 和 DCOM。

7.2.1 CORBA

CORBA 是"公共对象请求代理体系结构"(Common Object Request Broker Architecture)的简称。严格说来,CORBA 是一种规范而非分布式系统。CORBA 是由国际非营利组织对象管理集团(OMG)提出并倡导的。OMG 成立于 1989 年,其宗旨是制定标准以求实现在不同的网络和计算机环境下独立开发应用软件的互用性,保证组件的可重用性、可移植性和互操作性。CORBA 规范最早发布于 20 世纪 90 年代初,现已发展到 CORBA 3.1[OMG,2008]。目前已有很多基于 CORBA 规范的实现和应用。

1. 概述

OMG 于 1990 年首次推出对象管理体系结构(Object Management Architecture,OMA),给出 OMG 所要定义的组件分类,直接指导 OMG 标准的采纳过程。OMA 参考模型[OMG,1997]如图 7.4 所示。

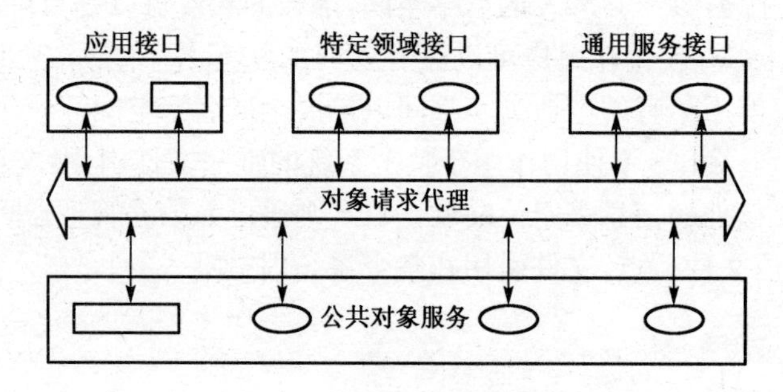

图 7.4 OMA 参考模型

OMA 体系结构主要包括:

• 对象请求代理(Object Request Broker,ORB)。ORB 定义了 CORBA 对象总线,构成 CORBA 分布式系统的核心,负责对象之间的通信,屏蔽底层系统的分布和异构特性。

• 公共对象服务(Common Object Services)。公共对象服务定义系统级的对象服务,扩充对象总线功能。

• 公共设施(Common Facilities)。公共设施定义可直接为业务对象所使用的水平和垂直应用框架。水平公共设施(Horizontal Common Facility)包括用户界面、信息管理、系统管理和任务管理等通用服务;垂直公共设施(Vertical Common Facility)提供面向特定领域的服务接口。

• 应用对象(Application Objects)。应用对象指一些业务对象和应用系统,是 CORBA 支持的顶层用户,包括领域对象和非标准的应用对象。

虽然 CORBA 规范未规定实现模型,但目前几乎所有的 CORBA 实现都采用远程对象访问模型,对象实现驻留在服务器地址空间。

CORBA 的对象和服务是通过接口定义语言(Interface Definition Language,IDL)描述的。接口是客户在对象上可能请求的方法或操作的集合。CORBA IDL 提供了描述方法及其参数的严谨语法。由于用户实现或访问对象使用的是具体的编程语言，因此存在着在 IDL 与编程语言之间的映射问题。目前，已有 C、C++、Java 和 Ada 等语言到 IDL 的映射规则。

CORBA 系统由若干个客户和对象服务器组成，其系统结构如图 7.5 所示。

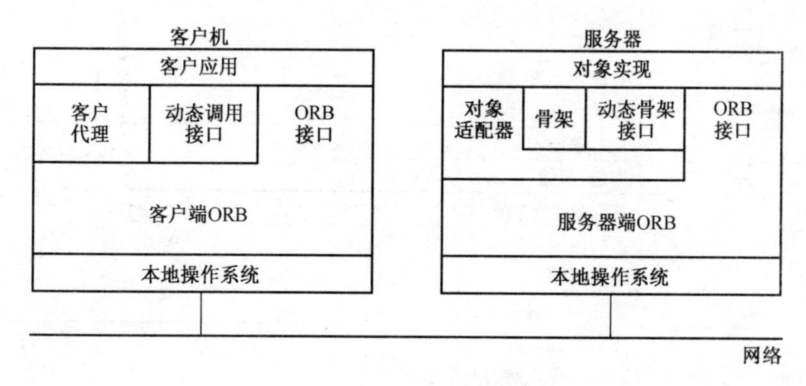

图 7.5 CORBA 系统结构

作为运行支撑系统，ORB 位于所有的 CORBA 进程之中，负责处理客户和对象之间的通信。从进程的角度看，ORB 主要负责处理对象引用、查找并调用远程站点上的对象。ORB 必须提供对象引用的编码和解码，使得对象引用可以在进程间交换。为在进程中访问特定的CORBA 服务，ORB 提供了相应的方法来获取实现该服务的对象引用。

客户应用通常包含一个代理，实现与所使用对象相同的接口，它是一个客户方存根(Stub)。存根提供了访问特定对象方法的调用机制，负责调用请求的编码并将请求发送给服务器，而服务器的应答也通过存根解码并返回给客户。代理与 ORB 之间的接口依赖CORBA 实现，由相应的 IDL 编译器生成客户和服务器通信所需的必要代码。

然而，在有些情况下客户不能静态地获得某些需要访问的对象接口，而需要在运行时查找，进而构造相应的服务请求，为此 CORBA 提供了动态调用接口(Dynamic Invocation Interface，DII)。DII 对于那些需在运行时查找服务的客户请求是非常有用的。

对于对象服务器的组织，CORBA 提供对象适配器 (Object Adaptor，OA)，以负责实例化服务器对象、传送服务请求并分配对象引用。编码/解码由服务器骨架(Skeleton)完成，当然也可由对象实现来完成。同样，服务器骨架可以由 IDL 编译器静态生成，也可以应用动态骨架接口(DynamicSkeleton Interface，DSI)。

为动态地构造调用请求，进程必须能够在运行时动态查找所需的对象接口，并延迟绑定对象，为此 CORBA 提供接口库(Interface Repository，IR)，用于存储和管理所有的对象接口定义。通常，接口库被实现为一个独立的进程，并提供标准接口来存储和检索接口定义。另外，接口库还可用来实现 CORBA 的动态类型检查。

除接口库外，CORBA 还提供了实现库，负责存储服务器支持的类、实例化对象和对象 ID 等运行时的信息，还可用来存储同 ORB 实现相关的附加信息，如跟踪信息、安全及其他管理数据。由于实现库与底层操作系统的相关度较大，因此很难提供标准实现。

对象服务是 CORBA 一个重要的组成部分。类似于操作系统提供的服务，对象服务是一些 IDL 描述的系统级服务，用于扩充完善 ORB 功能。表 7.1 列出了一些主要的 CORBA 对象服务。

表 7.1 CORBA 主要对象服务

服务	描述
聚集(Collection)	将对象组织成列表、队列和集合等
查询(Query)	查询对象集合
并发(Concurrency)	并发访问共享对象
事务(Transaction)	平面事务和嵌套事务对多个对象的方法调用
事件(Event)	实现异步通信的机制
通知(Notification)	基于事件的异步通信
流(Stream)	从对象输入到流,以及从流中读取对象
生命期(Lifecycle)	创建、删除、复制和移动对象
许可(Licensing)	在对象上附加许可证
命名(Naming)	系统范围内的对象命名
属性(Property)	对象属性
交易(Trading)	发布与发现对象服务
持久(Persistence)	永久存储对象
关系(Relationship)	描述对象之间的关系
安全(Security)	安全的信道、授权和监听机制
时间(Time)	当前时间

为了使得 CORBA 对象可以通过 Web 服务进行访问,OMG 于 2008 年着手建立 CORBA 架构下的 WSDL 服务描述,具体工作包括如下几点:

- 定义 IDL 与 WSDL 描述的映射关系。
- 定义 IDL 类型与 XML 规约的映射关系。
- 实现通过 Web 服务访问 CORBA 对象的通信机制。

2. 通信

CORBA 最基本的通信模式是对象调用,CORBA 提供三种调用模型。

- 同步调用:客户将请求发送到对象服务器,调用者等待直至收到应答或异常信息,并遵循“至多一次”语义,即被调用的方法要么被调用一次,要么完全没有被调用。
- 单向请求:类似于异步 RPC,调用者仅仅发出调用请求,然后继续工作,而不必等待服务器的响应。单向请求不能保证调用请求被传到对象服务器。
- 延迟同步:调用者在调用对象方法后继续工作,并在以后的适当时刻阻塞直至收到来自对象服务器的响应。延迟同步遵循“至多一次”语义。

CORBA 支持事件和通知服务,能在事件发生时发布通知,对这些事件有兴趣的客户随之响应。事件由供应者产生,被消费者接收。负责传递的事件通道使得多个供应者和多个消费者实现异步通信,不用关心彼此是否存在,从而消除了供应者和消费者的通信耦合。

CORBA 的主要目标在于提高组件的可移植性、可复用性和互操作性。早期的 CORBA 只注重创建可移植的对象应用而将 ORB 实现交给厂商,不同厂商的 ORB 各有各的实现机制,这就导致了基于不同的 ORB 组件之间不可互操作。为此,CORBA 定义了通用 ORB 间协议(GIOP),它在 TCP 上的实现称为 Internet ORB 间协议(Internet Inter-ORB Protocol,IIOP)。

GIOP 和 IIOP 定义了八种不同的消息类型。其中,最重要的两种消息类型是 Request 和 Reply,它们一起构成了远程方法调用的基础。Request 消息包含完整的经过编码的调用请求,包括对象引用、方法名和必要的输入参数。每个请求消息有其请求标识符,用来匹配对应的应答消息。Reply 消息包含已编码的返回值和调用方法的输出参数,并返回相应请求标识符。

3. 进程

CORBA 区分两种类型的进程:客户进程和服务器进程。

客户进程比较简单,对象的 IDL 规范被编译到连接客户和 ORB 的代理中,代理负责将调用请求编码到诸如 IIOP 的 Request 消息中,解码相应的 Reply 消息并返回结果给客户。除了使用对象代理,客户还可以通过 DII 动态地调用对象。

在客户方,CORBA 采用截获器来提高客户方 ORB 的扩展性。客户请求在从客户到服务器的通信过程中,当截获到的某个事件发生时,就按需求执行该截获器的回调函数,并进行必要的处理。可能会有多个截获器加到 ORB 中,具体哪一个被激活依赖调用请求中引用的对象。

请求层截获器位于客户代理和 ORB 之间,客户请求通过截获器传到 ORB,截获器可能会更改这个请求。在服务器方,也可能有位于 ORB 和对象适配器间的请求层截获器。

消息层截获器位于 ORB 和底层的网络之间。消息层截获器处理 GIOP 消息,如在发送方进行消息分割,在接收方重新恢复原始消息。

在服务器方,对象适配器(OA)是对象实现访问 ORB 服务的基本机制。它提供了运行服务器应用的环境,为一组对象实现指定激活策略,可以为每个对象使用独立的线程来实现方法调用,也可以为管理的所有对象使用同一线程。为了支持不同 ORB 之间的可移植性,CORBA 提供了可移植对象适配器(POA),并引入"仆人"(Servant)的概念。仆人是对象的一部分,利用具体的编程语言实现客户调用的方法。POA 可支持一个对象有一个仆人,或所有的对象共用一个仆人,POA 也可支持暂时和永久的对象。类似地,使用线程时也可使用不同的策略。

为方便支持基于代理(Agent)的应用,使得不同类型系统的 Agent 可以互操作,CORBA 没有指定 Agent 模型,而指定了 Agent 系统可以实现的标准接口,这样,不同类型的 Agent 可在同一个分布式应用中使用。

4. 寻址定位

对象引用是 CORBA 最基本的寻址机制,客户通过对象引用调用被引用对象实现的方法。在进程中,对象引用基于相关的语言,通常实现为指向对象本地代理的指针,只在其进程地址空间中有意义,不能在进程间传送。为此,ORB 提供了对象引用的语言独立表示。不同的 ORB,其对象引用的表示可能不同。CORBA 提供了对象引用互操作的支持。互操作对象引用 IOR (Interoperable Object Reference,IOR)是 CORBA 系统支持且独立于语言的对象引用表示,包含了用来标识对象的所有信息。一个 ORB 内部是否使用 IOR 并不重要,重要的是保证不同 ORB 之间传递的是 IOR。

和其他分布式系统一样的是,CORBA 提供名字服务,使得客户可以使用一个字符串来查找对象引用。名字服务提供在一个命名环境中绑定名字和对象引用的机制。名字识别指的是在指定的环境中找到与该名字相关联的对象,可使用多个名字(别名)与一个引用相关联。来自不同域的命名环境可以联合使用,建立联合式的名字服务。

5. 并发控制

CORBA 的并发控制服务提供获取和释放锁的接口。通过集中的加锁管理器,对象可以利用锁机制来协调多个客户对共享资源的存取。锁分为读锁和写锁,还能支持数据库中需要的不同粒度的锁,如分对整张表的加锁和仅仅对一条记录的加锁。

CORBA 通过并发和事务服务,利用两阶段加锁可实现分布式事务和嵌套事务。

6. 容错

CORBA处理容错的基本方法就是复制对象成为对象组，对象组包含同一对象的一个或多个复件，而整个组可作为一个对象来引用，其接口与所包含的复件一样，复制对于客户是透明的。

为提高复制和容错的透明性，CORBA提供一类特殊的IOR，即互操作对象组引用，(Interoperable Object Group Reference，IOGR)。与IOR不同的是，IOGR包含不同对象的多个引用。当客户传递一个IOGR给ORB时，ORB会绑定这些被引用的复制文件中的一个。如果到某一个复件的绑定失败了，客户端ORB会按照某种策略继续尝试绑定其他的复制文件。对于客户来说，这个绑定过程是透明的，就如同绑定常规的CORBA对象。

为支持对象组并处理其他故障，必须适当扩充CORBA中的组件。图7.6给出了一种容错的CORBA系统结构，其中最重要的是复制管理器，它负责创建和管理一组复制对象。客户可简单地调用复制管理器创建对象组，复制管理器负责在发生故障时替换复件，保证复件的数目不会低于某个指定的最小值。另外，通过消息级的截获器，每个调用都会被截获，然后传到复制组件中，该组件负责管理对象组的一致性，保证消息被记录在日志中以便进行恢复。

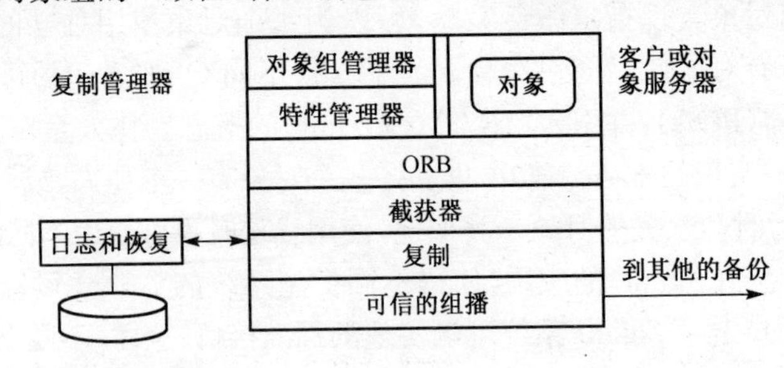

图7.6　容错的CORBA系统结构

7.2.2　Java EE

SUN公司开发和发布的Java EE是支持分布式应用开发和运行的系统平台。Java EE本质上是一种分布式的服务器应用环境，提供用于驻留和管理应用程序的运行基础设施，构成应用程序所驻留的服务器运行环境。另外，一组Java扩充API，为Java EE应用提供各种系统服务的支持。

Java EE为基于组件的分布式应用提供了一个统一的标准规范，提供了基于组件化设计、开发和部署应用程序的方法，有效地提高了系统开发效率，降低开发的成本和复杂性。

1. 概述

Java EE采用基于组件的多层分布式结构的应用模型。Java EE应用程序由组件构成，这些组件具有固定的接口格式并遵循Java EE规范，应用逻辑被封装在它们的接口实现中。Java EE体系结构中应用组件的逻辑功能和系统服务是分离的，从而可使应用开发者将精力集中于应用的业务逻辑。EJB (Enterprise JavaBean)是Java EE结构中的应用组件，EJB组件包括以下几种类型：

• 会话Bean，分为无状态和有状态两种。无状态会话Bean本身不声明任何变量，无需保留任何状态。有状态会话Bean可在多个方法调用期间维持部分变量，以保存会话的状态。保存EJB状态需要大量的系统资源，服务器中有状态会话Bean的处理也更加复杂。

· 实体 Bean，是一种持久性的对象。与数据存储的模型有关，是数据的一种对象包装。实体 Bean 又可以分为容器管理的持久性(CMP)和 Bean 管理的持久性(BMP)两类。

· 消息驱动 Bean，是一类特殊的 EJB。消息驱动 Bean 提供一种 EJB 内部消息处理的方式以实现 Java 消息服务的异步属性。

组件容器(Container)是 Java EE 组件的运行环境，用于运行时管理按照 API 规范开发的应用组件并提供系统服务的支持。EJB 容器和 Web 容器是 Java EE 主要的两种容器，前者管理各种 JavaBean 组件，后者则支持 Java Servlet 组件和 JSP 等；此外，Java EE 还支持其他两种容器，即支撑 Java Applet 小程序运行的 Applet 容器和提供 Java 客户应用程序运行环境的客户应用容器。Java EE 的容器及 API 结构如图 7.7 所示。

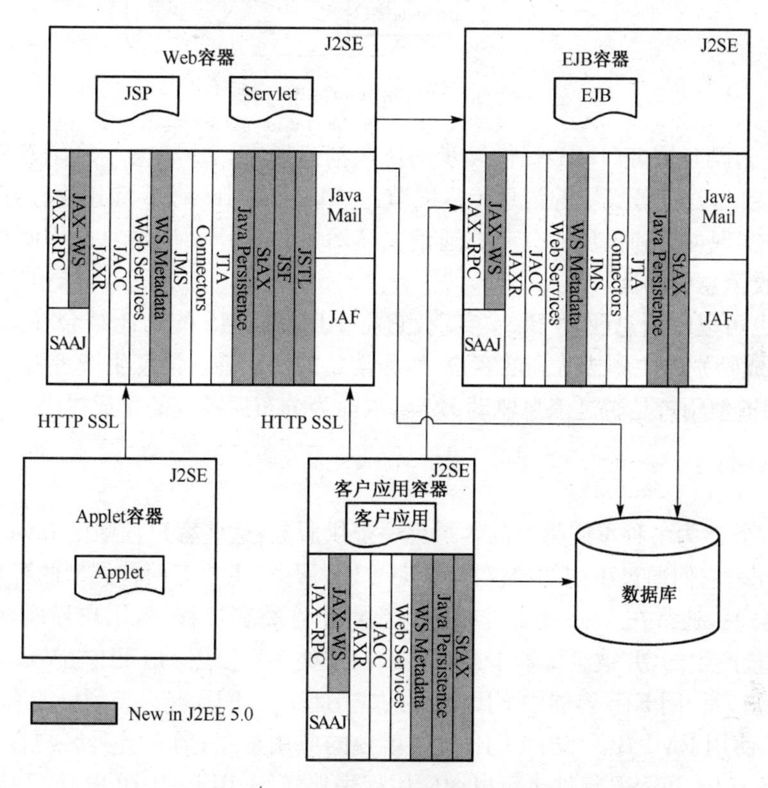

图 7.7 Java EE 的容器和 API 结构

为降低应用开发的复杂性，Java EE 5.0 利用 Java 5.0 的元数据特性帮助 Java EE 初学者掌握 Java EE 技术。在应用表示层开发方面，Java EE 5.0 引入一个新的 Java EE Web 层标准即 JSF 标准，使得软件开发人员在开发 Java EE 的 Web 程序时，能够如同使用 Java 客户端图形界面编程接口(Swing)那样实现可视化开发，提高开发效率。

2. 通信

Java EE 中最基本的通信方式是远程方法调用(RMI)。通过 RMI，可以使用接口来定义远程对象，并像使用本地对象一样使用它们。RMI-IIOP 进一步扩充了 RMI，用于支持 Java EE 与其他组件技术的互操作，从而使 Java EE 组件可连接任何远程对象。例如，Java EE 应用程序可以通过 IIOP 协议调用远程 CORBA 对象的方法。

EJB 容器提供了 EJB 组件的运行环境，客户对组件的调用必须通过容器的接口进行，即客户不能直接访问组件实例，而要使用由容器生成的两个接口对象：Home 接口和 Remote 接口。调用过程如图 7.8 所示：①客户通过 JNDI 服务查找组件的 Home 接口；②容器生成 Bean 实例，并返回该实例的 Remote 接口；③客户调用组件接口的方法；④组件接口取得一个 Bean 实例，并把该方法调用传递给它；⑤Bean 实例返回方法调用结果给组件接口；⑥ 组件接口返回调用结果给客户。

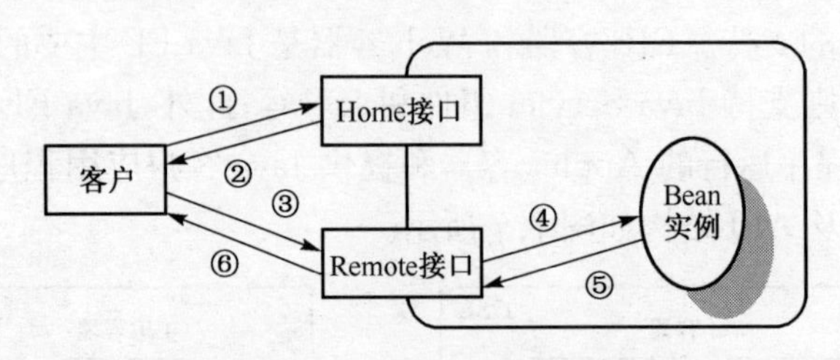

图 7.8 EJB组件的调用过程

Java EE 通过消息服务(JMS)提供异步的持久消息通信。JMS 是一个消息服务标准，为客户提供规范的接口，并屏蔽底层的消息传输细节。JMS 允许 Java EE 应用程序建立、发送、接收和阅读消息，并实现可靠和异步的分布式通信。JMS 通过使用面向消息的中间件(MOM)提供这种发送和接收消息的功能。

异步消息也可以由消息驱动 Bean 实现，它将 EJB 和 JMS 的功能结合在一起。消息驱动 Bean 通常配置成特别的主题或队列的客户，作为消息的使用者。消息生产者将消息写入主题或队列时，并不知道使用者是否是消息驱动 Bean，从而为分布式系统的集成提供了灵活性。

3. 进程

Java EE 服务器为各种不同类型的客户程序提供服务，这些客户程序由 Java 语言编写，也可以是非 Java 程序，它们通过不同的协议访问 Java EE 服务，主要有两种类型的客户。

- Web 客户。通常在 Web 浏览器中运行。对于这类客户程序，用户界面是在服务器端由 HTML 或 XML 产生的，并被浏览器下载和显示。这类客户使用 HTTP 与 Web 容器进行通信。
- EJB 客户。访问 EJB 容器中 EJB 组件的应用程序。EJB 客户类型可能有两类：一类是应用客户，它们是使用 RMI-IIOP 访问 EJB 组件单独的应用程序；另一类是客户在 Web 容器中的组件，即 Java Servlet 和 JSP 组件也可以像应用程序那样，采用 RMI-IIOP 访问 EJB 组件。

在两种情况下，客户都是通过相应的容器访问应用组件。EJB 容器和 Web 容器构成了 Java EE 服务器的主要内容。

EJB 容器是 EJB 组件的运行环境，可为 EJB 组件提供各种服务，包括 Bean 生存期管理、事务管理、持久性、安全管理和数据库连接池等。容器提供的服务与组件自身是分离的，即容器提供的服务与实现组件业务逻辑的代码是分开的。一个 EJB 组件可以和另一个 EJB 组件进行会话，后者可能与前者在同一容器中，也可能位于远程服务器的另一个容器中。

Web 容器为 Java Servlet 和 JSP 组件提供支撑环境。Servlet 是用来扩展 Web 服务器功能的组件，允许应用程序逻辑嵌入到 HTTP 请求/应答过程中。与 EJB 组件相比，Servlet 组件更适合处理简单的请求应答任务。JSP 提供了一种在网页中嵌入组件的方式，并且允许生成相应的网页发送给客户浏览器。与 Servlet 相比，JSP 网页只是基于文本的文档。在 Web 容器内，JSP 常常作为 Servlet 的补充角色，用于显示 Servlet 的处理结果。

4. 寻址定位

Java EE 的对象引用机制采用了“上下文”的概念。对 Java EE 来讲，所有的对象名称都是上下文相关的，不存在全局唯一的名字。应用程序为了使用名字服务，首先要获得一个初始的上下文环境，通过名字服务实现的方法获得对象的引用指针。

对数据持久对象的引用与对普通对象的引用类似。实体 Bean 等持久化对象，则交由容器管理，对它们的引用是通过 Bean 接口文件中的方法获得的。

为简化网络应用开发中对目录基础结构的访问，Java EE 提供了 Java 名字和目录服务接口(JNDI)，它不依赖任何特定的执行系统，是一个用于访问不同的名字和目录服务的公共接口，应用程序可以使用 JNDI 访问各种名字目录服务，包括现有的各种诸如 LDAP、NDS、DNS 和 NIS 这样的名字目录服务。这使得 Java EE 应用程序可以和传统的应用程序一起共存。JNDI 的系统结构如图 7.9 所示。

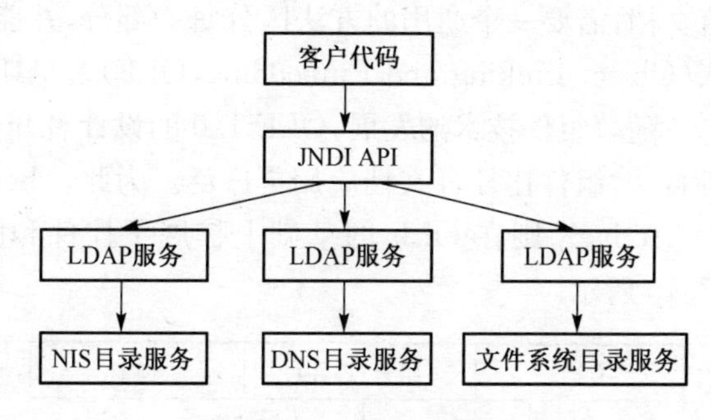

图 7.9　JNDI 结构

JNDI API 是用于名字和目录访问的标准 API。JNDI API 分为两部分：一部分是供应用程序组件访问名字和目录服务的应用级接口；另一部分是用来供名字和目录提供者连接的服务提供者接口。

5. 并发控制

Java EE 的并发控制主要由容器和事务管理器处理。资源管理器代表客户获得在事务期间内访问数据项所需的锁，并一直持有这些锁，直到事务结束。

Java 事务服务(JTS)指定了一个事务管理器的实现，这个管理器在一个高级别上支持 Java 事务 JTA 规范，并且在一个低级别上实现了 OMG OTS 规范的 Java 映射。JTA 是 Java EE 应用中管理事务的标准接口。Java EE 体系结构提供了一个默认的自动提交选项，以处理事务提交和回退。自动提交意味着在每个数据读写操作后，任何其他的应用程序显示数据时都会看到更新了的数据。然而，如果应用程序执行两部分相互依赖的数据访问操作，这可能需要用 JTA API 确定整个事务，这个事务包含两个操作的开始、提交和回退。

在 Java EE 系统平台中，分布式事务是由容器控制的，因此开发者一般不需要过分担心组件中的事务并发控制。

6. 容错

Java EE 的事务管理和可持久化对象支持容错。利用持久化对象可以实现状态复制和失败恢复。

7.2.3 DCOM

Microsoft 公司开发和发布的分布式 COM 也是一种面向对象的分布式系统，简称为 DCOM，它由组件对象模型（Component Object Model，COM）发展而来。DCOM 包含一些最小的核心元素集合，其他的组件和服务通过这些元素构建。虽然 DCOM 有很多不足之处，但其应用非常广泛，这是其他分布式系统所远远不及的。

1. 概述

DCOM 的基础是 COM，其设计目标是支持组件的动态激活，并实现组件交互。COM 组件是一段可执行代码，可以在一段可执行程序中，也可以在动态链接库中。

最初，COM 的设计是为了支持复合文档（Compound Documents）。复合文档包含不同类型内容的文档，如文本、图像和表格等，各种类型的内容和各自相关的应用结合。

为了支持大量的复合文档，需要一个通用的方法区分每一部分，并能把它们结合到一起，由此产生了对象连接和嵌入（Object Linking and Embedding，OLE）。早期的 OLE 采用了一种原始而不太灵活的消息传递。随着组件技术的发展，OLE 1.0 的设计者开始认识到复合文档对象实际上是软件组件的一种特例，组件比复合文档应用更广泛。为此，Microsoft 公司开发了 OLE 2.0 及其支撑模型 COM。ActiveX 则在 OLE 的基础上扩展了控件和脚本的支持。ActiveX、OLE 和 COM 结构如图 7.10 所示。

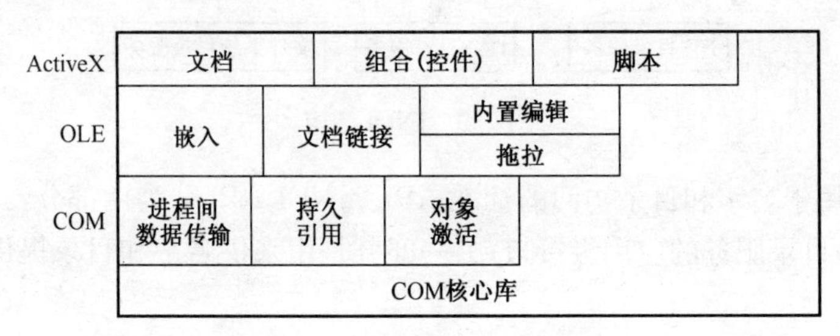

图 7.10 ActiveX、OLE 和 COM 结构

DCOM 与 COM 提供的组件交互机制是完全相同的，不同点在于 DCOM 可以使一个进程能够与其他站点机上的组件进行通信，但这对用户是透明的，COM 和 DCOM 之间的区别由相应的接口完全屏蔽了。

与其他面向对象的分布式系统一样，DCOM 采用了远程对象模型。DCOM 对象既可以在本地进程中，也可以在一台远程站点机的进程中。DCOM 的对象模型是以接口为中心实现的。接口由接口定义语言（IDL）定义，IDL 独立于程序语言，可实现跨地址空间和跨网络的调用。DCOM 只有二进制接口，本质上就是一个指针表，指向该接口中部分方法的实现。DCOM 也不提供到 IDL 的绑定，只是定义了如何利用指针访问接口的二进制规范。

DCOM 所有的对象都是暂态的，即一个对象如没有客户引用就会被舍弃。DCOM 的对象只能通过接口指针来访问，所以传递对象指针到另一进程时需要采取一些特殊的措施。

DCOM 同样支持对象的动态调用，运行时创建调用请求的对象需要实现 IDispatch 接口。该接口和 CORBA 的动态调用接口（DII）相似。

DCOM 的接口库称为类型库。类型库主要用于动态调用时查找方法标记（Signature），编程工具也经常使用类型库帮助编程。

为了激活对象，DCOM 使用 Windows 的注册表(Registry)和服务控制管理器(Service Control Manager，SCM)。注册表记录了类标识符(CLSID)到包含该类实现的本地文件名的映射。每当进程希望创建一个对象时，必须首先确保相应的对象类已经载入。SCM 是一种进程，负责定位服务器、激活对象和绑定远程对象等。图 7.11 给出了 DCOM 的系统结构。

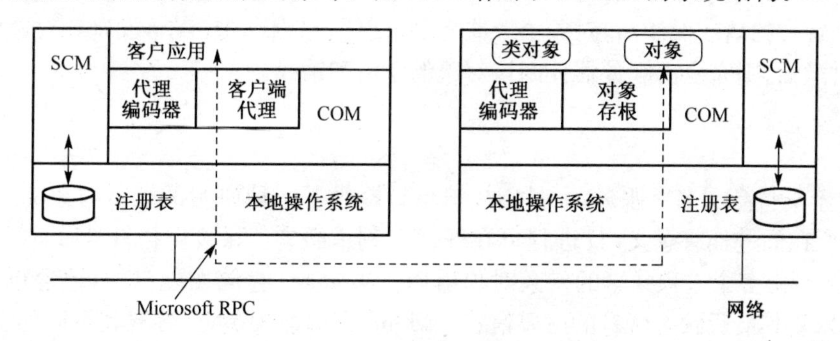

图 7.11　DCOM 的系统结构

DCOM 可以看成是 COM 的一个扩展，它增加了与远程对象的通信功能。但是，COM 本身也有一个新版本 COM+，它是 COM 的一个超集。COM+扩展了一些服务，使得服务器可以有效地处理大量的对象。很难清晰地划分 COM、COM+和其他的一些外部服务，因此除非特别指出，否则 DCOM 服务包含所有的 COM、COM+和 ActiveX 服务。

需要指出的是，DCOM 并没有真正形成一种完整的分布式系统，它还必须依赖一些外部的服务。随着 Web 服务技术的发展，Microsoft 在 .NET 框架中引入了 XML 和 Web 服务，从而使得 DCOM 对象可以作为松散耦合的 Web 服务进行发布和交互。

2. 通信

DCOM 中的通信默认是同步的，客户调用对象之后将被阻塞，直至收到应答。DCOM 提供“至多一次”语义，一旦出现某个错误，客户就会收到一个错误号，DCOM 不会尝试重新调用对象。除了同步调用之外，DCOM 还扩展了其他的通信方式：

· DCOM 扩展了同步调用机制，提供了回调接口和支持回调的可连接对象(Connectable Object)。

· DCOM 通过队列组件(QC)提供持久异步通信，但只限于单向异步调用。

· DCOM 通过 COM+实现了一种简单的推事件模型，用于订阅/发布系统。

3. 进程

DCOM 对客户进程的支持比较完善，执行创建对象和调用对象方法等操作就如同是在本地地址空间中一样。值得注意的是对象引用的处理，客户引用对象的唯一方法就是接口指针，通过该指针客户可调用相应接口的方法。当对象驻留在远程站点机上时，它在客户端的接口通过代理实现，代理对调用进行编码，然后发送给远程对象。由于接口指针仅在同一地址空间中有效，故为传递对象引用，实际上传递的是相应接口的唯一标识符(IID)，以及对象的位置和使用的传输协议等约束信息，从而能在远程地址空间中获得指向相同接口的实现指针。

DCOM 服务器的对象可以是自包含的，许多功能均编码在每个 DCOM 的对象中。DCOM 提供了一种激活对象的标准方法，通过 SCM 激活对象。为初始化一个新对象，客户利用其拥有的 CLSID 通过本地注册表查找指定对象服务器所处的站点机，并将 CLSID 传送给该与站点机相关的SCM，由SCM根据CLSID通过其本地注册表查找并加载指定对象类的文件。SCM通常启动一个新的进程来装载指定的对象类，然后初始化新对象，将相应的绑定信息返回给客户，这样客户就可直接联系对象服务器，不用再向SCM发出请求。

DCOM服务器还提供了对象管理，如即时激活，就是由服务器管理对象激活和销毁的机制。通常，对象因客户的请求而激活，对象服务器将对象保留在内存中，直至没有该对象的引用。但是，对于即时激活，则完全由服务器控制该对象的激活和销毁。

4. 寻址定位

DCOM不支持高层名字服务，而是用接口指针提供了一种原始的表示对象的引用，但接口指针只对它所在的进程有意义，且进程可在任何时刻销毁它。除接口指针外，DCOM还提供了Moniker作为可由多个进程共享的持久对象引用。Moniker存储在硬盘中，包含重新创建一个指定对象并恢复其最后状态所有的必要信息。Moniker有多种类型，各有其不同的语义，比较重要的是文件Moniker，它指向由本地文件系统的文件创建的对象。

Windows 2000的引入为DCOM应用提供了一种合适的全局目录服务，即活动目录(Active Directory)。活动目录与基于Windows 2000分布式系统的组织结构紧密相连。系统按域划分，每个域具有一个或多个负责管理域内用户和资源的域管理器，域管理器组织成LDAP的目录服务器。每个域有一个对应的DNS。活动目录在DCOM和Windows的注册表和类库等的名字服务中得到了广泛的应用。

5. 并发控制

DCOM的同步和并发机制主要是用事务来实现的。DCOM对象的事务是自动创建的，它依赖每个对象类的配置。每个对象类有一个事务属性，决定了对象的事务行为。自动事务是通过一个单独的分布式事务管理器(Distributed Transaction Coordinator，DTC)实现的。DTC是一种比较标准地实现了两阶段提交协议的事务管理器。

6. 容错

DCOM的容错主要是通过事务和持久化对象实现的。

7.2.4 .NET

.NET是由Microsoft公司开发和发布的，是支持网络环境下分布式应用程序开发和运行的系统平台。它提供了包括公共语言运行时(CLR)、可扩展基础框架类库及ASP应用程序模型等全面的开发和运行服务体系。Microsoft公司几乎所有的产品都提供.NET类型的应用接口。.NET技术提供了许多便捷的功能，使Microsoft公司的各种产品间的互操作成为可能。

1. 概述

.NET作为支持分布式应用开发和运行的平台，历经数个版本的更新，已经变得非常庞大和成熟。.NET框架是.NET平台中一种关键的组成部分，支持VB、VC＋＋、C＃和JScript等10多种程序语言，允许不同的程序设计语言和运行库无缝结合，共同创建基于Windows的应用。.NET框架的基础和核心是公共语言运行时(CLR)及其上的一组基础类库。在开发技术方面，.NET提供了全新的数据库访问技术ADO.NET，以及网络应用开发技术ASP.NET和Windows

编程技术 WinForm，还有 .NET 开发工具 Visual Studio.NET。.NET 框架主要由两部分组成，即公共语言运行时和框架类库，其中包括基础类库、数据访问组件，以及 WebForm、WinForm 和 WebService 模板等，如图 7.12 所示。

（1）公共语言运行时（Common Language Runtime，CLR）：是一种可识别中间语言（IL）的公共语言基础设施，所有的 .NET 应用程序都在 CLR 中运行。首先将 .NET 应用程序编译成中间语言代码，CLR 负责在程序执行期间将 IL 代码二次编译成当前操作系统和目标机器的代码，并在托管的 CLR 环境下运行。在某种意义上，CLR 的作用就像是 Java 虚拟机一样。

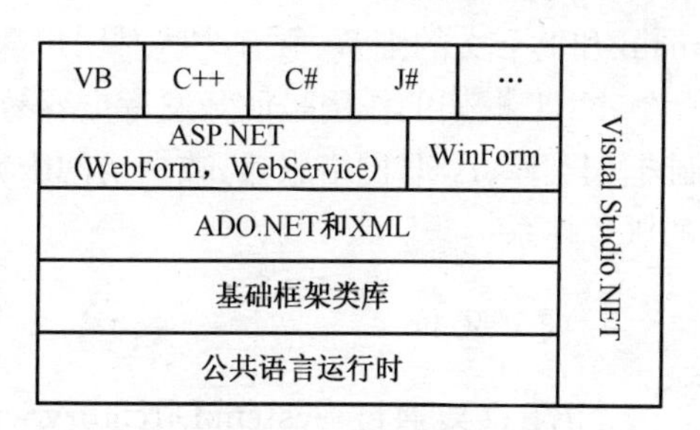

图 7.12 .NET 框架的组成

（2）基础框架类库：.NET 框架是一组广泛而面向对象可重用类的集合，为应用程序提供各种高级的组件和服务。在此之前，C＋＋开发人员使用的是 Microsoft 基础框架类库，Java 开发人员使用的是 Windows 基础框架类库，而 Visual Basic 用户使用的又是 Visual Basic API 集。.NET 框架统一了微软当前的各种不同的类库，这样，开发人员无需学习多种类库就能方便编程。通过创建跨编程语言的公共 API 集，.NET 框架可实现跨语言继承、错误处理和调试。从 C＋＋到 JScript 所有的编程语言，开发人员可以从中选择认为理想的编程语言。

此外，.NET 平台还应包括 ASP.NET 和 Visual Studio.NET。

（1）ASP.NET 是微软提供的一种统一的 Web 应用开发模型。Web 应用程序可以使用与 CLR 兼容的任何语言开发，并访问 .NET 框架提供的类库，从而使 Web 应用程序的构建变得非常容易。Web 应用程序可以直接使用 ASP＋ 控件集，它们封装了公共的用于 HTML 用户界面的各种小组件。这些控件运行在 Web 服务器上，它们将用户界面转换成 HTML 格式后再发送给浏览器。在服务器上，控件负责将面向对象的编程模型呈现给 Web 开发人员。ASP.NET 提供一些基本的结构服务，可进一步减少开发人员要编写的代码量，并使应用程序的可靠性得到提高。ASP.NET 还允许开发人员将软件以服务的形式进行传送。开发人员只需进行简单的业务逻辑编程，而由 Web 服务器通过 SOAP 协议传送服务。

（2）Visual Studio.NET 是全面支持 .NET 的开发工具。在 .NET 出现之前已经存在有大量的 COM 组件，通过这些工具可以在 .NET 框架开发的代码中直接使用 COM/COM＋组件。

2. 通信

.NET Remoting 是 DCOM 的替代技术，是基于 CLR 的不同进程间通信的机制。.NET Remoting 的核心是引用（Reference）调用，并使用代理产生服务器对象位于客户进程中的效果。.NET Remoting 提供了比 DCOM 更为简单的激活对象的方法，使用 New 命令就可创建远程对象的新实例。.NET Remoting 调用远程对象的方法可以是同步方式，也可以是单向异步调用。除此之外，.NET 框架还提供了其他一些进程通信机制，即：

（1）提供 MSMQ 消息对列服务，支持可靠的持久消息通信。

（2）支持 Web Service 进行 SOAP 消息通信。

3. 进程

.NET 框架通过应用程序域 AppDomain 使一个进程可以承载多个应用程序。AppDomain

可以视为一种轻量级进程，在同一个进程内 AppDomain 之间可以共享信息。一个 Windows 进程创建时必须自行完成加载 CLR。使用上下文，CLR 能够将有特殊需求的对象放置到一个逻辑容器中，确保该对象的运行时需求能够被满足。.NET 运行时(CLR)可自动处理进程的 AppDomain 和上下文的细节，所有这些对用户都是透明的。

.NET 框架的作用是使开发者更容易建立网络应用程序和网络服务。它提供了包括服务基础框架类库、ASP 网络服务、数据访问服务、表单应用模板和网络应用程序模板等一套比较全面的服务体系。

4. 寻址定位

.NET 框架通过 System.DirectoryServices 托管 API 提供目录服务访问和管理，这些托管 API 使用托管代码共同开发以目录为中心的各种服务。所有的目录服务(Directory Services)是基于活动目录(Active Directory)的服务接口 API 而实现的。

Active Directory 是基于它的服务任务而构建的高级抽象对象模型，“域”的概念来自于此模型中类实现的各个部分。通过轻型目录访问协议（LDAP）和目录服务标记语言（DSML)提供对目录服务的编程方式访问和管理，为托管 LDAP 编程提供有效的控制。

5. 并发控制

.NET 框架提供线程池及各种锁机制如 Mutex、Semaphore、Monitor、Lock 和 Reader/WriterLock 等实现同步和并发控制。在 .NET 框架中包含 System.Transactions，专注于控制事务行为。开发人员常将 System.Transactions 与“执行上下文”配合使用，执行上下文允许指定适用于包含在一个定义范围内所有代码的通用信息。

6. 容错

.NET 框架利用事务和持久化对象实现状态复制，并进行失败恢复。.NET 框架在企业服务中通过 .NET API 实现 COM＋技术的封装，从而可以使用 DTC(Distributed Transaction Coordinator)完成分布式事务。.NET框架还利用 System. Transactions 提供统一的事务编程模型，所有需要使用事务服务的应用程序都必须引用 System.Transactions. dll 程序集。

7.2.5 分布式对象系统比较

CORBA、Java EE、DCOM 和 .NET 是几种不同的以对象为基础的分布式系统，它们各有优劣，以下对之作简要比较。

1. 设计思想

CORBA、Java EE、DCOM 和 .NET 是根据不同的目标设计的。CORBA 的目标是提供一个标准化的允许不同软件厂商的产品实现互操作的中间件平台。Java EE 的设计目标是通过提供一种广泛的基础结构为分布式应用开发和运行提供支持，Java EE 基于组件的应用程序模型为分布式应用提供了统一的标准规范。DCOM 的设计目标在增强分布式功能的同时要考虑保持与早期 COM/COM＋版本保持兼容，使已有的应用程序能够继续使用。.NET 旨在将 Microsoft 公司原来的多个系统平台统一成一个大平台，.NET 框架统一了微软的各种不同类库，提供了几乎涵盖所有应用程序需要的公共代码，支持 VB、VC＋＋、C＃和 Jscript 等 10 多种程序语言，允许不同的程序设计语言和运行库无缝结合，以共同创建基于 Windows 的应用。

CORBA、Java EE、DCOM 和 .NET 都使用远程对象模型。CORBA 提供了一个多功能且一致的对象模型，提供了高度的透明性，客户不用区分本地对象和远程对象。对象拥有状态，能够被全局地标识。CORBA 可以很容易地在不同机器上的多个客户之间传递对象的引用。此外，CORBA 还支持永久对象和暂态对象。

Java EE 基于 Java 这种纯粹的面向对象语言，具有良好的面向对象特征。其中的 EJB 组件更是将面向对象思想引入一个更高的层次，使模块的可重用性更高，适用的范围更广。

DCOM 使用的对象模型要简单得多。DCOM 的对象都是暂态对象，没有全局标识，在某些实例中甚至没有状态。DCOM 的对象模型有时不符合分布式对象技术的一些基本原则。

.NET 支持多种不同的组件模型，它们是二进制兼容的，具有完全的互操作性。.NET 是一个平台，提供了各种微软产品、技术和服务的无缝集成。

CORBA、Java EE、DCOM 和 .NET 提供的服务差别很大。CORBA 和 Java EE 都为应用开发提供了自身定义的一组全面的基础服务；DCOM 提供了自身定义的一些服务，但同时还依赖于它的环境，例如名字服务和目录服务；.NET 框架除提供大量的基础框架类库服务外，还提供数据库服务 ADO.NET 和 Web 应用服务 ASP.NET。

在接口处理方面，CORBA 遵循了基于语言的方法，通过提供一种标准的接口定义语言(IDL)，不同的程序设计语言对 IDL 作不同的翻译，这样 CORBA 能够独立于编译器并在程序设计语言一层提供了互操作。与此相反，DCOM 支持二进制的接口，对象接口的定义独立于程序设计语言，其优势在于支持多种程序设计语言混合编程，包括 Java、C 和 Visual Basic 等。通过使用 Java IDL，Java EE 应用程序组件也可以通过 IIOP 调用 CORBA 对象的方法，这增加了 Java EE 和其他组件技术的互操作性。.NET 可以在联接的任何一端任意改变接口，而应用程序可以不受影响地照常工作。特别是 XML，为此实现提供了强有力的通用性。

2. 通信

CORBA 和 Java EE 都支持同步的远程方法调用，并实现了有某种限制的异步方法调用。同时，它们还能提供消息服务，以及事件和通知服务等异步通信机制。

DCOM 提供同步的远程方法调用，也支持异步的消息通信服务。.NET Remoting 是 DCOM 的替代技术，是基于 CLR 的不同进程间通信的机制。.NET 框架同时还提供其他一些高级通信机制，支持可靠的持久消息通信。

3. 进程

每种系统都提供了各自的对象服务器，各系统的对象服务器之间差别很大。CORBA 和 Java EE 的对象服务器功能齐全，同时也很灵活。CORBA 明确地区分对象实现的方式，以及对象和方法的调用方式。明确的划分有助于分布式对象的开发和使用。Java EE 的对象服务器就是容器，容器主要有两大类，一类是 EJB 容器，另一类是 Web 容器。容器为它管理的对象提供基础服务的支持。客户可以根据需要创建和使用对象，对象在容器中的真正状态是由容器管理的。

DCOM 的对象服务器不够灵活，它将对象的管理和方法调用都编码在运行系统中。另外，对象开发者在一定程度上需要自行开发线程。DCOM 提供的即时激活也许会提高性能，但它只有在对象没有状态时才有效。这种方法不适合所有的对象。.NET 框架也是将对象的管理和方法调用都交给 CLR 环境负责，但它在开发线程和对象激活等方面比 DCOM 灵活。

4. 寻址定位

CORBA 提供单独的命名服务，返回一个或多个对象的引用。对象引用直接指向被引用对象的服务器，或指向知道该对象当前服务器的实现库，如果有必要甚至会激活对象。CORBA 中的对象引用依赖地址，每次对象移动后，引用就不再有效。在本地的分布式系统中，这种方法可实现一种高效的地址服务，但不能作为一种通用的方法而应用到广域网的大型系统中。

Java EE 采用 JNDI 实现它的名字服务。JNDI 提供了一个访问不同的名字和目录服务的公共接口。它的对象引用机制采用了"上下文"的概念，所有的对象名称都是上下文相关的。

DCOM 本身没有命名服务，它依赖环境中提供的其他服务，如活动目录。如果这样的服务不能用，它的命名服务也不能用。DCOM 中对象引用的一种形式就是接口指针，但将一个接口指针作为对象引用传到另一个客户很麻烦。持久的对象引用以 Moniker 的形式出现，Moniker 理解起来比较困难，但确实解决了对象引用的相关问题。

.NET 框架通过活动目录实现名字服务，提供有效的名字和目录的管理。

5. 并发控制

同步和并发控制以传统的锁和事务服务的形式提供。CORBA 事务由客户发起；Java EE 的事务可以有两种方式，即可以由客户显式地发起和结束事务，也可以通过声明对事务的要求而由容器管理事务；DCOM 和 .NET 则支持自动事务，专注于控制事务行为，并与执行上下文配合使用。

6. 容错

CORBA 中的容错主要通过复制方法实现。CORBA 的事务和一致性控制有助于开发容错服务。Java EE 的事务管理和可持久化对象可以实现容错功能。DCOM 没有提供对缓存和复制的支持，但可通过自动事务提供相应的容错功能，它需要有一个专门的事务协调器。.NET 框架可利用事务和持久化对象实现状态复制，并进行失效恢复。

7.3 基于 Web 的分布式系统

万维网(WWW)是计算机领域在 20 世纪 90 年代一项最突出的贡献，极大地推动了网络和分布式系统应用的普及。万维网可以看做是巨大的分布式系统，包含着成千上万的客户机和服务器。服务器维护若干个链接文档，而客户机则为用户提供访问和展示这些文档的界面。文档从服务器中读取，被传输到客户机并显示在界面上。对用户而言，文档的位置分布是透明的。

1. 概述

万维网是巨大的分布式系统，在世界各地拥有大量的客户和服务器。每个服务器维护一个以文件形式存储的文档的集合，接受获取文档的请求并将之传送给客户，或者接受存储新文档的请求，并对文档进行更新。用户使用浏览器与 Web 服务器进行交互。浏览器负责接收用户的输入，允许用户选择到文档的链接，获取并正确显示这些文档。

最简单的访问文档方式就是使用 URL 地址。URL 用来指定文档的位置，其中包含相应服务器 DNS 中的域名和路径。此外，URL 还指定了相应的文档在网络中传输的应用级协议。

所有的 Web 信息都是以文档形式描述的。文档可有多种表示方式，如简单的 ASCII 码文本,或下载后可自动执行的脚本。文档可以包含到其他文档的链接,即超级链接,可随文档一起在浏览器中显示给用户。用户通过单击一个链接,产生一个获取文档的请求,发送到存储该文档的服务器,服务器再将文档传输到客户的机器并在浏览器上显示。

绝大多数 Web 文档都是用超文本语言 HTML 编写的。文档经解析后,被存储为一个带根节点称为解析树的树,树的每个节点代表文档的一个元素。为便于移植,解析树的表示已被标准化,这种标准表示称作文档对象模型(Document Object Model,DOM)。DOM 提供标准的 CORBA IDL 程序接口,并提供了到 JavaScript 等脚本语言的标准映射。

可扩展的标记语言(eXtensible Markup Language,XML)是另一种符合 DOM 的标记语言。与 HTML 不同的是,XML 仅用来结构化一个文档,提供了定义不同文档类型的方法,但是它不包含指定文档格式的关键字。因此,向用户展示 XML 文档需要给出格式化规则。一个简单的方法是把 XML 文档嵌入到 HTML 文档中,使用 HTML 文档的关键字进行格式化;另一种方法是使用可扩展形式语言(eXtensible Style Language,XSL)描述 XML 的编排格式。

HTML 和 XML 还能支持适合多媒体的特殊元素,如链接音频文件甚至是交互式的动画。显然,脚本也在多媒体文档中扮演了重要的角色。

除了 HTML 和 XML 外,还有很多其他的文档类型,如脚本、Postscript 和 PDF 格式的文档、JPEG 和 GIF 格式的图片,以及 MP3 格式的音频文档等。这些文档类型通常用 MIME 表示。

最初,万维网采用简单的客户/服务器体系结构。随着应用的不断开发,万维网有了许多扩展功能。

公共网关接口(Common Gateway Interface,CGI)是最早的扩展功能之一,支持简单的用户交互。CGI 定义了一种标准的交互方法,Web 服务器可接收用户输入的请求,并执行 CGI 程序。CGI 负责从本地数据库中获取文档,并可对它进行一些处理。

图 7.13 给出了 Web 客户/服务器系统结构,其中,Servlet 是在服务器地址空间中运行的预编译程序。用户获取文档的流程如下:①用户提交获取文档的请求。②服务器作出响应,可能会有 3 种不同的情形:把请求传递给 Servlet 处理,直接从本地文件系统中获取文件,或者启动一个 CGI 来生成文档。获取文档后,也可能需要对服务器端脚本进行后处理。图 7.13所示的相应可选路径为:2a-3a-4a,2b-3b,2c-3c-4c。最后,服务器将处理后的文档返回给用户。获取的文档可能包含服务器端脚本,通过执行该脚本,服务器可以在将文档发送给客户之前对它进行处理。所有的客户端脚本在浏览器中执行。除执行客户端脚本和服务器端脚本外,还可将编译好的程序以 Java Applet 的形式发给客户,浏览器负责执行。

这里假定浏览器主要显示 HTML 或 XML 文档。对于 PostScript 和 PDF 文件等许多其他形式的文档,浏览器仅请求服务器从本地文件系统中获取相应的文件,并直接返回给客户,而不需要进一步的交互。根据文件的扩展名,浏览器启动相应的程序来处理和显示文件内容。

2. 通信

Web 中所有客户和服务器之间的通信都采用超文本传输协议(HTTP)。HTTP 是一种相对简单的客户/服务器协议,客户发送一个请求给服务器,然后等待服务器响应。作为 HTTP 的一个重要特性,它是无状态的,不需要服务器维护其客户的信息。

HTTP 是基于 TCP 的。客户发送请求给服务器,建立一个客户到服务器的 TCP 连接,通过该连接可以发送请求给服务器,也可以接收来自服务器的响应。使用 TCP 作为底层协议,HTTP 不需要关心请求和响应丢失的问题,如果发生故障如连接断开或超时,仅仅需要报错而已。

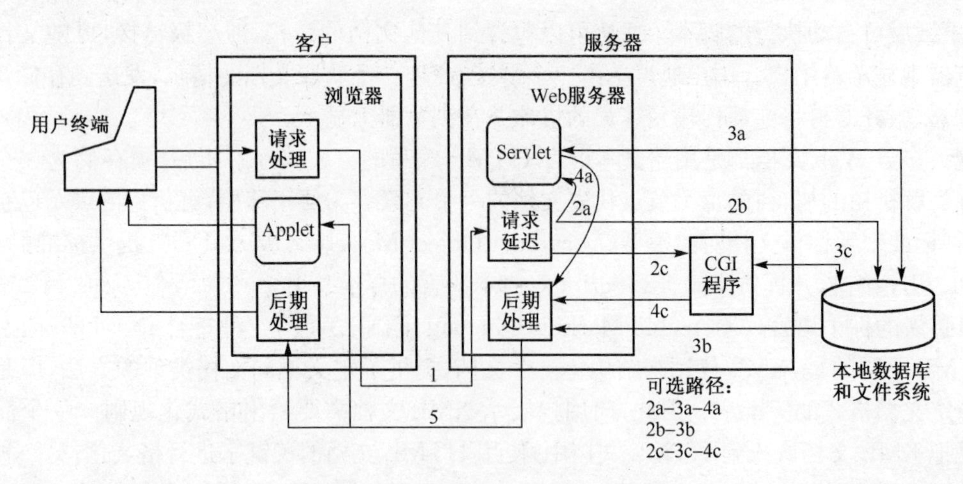

图 7.13　Web 客户/服务器系统结构

在 HTTP 1.0 以前，HTTP 采用非持久连接，即每次请求时建立连接，得到响应后断开。由于建立 TCP 连接的代价很大，导致系统性能低下。为此，从 HTTP 1.1 开始采用持久连接以传输多个请求和响应，并通过管道机制进一步提高了系统性能。

HTTP 已成为面向文档双向传输的通用客户/服务器协议。通过发送请求，客户可要求服务器执行指定的操作。客户和服务器之间所有的通信都是使用消息完成的，HTTP 只识别请求消息和响应消息。

3. 进程

Web 主要使用两种进程：一是供用户访问文档和在本地显示的浏览器进程；另一是响应浏览器请求的 Web 服务器进程。

最重要的 Web 客户进程是 Web 浏览器，通过浏览器，用户可在 Web 页面之间浏览并将页面取到本地显示。为方便处理从服务器返回的各种类型文档，Web 浏览器使用具有标准接口的插件(Plugin)。插件是一种小程序，可自动加载到浏览器以处理一些特殊的文档，通常是 MIME 类型的文档。当浏览器发现某一文档类型需要插件时，就从本地加载该插件并生成它的实例，初始化后，与浏览器其他部分的交互将由相应的插件来完成。

另一常用的客户进程是 Web 代理。Web 代理最初用于支持服务器处理非 HTTP 的应用程序级协议。例如，为从 FTP 服务器中传输一个文件，浏览器发出一个 HTTP 请求到本地的 FTP 代理，由代理从服务器中获取文件并嵌入到 HTTP 响应中。虽然现在的 Web 浏览器可支持多种协议，但为了给多个浏览器提供一个共享缓存，Web 代理的应用仍然很普遍。

Web 服务器负责处理 HTTP 请求，获取被请求的文档，并将文档返回给客户。图 7.14 给出了 Apache Web 服务器的组织结构。服务器由被一个核心模块控制的多个模块组成。核心模块接收 HTTP 请求，用管道方式传递给其他模块，核心模块决定处理请求的控制流。

对于每个输入请求，核心模块分配一个请求记录，记录 HTTP 中请求的文档引用、相关的 HTTP 请求头和响应头等。每个模块读取这些记录并进行适当的修改，当所有的模块处理完相应任务后，最后一个模块将所请求的文档返回。当然，每个请求都可有各自的“流水线”。

Apache 服务器是高度可配置的，处理一个 HTTP 的请求可由多个模块共同完成。为此，对 HTTP 请求的处理分为几个阶段，即文档引用解析、客户身份验证、客户访问控制、请求访问控制、确定响应的 MIME 类型、处理剩余的事务、传输响应和处理请求日志等。每个模块提供一个

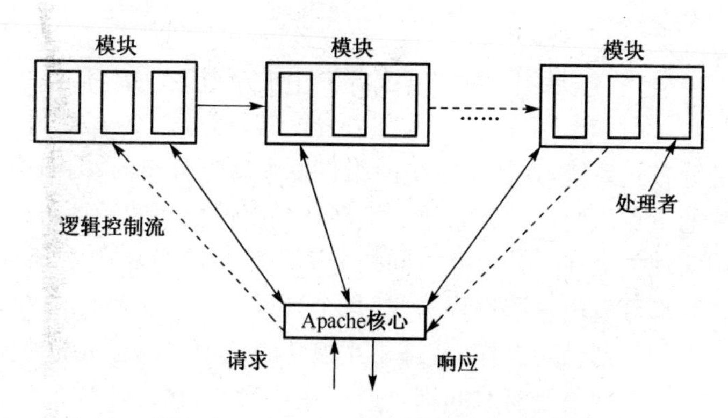

图 7.14 Apache Web 服务器组织结构

或多个处理者供核心模块调用,处理者都把指向请求记录的指针作为它们唯一的参数,它们都能读取和修改请求记录中的字段。核心模块则维护处理者列表,每当到达一个阶段后,核心模块检查哪些处理者已注册到这个阶段,通过简单的激活以选择处理者。处理者可以拒绝请求,处理请求或报告一个错误。如某个处理者拒绝请求,核心模块可以从注册到该请求的其他处理者中选择一个处理这个请求。如果请求可以处理,下一个阶段就会开始。当处理者报告错误时,请求处理被打断,客户得到一个出错信息。

Web 服务器很容易超负荷,这是 Web 系统的一个重要问题。一个行之有效的解决方法是应用备份服务器形成工作站集群,并利用前置机将客户请求分发给各个备份。显然,前置机的设计成为关键,因为它很容易变成性能瓶颈。

4. 寻址定位

Web 使用单一的寻址方法引用文档,即统一资源标识符 URI。URI 有两种形式,即位置相关的文档引用 URL 和全局唯一位置独立的持久文档引用 URN。URL 的名字解析是很直接的,但 URN 的解析就复杂得多,这是因为名字空间的结构不同,相应的解析机制也就不一样。

5. 并发控制

Web 是严格的客户/服务器结构,服务器之间不会交换信息,客户之间也不交换信息,所以不会发生同步的问题;可将 Web 看做是只读的系统,服务器文档更新通常只由单个用户进行,也就很难产生写冲突。因此,同步和并发控制不是 Web 的主要问题。

随着 Web 应用的普及,需要对一组协作用户或进程提供文档并发访问支持。由此产生了一种 HTTP 扩展,即基于 Web 的分布式授权和版本更新,它使用一种简单的方法对共享文档加锁,以及在远程 Web 服务器上生成、删除、复制和移动文档。多个用户可同时管理位于服务器上的文件,但同一时刻只能有一个用户编辑文件。这样,既体现了协作共享,节约了资源,又避免了不必要的冲突。

6. 容错

Web 的容错主要是通过客户端缓存和服务器备份完成的,没有其他特别的方法集成到 HTTP 中以支持容错和恢复。

7.4 基于消息和协同的分布式系统

下面讨论另一类分布式系统，这类系统中的组件原本就是分布的，因而需要协调各种组件的活动，也就是说，关注的重点由组件的分布透明性转移到组件之间的活动协调。

基于协同的系统实现关键在于计算和协同的分离。如果将分布式系统看做进程的集合，那么分布式系统中的计算部分就由这些进程构成，每个进程关注一个特定的计算活动。分布式系统的协同部分处理进程间的通信与合作，使得相互独立的进程构成有机的整体。

根据参与协同的进程之间是否有时间耦合或引用耦合，可区分不同的协同模型。时间耦合是指通信的两个进程必须都正在运行，引用耦合指需要明确了解通信双方的引用。

7.4.1 TIB

下面讨论 TIBCO 公司开发和发布的 TIB 系统。

1. 概述

TIB 系统最初称为信息总线，是一个基于松散耦合进程的分布式系统。其设计原则是：

(1)核心通信系统与应用程序是高度独立的。

(2)消息是自描述的，应用程序可以利用所收到的消息了解其结构及包含的数据类型。

(3)进程是松散耦合的，进程之间不能明确地互相引用。

TIB 的进程协同不是通过进程之间的直接引用，而是通过基于主题的寻址实现的。实际上创建了一个发布/订阅系统，即发送消息的进程不指定目的地，而是在消息中加注主题名称标签，再提交通信系统在网上传送；与之对应，接收者也不指定从哪些进程中接收消息，而是告诉通信系统其感兴趣的主题。通信系统负责向每个接收者传递其感兴趣的消息。

TIB 的体系结构比较简单，其实现基础是组播网络，如图 7.15 所示。每个站点机上运行 TIB Daemon 进程，确保消息按相应主题发送和投递。消息发布后，就会组播到网络上所有运行 TIB Daemon 的站点机。通常，组播由底层网络提供的服务设施实现。

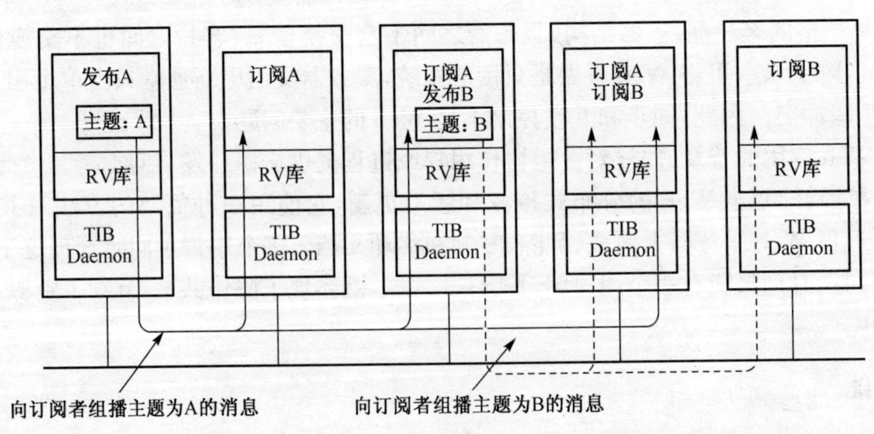

图 7.15 TIB 中实现的发布/订阅系统的原理

订阅某个主题的进程将其订阅传递给本地 Daemon，创建一个(process，subject)入口表。消息到达时，Daemon 根据消息主题查找入口表，并将消息转发给每个订阅者。

TIB尽可能地使用更有效的通信方式。在明确知道订阅者的情况下，就可直接使用点到点消息。为使系统能扩展到广域网应用，还需要TIB路由器Daemon。在正常情况下，每个局域网具有一个TIB路由器Daemon，通过TCP与其他远程网络的TIB路由器Daemon通信。考虑到性能因素，消息发布后仅传送给那些明确配置为接收这种消息且订阅的远程网络。

2. 通信

如前所述，TIB中的通信是通过发送和接收基于主题寻址的自描述消息实现的。每个消息由一组域组成，由发送进程动态构建。消息发送前，需要调用相应的操作将其与某个主题关联，主题名由字符串表示。也可将应答主题与自己消息相关联，即主题名可被接收者用来向发送进程返回应答。当然，发送方需已订阅它的应答主题。

考虑到性能，每个进程可创建一个进程专用的主题名，即收件箱。如果发布者在发布消息时使用另一进程的收件箱名，消息将通过点到点的通信方式直接传送而不是组播发送。

为发送和接收消息，进程需在本地创建类似于套接字的传送对象，用于向监听特定端口并使用特定通信协议的Daemon发送消息。传送对象可应用广播或组播通信。

消息接收主要是通过事件处理实现的。事实上，对某个主题的订阅是通过创建监听事件实现的，监听事件含有由订阅者提供的回调函数引用。当包含进程订阅主题的消息到达后，TIB将创建相应的事件对象并添加到本地事件队列中。每个事件队列至少具有一个分发器线程用来移除队列头部的事件，触发相应的回调函数并将到来的消息传送给回调函数。如要取消订阅，订阅进程仅需删除相应的监听事件，所有与该监听对象相关的正在等待处理的事件对象将同时被清除。图7.16给出了与匹配同一个监听事件的三个到达消息对应的活动，每个水平线代表一个活动的时间间隔，如订阅或消息的处理等。

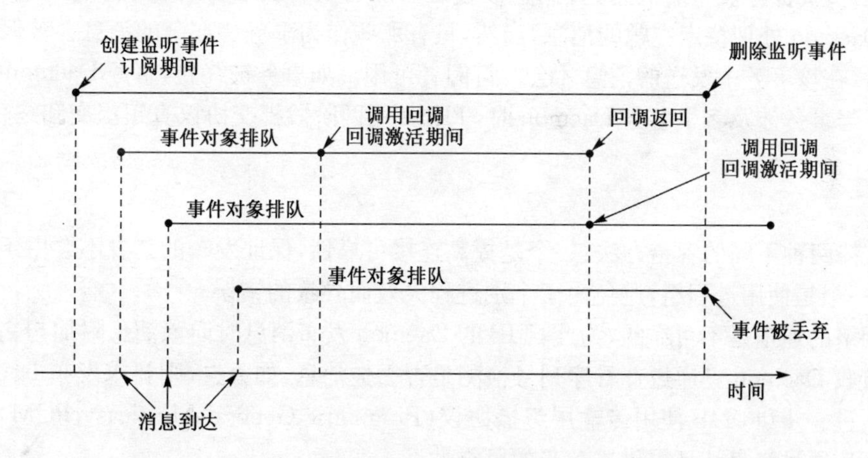

图7.16 在TIB中处理到来的消息

如果一个到达的消息与两个或多个监听事件指定的主题相匹配，那么将针对每个监听事件创建对应的事件对象并附加到队列。也就是说，一个到达消息可能产生多个事件对象。

可采用一个队列处理所有的事件。为更细致地控制事件处理，可以创建若干队列并明确将事件与事件队列相关联，如可以根据主题名创建队列。由于每个事件队列具有各自的分发器线程，多个事件队列允许对事件对象的交叉处理。可将若干个事件队列组合成队列组，并为每个队列分配优先级，队列组分发器从最高优先级的队列开始查找事件对象。

3. 进程

TIB系统的基本组织相当简单，每个站点机运行一个Daemon负责处理所有的网络通信。有时，还需要路由器Daemon处理广域网的情形。路由器Daemon扩展了Daemon的功能。

客户程序则作为一个独立的可执行进程在其站点机上运行，通过所连接的库程序实现通信，将消息传递给本地的Daemon。

4. 寻址定位

TIB寻址是基于主题的，但TIB的主题名并没有明确指向系统中的实体，而是用来帮助匹配一组发送进程(发布者)和一组接收进程(订阅者)。

TIB主题名与DNS名称相似，是用句点分隔的字符串序列。订阅者还可使用通配符指定其希望接收的消息的主题范围，也可使用通配符配置路由器Daemon以过滤正在接收和发出的消息。对于接收，意味着路由器daemon订阅了一个主题集合，只有属于该集合的消息才传送到本地网络。同样，路由器daemon也可订阅发送消息集合，只有满足订阅标准的消息才传给远程网络。这种双向的消息过滤可有效地降低广域网流量。

5. 并发控制

TIB内核几乎没有提供对进程同步和并发控制的支持，唯一保证的是消息的FIFO传送，即发自同一个对象的消息将按照发送的顺序传递。作为对内核的补充，TIB提供独立的事务服务以传送事务型消息，这样，消息发送和接收可以作为事务的一部分。这里，事务Daemon担负着重要的角色，负责保存发布的消息，直到它被递送给所有的订阅者。可以有多个事务Daemon，每个事务Daemon处理特定主题的消息，当然，只有那些作为事务一部分的消息会被保存。仅在事务提交后，在该事务中发送的消息才会对订阅者可用。如事务被终止，事务Daemon则丢弃发送的消息。当事务涉及多个事务Daemon时，TIB使用两阶段提交协议真正提交和终止事务。

6. 容错

TIB支持两种不同的容错方法：一个是提高连接可靠性，保证发布的消息不会由于通信故障而丢失；另一个是使用进程组，避免由于个别进程失效而导致的错误。

底层网络的通信是不可靠的，为此，TIB的Daemon发布消息时向该消息附加与主题无关的序列号。接收Daemon可通过查看序列号检测是否丢失消息，如丢失，则要求发布Daemon重传该消息。更进一步讲，TIB使用传输层组播协议(Pragmatic General Multicast，PGM)实现可靠组播。TIB还通过消息认证提供进一步的可靠性。

为隐藏进程失效，TIB使用进程组并提供一种简单的方法自动激活或去激活进程。进程组中的每个进程具有预先赋予的各不相同的级别，TIB保证一定数目的进程是激活的。活动的进程定期向组中所有其他的成员发送消息，声明它仍然处于激活状态且正在运行。如未收到这样的消息，TIB将自动激活非活动状态中具有最高级别的进程。同样，当一个以前失效的进程恢复并且激活后，当前活动进程中级别最低的进程将自动去激活。

7.4.2 JINI

下面介绍Sun Microsystems公司开发和发布的JINI[Waldo，2000]。

1. 概述

JINI 是一种基于松散耦合进程的分布式系统，生成通信(Generative Communication)的协同模型是 JINI 的重要部分。JINI 通过 JavaSpace 机制解耦进程的时间和引用关联。JavaSpace 是用于存储元组的共享数据空间，元组是一些 Java 对象引用的类型化集合，一个 JINI 系统可以存在多个 JavaSpace。

元组按序列化的方式存放。进程通过 write 操作存储元组时，首先对元组编码，再保存到 JavaSpace 中，JavaSpace 中的存储实体称为元组实例。读取元组实例时，只有与给出的模板类型相同的元组实例可通过 read 操作从 JavaSpace 中读出并解码返回给读取进程。为进行这样的匹配，模板元组也同样需要编码。还有一个 take 操作可从 JavaSpace 中删除元组实例。read 和 take 操作都阻塞调用者，直到找到一个匹配的元组实例，并可指定最大的阻塞时间。如果没有匹配元组存在，可以立即返回。JavaSpace 可用持久存储实现，JINI 系统关闭后再重新启动也不会丢失元组实例。基于 JavaSpace 的生成通信会带来实现效率方面的问题。

JINI 旨在提供一个小型的有效工具和服务集以创建分布式应用。基于 JINI 的分布式应用通常是设备、进程和服务的松散联合。JINI 系统的体系结构可分为三层：

· JINI 基础设施。提供 JINI 的核心功能，支持 Java RMI 及注册和查找服务。

· 通用功能。提供基础设施的服务扩展，包括事件和通知子系统，将租约赋予资源，以及支持事务的标准接口。

· 客户和服务。提供系统和用户定义的服务，包括 JavaSpace 服务器及实现 JINI 事务接口的事务管理器。

2. 通信

JINI 中核心的通信功能是基于 Java RMI 的。除 JavaSpace 模型本身所固有的生成通信模型外，JINI 还提供一个简单的事件和通知子系统作为其通信功能的一部分。

JINI 的事件模型比较简单。如果对象具有客户感兴趣的事件，客户可向该对象注册，这样当事件发生时，对象将通知注册的客户；客户也可以告诉对象将通知传递给其他进程。为此，向对象提供一个监听对象的远程引用，以便在事件发生时进行回调，回调通过 RMI 实现。注册总带有租约，租约过期了，就不会再有通知发送给注册客户。事件也可用于 JavaSpace 中，如客户可请求当有特定的元组实例写入 JavaSpace 时得到通知。

3. 进程

JINI 系统中使用的进程没有什么特殊的地方，但 JavaSpace 服务器的实现则需特别注意。考虑到元组实例的集合可能分布在若干台机器上，因此需要解决两个问题：

(1)如何模拟相关的寻址且避免大量地查找。

(2)如何将元组实例在机器上分布存放并且能够方便以后的定位。

元组是类型化的数据结构，可将元组空间分解成子空间，使得每个子空间中的元组具有相同的类型，从而简化编程并可带来一定的优化，如在编译时再决定 write、read 或 take 操作作用的子空间，这样只有一部分元组实例集合被查找。

4. 寻址定位

JINI没有提供传统的名字服务，虽然这样的服务在JINI中作为服务层很容易实现。对JINI来说更重要的是查找服务，即允许客户使用基于属性的查找功能找到注册的服务。

在原则上，通过JavaSpace也可实现服务查找，即每添加一个服务，就在JavaSpace中插入一个描述服务的元组实例，服务查找则变成JavaSpace中元组实例的匹配，但JINI还是提供了一种专门的查找服务并作为其基础设施层的一部分。服务注册要提供一系列与描述服务相关的信息的(属性，值)对，如提供什么服务，以及如何联系等。此外，注册信息还包含服务对象的引用，利用查找服务获得服务对象引用的客户可使用Java RMI激活该对象。

JINI允许多个查找服务共存，分别负责一组服务，这样负载可以分布到多个站点机上。

对象引用的管理是和命名相关的。一种办法是由对象维护引用列表，记录对其引用的情况。对于控制列表的长度且能处理引用进程失效的情况，租约是一种较好的选择，租约到期表示引用将不再有效，也就可以从引用列表中删除。JINI大量地使用租约，如对象不再被引用，就会被释放。租约的接口已经标准化。

5. 并发控制

JINI仅提供少量同步的机制，重要的有read和take操作，它们是作为JavaSpace的一部分实现的，这些操作可以用来表达许多不同的同步模式。

为在多个对象上完成一系列操作，JINI使用两阶段方式提交协议支持事务，并提供一种默认的事务管理器。客户可通过向事务管理器发送请求开始管理事务，事务管理器将返回一个事务标识符。客户需指定在事务终止或提交前需要经历多长时间，另外，管理器将为新创建的事务分发租约，租约到期时终止事务。JINI也支持嵌套事务。

JavaSpace也可参与事务，事务从而可以跨越多个JavaSpace。每当进程进行一个JavaSpace操作时，可传递事务标识符。JavaSpace服务器和事务管理器联合以确保ACID特性。

6. 容错

除了实现事务协议的事务管理器外，JINI不提供对容错的额外支持，基于JINI的应用组件可按自身的需要实现其容错。

7.4.3 OnceDI

OnceDI是中国科学院软件研究所开发的网驰平台(ONCE)的组成部分。网驰平台是基于Java EE标准的支持网络分布式应用开发和运行的网络软件基础平台，而OnceDI是其中负责网络上各种不同数据源之间数据传输和集成的中间件系统。关于网驰平台的详细内容，可参见第8章。

1. 概述

大型应用系统往往包含许多子系统，这些子系统之间的协同需要进行数据交换，同时也可能需要与其他应用交换数据。这些数据需要在多个应用系统或子系统之间进行流转和协同处理。数据交换与协同平台(OnceDI)是建立在网驰平台基础中间件之上，利用消息中间件、数据访问中间件和工作流管理器等提供的功能，完成数据的交互、集成与协同处理的平台。OnceDI可以实现跨操作系统、数据库和应用管理域数据资源的共享和协同工作，它们对用户是透明的，为用户提供了统一的业务处理环境，实现企业与企业之间，以及企业内部各系统之间的数据交互和流转的自动处理，为企业应用集成提供支持。OnceDI 为每一个参与数据共享的应用提供了访问其所需数据的接口和统一的数据访问格式和规范。OnceDI 有四种主要功能。

(1)数据传送：数据的接收与发送，数据的压缩/解压和加密/解密。

(2)数据流转：数据在多个应用之间进行流转。

(3)数据监控：数据访问日志记录与审计。

(4)系统配置：为平台连接的所有应用进行定义和配置。

OnceDI 通过应用程序提供的数据访问接口访问应用程序的数据。数据访问接口可以有两类，即基于应用的和基于数据的。前者通过应用程序的相关模块访问应用数据，后者则得到应用程序的授权，直接访问应用所拥有的数据库。

当数据消费者需要得到供应者的数据时，可通过 OnceDI 向供应者发出请求。如供应者认可该请求，OnceDI 则负责将消费者需要的数据发送给消费者。数据请求有如下几种方式：

(1)隐式数据请求。这类数据请求不在应用之间显式传递，而是由数据流转规则进行。例如，下级向上级定期汇报数据时，不需要由上级向下级的应用发送数据请求，而是通过预先定义的数据流转规则进行。数据一个的流动可能涉及多个应用之间的数据交互。

(2)随机数据请求。消费者随机地向供应者发出数据请求，这种数据请求是一次性的，仅能从供应方得到一次数据。

OnceDI 的数据请求可采用拉方式或推方式工作。一个拉方式的数据流程如图 7.17 所示，其中的虚线表示需求方发出的一个数据请求。

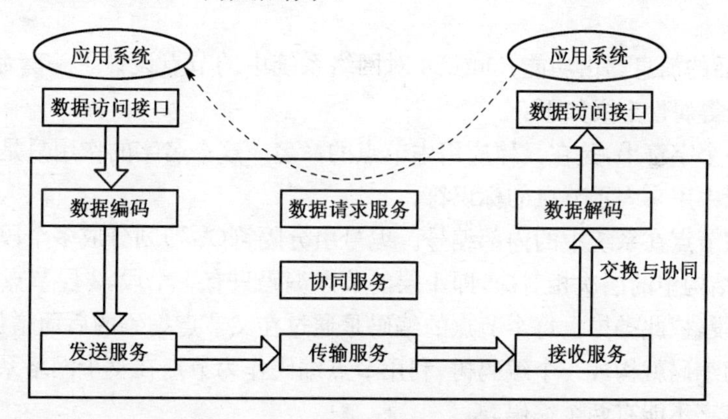

图 7.17　OnceDI 拉方式数据流程

在数据的传输过程中，需要对传输的数据作相应的处理，如进行加密/解密和压缩/解压等。发送服务负责将编码后的数据通过传输服务发送到指定的接收端，由接收服务负责接收，并交给解码模块进行处理。传输服务由数据传输中间件实现。

OnceDI 还可定义多个应用之间的数据流转规则，当一个应用发出数据时，协同服务负责将数据依次传输给各个相关的站点，并监控管理流转的过程。

2. 通信

应用系统之间的通信是通过消息队列实现的，OnceDI 通过消息通信中间件 OnceMQ 实现消息数据的可靠传输。消息是应用系统之间通信的基本单位，由消息头和消息体两部分组成。消息头由一串域组成，包含与消息访问和消息转发相关的重要信息，如消息的标识、目标队列、长度、标题、消息组标识和优先级等。要求传输的应用数据构成消息体,它是无结构的二进制字节流,其意义由应用程序解释,消息中间件保证消息体的内容准确无误地到达目标队列。

消息队列是消息存放的缓冲。队列可以保存一个或多个消息,这些消息按照一定的方式组织。OnceDI 支持先进先出和带优先级两种消息组织方式,先进先出队列按照消息入队的顺序将消息提供给应用;在优先级队列中,每个消息都被赋予一个优先级,队列按照优先级顺序将消息提供给应用。

队列管理器也就是消息服务器,负责队列管理及消息的存储和转发。队列管理器一旦启动,就在后台完成消息出入队、消息转发和安全控制等功能。队列管理器的大多数功能对于用户来说都是透明的,应用不必关心这些功能是如何实现的。

OnceDI 通过 OnceMQ 提供的一组编程接口管理队列和消息。在进行消息操作之前,应用程序必须先连接到队列管理器并且打开相应的队列。同样地,在消息操作完成后,也要关闭所有打开的队列并且断开和队列管理器的连接。消息操作可分为读和写两类,读操作就是将消息从队列中读取出来,写操作则将消息放进队列中。OnceDI 提供了丰富的方法接口,方便用户完成各种类型的消息访问操作。为了提高特大数据类型的传输效率,OnceDI 提供专门的处理算法。

3. 进程

OnceDI 的服务器进程有:消息队列管理器,负责数据的可靠传输;数据服务器,负责数据的发送和接收;协同服务器,负责解析数据流转规则;路由服务器,负责消息的路由控制。客户程序一般作为一个独立的可执行进程在其站点机上运行,通过消息通信接口与服务器进行通信。

4. 寻址定位

为了提供灵活的消息路由功能,OnceDI 对网络系统中的节点设计了一套命名规则,其中的名字、编码和地址等属性定义如下:

(1)名字是一个字符串,是在具体应用中节点的命名。这个名字的作用只是为了方便应用的开发,并不是系统中用来表示节点的标识符。

(2)编码是该节点在系统中的内部编号。编号由分隔符(":")划分成多个段。段的个数与该节点在整个树形结构中的层次相对应,即 1 层的节点编码只有一个段,2 层节点编码是包含有一个分隔符的两个段,依此类推。每个节点的编码是通过在父节点编码的后面增加一个段来构造。这样,所有节点的编码就构成一个编码树,利用节点编码作为节点在整个网络系统中的标识。当然,同一个节点名字不能有两个编码。

(3)地址是指节点在物理网络上的地址。

在命名规则的基础上,OnceDI 提供了路由管理功能。路由表是整个路由管理的核心,根据当前和目标节点的地址确定发送过程中下一步直接转发的节点地址。

5. 并发控制

对于各种数据资源的访问,OnceDI 本身没有额外提供并发控制的功能,数据一致性保证由数据管理系统完成。OnceDI 提供的各种服务,如消息服务、发送服务、接收服务和协同服务等,都是基于多线程机制完成的,OnceDI 提供线程之间的同步和并发控制。

消息队列管理器提供了事务队列,即将消息队列视为与数据库一样的数据资源,其操作以事务为单位进行提交、回退及故障恢复,并对共享数据资源进行事务并发控制。

6. 容错

OnceDI 基于消息队列方式实现了数据的可靠传输，消息发送单次可达。保证每个消息能从发送者到达接收者，且保证每个消息仅被接收一次。在系统发生故障时，系统提供了消息的保存和恢复机制，在故障恢复后，能自动完成恢复处理。基于分页的消息队列存储结构保障了消息的可靠存储。这种存储结构与现在的磁盘技术紧密结合，可以尽可能地提高消息存储和访问的效率，增加存储的可靠性，也便于缓冲池的组织，易于控制刷新过程。

OnceDI 还提供消息事务，以及完善的日志记录和管理功能，并在数据发送和接收过程的中定义了失效恢复机制。

7.4.4 基于消息和协同的分布式系统比较

上面讨论了三种基于消息和协同的分布式系统，下面对这些系统进行总结和比较。

1. 设计思想

这些系统都支持进程的松散耦合。TIB 通过发布/订阅机制实现，JINI 通过事件和 JavaSpace 机制来实现进程的松散耦合，而 OnceDI 则通过 MOM 消息中间件实现。

TIB 和 JINI 都是基于进程松散耦合达到协同工作目的的分布式系统，事件发挥着主要的作用。OnceDI 针对数据在不同应用之间的交换和流转而设计，提供在广域网范围内松散耦合的数据集成。

2. 通信

TIB 的通信主要通过发布/订阅机制完成，组播通信发挥着重要的作用，并采用了许多措施保证在广域网上也可以有效地工作。

在 JINI 中，组播基本上仅用于初始定位查找服务。所有其他的通信，包括同 JavaSpace 服务器的通信，都基于 Java RMI。在寻找到相应的进程后，就可使用点到点的通信，消息的格式和内容完全取决于通信的双方。

OnceDI 通过消息队列的方式实现可靠的数据通信，并通过路由服务实现消息的复制和分发。

3. 进程

这些系统的进程本质上没有什么特殊的地方。

4. 寻址定位

TIB 的名字在基于主题寻址的环境中发挥着重要的作用，所有的地址都使用类似于 DNS 语法的字符串名称表示。TIB 不需要提供单独的名字服务。

JINI 不提供传统的名字服务，而是提供单独的查找功能，使客户可根据属性找到注册的服务进程。

OnceDI 提供了一种树状结构的命名规范，并通过路由服务实现消息的汇总和分发处理，能够满足对命名和寻址的需求。

5. 并发控制

所有的系统都提供异步的并发通信控制，但在事务处理上存在差别。

TIB 可将一系列的发布和接收操作组合到一个事务,并限定于单一进程,实际上这是事务型消息传递。当多个进程需要参与到一个事务时,就需要传统的事务管理器。

JINI 仅提供了允许将多个客户激活的操作组合到一个事务的事务协议。JINI 也提供了事务管理器,与 JavaSpace 服务器一起保证 ACID 属性。

OnceDI 通过事务队列实现了部分事务操作的功能,但其本身并未提供完整的分布事务处理。

6. 容错

TIB 通过消息的认证和事务型消息传递支持持久化的通信。JINI 的可靠通信完全依赖 Java RMI 提供的可靠性。OnceDI 的容错性主要体现在可靠消息传输方面,并提供完善的日志记录和管理功能以实现数据的恢复。

7.5 对等系统

传统的客户/服务器系统可以提供对文件、Web 页面或其他信息资源的访问和管理,由于资源都是位于服务器方,服务器是仅有的服务和内容的提供者,在客户/服务器方式下工作时,服务器总是处于运行状态,被动地等待客户发出服务请求。对等网络系统是另外一种不同的分布式系统,其中所有的站点都处于平等地位,不再有客户机和服务器之分。每个端节点既是客户,又是服务器;既能向其他端节点发送查询请求并获得查询结果,又能接收其他端节点发来的查询请求,并返回其所需要的文件信息。端节点之间可以直接建立连接和共享资源。因此,对等网络系统通常又称为端到端系统(Peer-to-Peer,P2P)。

1. 概述

对等网络系统是由网络计算单元构成的一个自组织系统,其中的每个计算单元节点在地位上是完全平等的,行为上是独立自治的。它们通过网络互相连接,对外提供高度分散和自治的服务。

对等网络系统的作用是在 Internet 环境下实现分布式资源的自由交换和共享。在对等网络系统中,端节点是指具有对称功能的参与者,每个端节点都是完全自治的,它们既可以是服务请求者,也可以是服务提供者,端节点之间共同遵守常规或者约定的通信协议,相互直接通信,无需经过任何中央控制和协调,就可交换和共享它们所拥有的资源。P2P 系统具有良好的规模扩展性和灵活性,已被广泛应用于即时通信、数字内容共享、流媒体广播,以及分布式数据存储和协同工作等诸多领域。

在 P2P 系统发展的不同阶段,出现了各种不同风格的 P2P 系统,按照网络拓扑结构进行区分,可以划分为如下三类[Steinmetz,2005]:

1)集中目录式 P2P 系统

早期的 P2P 系统是由提供音乐文件交换共享服务的 Napster[Napster,2001]开始的,以具有中心化的索引服务器为特征。如图 7.18 所示,端节点到中心服务器采用星形连接方式。文件搜索协议采用客户/服务器模型,端节点向服务器发出查询请求,在服务器的索引目录中找到请求文件的地址之后,就在客户机和目标机的端节点之间直接建立连接并进行文件传输,不需要再通过中心服务器。

集中目录式 P2P 系统的最大优点是对资源搜索发现的效率高,且能实现复杂的查询。但由于资源的发现完全依赖中心化的目录索引,如果中心服务器瘫痪,就会引发整个系统的崩溃,系统的可靠性和安全性较低。

2)无结构 P2P 系统

无结构 P2P 系统是第二代 P2P 系统,它取消了集中的中央服务器,覆盖网络采用随机图的组织方式,覆盖网上的每个 Peer 对应于一个网络站点机,覆盖网的连接是由每个 Peer 所保存的“邻居节点”信息确定的,每条连线对应着因特网上一条点到点的链路。所有的网络节点都是对等的,它们之间的内容查询和文件共享都是直接通过邻居节点广播接力传递而实现的。这种无结构 P2P 系统结构如图 7.19 所示。

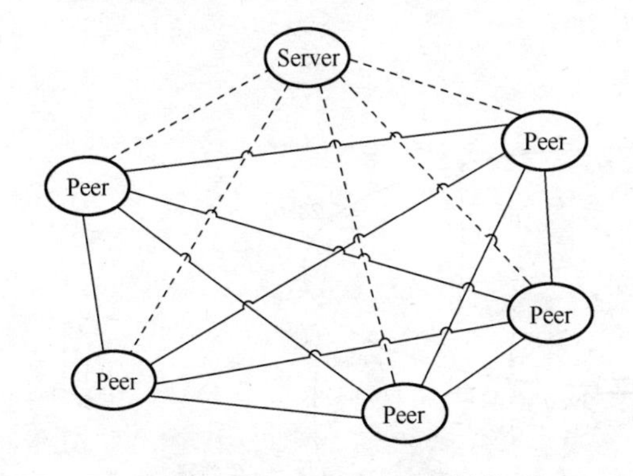

图 7.18 P2P 集中目录式结构

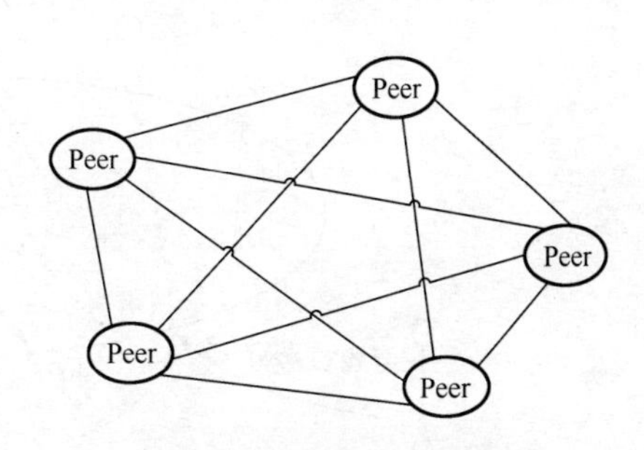

图 7.19 纯 P2P 网络模型

然而,随着联网节点数的不断增加,由于洪泛定位而引起的网络流量也急剧增加,使无结构 P2P 系统在发现效率和可扩展性方面出现了问题。为此,可采取另一种改进的混合型方案,即将网络中的节点按能力不同区分为普通节点和超级节点两类。其中,超级节点与其邻近的若干普通节点之间构成一个自治的簇,簇内采用基于集中目录式的 P2P 模式工作,而整个覆盖网络中各个不同的簇之间再通过这种无结构的纯 P2P 的模式将超级节点连接起来。这种混合式 P2P 的系统结构如图 7.20 所示,它综合了集中式 P2P 快速查找和纯 P2P 去中心化两者的优点,性能和扩展性两者都有很大的提高。

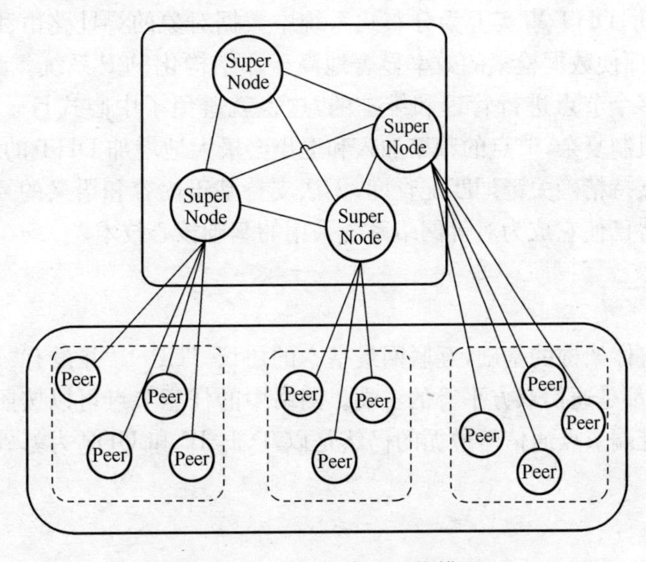

图 7.20 P2P 混合式网络模型

3)结构化 P2P 系统

结构化 P2P 系统是最新发展的第三代 P2P 系统，最大优点是它们有一个严格的覆盖网拓扑结构，如带弦环、B∗树、多维空间、超立方体等，Chord 环[Stoica，2003]就是一种带弦环的例子。按照 4.6.3 节给出的分布式散列表寻址方法，如图 7.21 所示，将超级节点组织成一个环式结构的覆盖网，每个节点只包含有到覆盖网其他部分节点的路由信息。每个普通节点对象地址存储在按其散列表位置的覆盖网后继节点中。以图 7.21 给出的数据为例，用户从节点 A 发出请求，寻找散列值 $K=3980$ 的对象节点地址，此请求按照指数路由①，②，③的顺序查找到管理该数据对象地址的目标节点 B。然后就直接在对等端 A 和 B 指向的对象节点之间建立连接，将所需数据对象传输到请求节点。

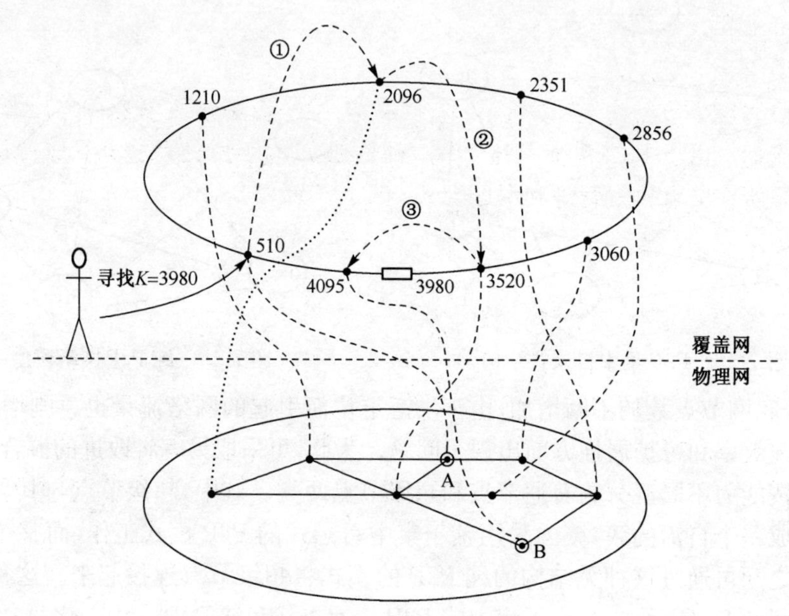

图 7.21　结构化 P2P 系统结构

以上的分析表明，DHT 事实上为分布式系统中数据对象的寻址路由和管理提供了一个全局视野的抽象层，从而使数据检索的效率显著地高于非结构化 P2P 系统。由于 DHT 是将路由和数据信息分散于多个节点进行管理和维护的，这也就避免了中心式目录管理的弊病。DHT 的最大问题是维护机制复杂，节点的频繁加入和退出会极大地增加 DHT 的维护代价。DHT 另外的一个问题是仅支持精确关键词匹配查询，无法支持基于内容和语义的复杂查询。但总的来说，DHT 的许多优势已使它成为对等网络系统采用的基础核心技术。

2. 通信

P2P 是互联网整体架构的基础，互联网最基本的协议 TCP/IP 并没有“客户机”和“服务器”的概念，所有的设备都是通信双方平等的一端。网络中的任意节点可以按照互联网的通信协议自由交互。P2P 系统端节点通信所遵循的仍然是以 TCP/IP 和 UDP 为基础的网络传输协议及其上的应用层协议。

3. 进程

P2P 系统中的每个普通节点既是服务器，又是客户端。进程主要有两种：客户端进程和服务器进程。当节点发现有其他节点具有自身想要获取的数据或服务时，就同它建立连接，向其发送请求；当节点接收到其他节点的请求信息时，就向其提供相应的服务。

4. 寻址

不同类型的P2P系统采用不同的寻址方法：第一代集中目录式P2P系统采用集中的目录索引服务器进行寻址；第二代无结构P2P系统采用洪泛方法寻址，每个收到查询消息的节点将消息发送给它的所有邻居节点，直至达到目标节点或者最大的跳数限制殆尽；第三代结构化P2P系统采用分布式散列表示方法寻址，路由和定位算法取决于覆盖网拓扑和路由表的结构。DHT通常都维护一张比较小的路由表，逐步缩小当前节点与目标节点之间的距离。

5. 并发控制

P2P系统中的每个节点既是客户端，又是服务器，网络应用由使用者自由驱动，信息直接在网络节点之间流动。由于P2P系统中各个节点都是独立自治地运行的，共享资源访问的并发控制都是由该资源所在节点负责管理和保证的。

6. 容错

结构化P2P系统普遍采用“ID邻近复制”，即将数据对象复制到ID邻近的k个节点上，这些ID邻近的节点往往均匀散布在网络中，它们同时失效的可能性很小，从而提高了容错性。

DHT本身也具有一定的容错性。DHT通过周期性地联系路由表中的，看是否可达。如发现一个节点不可达，就要进行路由表修复。DHT还使用冗余定位信息提高容错性，如使用后继列表取代单后继；不仅使用后继节点，还使用前驱节点等，使得定位路径有多个选择，即使其中有节点失效，也能定位成功。

第 8 章　网络软件基础架构平台

随着网络技术的发展和计算机应用的普及，人们已经从过去的单机应用或简单的数据库应用进入全新的大规模网络应用阶段。应用网络化已成为当今信息系统和软件工程的主流。由于网络应用可能面临各种异构的操作系统、数据库和不同的网络协议，人们开始寻找那些公共的基础服务，并将它们独立出来，形成许多单一功能的中间件。在经过了初期的快速发展之后，这些中间件彼此交互融合的问题开始显现出来，导致了用户对中间件软件平台的需求。网络软件基础架构平台就是顺应这种需求产生的，它位于多种异构操作系统之上，为高层应用提供基础服务和集成支持，是网络环境下最重要的基础系统软件。

网驰(Open Network Computing Environment，ONCE)是中国科学院软件研究所研发的网络软件基础架构平台。本章在介绍网络软件基础架构平台的同时，主要对网驰平台技术和中间件进行简要介绍。本章内容可参见 www. once. org. cn。

8.1　概　　述

每类中间件都只能解决网络应用中某个方面的系统服务需求。但是，在一个企业或一个地域的信息化建设过程中，往往需要使用多种不同类型的中间件，这可能又会引起中间件系统之间的匹配和集成问题，并增加应用软件开发和信息化建设的复杂性。解决这个问题的办法是将这些中间件组织在一体化的软件平台中，由平台负责集成各类中间件及其上的应用系统，实现不同中间件服务及应用系统之间的交互和融合。传统意义下的操作系统解决单机条件下各种资源的调度和优化问题，而中间件平台则解决网络条件下各种资源的调度和优化问题。软件平台不是各种中间件产品的简单堆砌，它已超越了传统意义上功能单一的中间件概念，通过若干中间件功能的组合与协作，共同支撑网络化应用的开发和运行。例如，Java EE 应用服务器就是一种这样的中间件平台。

软件平台是指用来构建与支撑应用软件开发、部署、运行和管理的一体化解决方案，是应用软件得以高质量运行和实施的必要条件。软件平台系统的基本特征体现在：

- 是独立的基础系统软件。
- 屏蔽多种硬件平台的差异性。
- 满足多种应用系统高质量运行与深层次集成的需求。
- 支持组件化软件工程开发，为用户提供透明的系统服务。
- 支持标准的协议和接口规范。

软件平台按照其实施的范围，可分为两个层次，即面向通用系统需求的软件公共基础平台及面向特定领域应用的软件领域应用平台，如图 8.1 所示。

软件公共基础平台位于操作系统平台之上，其作用在于为高层应用提供基础的公共系统服务的支持，如 Java EE、CORBA 和 .NET 等平台都是软件公共基础平台的例子。领域应用平台是在软件公共基础平台之上为特定的领域应用需求服务的专业平台，支持该领域应用的公共应用逻辑和业务集成框架，如 ERP、CRM 及各种电子商务平台等都是领域应用平台的例子。在每一个层次上，软件平台都为其上一个层次屏蔽自身及以下层次的技术细节。

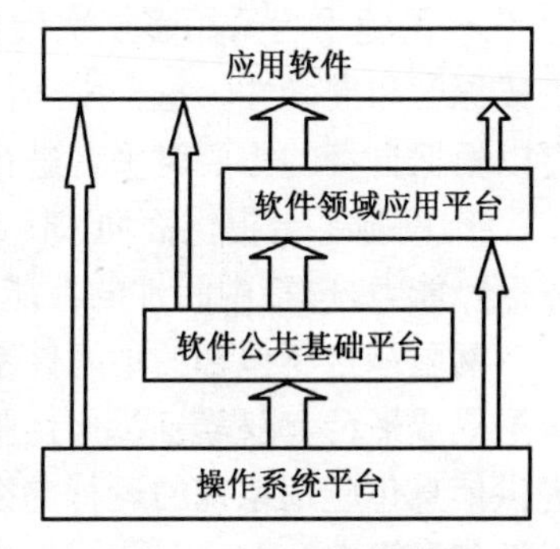

图 8.1　软件平台分类

随着网络计算环境由简单到复杂、由封闭到开放，以及资源与系统的异构性和复杂性的增加，用户规模难以估计，应用需求快速变化，网络化软件需要一个能够支持系统开发、部署、运行、管理、集成和安全的一体化的软件开放平台，这就是网络软件基础架构平台，它是中间件平台技术发展的高级阶段，是网络环境下的操作系统。

可以将应用服务器延伸发展成为更大的平台，除了包括最基本的系统服务之外，还包括一些应用集成软件包。这种打包的应用服务器可称之为平台套件。平台套件中的产品不一定都是来自同一厂商，而可能是由多个厂商的产品组装而成的多合一的解决方案。显然，这种把应用服务器和集成软件包简单捆绑在一起的做法并不能适应用户的深层次需求，不能为用户提供长期、稳定和可靠的支持。

网驰(ONCE)平台是一种典型的网络软件基础架构平台。①它是基于网络的；②它同时兼有软件体系结构(Architecture)和软件框架(Framework)两者的需求特征；③它是一个可扩展的软件平台。由于这个平台具有的许多技术特性，使它对基于网络的分布式系统具有更好的运行支撑能力和更强的服务集成能力。

网驰平台的主要技术特点如下：

· 网驰平台采用柔性的体系结构模型，由基础运行支撑、集成协作框架，以及开发管理等三个层次组成，如图 8.2 所示。该体系结构采用微内核总线和组件容器技术，将各种不同类型的中间件结合在一起，提高了中间件的可重配性、开放性和灵活性，使中间件能够根据需求或环境的变化灵活地调整自身的结构、行为和配置。

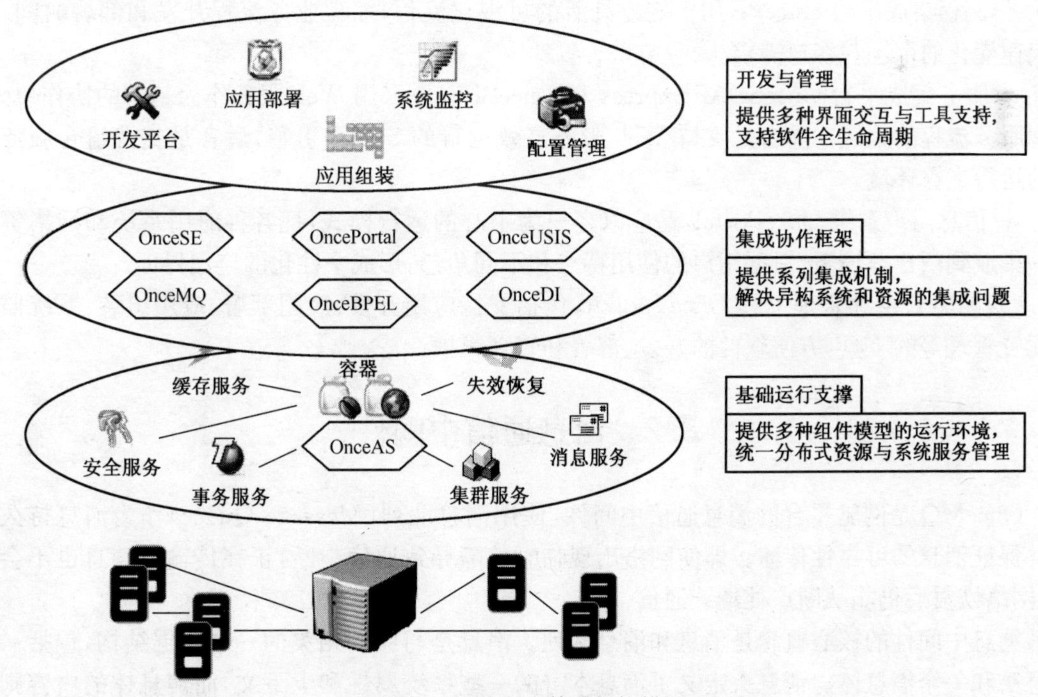

图 8.2　网驰平台体系架构模型

· 网驰平台采用多层次模型驱动框架，提升了数据、消息、服务、流程和界面等不同层次的集成深度和准确性。每个中间件可以单独使用或者与其他中间件集成使用。不同的信息化系统可以根据自身的需要对平台进行剪裁和客户化定制，搭建各自需要的开发和运行平台。

· 网驰平台提供面向 QoS 的中间层支撑技术体系，使中间件为应用提供各种高质量的服务保障能力，包括中间件的性能保障技术及支持松弛事务处理的可靠性保障。

网驰平台所包含的中间件系统覆盖了目前大多数主流的中间件类型，主要由基础运行平台、数据集成平台、流程集成平台、服务集成平台、信息门户，以及一系列开发管理工具组成。它不仅提供信息化应用系统的运行支撑，还提供系统快速开发、部署和管理的工具，满足信息化系统建设的各种需求。

(1)网驰基础运行平台提供基础的系统运行支撑，屏蔽底层操作系统和网络的差异，实现网络分布环境下消息通信、并发控制、事务处理、资源联接和名字服务等基本系统服务。主要的中间件包括以下几点：

· 消息通信中间件 OnceMQ，使用内存队列和持久队列作为消息缓存，实现分布式应用程序之间的可靠消息通信及松散耦合的分布式应用集成。

· 事务处理中间件 OnceTX，实现分布式事务监控管理、事务恢复、资源关联和连接复用等，保证事务处理中涉及多个资源管理事务时的完整性和一致性。

· 应用服务器 OnceAS，是基础运行平台的中枢，用于创建、部署、运行、集成和维护多层信息化应用。OnceAS 基于 Java EE 规范，支持 JSP、Servlet、EJB 和 Web Service 等组件类型，通过 RMI-IIOP 实现与 COM 组件和 CORBA 组件的集成。

(2)网驰集成框架提供系列集成机制，整合各种异构系统和资源。主要的中间件包括：

· 数据集成平台 OnceDI，解决在信息化建设过程中不同地域和不同系统之间数据的传输和集成问题，对各种分布和异构的数据资源进行统一的访问和管理。

· 流程集成平台 OncePI，用于构建灵活的可视化流程，缩短业务流程开发和部署时间，应对快速变化的市场与客户需求。

· 服务集成平台 OnceSOAPExpress 和 OnceBPEL，采用 Web 服务作为基本的协作单元，实现服务流程的集成。前者是支持 Web 服务高效运行的 SOAP 引擎，后者是支持组合服务流程的运行支撑环境。

· 信息门户系统 OncePortal，适应以客户为中心的运行模式，把各种应用系统和网络资源统一集成到门户环境下，根据用户的使用特点和不同角色，形成个性化的应用界面。

(3)网驰开发和管理工具 OnceToolkit，包括支持应用开发、应用部署、应用组装、系统监控和配置管理等的工具，方便软件的开发、部署和管理维护。

8.2 消息通信中间件

OnceMQ 是网驰平台的消息通信中间件，使用消息队列(Message Queue)作为消息持久存储并保证消息的可靠性传输。即使网络出现临时故障导致通信中断，正在传输的消息也不会丢失，网络恢复后仍能从断点处继续通信。

消息中间件的核心概念是消息和消息队列。消息是与应用相关的一个数据结构，包括一个消息头和一个消息体。消息头定义了消息本身的一些系统属性和上下文，而消息体的内容则完全与应用相关，称为应用数据。在通信的过程中，消息的发送方定义应用数据的格式并提供应用数据，可以是字符串、位串、二进制整数和浮点数等所有类型的数据。为了能理解消息中数据的意义，接收方也需要了解消息中应用数据的格式，这样才能对接收到的数据进行解释，并进行特定的处理。为了屏蔽异构操作系统和机种之间数据表示的差异，消息中间件在传递消息时要引入一种公共数据表示(Common Data Representation, CDR)，使得交换信息的双方能够对所交换的信息取得一致的理解。OnceMQ 提供 CDR 转换模块，使用这一模块可以方便地将本机格式的数据转换成为 CDR 数据，也可以将 CDR 数据表示转换为本机格式。

消息队列是队列管理器在消息的发送过程中用来存放消息的区域。在默认情况下，消息队列以先进先出的方式工作。消息队列可以分为发送队列和接收队列:消息在发送前存放在发送队列中，接收方收到消息后将其放入接收队列中。在消息中间件中，由队列管理器管理消息队列，应用程序并不直接和消息队列进行交互，而是通过队列管理器提供的接口发送或读取消息。正是因为有消息管理器和消息队列的存在，通信双方的关系才更加灵活，消息通信并不要求发送方和接收方同时处于运行状态。

OnceMQ 中提供消息服务的节点双方是对称的，不同节点上的队列管理器无主次之分。队列管理器负责消息的发送、接收及消息队列的管理。基于 OnceMQ 的应用通过队列管理器编程接口与队列管理器建立连接，并获得 OnceMQ 提供的消息服务。一个队列管理器可以同时服务于多个应用系统。

OnceMQ 的系统结构如图 8.3 所示。

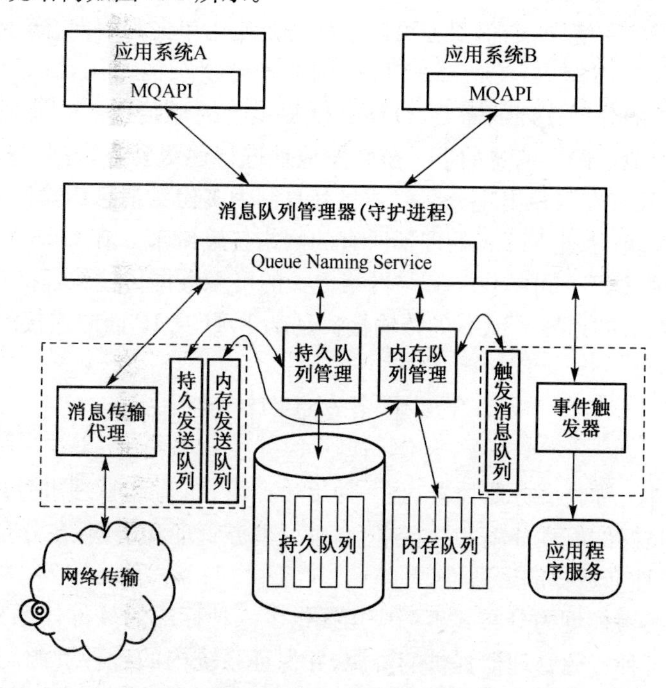

图 8.3　OnceMQ 系统结构

OnceMQ 的主要模块包括消息队列管理器(MQM)、消息传输代理(MTA)和应用程序接口(MQAPI)等三部分。MQM 作为一个系统守护进程接收应用的消息服务请求，管理各种消息队列，并根据消息目的地指引协调 MTA 完成消息通信任务。MTA 的主要任务有两个:一是将本地传输队列中的消息发送给远程目的地的 MTA;二是接收远程 MTA 发来的消息并将之传送给本地的 MQM，并将消息放入相应的接收队列中。MQM 还根据触发消息队列中的消息协调事件触发器(ET)并启动相关的应用程序服务。应用程序接口(AP)I则为应用系统使用OnceMQ消息服务提供编程接口。

MQM是OnceMQ的核心部分,它包括内存队列管理器、持久队列管理器和名字服务三个模块。内存队列管理器负责管理内存队列及其中的消息,同时它还负责接收来自应用的服务请求。持久队列管理器负责管理持久队列及其中的消息。名字服务提供名字和实体间的映射,是系统中解析队列和消息管理器名字的基础。

内存队列管理器管理所有基于内存的消息队列,用户向队列管理器发出的大部分请求都先被内存队列管理器获取,然后判断要操作的队列是在内存中还是外存中,前者由内存队列管理器处理,后者向持久队列管理器发出请求,由持久队列管理器处理。采用内存队列的优点是速度快,而且配置简单。但是,内存队列不具有可靠性,在系统异常和机器断电等情况下,内存队列中的信息将会丢失。为了提高消息的可靠性,OnceMQ提供持久队列,在持久队列中的消息不会因为系统异常或突然断电而丢失。存储在磁盘中的队列是持久队列。持久队列管理器负责对持久队列的管理,其中的文件映射存储了关于持久队列所有的信息。在系统异常重启时,可以从文件映射中将持久队列和其中的消息恢复出来。

OnceMQ采用分页存储方式将消息队列保存在持久存储中。分页存储方式和现在的磁盘技术结合最紧密,可以达到尽可能高的效率。分页方式也便于缓冲池的组织,易于控制其刷新过程,便于进行必要的事务恢复。

在基于消息的通信系统中,通信双方可以根据需要使用单向和双向、同步和异步、一对一、一对多和多对多等各种应用模式。OnceMQ可以构造各种复杂的应用,满足各种系统集成的需求。根据实际应用中的分层管理的需要,OnceMQ提供了树形结构下的消息路由。各个MQM可以根据消息的目的地址确定消息的下一步转发地址进行逐级转发,并且保证在重复的路段上只有一个消息备份,只有在路径出现分叉时才将其复制为多份。消息传输代理(MTA)是系统中唯一和网络相关的模块,因此MTA处理了所有的网络传输细节。在OnceMQ的MTA中实现了一个低层通信系统(LCS),可提供一套与网络无关的可靠数据传输编程接口,屏蔽了不同的低层硬件平台间网络接口的差异。LCS的传输接口是基于TCP/IP面向连接的通信。

8.3 事务处理中间件

事务处理中间件又称为事务监控器,是一种用于产生、执行和管理事务应用的中间件,为面向事务的应用提供良好的编程环境和运行平台,进行事务管理和协调,在分布式事务技术的支持下,保证事务的完整性和数据的一致性。

X/Open DTP参考模型为分布式事务应用提供了一种标准的软件体系架构,不同的应用程序之间能够共享由各种资源管理器提供的资源,并保证系统内的各种资源均衡有效地在全局事务中协同工作。DTP模型由应用程序(AP)、资源管理器(RM)和事务管理器(TM)组成,并定义了这三者之间的交互接口,应用最广泛的是RM和TM之间的XA接口。X/Open DTP模型在第3章中已经介绍过了,它包括三个部分。

• 应用程序(Application,AP):与具体业务相关的程序,定义了事务边界和组成事务的各种行为。

• 资源管理器(Resource Manager,RM):负责管理资源,为应用程序提供数据的读写、修改和删除,实现对资源的访问和并发控制,保证数据的完整性与一致性。

· 事务管理器(Transaction Manager,TM):负责管理事务和资源管理器,为应用程序提供事务一级的服务,如对事务进行监控,完成事务提交和事务失败时的错误恢复,并负责资源管理器之间的调度、分配与协调。

网驰平台中间件 OnceTX[张昕,2006]是基于 DTP 模型实现的事务处理平台,提供完善的事务处理和监控服务,支撑网络环境下关键业务系统的运行和管理,满足多用户并发、大交易吞吐量、多数据库操作和大数据量传输的需求。

OnceTX 的逻辑结构如图 8.4 所示,整个系统形成三层树形结构,由应用域(Domain)、服务集群(Cluster)和服务容器(Container)组成。由客户端负责发起和结束事务,发送服务访问请求,从 ClusterServer 获得结果。

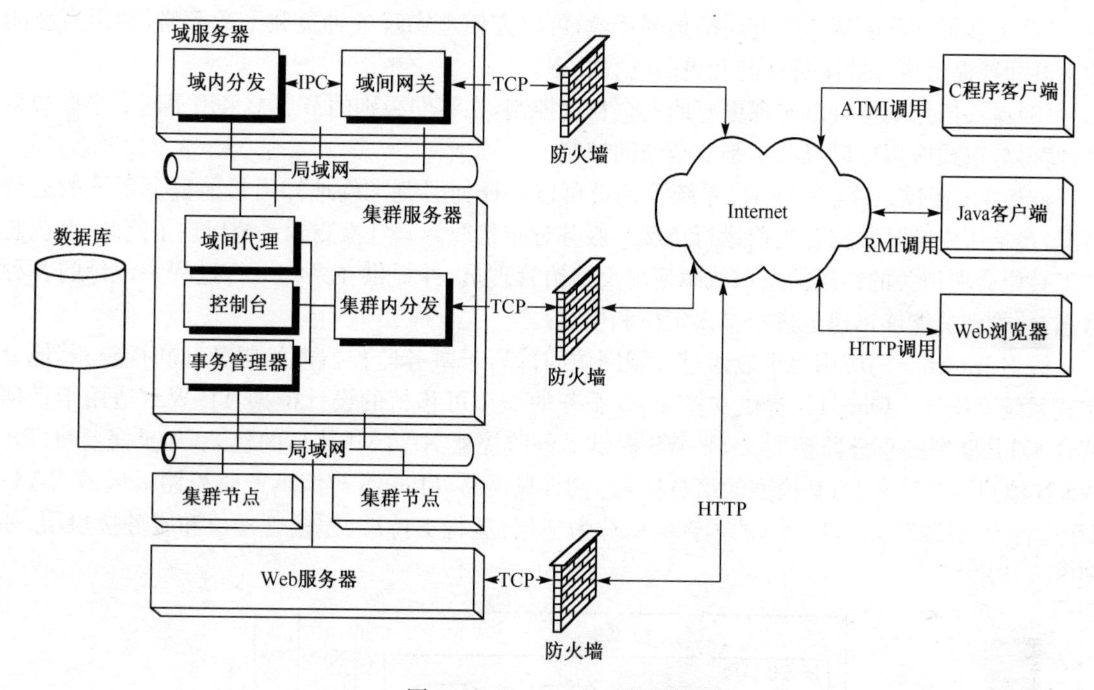

图 8.4 OnceTX 的逻辑结构

域服务器(DomainServer)是整个应用域中的核心管理节点。每个应用域只有一个域服务器,它保存域内所有对外提供服务的信息和所有本域可见的域外服务信息。每个域内会存在一个或多个集群,域服务器获取集群提供的服务并控制集群的运行。域服务器通过网关(Gateway)同其他的域进行通信,任意两个域可以直接通信,所有域的 Gateway 之间是网状连接的。

集群服务器(ClusterServer)是域中每个集群内的核心管理节点。每个集群只能有一个集群服务器,它保存本集群提供的所有服务的信息,并管理本集群内所有容器的运行。在一个事务执行的过程中,客户程序发送的服务请求经集群服务器转发到相应的容器,再由集群服务器将服务处理结果返回给客户。当客户程序请求事务提交时,集群服务器协调事务管理器(TM)执行事务提交协议。

服务容器(Container)是真正在集群节点中执行服务请求的服务器。在接收到本集群服务器转发过来的服务请求时,由容器执行服务程序,并将执行结果返回给集群服务器。服务容器采用了内置的多线程管理,允许服务并发执行。

RM 是遵循 X/Open XA 接口规范的任意资源管理器,负责管理资源,为应用程序提供对资源的访问并保证数据的完整性与一致性。典型的资源管理器模块有数据库管理系统和文件管理系统等,在TM发起事务提交协议时参与投票并执行最终的投票结果。

TM是集群服务器的一个关键部分,它负责处理事务协议,并与RM通过XA接口规范交互;TM对其管理的每个RM产生唯一的标识(RMID),在事务提交或回退时,向每个RM发起两阶段提交。

OnceTX采用三层树形结构的好处如下:

(1)应用层使用域(Domain)可以重用已经在OnceTX平台上搭建的应用。各个域之间可以通过协作的方式访问对方所提供的服务,从而支持更加复杂的网络部署,使整个分布式事务应用跨越多个局域网并部署在Internet环境中。

(2)集群服务器层从结构上支持集群环境,可以方便地实现各种负载平衡策略,利用高性能的集群配置提供更好的服务性能和更高的吞吐率。

(3)树状拓扑结构可以实现更好的安全粒度控制,在不同级别的节点上采用不同安全控制策略,使得分布式应用可以灵活定制安全访问控制。

OnceTX提供系统监控工具,系统管理员可以在任何时刻准确地知道目前整个系统的运行情况,包括历史统计数据及当前运行负载和服务分布状况。一旦检测到系统出现了问题,系统监控工具便会把相关的错误信息和故障情况反馈给管理员,并提供在系统运行过程中记录的各种日志,使管理员能够迅速地进行错误定位和恢复。

许多Internet的应用要求能通过广域网访问部署于事务监控器上的服务,同时能与其他分布式系统互操作。OnceTX提供支持Web服务的一个可移植的设计框架TP-WS,适用于任何符合DTP模型的事务监控器。TP-WS提供事务监控器XATMI接口的包装,如果需要将TP-WS移植到一个符合DTP模型的事务监控器上,只需将TP-WS与该事务监控器提供的XATMI运行库链接即可。TP-WS的内部结构分为三层:运行支持层、连接管理层和服务接口层,如图8.5所示。

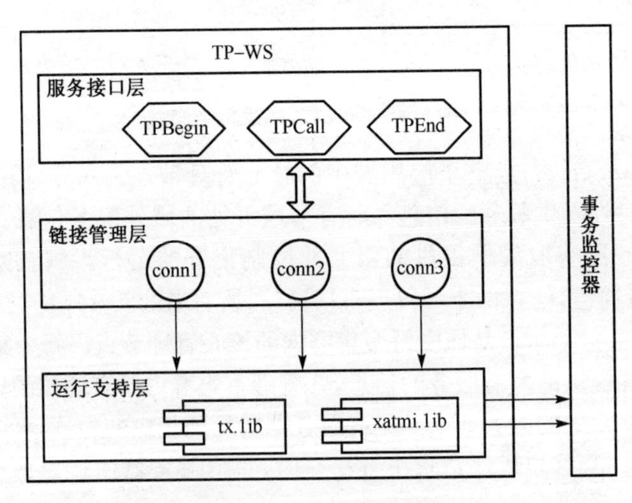

图8.5 TP-WS结构

运行支持层主体是事务监控器的客户端支持库,由事务监控器提供,完成的工作包括连接事务监控器、创建和提交事务和调用服务等。该支持库符合X/Open XATMI和X/Open TX规范。连接管理层对运行支持层的功能进行了包装,抽象出Connection对象,每个Connection对象代表一个活跃的SOAP客户端。每个连接用一个单独的线程处理。连接管理层实现了TP-

WS的主要功能，如连接缓冲和连接池管理等。服务接口层是部署在SOAP Server上的一系列服务的集合，包括TPInit、TPBegin、TPCall、TPCommit和TPEnd等。按照Web服务的发现机制，这些服务代表着整个事务监控器公布到Web服务上的接口。在TP-WS中，每一个Web服务的客户端在调用任何服务前，必须调用TPInit服务进行认证。服务器认证并创建连接后返回一个标识SessionID，在随后的所有调用中必须包含此标识，SOAP服务器根据此标识维护客户端的连接上下文。

TP-WS的分层设计不仅使得结构更加清晰，而且可以方便地增加和删除新的服务接口。如果要将它移植到其他符合X/Open规范的事务监控器平台上，只需稍加改动即可。在理想的情况下只需简单地替换运行支持层，并重新链接即可。

8.4 应用服务器

随着Internet的快速发展，企业应用的需求和规模不断扩大，网络分布式计算环境发生了很大的变化，如需要支持多种客户类型和大规模并发用户访问、需要提高可靠性和可用性的QoS保障设施等。Web服务器、消息服务器和事务监控器等传统中间件囿于它们最初产生时的计算环境，只能为网络应用提供某一方面的解决方案。从1998年开始，人们提出并发展了一种新型中间件即应用服务器，它位于三层或多层体系结构中间层的核心，为创建、部署、运行、集成和管理Web应用提供一系列基础服务，如消息、事务、安全和应用集成等。由于应用服务器需要满足Web计算的特定需求，所以应用服务器同时具有Web服务器的功能，亦称之为Web应用服务器。除此之外，Web应用服务器还应具有其他的功能特征。

(1)提供事务性Web应用的跨平台运行环境，包括：

- 支持分布式计算模型，如EJB、COM和CORBA等的组件容器。
- 支持大规模并发用户访问和多种设备接入。
- 提供多种组件对象的生命周期管理。

(2)提供一系列通用的基础服务，包括：

- 提供基础服务，如事务服务、消息服务、安全服务和名字服务等。
- 支持各种数据，如文本数据、XML和关系数据库的访问服务。
- 支持与外部资源的集成服务。
- 支持服务质量(QoS)的管理。

按照应用服务器所遵循的标准规范，Web应用服务器可划分为.NET应用服务器和Java EE应用服务器两大类。.NET应用服务器遵循Microsoft公司的标准规范，它是在Windows操作系统平台上附加一系列具备中间件功能的软件包以提供应用服务器相应的功能，完全依托单一的产品技术体系。Java EE应用服务器遵循SUN公司提出的Java EE标准规范，是一种完全开放的标准技术体系。除Microsoft外，各大软件厂商均有各自的Java EE应用服务器产品。

网驰平台中间件OnceAS[范国闯，2004；张文博，2006]是遵循Java EE标准规范的Web应用服务器，它能够为Web应用屏蔽底层服务的实现细节和运行环境的差异，降低Web应用开发和管理的复杂性。

8.4.1 微内核

为了满足Web应用和计算环境对系统不断变化的需求，并提高中间件的开放性和灵活性，

OnceAS 基于微内核技术，并开放微内核和服务器内部实现，提供一个可定制、可重配和开放灵活的体系结构，使得 Web 应用服务器能够在运行期间内根据需求的变化动态地增加、删除和更新系统所提供的系统服务，同时也为运行在应用服务器上的应用提供动态重配的能力。

OnceAS 基于微内核的系统结构如图 8.6 所示。将 Web 应用服务器提供的服务进行分类，一类是 Web 应用运行时所需的事务、消息、名字、容器和热部署等扩展基础服务，另一类是为所有这些服务提供的公共服务，如装载、卸载及服务之间的通信和交互等基础服务。在具有微内核的应用服务器系统结构中，由微内核提供的公共基础服务又称为内部服务，而将那些基于微内核的扩展基础服务称为外部服务。为了提高系统的灵活性和可扩展性，OnceAS 将这两类服务分开，将所有的内部服务封装在 Web 应用服务器微内核中，而外部则通过系统编程接口向微内核注册，所有的服务均以元服务 MService（Meta Service）的形式由微内核进行统一管理和调度。微内核可以被看做可插入外部扩展功能的总线，并协调这些扩展服务的交互，使得运行在独立进程空间中的功能组件能相互通信。微内核提供底层的通信设施，还负责维护系统级的资源管理，并提供对外的接口。

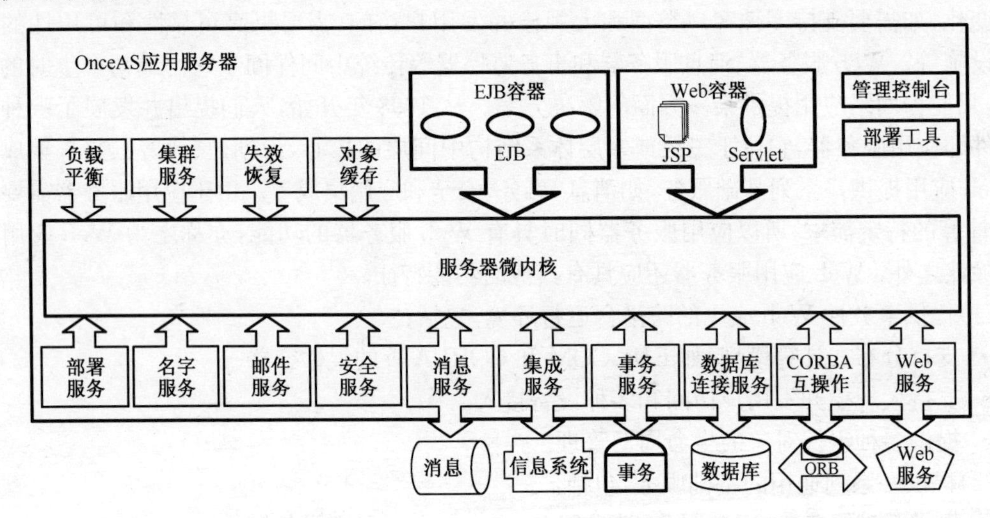

图 8.6 OnceAS 基于微内核的系统结构

OnceAS 微内核的结构如图 8.7 所示。其中，MService 是 Web 应用服务器为所有功能组件服务的最基本组件，它描述每个服务自身的元信息，约定服务从创建、初始化、运行到终止整个过程所有的接口。此外，MService 还可提供满足 QoS 需求的服务接口。通过 MService 接口可以反射一个服务的内部结构、方法和属性等。系统使用 MService 接口检测一个服务的内部配置和行为，如果需要的话，还根据环境的变化对服务进行重配置，从而改变服务自身的行为。微内核由一系列实现 MService 接口的服务组件构成，包括服务器配置、服务装载库、服务注册库、服务依赖性管理、服务通信管理和 MService 服务器等。客户通过服务适配器访问 MService 服务。

下面分别介绍微内核结构中的各个部分。

(1)服务器配置(BasicServerConfigurator)是微内核首先启动的服务，其主要功能是从系统配置文件(XML 格式)中读取系统的基本配置信息，如环境变量、库路径和操作系统信息等，装载系统初始组件装载器。在运行期间，它还负责服务的动态重配。

(2)服务装载库(LoaderRepository)保存多个组件装载器，装载服务所需的物理资源，如二进制文件和设备资源等，通过过滤条件装载不同类型的组件。

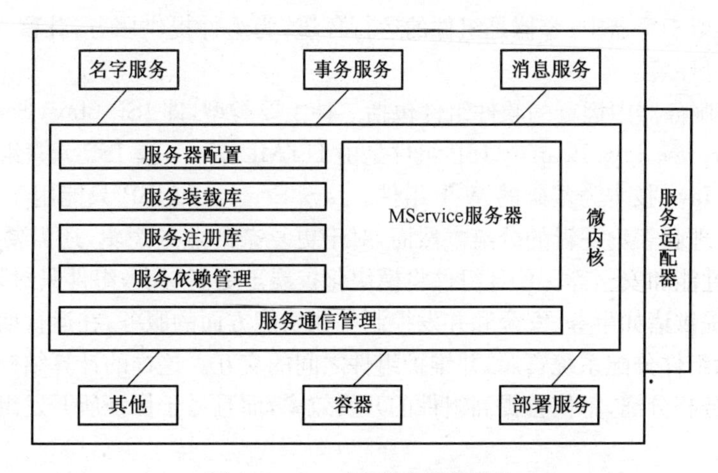

图 8.7 OnceAS 微内核的结构

(3)服务注册库(MServiceRegistry)保存所有成功注册到微内核的服务,这些服务所需的资源由服务装载器装载。微内核自动初始化每个服务。

(4)服务依赖管理(DependencyManager)主要维护服务与服务及服务与资源之间的相互依赖关系。例如,数据访问服务依赖名字服务,当启动数据访问服务时,服务依赖管理器首先检查名字服务是否启动,如果没有启动,它会通知微内核启动名字服务。同样,当关闭名字服务时,服务依赖管理器要检查其依赖链,如果存在尚未停止的依赖服务,它会通知微内核停止这些依赖服务。

(5)服务通信管理(CommunicationManager)主要负责调用消息的编码和解码,以及服务间的消息通信。位于不同进程空间服务之间的交互采用消息通信方式,如果一个服务 A 想调用另一个服务 B 的方法,服务 A 需向微内核发送一个调用消息,该消息包含 B 服务的名字、方法名和方法参数值,然后微内核将调用的结果返回给服务 A。客户通过适配器访问扩展服务时,通信管理提供底层的通信设施。

(6)MService 服务器(MServiceServer) 是所有基础服务的服务器,客户对基础服务的调用均由该服务器调度,并将处理结果返回给客户。

(7)服务适配器(MServiceAdapter),客户通过 RMI、HTTP、SOAP 和 XML 等多种协议访问服务时需有相应的适配器,如 RMIAdapter、HTTPAdapter、SOAPAdapter 和 XMLAdapter。

为了降低微内核管理的开销,提高服务请求的响应速度,OnceAS 针对不同的客户类型进行了相应的处理。当服务成功地注册到微内核后,同时也保存了服务的物理引用地址。服务启动后,微内核就将该地址绑定到名字服务。如果客户与服务在同一进程空间,适配器直接从 MServiceRepository 或名字服务中获得服务的物理引用地址,然后直接通过引用调用该服务。如果客户与服务不在同一进程空间,适配器将请求打包后,交给 MService 服务器进行处理。

当微内核启动后,首先要从一个系统服务配置文件 SystemServiceConf. xml 中读取所有的服务信息,然后将服务加载到应用服务器中。用户可以在服务配置文件中修改服务的配置属性,定制或替换用户所需的服务,甚至还可以添加用户级的系统服务。例如,用户为了使用其自定义的目录服务,只需要更改与名字服务相关的配置属性,如组件名、包名、二进制文件路径和名字服务端口等。

8.4.2 组件容器

Web 应用服务器支持分布式计算模型,采用组件—容器—服务器三级计算结构。组件是计算的基本单元，驻留于容器中；容器是组件的运行环境，为组件提供服务，驻留于服务器中；服务器为容器提供运行环境。

在 Web 应用服务器中运行的软件组件包括三种主要类型，即 JSP (Java Server Page)、Servlet 和 EJB (Enterprise Java Bean)。JSP 组件是由 HTML、XML 及 JSP 元素组成的简单文本文件。Servlet 是以 Java 技术为基础的 Web 组件。Java Servlet 和 JSP 只能用于开发简单的 Web 应用，实现数据处理和表示逻辑的分离。然而，对于更复杂的业务逻辑，还需要处理它的非功能特性，如可靠性、性能和安全等。EJB 组件将模块化扩展至更高层次，组件只封装业务逻辑，而由组件容器为组件提供诸如事务、安全和并发控制等非功能方面的服务，在运行期间创建和管理组件实例，自动地为组件分配系统资源，并维护组件之间的交互。这样的计算结构将组件业务逻辑和系统级基础服务相分离，不仅会提高组件的开发效率，而且易于保证所开发组件的可靠性和可重用性。

OnceAS 的 EJB 组件模型如图 8.8 所示，其中，EJB 组件只包含业务逻辑，组件实例由 EJB 容器在运行时生成和管理；EJB 容器负责提供系统级服务，在应用组装和部署时对这些服务进行配置；EJB 代码在部署时被载入，并在容器中生成多个实例。EJB 组件并不显式地直接访问应用服务器提供的系统服务，而是通过容器访问它们。

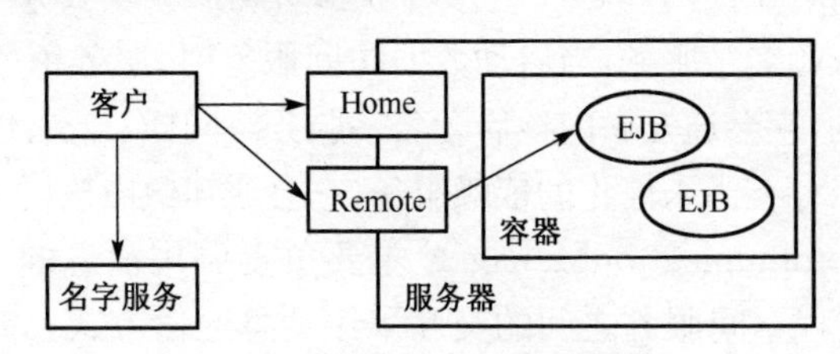

图 8.8 EJB 组件模型

EJB 组件提供两种接口，即本地(Home)接口和远程(Remote)接口，客户通过 Home 接口和 Remote 接口获得对 EJB 对象的引用。Home 接口主要负责组件的创建、查找和删除，它不与任何特定的组件实例相关联，而只是与组件类型相关联；Remote 接口负责业务方法，与组件实例关联。

OnceAS 定义了三类组件，即会话 Bean、实体 Bean 和消息驱动 Bean(MDB)。会话 Bean 代表与客户的一个对话，并为客户执行业务逻辑。它又分为有状态(Stateful)和无状态(Stateless)两种，前者为客户端程序保存会话状态，后者不保存状态，即使保存，也不是持久化的：当客户端程序结束或超过较长时间该 Bean 实例仍未被访问后，这些暂时保存的状态将被删除。实体 Bean 代表一个业务数据实体，其状态是持久化的。MDB 允许 Java EE 应用程序异步处理消息，它作为 JMS 消息监听者，可以避免组件长时间独占服务器资源。MDB 和前两种 Bean 的区别在于客户并不通过接口访问 MDB，而是通过消息机制触发之。

Bean 提供者在 EJB 类中实现业务逻辑的方法并定义 EJB 的 Home 接口和 Remote 接口，而 EJB 容器则提供 EJB 组件的 Home 接口和 Remote 接口的实现，由容器将客户端对这些方法的调用转发到 EJB 组件的方法实现。客户通过容器对 EJB 组件的访问，有两种不同的实现方法：一种是部署期间的预编译方法，客户直接通过 RMI 与容器通信；另一种是运行期间的动态代理方法，由容器在运行期间生成组件在客户端的动态代理，客户可以使用动态代理提供的组件 Home 接口和 Remote 接口访问组件实例，动态代理截获所有的请求，并负责将客户的请求转发到容器。预编译方法的组件响应速度较快，能适应接口事先确定的情况，但在某些情况下，组件的有些功能仅能在运行期间才能确定。OnceAS采用动态代理方法,使用动态代理能适应不断变化的情况,灵活性和可扩展性较好,但性能受到一定的影响。

截获器(Interceptor)是一种能处理贯穿全局特性的设计模式,OnceAS容器结构使用截获器处理服务调用问题。截获器通过在组件容器中设置调用服务的截取点,并利用截取点拦截客户的请求,如当发生方法调用事件时,容器就会自动触发相应的服务。容器需提供预先定义的Interceptor接口,服务提供者通过提供Interceptor接口实现把服务加入到组件容器中。组件容器可以根据服务加载信息的XML配置文件对所需要的服务进行加载,也可以采用服务动态注册方式达到灵活扩充的目的。

OnceAS通过动态代理方法和截获器容器结构提高容器的灵活性和可扩展性,可以对系统服务进行定制和裁剪。为了进一步提高组件容器的动态可重配能力,在运行期间能动态改变组件的行为,OnceAS将容器的功能细分为多个小的方面(Aspect),每个方面可以根据需要被选择应用到多个不同的组件。在进行自适应行为调整前,需检测上下文环境的变化,为容器决策反馈一些有用的信息。OnceAS扩展了EJB组件模型,如图8.9所示,增加了监视器、自适应管理器和自适应策略等三个部分。

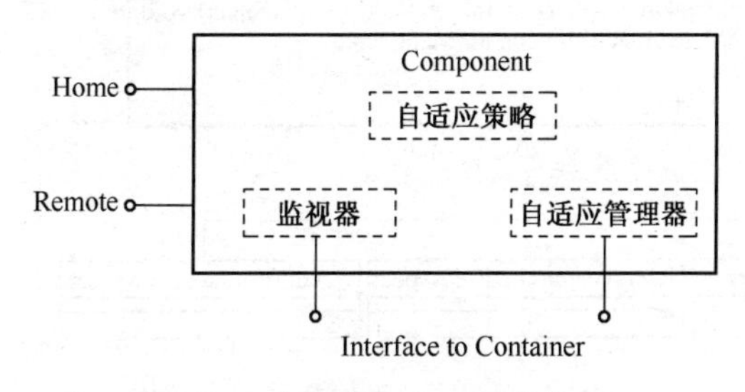

图8.9 自适应的EJB组件模型

在以上定义的自适应的EJB组件模型中,组件监视器在运行期间动态地检测组件自身或系统的状态变化,并不断更新检测对象属性的值。当组件或系统状态发生的变化满足某种条件时,组件就会根据自适应策略在运行期间通过自适应管理器调整自身的行为。

当EJB组件部署后,服务器根据组件部署描述符文件、容器全局配置文件及一些扩展配置文件生成组件容器实例。容器管理EJB组件所有的实例,为EJB组件提供实例缓存、持久化、事务和安全等服务,但容器自身并不直接提供这些服务,而是通过Interceptor接口将这些非功能性服务的实现以Aspect形式组合起来。容器拦截所有的方法调用请求,遍历相应的元对象InvocationMetaObject,从多个实现不同策略的Aspect中进行选择,并将选中的Aspect在运行期间动态编排。这样,开发人员就可以通过指定自适应策略,使元对象实现满足特定的QoS需求。

图8.10是EJB组件容器的类结构,Container类是一个抽象类,有四个子类:EntityContainer、StatefulSessionContainer、StatelessSessionContainer和MessageDrivenContainer,每个子类负责管理一种Bean类型。Container的preMetaObject对象和addPreMetaObject方法、postMetaObject对象和addPostMetaObject方法分别负责EJB组件方法调用前后的InvocationMetaObject列表。invoke方法接受客户对EJB对象的调用,而invokeHome方法接受客户对EJBHome对象的调用。不管是invoke方法还是invokeHome方法,Container都会在方法调用前遍历preMetaObject,在方法调用后遍历postMetaObject,并激活其对应的invoke或invokeHome方法。每个InvocationMetaObject对象代表EJB组件某个非功能方面,但它并不直接实现某个服务,而是在多个InvocationAspect中根据自适应的规则选择一个Aspect。例如,Load-

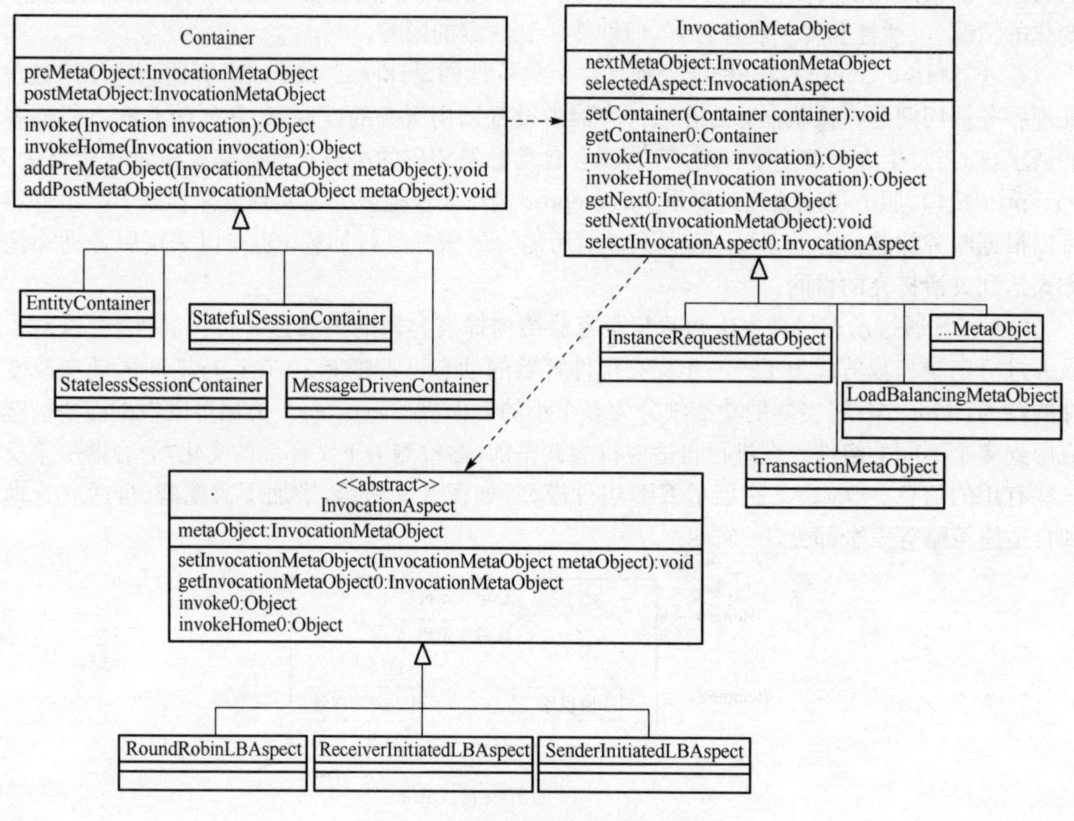

图 8.10　EJB组件容器的类结构

BalacingMetaObject 负责 EJB 组件的负载平衡，RoundRobinLBAspect、SenderInitiatedLBAspect 和 ReceiverInitiatedLBAspect 分别代表 RoundRobin、发送者启动和接收者启动三种负载分配策略。LoadBalancingMetaObject 根据自适应策略在这三个 InvocationAspect 中选择，实现自适应的负载平衡服务。在 OnceAS 中，已开发了一系列 InvocationMetaObject，包括 LogMetaObject、SecurityMetaObject、TXMetaObject、LoadBalancingMetaObject、RequestInstanceMetaObject 和 StateReplicaMetaObject 等。

组件容器还负责对 InvocationAspect 的异常进行处理，为了避免截获器模式中 Interceptor 出现异常时导致整个执行中断的情况，可将异常进一步分为中断型、继续型和转发型。中断型例外表示停止执行下一个 Aspect，抛出异常；继续型则继续执行下一个 Aspect；转发型则将请求转发到其他服务器的组件容器，所有的 Aspect 由新的组件容器负责执行。

基于组件容器的系统结构，通过定制和配置各种服务的 InvocationMetaObject，用户可以在不改变 EJB 容器结构和实现的前提下，在运行期间动态地增加、改变和撤销各种服务，具有很好的扩展性和灵活性。此外，通过 InvocationMetaObject 和 Invocation 对象，可以动态地从容器中取得服务器信息，支持对容器运行情况的监视，从而可以进一步控制它的行为。

8.4.3　自适应资源重配

资源泛指系统中任何可管理的共享软硬件单元，它对系统运行的性能有着重要的影响。应用系统在获得更多的资源后，可以提供更好的性能和服务质量，比如多媒体应用在网络资源充足时可以提供更好的分辨率和更少的时延，集群系统在存储资源充足的情况下可以利用数据备份以提高可靠性。反之，当系统的资源相对匮乏时，系统就会出现严重的性能瓶颈问题，甚至有可能使系统崩溃。

对于Web应用服务器而言，提供更为充足的硬件资源，如更换速度更快的CPU、增加服务器的存储、提高网络带宽及扩大集群的数量等，都可以在一定程度上提高服务器的性能。然而，增加硬件资源意味着增加成本。除了硬件资源外，Web应用服务器还使用到多种软件资源，比如服务器线程和数据库连接等，这些资源的数量和配置情况对于Web应用服务器的系统性能同样有重要的影响，这就需要不断调整应用服务器的资源配置，以便更好地满足资源需求的变化，达到动态优化和提高系统性能的目的。

由于Web应用服务器的运行环境依赖Java虚拟机，这就失去了直接对底层系统资源如CPU、内存和网络资源等的控制能力；但是，Web应用服务器可以通过一些高层对象如服务器线程和数据库连接等进行间接的资源管理。前者称为物理资源(Physical Resource，PR)，后者称为逻辑资源(Logical Resource，LR)，逻辑资源的使用最终要映射为物理资源的使用，如服务器线程的运行最终依赖CPU调度。OnceAS建立了一种包括物理资源和逻辑资源在内的两级资源结构，OnceAS资源重配就是针对可管理的逻辑资源，根据两级资源结构给出Web应用服务器资源的重配目标与重配规则。

Web应用服务器对外提供服务的基本模式是：客户向应用服务器发出请求，服务器接收服务请求并进行处理，再将处理结果返回给客户。Web应用服务器从收到客户请求到该客户请求处理完成的时间间隔称为客户请求在服务器端延迟；从客户发出请求到客户接收到应答之间的时间间隔称为客户请求响应时间；客户请求的响应时间包含客户请求在网络上的传输时间、服务器端延迟和客户请求在客户端延迟。

请求响应时间是评价Web应用服务器主要的性能指标之一，而服务器端延迟是请求响应时间的重要组成部分。对于Web应用服务器而言，当面临过载时，服务器端延迟更容易成为系统的性能瓶颈。大量的并发客户请求存在时，就会增加服务器的客户请求响应时间，吞吐率随之下降，尤其是当客户请求的资源需求总量大于Web应用服务器的资源总量时。因此，Web应用服务器需要动态地进行资源重配以满足这种资源需求的变化。不同的负载状况对于逻辑资源的需求是不相同的，单纯增加逻辑资源的数量并不一定就会提高系统性能，对于逻辑资源的重配不仅需要考虑负载对于这些资源的需求，还必须同时考虑因逻辑资源增加而引起物理资源使用的情况。

物理资源与逻辑资源的关系是一种层次关系，如图8.11所示。一种逻辑资源可能使用若干种物理资源；同样，一种物理资源也可能与若干种逻辑资源相关。

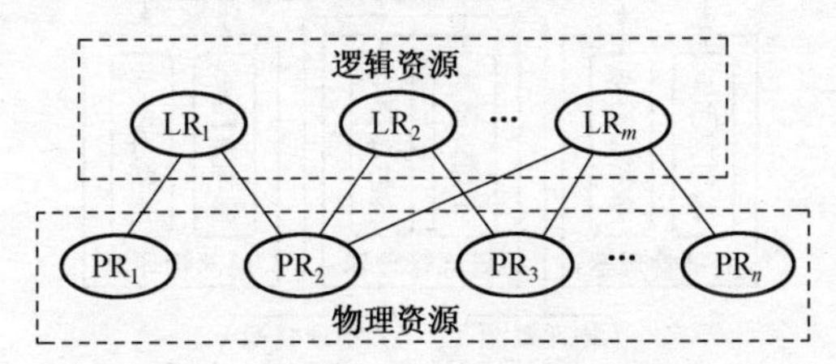

图8.11 OnceAs两级资源结构

对于LR，若其使用到的物理资源为PR_1，PR_2，…，PR_m，则称LR依赖物理资源集合$\{PR_1, PR_2, \cdots, PR_m\}$，表示为$depend(LR)=\{PR_1, PR_2, \cdots, PR_m\}$。

对于 PR,若存在 LR,且满足条件 PR∈depend(LR),则称 PR 与 LR 相关。若所有与 PR 相关的逻辑资源集合为{LR_1, LR_2, …, LR_n},则称{LR_1, LR_2, …, LR_n}与 PR 相关,表示为 relate(PR)= {LR_1, LR_2, …, LR_n}。

在两级资源结构中,逻辑资源的重配不仅依赖负载对于逻辑资源的需求,而且要参考物理资源的限制。OnceAS 资源重配的目标就是根据当前负载对于逻辑资源的需求和物理资源的使用状况自动确定资源重配过程,以求更好地满足负载对资源的需求。OnceAS 对物理资源和逻辑资源进行监控,以确定是否到达一种稳定的资源状态;如果没有到达资源稳态,则需要自动地进行资源重配。OnceAS 自适应资源重配的主要内容包括:

· 资源状态监控,包括对物理资源及逻辑资源状态的监控。

· 资源重配目标,确定达到稳定资源状态的条件。

· 资源重配规则,当服务器没有达到资源稳态时,如何根据当前的资源状态制定资源重配过程,包括确定资源重配的对象及重配方式。

资源重配与系统的运行环境是紧密相关的。根据两级资源结构,资源管理器分为两个层次,即针对逻辑资源的全局/局部资源管理器(Global/Local Manager)和针对物理资源的物理资源监控器(PR Monitor)。全局资源管理器是资源重配机制的核心,它根据系统的全局运行状态确定资源重配过程,并负责管理局部资源管理器;每个逻辑资源都对应一个局部资源管理器,负责提供逻辑资源的状态及执行由全局资源管理器发起的资源重配过程。物理资源监控器主要用于监控物理资源的状态,帮助全局资源管理器确定资源重配过程。

OnceAS 资源重配的两层架构如图 8.12 所示。其中,局部资源管理器的功能比较单一,根据服务器的每类逻辑资源,监控资源阻塞状况及对逻辑资源进行重配。全局资源管理器则负责服务器性能状况的诊断及制定相应的资源重配计划,主要功能组件包括:①瓶颈分析器用于获取局部资源管理器的监控数据并分析性能瓶颈;②重配规则库用于存储服务器资源管理的相应规则;③重配引擎用于针对性能瓶颈及重配规则制定针对某一类或是几类逻辑资源的重配计划;④重配管理器用于执行重配计划,根据周期性的重配计划与每个局部资源管理器的资源重配执行器交互,并负责维护未完成的资源重配过程的挂起和恢复。

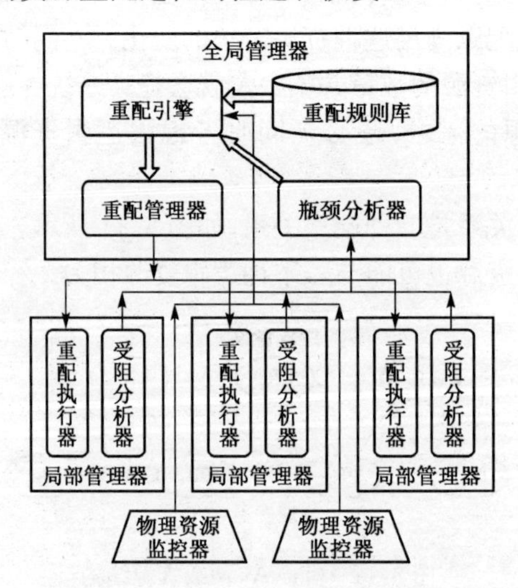

图 8.12 OnceAS资源重配体系结构

Web应用服务器可能同时部署和支撑多个不同的Web应用，这些应用共享Web应用服务器提供的资源，并为各自的客户服务。在这种资源共享结构下，当多个应用对一类或几类资源的需求总量大于Web应用服务器的资源总量时，应用之间就可能发生资源需求冲突。为应用分配资源配额是解决多应用资源需求冲突的关键，但是固定不变的配额难以满足应用变化的资源需求，也不利于Web应用服务器资源的高效利用。OnceAS使用"资源域"(Realm)的概念以解决多应用资源共享问题，通过不同应用之间的资源协同管理，在高效利用系统资源的基础上避免资源的恶性竞争。

图8.13表示了多应用的资源共享结构。资源域之间通过资源配额规划解决应用间的资源需求冲突。资源配额规划量化应用的资源需求，并加入应用的重要因素，当多个应用同时对某种资源产生需求而发生冲突时，资源配额规划将按照它们的重要性重新分配和确定资源配额。对每个应用采取资源配额的限制后，即使该应用的资源需求突发性增加，也不会影响Web应用服务器满足其他应用的资源需求。资源配额规划同时允许在应用的资源需求变化时动态调整该应用的资源配额，以求高效充分地利用Web应用服务器的资源。

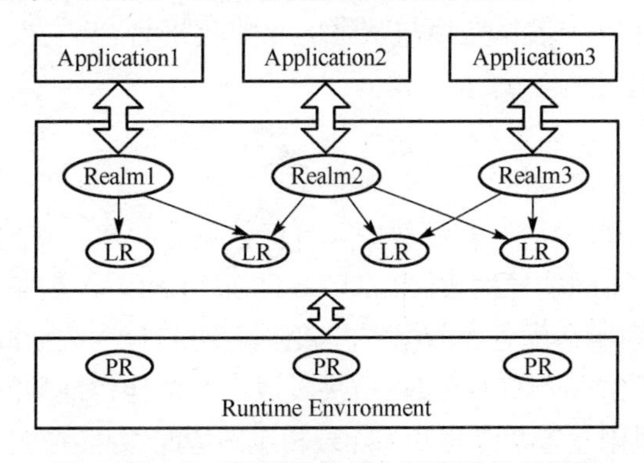

图8.13　基于资源域的多应用资源共享结构

8.5　数据集成中间件

随着信息化的逐步深入，异构数据资源之间的共享及互操作问题就一直被人们所关注。一方面由于历史遗留下来的结构各异的数据库大量存在，另一方面在互联网这样一个动态的环境中，数据资源形式多样，数据的访问方式千差万别，这严重地阻碍了人们对数据资源，特别是建立在网络上的各种异构数据资源的利用。

数据集成中间件可以在不同应用系统或同一应用的不同子系统之间屏蔽数据异构性，实现数据资源共享和协作。在实际的应用中，数据集成是一项非常复杂的工作，具体表现在如下几个方面：

· 参与方对数据需求的多样性。数据集成过程中的不同参与方对数据的要求可能是不一致的，这种不一致性体现在数据表现形式、数据模式、数据内容和数据语义等多个方面。表现形式不一致，如同一批数据，有的参与方要以XML格式呈现，有的则要以格式化文本文件的形式呈现；数据模式不一致，如同是日期数据，有的需要用一个日期型数据项表示，有的需要用年月日三个数据项表示；数据内容不一致，如有的需要细节数据，有的需要汇总数据；数据语义不一致，同一个数据在不同的参与方中所代表的含义可能不一样。

· 数据存储和访问方式的多样性。需要传输和集成的数据包括多种类型的结构化数据和非结构化数据，它们以多种形式存放，访问方式也多种多样，如结构化数据可以存放在关系数据库中，也可以存放在文本文件或 XML 文件中，可以通过这些数据库或文件以访问数据，而另一些情况下的数据则仅能通过应用程序提供的数据访问接口进行访问。

· 数据传输要求的多样性。不同的应用场景对于信息交换有不同的要求，有的应用对于可靠性要求高，有的应用对于实时性要求高，有的应用则希望能够采用多种网络通信方式进行数据传输。因而，需要根据不用的情况采用不同的数据交换途径。

· 数据集成控制的复杂性。数据在集成的过程中需要有多种控制方式来支持，在不同的应用中，这些要求的差别很大。例如，数据集成既可以由人工触发，也可以通过定制自动完成；数据流转控制要求数据可以在多个参与方之间按照指定的流程进行流转，并采取必要的措施保证数据传输的安全性。

由此可以看出，数据集成中间件需要提供足够灵活的控制机制和强大的可扩展能力，能不断兼容新的数据和传输方式，具有足够强的数据转换和处理能力。

网驰平台中间件 OnceDI 是以企业数据资源集成为目标，对于各种数据库系统、文件系统和应用程序等异构数据源，提供包括数据提取、转换、传输和存储等操作在内的数据集成服务。OnceDI 为企业应用提供了一个数据交换与整合的集成化平台，其主要功能包括数据处理、数据通信和集成控制三个部分。

1. 数据处理

数据处理是 OnceDI 的核心功能，在源数据和目标数据之间建立映射关系，完成异构数据的提取、转换和加载。对于各种不同的异构数据源，OnceDI 采用适配器/转换器模式结构，用以提高系统的可扩展能力。适配器负责适配各类数据资源和传输渠道，分为数据源适配器、渠道适配器和应用适配器；转换器负责对数据进行转换处理，解决集成中数据异构性的问题。适配器/转换器定义标准的编程接口，用户可根据业务特点开发和加载相应的适配器/转换器。

2. 数据通信

数据通信功能为数据传输的可靠性、安全性和传输效率提供保证。OnceDI 采用消息中间件 OnceMQ 保证传输的可靠性，此外还提供了大文件传输、FTP 和 E-mail 等其他方式的传输渠道供用户灵活选择；在传输安全方面，系统提供了加密/解密和签名/认证的功能，支持 MD5 和对称密钥等多种保密算法；在传输效率上，系统支持霍夫曼编码(Huffman Coding)和 LZW 等多种压缩算法。

3. 集成控制

集成控制功能用于完成数据集成流程与任务的可视化设计、部署、调度和监控。数据集成服务是以任务为单位进行调度的。ETL 任务定义了从数据源中抽取数据，经过过滤和转换、传输并加载到目的端的一系列复杂过程。除此之外，还有 FTP 任务、Email 任务和执行程序任务等。流程是一系列任务和执行顺序关系的集合。OnceDI 支持在监控窗口实时监视流程和任务的执行情况。

OnceDI 系统由客户端管理工具、控制中心服务器和集成服务器三部分构成。客户端管理工具负责与用户交互，通过 API 进行数据集成流程与任务的设计、部署、调度和监控；控制中心服务器负责数据集成流程的控制，以及对集成服务器和元数据的注册与维护；集成服务器接受控制中心服务器的调度，通过任务、数据源和渠道三者的有机协调，完成实际的数据抽取、传输、转换和加载过程。集成服务器是 OnceDI 的主要服务器,系统结构如图 8.14 所示,主要包括数据源管理、渠道管理、任务管理和插件管理等功能部件。

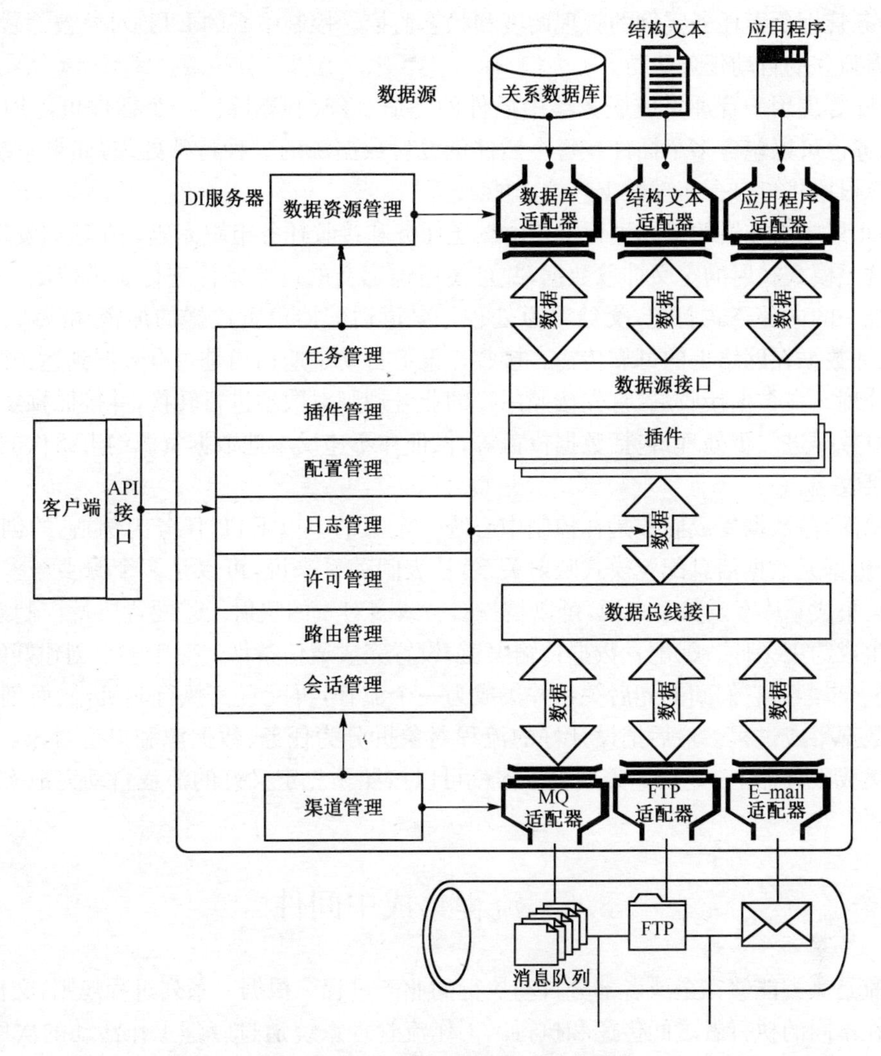

图 8.14 OnceDI 集成服务器系统结构

(1)数据源管理即数据源适配器类型和数据源适配器实例的管理。一个集成服务器可以连接多种类型的数据源适配器,如各种数据库管理系统的适配器和各种应用的适配器等。在创建适配器实例时,应当指明适配器的类型。一种类型的数据源适配器可以创建多个适配器实例,每个实例管理一个数据源。数据源适配器负责与具体的数据源打交道,从数据源中获取数据,转换成系统中的公共数据表示,并提供编码操作;接收到数据后进行解码,由公共数据表示转换为目的数据源格式,加载到目的数据源中;在数据加载的过程中,根据事前定义的策略完成冲突的检测和消解。数据源适配器为异构数据源的访问和集成提供了条件。数据源接口定义了集成服务器与适配器之间统一而标准的内部数据交换接口,所有的适配器必须实现这组接口,以与集成服务器进行数据交换。

(2)渠道管理通过渠道适配器管理各种通信通道,提供注册、加载、卸载、创建、修改和删除等服务。渠道适配器负责与各种具体的通信渠道打交道,提供各种网络通信通道访问接口的实现。

渠道接口定义了集成服务器访问底层网络通信平台的统一接口。集成服务器通过各种渠道适配器完成数据的传输,包括发送数据、接收数据和检查是否有数据到达等操作。

(3)任务管理负责任务实例的管理调度和状态监控。控制中心的ETL对象被部署到集成服务器中作为独立的自动任务执行。

(4)插件管理用于管理集成服务器中插件的注册、修改和删除。一个插件可以用于多个任务,一个任务也可以包含多个插件。每个插件负责对数据源的一种特殊处理,如果系统未提供,则需要用户根据接口自行实现数据转换功能。

OnceDI集成服务器的集成过程主要由发送任务和接收任务组织完成。在数据发送端,数据源适配器按照模式映射的定义抽取数据,并且使用预定义的过滤条件进行质量控制。抽取到的数据按照统一的内部格式打包,交给渠道处理。渠道适配器负责数据的加密/解密、压缩/解压缩,以及保证数据在网络上的可靠传输。接收方渠道自动定期扫描是否有数据到达,并交给接收任务进行处理。在数据接收端,首先按照用户的业务规则对数据进行转换,并按照预定义的冲突处理方式对数据进一步处理,包括数据覆盖等,保证在不违反本地数据资源约束条件的前提下加载数据到接收端。

对用户而言,数据集成服务是在控制中心统一定义的。以ETL任务为例,它的创建包括三个步骤:①根据元数据信息配置模式映射关系,从表间关系来说,可以是多个源表与多个目的表之间的数据集成;从字段关系来说,可以是一对一或多对一的映射。②配置质量控制条件,利用转换函数生成约束条件。③配置数据传输渠道,设置完成通信条件。对于多个创建好的ETL任务,可以进一步配置它们间的先后关系并集成为一个流程,再配置其执行时机,从而创建完成一个复杂的数据集成过程。最后把设计好的流程对象拆分为任务、数据源和渠道对象,部署在各个相关的集成服务器上。这样,集成服务器就可以按照预先定义好的流程自动完成实际的数据集成服务。

8.6 流程集成中间件

工作流是一类能够完全或者部分自动执行的业务过程。根据一系列过程规则,文档、信息或任务能够在不同的执行者之间传递和执行。工作流管理系统通过管理工作活动的次序,为不同的活动分配和调用相关的资源,提供业务流程的过程自动化执行。

鉴于工作流系统缺乏明确统一的定义,工作流管理联盟(Work Flow Management Coalition, WFMC)对工作流术语作了相关的规定,并发布了工作流系统参考模型,定义了各部分的功能及相互之间的接口[Hollingsworth,1995],如图8.15所示。

这个参考模型定义了五个主要部分:流程定义工具、工作流实施服务、管理和监控工具、工作流客户端应用和被调用的外部应用。

(1)流程定义工具用来为实际的业务过程进行分析和建模,生成业务过程的形式化描述。

(2)工作流实施服务是指包含一个或者多个工作流引擎(Work Flow Engine)的软件,用于创建、管理和执行工作流实例。外部的应用通过WAPI与其交互。工作流实施服务提供流程实例化与工作流活动激活的运行环境。

(3)管理和监控工具允许同时监管不同的工作流引擎,获得全局的工作流状态视图,并实现一组用于管理目的的功能,如安全、访问控制和认证等。

(4)工作流客户端应用通过工作列表(Worklist)实现和工作流引擎之间的交互,工作列表

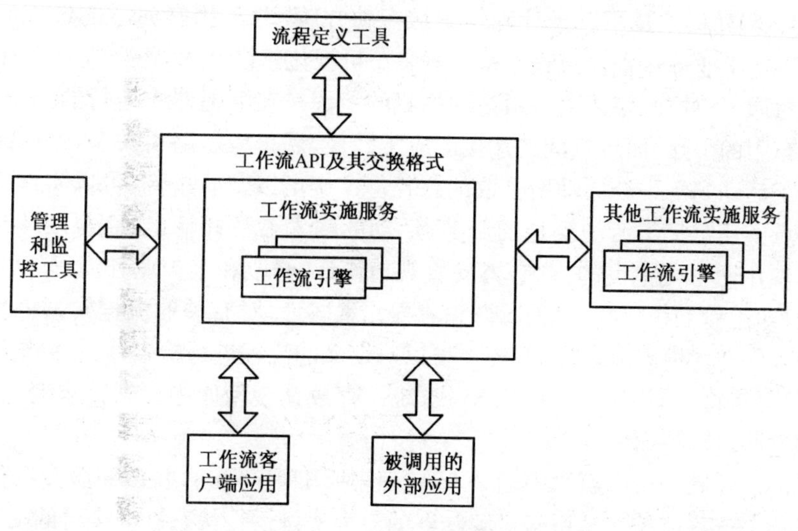

图 8.15 工作流参考模型

中的活动由工作流客户端控制。

(5)被调用的外部应用使用标准的接口 WAPIs,接收应用数据和消息并响应活动的事件,与工作流实施服务交互。

但是,传统的工作流系统只提供企业内部的应用集成,而随着互联网的迅速发展,企业之间协作能力的要求也越来越高。Web 服务的出现和迅速发展为工作流系统的实施提供了新的机会。采用 Web 服务作为基本的协作单元,能够提供一种更加灵活又更加松弛的工作流程交互协作方式。Web 服务具有标准的描述、发布和查找机制,以及异构系统无缝结合等特性,使得流程协作模型具有通用性和灵活性。这种协作模型把会话逻辑与内部业务流程分离,内部流程只负责企业的业务逻辑,而不关心外部的协作关系。企业之间的协作用 Web 服务为基本单元,双方提供协作需要的 Web 服务,并把这些 Web 服务按照双方达成的协议进行流程编排,从而在运行时根据这些编排控制 Web 服务调用的次序。服务协作模型如图 8.16 所示。

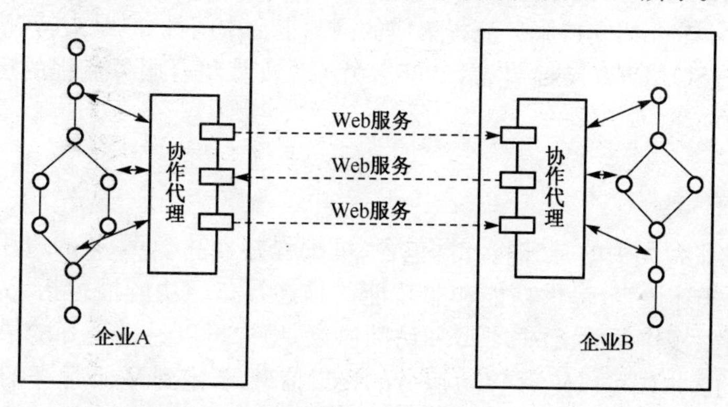

图 8.16 服务协作模型

网驰平台中间件 OncePI 是用于工作流程建模和运行的支撑环境，主要由建模工具、解释器和协调器组成。解释器和协调器是 OncePI 运行平台的核心,分别负责解释执行流程实例和调用活动实现对应的服务操作。解释器与协调器间的实例上下文消息传递是由 OnceAS 的 JMS 服务提供的,以实现工作流程的集成。

OncePI 的流程建模工具用于设计和维护服务协作模型，采用有向图的形式通过图标语言"所见即所得"地定义业务流程。流程建模工具基于可视化建模技术，每个流程视图就是一张"流程建模画布"，对应于建模画布上由一组活动构成的流程是在解释器中运行的流程实例的模板。活动是建模画布中的节点，而节点间的连接对应于转换，用于指示路由关系，这些路由关系决定了控制流从一个活动到下一个活动所采取的路径。连接可以带有条件，可以实现并行或者排他性选择。在节点上还定义了活动绑定的服务、活动的输入参数和输出参数，以及时间要求等信息。用户能够使用图形化拖曳的方式，方便直观地设计、修改和维护业务流程。OncePI 同时从三种粒度属性，即流程工程属性、流程属性和流程元素属性，对有关的流程模型信息通过人机交互界面进行输入。在建模完成之后，系统还可以对定义的流程进行检查，防止语法错误和类型不匹配的情况，并最终将模型表示为 XML 格式，统一存放在模型库中。当需求变更时，可以容易地调出并重构这些流程视图。

流程实例的启动和执行由组织中的个人或其他应用程序发动，并按照服务协作模型的定义实现特定的目标。流程监控工具用于对解释器的流程实例运行状态进行实时的动态监控。在流程实例的执行过程中，OncePI 提供流程监控工具实时跟踪解释器内部流程实例的运行状态，并以图形化的方式展现出来。在需要时还可以对流程的生命周期进行干预和控制。监控工具还提供了流程实例级的管理操作，如流程实例的暂停、恢复、终止运行等，以及对流程日志的管理，为流程的分析与优化提供数据支持。

流程建模时还需要预先定义流程中将要消耗的服务资源，OncePI 允许将一些常见的应用资源等同于 Web 服务，可以在服务协作模型中消耗。这些非 Web 服务资源包括 Java 应用、无状态会话 Bean、命令行和 JSP 交互应用等，可以通过流程服务包装工具将它们包装为 Web 服务，以便实现工作流程的集成和重用。

8.7 服务集成中间件

Web 服务是网络化的应用服务，服务集成中间件采用 Web 服务作为基本的协作单元，实现服务流程的集成。本节介绍支持服务流程集成的网驰平台中间件，一是支持 Web 服务高效运行的 SOAP 引擎 OnceSOAPExpress[花磊，2006]，另一是支持组合服务流程的运行支撑环境 OnceBPEL[Huang，2009]。

8.7.1 SOAP 引擎

Web 服务是与平台无关的、松耦合、自包含、可编程并且基于 Web 的应用。WSDL 是基于 XML 的 Web 服务描述语言，提供功能和非功能的描述接口。功能描述指 Web 服务接口的特性，包括可用的操作、操作参数、数据类型和访问协议，用户可以通过公开的描述信息访问 Web 服务。Web 服务的客户端可以使用 Web 服务的接口信息，绑定到 Web 服务的提供者，并且调用其服务。同时，WSDL 提供非功能描述的扩展接口，用户可以描述包括服务可用性、可靠性、可扩展性、事务、安全和认证等非功能特性。

SOAP(Simple Object Access Protocol)是一种在松散的且分布式的环境中交换信息的轻量级协议。SOAP 基于 XML，可以对等地交换结构化和类型化的信息。SOAP 本身并不定义任何应用语义，它只是定义了一种简单的机制，即可以通过模块化封装机制和数据编码机制表示应用语义。基于 XML 的 SOAP 是 Web 服务的核心协议之一，它是独立于特定编程语言和平台的可扩展消息处理框架,使得 Web 服务具有良好的互操作性和可扩展性。但是,基于 XML 的协议栈使 Web 服务的性能低下。XML 文件是基于 ASCII 字符的结构化编码方式,XML 文件的字节流比二进制文件的字节流更大。同时,XML 文件的解析过程包括字符的读取和标签语义的识别等,性能开销很大,因此限制了 SOAP 和 Web 服务在高性能分布式计算环境中的应用。

SOAP 引擎,顾名思义,是 SOAP 的实现,是支持 SOAP 的 Web 服务运行支撑环境,提供包括 Web 服务的协议栈支持和 Web 服务的部署管理等多种功能。在面向服务的体系架构中,Web 服务是服务交互的基本单元,而 SOAP 引擎是服务计算的基础设施。一种具有高性能和轻量级,并对 QoS 特性提供良好支持的 SOAP 引擎是面向服务体系架构的不可或缺的组成部分。

网驰平台中间件 OnceSOAPExpress 是网驰平台提供的 SOAP 引擎,其核心功能包括:

(1)网络通信。SOAP 引擎的网络通信包括网络 I/O 和网络协议的适配。SOAP 引擎采用基于事件的 I/O 驱动机制,负责监听并接收网络连接请求,被 I/O 连接事件激活。SOAP 不和特定的网络通信协议绑定,SOAP 引擎需要对不同的网络协议进行适配,常见的绑定协议包括 HTTP 和 SMTP 等。网络协议适配的操作对象是包含特定协议格式的字节缓冲区。

(2)服务的分派和调用。SOAP 引擎是 Web 服务的运行支撑系统,可以看做是 Web 服务的容器。SOAP 引擎负责 SOAP 消息的解析。Web 服务的消息格式遵循 SOAP,通过解析 SOAP 消息格式获取 SOAP 消息包含的服务名称和服务参数等信息,将服务请求派发给相关的 Web 服务并进行服务的调用。

(3)数据模型的映射。进行 XML 数据对象和 Java 数据对象的映射采用基于 DMT 的动态提前绑定技术实现。基于 XML 格式的数据对象屏蔽了不同平台的异构性,但 SOAP 引擎本身是与平台相关的,实现了数据对象在与平台无关与平台相关两者之间的转换。

(4)提供 QoS 支持。SOAP 本身并未定义服务的 QoS 特性,SOAP 引擎通过实现 WS-* 协议向 Web 服务提供 QoS 支持。

(5)服务的部署和管理。Web 服务作为一个面向服务的组件模型,需要支撑环境提供服务集成和管理功能。SOAP 引擎实现了 Web 服务的部署和运行时管理,包括各种绑定实现的集成,目前包含的绑定实现有 EJBBinding、JavaBinding 和 JMSBinding 等。同时,SOAP 引擎还提供 Web 服务开发的支持。

OnceSOAPExpress 的系统结构如图 8.17 所示,包括传输协议适配、SOAP 消息处理、执行控制器和服务实现集成管理等主要部分。

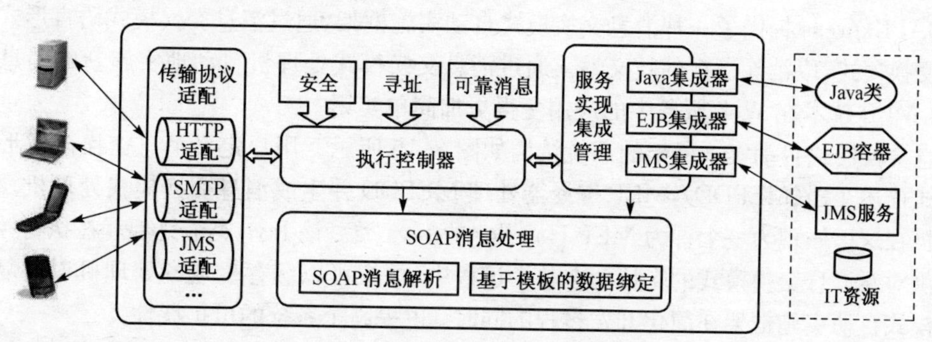

图 8.17 SOAPExpress 系统结构

在传统的 XML 处理流程中,当引擎接收到一个 SOAP 消息后,它首先使用 XML 解析器解析消息,然后采用反序列化机制生成服务调用所需的 Java 对象。XML 解析和基于 Java 的反序列化机制是 Web 服务的性能瓶颈。如果能避免这两个非常耗时的操作，Web 服务的性能将能有效地得以提高。

动态提前绑定是网驰 SOAP 引擎使用的一种新型 Web 服务数据模型映射机制，如图 8.18 所示。这种映射机制在编译时建立 XML Schema 和 Java 类之间的映射规则，在运行时根据映射规则生成记录映射信息和映射操作的数据映射模板(Data Mapping Template,DMT)。如果 XML Schema 不存在，则首先通过 Java 类型和映射规则生成 XML Schema，然后再通过动态代码生成技术产生数据映射模板。

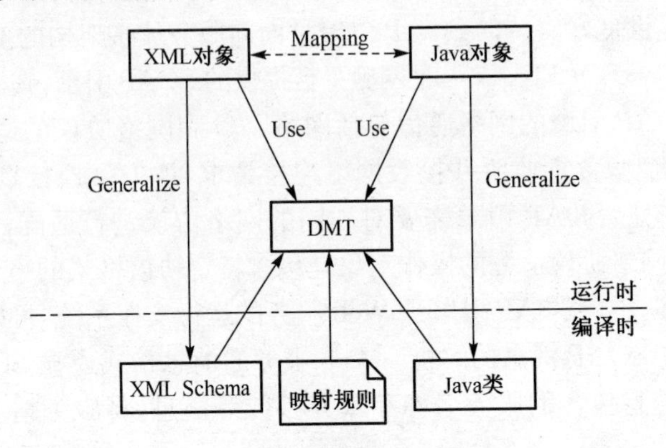

图 8.18　动态提前绑定

动态提前绑定技术通过动态记录的映射信息驱动数据模型映射，避免在运行时依赖 Java 反射技术获得绑定信息，这将显著提高数据模型转换的性能。数据映射模板在运行时动态产生，这使动态提前绑定技术具有像延迟绑定一样的灵活性。动态提前绑定技术综合了延迟绑定和提前绑定的优点，是实现高性能 SOAP 引擎的关键技术。

服务调用由交互双方按照一定的规则交换若干条消息完成，而交换规则即所谓的消息交换模式(Message Exchange Pattern, MEP)为交互双方的消息交换定义了可能涉及的消息交换序列。随着 Web 服务的广泛应用和不断发展，一些复杂而自定义的消息交换模式越来越多地出现在 Web 服务交互过程中。WSDL 和 SOAP 中所提供的描述方法，无法对消息交换模式进行精确的定义，从而为消息交换模式带来了潜在的歧义性，不利于消息交换模式的自动执行。由于开发者需要重新编码以支持新的消息交换模式，这不仅增加了开发费用，而且提高了出错的概率。OnceSOAPExpress 提供了一种消息交换模式自动实施框架，通过消息交换模式语言形式化地描述消息交换模式，以消除潜在的歧义性。通过消息交换模式处理机自动地实施新的消息交换模式，使得 MEP 技术在 Web 服务中的应用变得更加简单实用。

消息交换模式自动实施框架的系统结构如图 8.19 所示。用户定义消息交换模式形成消息交换模式描述文档(MEPDD)，MEP 编译器处理 MEPDD 并生成消息交换模式处理机。消息模式处理机在这里体现为一个称为 MEP Handler 的 Java 类。该 Java 类最终部署在执行控制器之后以提供对新消息交换模式的支持。在整个过程中，框架可以缓存生成的处理机以便复用。消息交换模式自动实施框架在简化开发过程的同时，也提高了系统的可扩展性。

在实际的应用中，Web 服务必须有能力为不同的用户提供不同的服务质量保障。在 OnceSOAPExpress 中，服务的非功能属性是由策略保障框架完成的。策略保障框架负责管理各个特定领域的处理模块并按顺序调用这些模块以处理流经的 SOAP 消息，基于相关策略信息完成具体的策略保障工作，如图 8.20 所示。

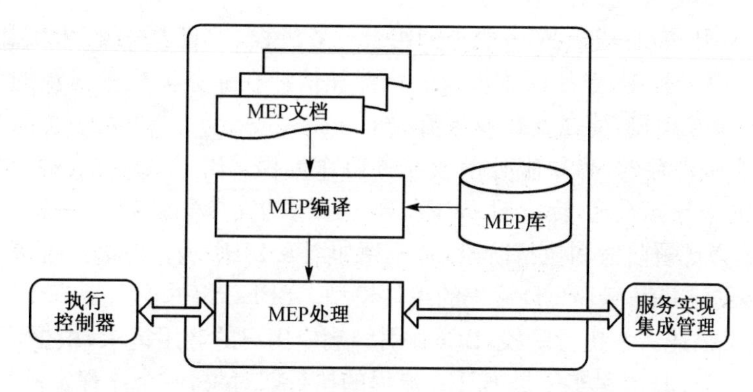

图 8.19　消息交换模式自动实施框架的系统结构

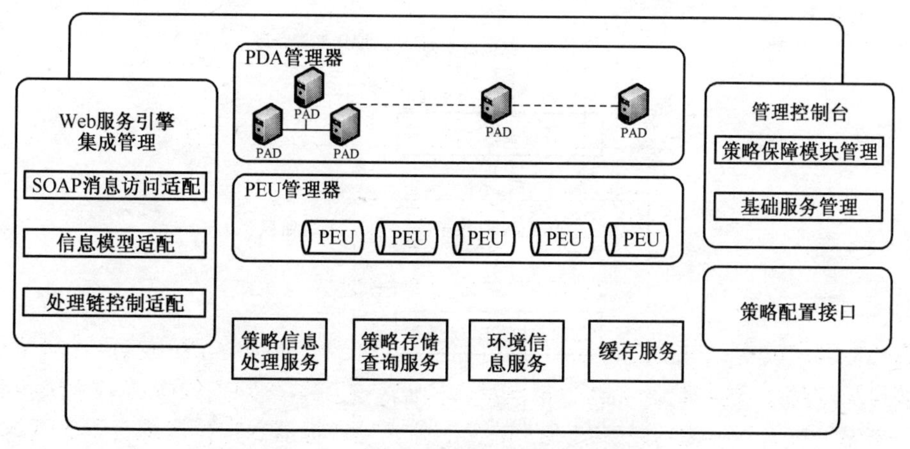

图 8.20　Web 服务策略保障体系结构

在如上定义的 Web 服务策略保障体系结构中，PAD 是策略分析和决策模块，通过分析策略信息和环境信息进行决策，以确定 PEU 的配置规则和执行顺序。PEU 是策略实施单元，位于消息处理链中，按照 PAD 传入的配置规则对流经 SOAP 消息中的非功能信息元素进行处理。PAD 和 PEU 分属于两个不同的层次，它们把策略的分析、决策和实施过程进行了分离，这种方式降低了问题复杂性和模型耦合度。同时，链式的 PEU 处理架构提高了系统的灵活性和可重配性，由于引入环境信息作为 PAD 分析和决策的重要依据，服务质量保障框架对环境的适应能力得以提高。

8.7.2　BPEL 运行支撑

单个 Web 服务所提供的功能是有限的。为了实现复杂的业务逻辑，就必须对 Web 服务进行组合和协作，从而推动服务组合技术的发展。服务组合技术标准建立在 Web 服务技术的核心标准之上，对服务过程及其包含的基本服务和基本服务之间的交互进行描述。各个标准化组织开发了一系列服务协作标准规范，以支持对服务组合的逻辑进行有效和规范地描述。

BPEL4WS(Business Process Execution Language for Web Services)简称 BPEL，首先于 2003 年由 Microsoft 和 IBM 等多家公司共同发布，用以定义和管理由 Web 服务协作构成的业务流程。OASIS 随后宣布将语言本身重新命名为 Web 服务业务流程执行语言(Web Services Business Process Execution Language)，并于 2007 年正式发布 WS-BPEL 2.0 规范，将其作为一个开放的标准。

BPEL 基于 XML 描述基于 Web 服务的组合业务流程，指定了一组 Web 服务操作的执行顺序、Web 服务间共享的数据、业务流程涉及的伙伴和伙伴在业务流程中扮演的角色，BPEL 并且扩展了 Web 服务交互模型，使之支持业务流程事务。

BPEL 通过组合现存的 Web 服务形成业务协作流程。BPEL 运行支撑环境就是一个支持 BPEL 流程运行的服务器系统，提供对 BPEL 流程运行的支持和管理。一个 BPEL 流程的执行分为两个阶段：编译部署阶段和执行阶段，其原理如图 8.21 所示。在编译部署阶段，解析 BPEL 的 XML 源文件，创建并保存 BPEL 流程的组件模型。BPEL 组件模型是 BPEL 流程对象化的语法和数据结构定义描述。在执行阶段，BPEL 引擎响应用户的调用请求，根据请求定位或者创建 BPEL 流程实例。BPEL 流程实例是 BPEL 流程的执行期对象，一个流程实例的运行代表 BPEL 流程的一次执行，它包含 BPEL 流程所有的执行状态和子活动实例的集合。

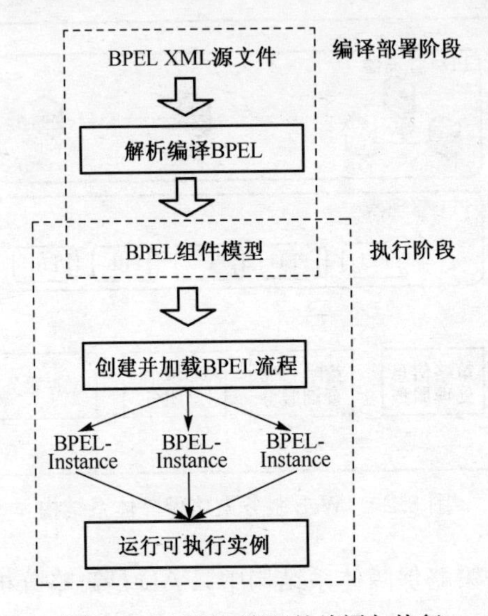

图 8.21　BPEL 流程的编译与执行

OnceBPEL 引擎是网驰平台提供的一个支持 WS-BPEL 2.0 规范的服务协作运行时支撑，其系统结构如图 8.22 所示。OnceBPEL 系统是一个 Web 应用程序，它运行在 Web 容器中，作为它前置的 Web 服务调用接口平台。Web 服务容器与 OnceBPEL 引擎通过连接器(Connector)相连；Web 访问控制组件为引擎提供一组基于 Spring 技术的 Web 访问接口；引擎内部通过一组管理组件如调度管理和流程管理等处理基于事件驱动的 BPEL 流程实例的执行。此外，部署模块和 DAOs 模块分别提供流程部署和流程持久化的功能。

OnceBPEL 采用有限状态机(FSM)的方式来实现活动实例。子活动实例组成一个运行时逻辑语法树和活动状态集，OnceBPEL 引擎通过遍历逻辑语法树并改变状态集以达到运行 BPEL 流程的目的。BPEL 运行服务支撑不可避免地要处理大量的并发请求。并发请求有两类：一类是不同的 BPEL 流程实例之间的并发；另一类是 BPEL 流程实例内部并行活动的并发。OnceBPEL 采用事件驱动模型实现并发处理，处理来自事件队列不同种类的事件。事件可以是网络或 I/O 操作就绪、操作完成报告、定时限制或是其他的应用程序事件。每个请求都表示为一个有限状态机形式。与多线程模型相比，事件驱动的主要优点在于处理并发的高效，有更好的缩放性，在高并发压力下可显著提高性能。事件驱动的 BPEL 引擎运行模型如图 8.23 所示。

在如上定义的 BPEL 引擎运行模型中，把一个 BPEL 流程实例设计成一个有限状态机。在

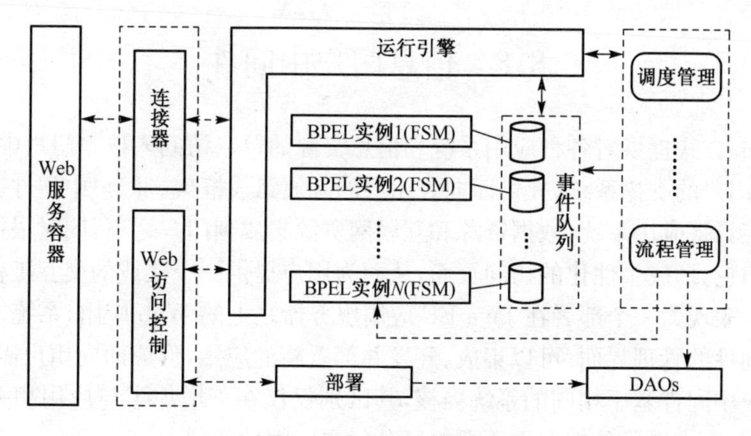

图 8.22　OnceBPEL系统结构

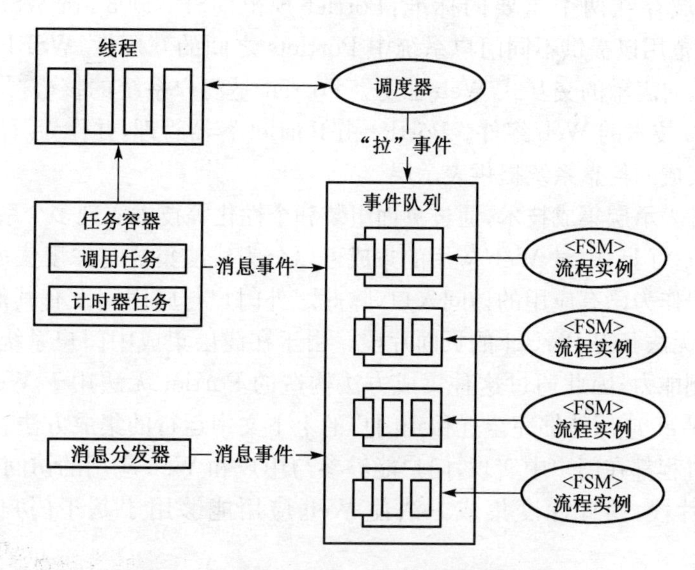

图 8.23　事件驱动的 BPEL 引擎运行模型

编译和部署阶段，根据 BPEL 源文件构造基于 FSM 的 BPEL 流程组件模型，执行阶段根据这个流程组件模型创建 BPEL FSM 实例。一个流程的执行是 BPEL FSM 一系列的状态变化过程，状态的变化完全是由事件引发的。FSM 不持有任何线程，线程完全由 BPEL 引擎容器控制，并由一个系统线程池维护。每个 BPEL 流程实例拥有一个事件队列(Event Queue)，存储将要输入到 BPEL FSM 中的事件集合。系统提供一种事件调度器，用于调度事件队列并执行其中的事件。

事件调度器调度到一个 BPEL 流程实例时，从 BPEL 流程实例的事件队列中抽取一组事件进行处理，处理完毕后便完成这次调度并开始下一轮调度。在每一轮的调度过程中，事件调度器都要根据一定的算法选择一个 BPEL 流程实例，可以使用不同的策略配置调度算法以实现不同的性能需求。OnceBPEL 引擎还采用对象池技术以优化系统的性能，对于那些被频繁使用的对象，在使用完毕后，不立即将它们释放，而是将它们缓存起来，以供后续的应用程序重复使用，从而减少创建对象和释放对象的次数，同时改善系统的性能。

8.8 信息门户中间件

门户以 Web 方式提供对各种应用系统和信息资源的单一访问入口。门户中间件指构建、管理、运行和维护门户的支撑系统，提供面向表示层的开放集成框架。门户中间件通过其提供的系统服务和相关工具将应用系统、数据资源和互联网资源集成到门户之下，同时根据每个用户不同的使用特点和角色，形成个性化的访问页面，从而为用户提供一个集成的交互工作环境。门户中间件自身通常也表现为一个部署在 Java EE 应用服务器之上的 Web 应用，系统管理员及开发人员基于门户中间件的管理界面，可以集成、开发并部署新的应用，形成面向用户需求的门户系统。门户系统与门户中间件基于相同的系统内核，其区别仅仅在于增加了与应用相关的面向表示层的业务组件。因此，在通常的情况下不严格区分门户中间件和门户。

目前，门户领域存在两个重要的标准：Portlet 规范[JSP，2003]和 WSRP 规范[OASIS，2003]。Portlet 规范用以提供不同门户系统中 Portlets 之间的互用性，WSRP 则定义了可以在门户中即插即用面向表示的交互式 Web 服务。Portlet 是门户系统的核心，是一个可以生成动态内容的基于 Java 技术的 Web 组件。Portlet 由 Portlet 容器管理，并作为门户中可插拔的用户界面组件为门户集成的信息系统提供表示层。

门户作为一种表示层集成技术，通过页面组装和个性化等技术实现多个系统、应用和数据资源在表示层的集成。门户中对 Web 应用的集成可以分为浅层集成与深度集成两种类型。浅层集成指仅仅将门户作为已有应用的访问入口，除此之外门户与应用间没有其他的关联。在浅层集成方式下，门户无法获得 Portlet 的页面片段。由于在浅层集成中门户系统对用户和 Web 应用的会话没有控制能力，因此通过这种集成方法构造的 Portlet 无法用于 Web 应用的构建中。深度集成则是指 Web 应用能够完全迁移到门户的上下文中运行的集成方法。由于用户与 Web 应用所有的交互过程都在门户中实现，门户能够参与用户和 Web 应用的访问过程，并感知 Web 应用呈现的页面片段，因此深度集成方法使 Web 应用能够用于基于门户的复合应用的构建过程。

图 8.24 给出了门户中 Web 应用的集成模型。其中，将 Web 页面看做有序的 HTML 节点集合，Web 应用的访问实例则是一组相互之间存在链接关系的 Web 页面集合。将一个 Web 页面的部分连续 HTML 节点集合定义为页面区域，Portlet 的访问实例则是一组相互之间存在链接关系的页面区域集合。Web 应用集成体现为将用户对 Web 应用的访问实例转换为相应的 Portlet 访问实例的过程。

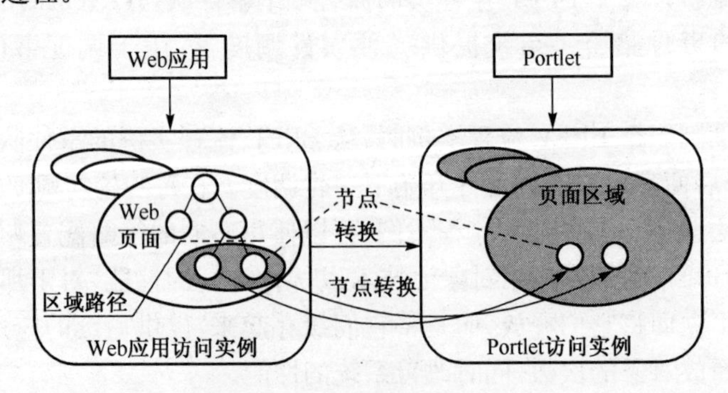

图 8.24 Web 应用集成模型

为了支持这种集成能力，将不同来源的异构数据和应用统一集成到门户之下，同时根据每个用户不同的使用特点和角色，形成个性化的访问页面，实现灵活、有效集成的协同工作环境，门户系统需要实现一个扩展性良好的核心框架。OncePortal 是网驰平台的门户中间件，系统结构如图 8.25 所示[宋靖宇，2006；万淑超，2008]。从整体上看，OncePortal 由三个部分组成，即 Portal 服务器、Portlet 容器和各种系统服务。

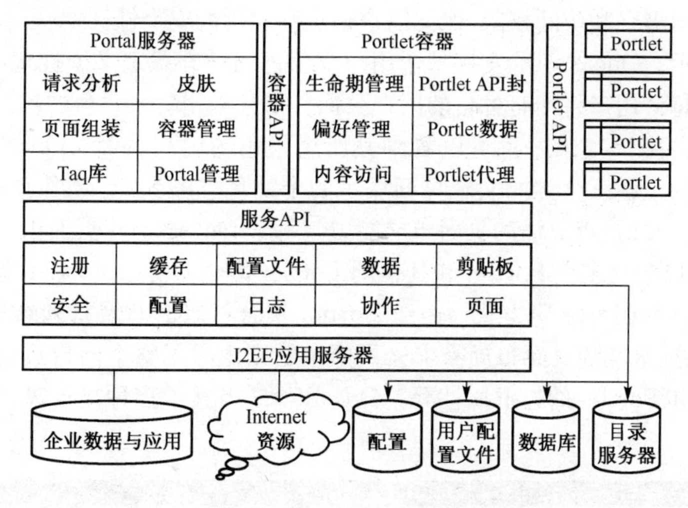

图 8.25 OncePortal 系统结构

(1)Portal 服务器是一个符合 Java EE 规范的 Web 应用，运行于 Servlet 容器之上，作为各种信息资源和应用的单一入口。用户的访问请求统一发送到门户服务器后，经过相应的处理，这个请求被解析并分解为对一系列具体 Portlet 的访问，每个 Portlet 根据各自的处理逻辑访问后台资源，并将获取的内容提交给门户服务器，由门户服务器根据用户的个性设置进行统一组装，最终以门户页面的形式呈现给用户。

(2)Portlet 容器提供了基于 Portlet 规范完成的 Portlet 运行时环境，负责 Portlet 的初始化、使用及销毁。Portlet 容器基于 Servlet 容器，复用 Servlet 容器提供的功能。Portlet 容器通过 Portlet API 调用符合规范的 Portlet，获得 Portlet 的内容，返回给门户服务器。对于远程 Portlet 组件，则通过 WSRP 及 SOAP 调用获取远程服务的内容。Portlet 容器还需要处理不同 Portlet 之间的协作，支持对 Portlet 的请求进行预处理，实现 Portlet 过滤器的功能。

(3)Portlet 容器及 Portal 服务器都可以调用底层的系统服务，如日志服务、缓存服务、配置服务、注册服务和访问控制等。

OncePortal 的基本功能如下：

(1)异构内容表示层集成。OncePortal 可以将不同来源的异构内容在表示层进行集成，通过一个门户页面对这些信息统一展示。系统提供了 Portlet 定制功能，可以将 JSP、HTML、RSS、数据库、XML、图像、Applet 和 ActiveX 等八种类型的数据和应用封装为 Portlet 在门户中使用。Portlet 定制采用向导风格的图形化界面，用户在给出 Portlet 名称、标题、宽度、高度、类别、访问参数和安全控制属性等参数后，由系统自动生成 Portlet，并将其加入系统 Portlet 库中。OncePortal 还提供类似于 Web 页面的裁减整合功能，支持用户基于 Web 页面的结构信息将该页面的部分区域转化为 Portlet。此外，OncePortal 提供多种 Portlet 桥接，能够在不改变 Web 应用程序的前提下，将 Web 应用深度集成到门户环境中，并保证用户具有相同的访问体验。

(2)内容过滤与访问控制。OncePortal 采用基于角色的访问控制方法，使用 LDAP 实现资源的统一管理。OncePortal 中与访问控制有关的概念包括用户、角色、Portlet、权限和安全控制条目。Portlet 是 OncePortal 中支持的唯一资源类型。权限可以对 Portlet 进行操作，包括查看、编辑、打印、显示帮助信息、客户化、最大化和最小化等七种。用户可以具有一种或多种角色。安全控制条目将角色与权限联系在一起，定义了在该条目中不同角色所具有的权限。安全控制条目被指定到 Portlet，从而使权限与资源联系在一起。OncePortal 可以对门户集成的内容进行控制，设置不同的安全级别和访问权限，保证门户信息和应用的安全性。

(3)个性化展示。OncePortal 支持基于用户或角色两种方式定义个性化门户页面。在以用户为基本单位时，每个用户将拥有各自的门户页面。如果采用基于角色的控制方式，则每个角色具有一个门户页面，用户登录后将可以看到其所属角色的门户页面。OncePortal 通过页面布局、页面内容和页面主题三个方面实现页面展示的个性化。图 8.26 给出了 OncePortal 的一个示例页面。OncePortal 具有灵活的页面布局能力。每个 OncePortal 页面由一个 Portlet 集合构成，Portlet 集合可以包含多个 Portlet 和其他的 Portlet 集合。每个 Portlet 集合可以选择标签、菜单、树型和任意行列四种布局方式。由于 Portlet 集合可以嵌套及行列布局的多样性，OncePortal 可以满足各种复杂的页面布局需求。页面主题则定义了整个门户页面的显示风格，如背景色、菜单的样式和 Portlet 的边框属性等。OncePortal 内置了多种显示风格供用户使用，同时允许用户进行扩充。

图 8.26　OncePortal 个性化页面示例

在 OncePortal 中，用户可以通过可视化方式动态调整个性化页面。使用系统的编辑界面功能，用户可以通过下拉列表和按钮，对页面布局方式、页面主题、Portlet 在页面中的行列位置及页面中包含的 Portlet 进行修改，如图 8.27 所示。系统会实时给出调整后显示预览。当用户确认修改后，新的页面配置将立刻生效。此外，用户也可以直接在显示界面中使用光标拖曳的方式改变页面布局。

(4)单点登录(SSO)。单点登录负责控制门户用户的身份认证过程，屏蔽用户在所集成的各种应用上的登录。对门户中的任何应用，用户在访问它之前都要进行登录，但这个过程可由

SSO组件代替完成。用户对于各个应用的认证信息(如用户名/密码)都保存在SSO的专有数据库中,在请求某个应用时,SSO将取出相应的信息并自动登录。OncePortal支持单点登录,用户在门户中登录后即可访问已被授权的所有应用系统。

(5)内容管理。OncePortal内容管理模块OncePortalCMS是一个满足JSR 286规范的轻量级内容管理实现,集内容采集、创建、整合、分类、编审、发布、版本控制、访问控制及搜索功能于一体,能够对网站的内容和展示进行及时的发布和更新,简化门户网站的创建和维护。

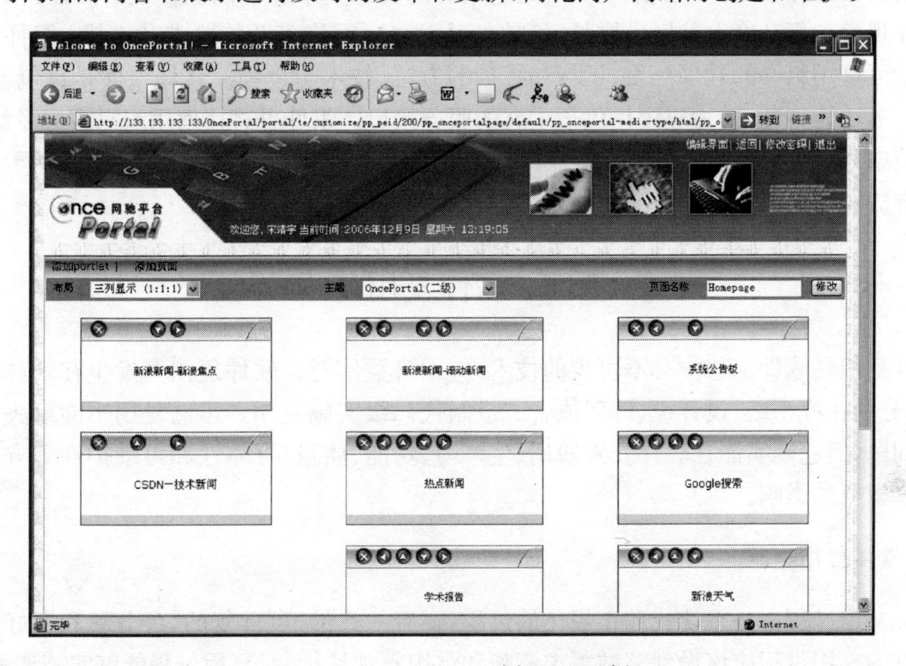

图 8.27 OncePortal编辑界面示例

第 9 章　组件化软件工程开发

网络分布计算使得分布式系统实现跨越平台的资源共享和协同工作成为可能，但也导致软件系统在规模和复杂度上的极大增长，给软件开发提出了许多新的要求和挑战。组件化软件工程是基于可复用组件的软件开发、运行和维护的方法、技术与过程。软件组件是自包含的，具有相对独立的功能特性，并为应用提供预定义的服务接口。组件可直接使用或只需少量修改，在特定的环境中具有"即插即用"的能力。本章以可复用组件-模式-框架为主线，阐述基于组件的软件开发方法及相关的技术。

9.1　软件复用技术

软件复用是软件工程中必不可少的技术，应用日益广泛。软件复用可发生在软件开发的不同阶段，分别在模型级、设计级、源码或者二进制代码级实施复用。虽然复用不能解决软件工程所有的问题，但它确实能在软件开发费用、生产力、功能、质量、可靠性和可维护性等方面为软件工程带来积极的影响。

9.1.1　软件复用过程

软件复用过程应是系统化和正规化的过程，要有一致的、可重复的、可分解和良好定义的步骤。良好的复用过程应该做到领域需求清晰和组织管理易行，对复用过程能够实施调整和精化，并能进行监督和评价。软件组件是软件复用的基本单元，软件组件是自包含的，具有相对独立的功能特性和具体实现，并为应用提供定义良好的服务接口。软件组件复用的一般过程如图 9.1 所示，它由 6 个步骤组成。

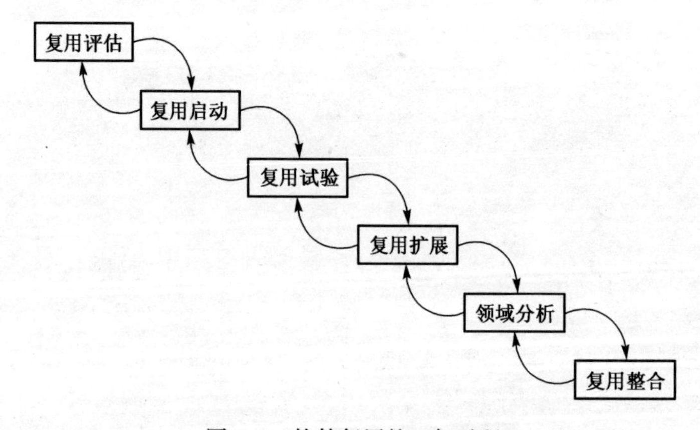

图 9.1　软件复用的一般过程

1. 复用评估

在启动复用过程之前，软件组织应该了解和评估实施复用的能力，必须分析复用所带来的收益和所付出的代价。可以通过回答以下问题来进行评估：

(1)用户组织中的可行性。需要复用什么？待开发的软件是否值得复用？当前的组织管理是否支持复用？是否有足够的资源实施复用？是否已有可复用资源？

(2)应用的领域是否适合复用。领域的广泛性和复杂性如何？领域是否成熟？设计者和开发者是否很好地理解了该领域？

(3)复用代价和所获收益。复用的层次如何？复用所需的代价如何？是否经济划算？

(4)复用的实现方法和步骤。实施复用的能力是否具备？复用实现方法和步骤是否可行？

2. 复用启动

实施复用时，需要分析、寻找、评价和选择可复用的软件组件。组件可能需要进行泛化或者实例化，针对特定的应用进行修改。复用启动的工作量大小取决于将要执行的复用过程的范围和程度。一个存储和管理软件组件的组件库将是非常有益的，它是软件组织内部复用组件的基础。

3. 复用试验

在一个选择的小范围内进行复用试验能够减少整个复用过程的风险和代价。试验有助于了解那些有碍复用的技术上和组织上的问题。根据试验结果，管理者将决定是否继续复用过程或者启动新的复用过程。

4. 复用扩展

如果复用试验是成功的，那么需要确定项目复用过程中各个参与者的责任和有关协议，扩展和整合可复用组件，使复用成为组织的有机部分并为组织成员所接受。

5. 领域分析

领域分析是为了建立系统性的复用，标识特定领域中的一些活动，确定该领域有哪些共性需求可以实施复用。领域分析要有专门的领域分析方法和技术。

6. 复用整合

进行系统设计并根据需要调整组织结构，实施诸如应用组装和测试等活动，对软件开发过程进行必要的调整，进行必要的复用培训和建立有关的支持工具。

9.1.2 软件复用技术分类

许多成功的应用案例说明了在相同或相似的领域内软件开发具有相似性和可复用性的事实，目前已经涌现出许多软件复用技术。图 9.2 和表 9.1 是软件复用技术一览，由底向上依复杂程度将它们定义在不同层次上。在实际的应用中选择何种复用技术需要综合考虑多种因素的影响，如应用的类型，现有的技术平台及开发团队经验等。

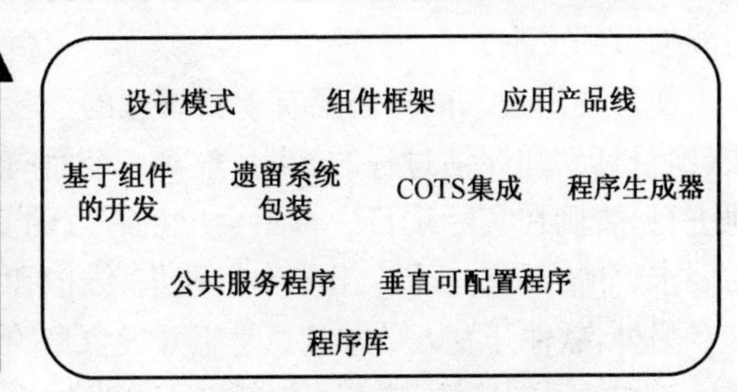

图 9.2 软件复用技术分类

表 9.1　软件复用技术一览

复用技术	描　述
程序库	实现某些通用功能的类或函数库
公共服务程序	系统提供的公共基础或应用服务，为多个领域应用所共享
垂直可配置程序	针对某个领域的通用程序架构，根据不同用户的需求配置为特定的软件
基于组件的开发	组件是实现系统复用的最小单元，通过组件的组合构成新的系统
遗留系统包装	将遗留系统包装为一种新系统能够访问的形式，为新系统所复用
COTS 集成	通过集成现有的商品软件构造新的系统
程序生成器	具有领域某方面知识的程序生成软件，可自动生成应用程序
设计模式	软件概念的抽象，描述实体及它们之间的操作
组件框架	软件系统结构的抽象，实现高层设计和代码的复用
应用产品线	将领域应用框架作为可复用核心资产，开发系列应用产品

9.1.3　软件复用带来的问题

虽说软件复用可以带来很多好处，但是同样也会带来很多问题和额外的代价。实际上，分析可复用组件是否适应当前环境并测试其可靠性是一件开销很大的事情。这种额外的开销在一定程度上会阻碍软件复用技术的推广，同时也会降低对软件开发成本的控制能力。总的说来，软件复用会带来如下几方面的问题。

1. 增加维护成本

如果被复用了的组件源代码是不可获取的，那么软件维护的开销便会随着软件的使用和修改而增大。随着软件的更新，这些被复用组件很可能会变得不能满足新的软件需求。

2. 缺乏工具支持

很难将通常的开发工具与对遗留组件库的支持结合起来，在这些工具所支持的开发过程中很可能就没有将复用组件考虑在内。

3. 构建组件库困难

推广一个可复用组件库，促使软件开发人员使用这个组件库的代价会非常高，因为软件开发人员需要足够的理由才会信任该组件库。当前，在分类、索引和查找可复用组件方面的技术也不是很成熟。

必须指出的是，基于复用的开发不是一个仅由软件开发人员就能解决的技术问题，项目管理上的支持和适当的组织结构同样重要。由于复用需要提前付出一些代价，如果没有管理层的支持，就不能真正实施复用过程并获得好处。管理者需要了解启动复用过程的费用，确信通过复用能够节约成本。

使用复用技术同样需要有项目管理的经验。成功的软件复用受整个软件生命周期、设计方法、项目计划和评估过程的影响，需要一个面向复用特点的软件过程模型，使复用过程能够有序地进行，否则在实际项目中将不会出现有效的复用。在组织结构上，也必须考虑复用过程中出现的要求，如需要有一个专门的小组搜集、维护和提供可复用的组件。

另外，软件开发人员常常总是想开发自身的组件而不是维护和使用他人的组件，因为他们觉得复用工作缺乏创造性，或者不信任别人开发的组件。这样的心理因素会影响复用在项目中的应用。当然，复用软件时也必须要考虑法律和商业方面的问题，如软件有效期和使用权限等。

9.2 基于组件的软件开发

组件技术体现了软件领域的最新成果。软件组件需要遵循接口标准,基于组件的软件开发(Component-Based Development,CBD)遵循以接口为中心的开发过程。对于那些没有遵循给定接口标准的遗留系统也要将它们包装成能够复用的形式,通过规范的接口进行访问。组件通过接口进行交互。在通常情况下,组件交互是在支持组件运行的平台中通过中间层次的软件实现的。随着软件复用技术的发展,各种可复用组件资源越来越多。当软件开发组织或人员可以用低廉的价格获得足够多的可复用组件资源供给时,用CBD替代其他开发方法是可行的。

9.2.1 概述

基于组件的软件开发不能完全采用传统的软件开发过程,这是因为传统的软件过程模型缺少对可复用组件的考虑。基于组件的软件开发首先考虑的是软件的组织结构,以及如何获得现成的组件,而不是去构造它们。

客户通过接口使用组件,接口是组件对外唯一可见的部分。组件接口应该是定义清晰的,接口分为平台接口和应用接口两类。

(1)平台接口定义组件与所运行的平台之间的交互,包括硬件、操作系统、运行时环境和通信系统等。通过平台接口,软件组件可以确定与操作系统和通信有关的事件,理解硬件的依赖性和平台的可移植性等。组件的可移植性依赖平台接口的分层策略,应使组件及其组成部分尽可能独立于平台。虚拟机方法是一种保证组件可移植性行之有效的方法。

(2)应用接口定义组件与其他同层次的组件或应用程序的交互方式,描述组件交互时的输入和输出关系。输出接口描述组件所提供的功能,输入接口描述对外部组件的需求。应用接口与运行平台或硬件无关,通过应用接口,可以确定从其他组件接收或发送的消息结构,并检查消息协议、数据类型和接口格式是否兼容。

接口定义组件对外提供服务,也描述从其他组件获取的服务形式。必须注意不同开发层次上接口之间的差异,如结构接口与编程接口应该是有区别的。另外,不同的组件模型定义了不同的接口类型,如CORBA的IDL接口、DCOM是COM IDL接口和EJB是Java接口。同类型接口的组件互操作通过运行时平台实现,不同类型接口的组件互操作要有相关协议的支持。

与传统的开发过程不同的是,基于组件的软件开发过程具有如下的特点:

(1)CBD以接口为中心。组件接口定义与组件实现相分离,接口在组件交互和协作中充当重要角色。

(2)CBD独立于编程语言。将组件作为可执行的部署单元,而不必考虑实现组件的编程语言。

(3)与开发和实现组件比较,CBD更注重由组件组装应用的组合机制。

(4)CBD依赖功能组件的可分离性,降低组件之间的耦合度可提高系统的可维护性。

从另一种意义上看,基于组件的软件开发就是一种组件集成。这里的集成概念包括静态集成和动态集成。静态集成是在开发过程中的集成,主要考虑组件接口类型的一致性问题。动态集成是在运行时的集成,需要考虑运行时的组件协同方式和如何控制组件的操作。遗留系统的集成一直是个难以解决的问题,通常的办法是对遗留系统进行包装,提供遵循组件模型的标准接口。

9.2.2 组件

软件组件是自包含的，具有相对独立的功能特性和具体实现，并为应用提供定义良好的服务接口。组件可直接使用或只需要少量修改或配置，在特定环境中具备即插即用的能力。

组件模型定义了组件接口及组件实现、部署和使用的规范，这些规范保证组件间协作的一致性，也为组件提供者和组件运行设施提供了实现标准。基于组件模型，组件提供者向组件使用者提供的组件描述包括接口、环境及部署和使用等信息。

(1)组件模型的接口信息包括接口名称、接口参数及与接口相关的所有信息，对接口的描述仅限于其功能属性，给出接口操作和行为声明，而隐藏了具体的实现细节。组件模型同时也规定了使用何种语言定义接口。

(2)组件模型的环境信息包括组件的使用场景、依赖的软件环境和局限性等。为了使组件具有分布式特性并能被远程引用，所有的组件需要拥有一个赋予它们的唯一名字或句柄。元数据是说明组件自身的数据，元数据很重要，其他组件或用户根据元数据信息获取组件提供或需要的服务。

(3)组件模型的部署和使用信息包括组件的一些基本信息，如组件的作者、版本、类型和组件的文档和维护信息；也包括组件非功能特性，如性能及可用性的描述。组件模型需要规定组件通过何种形式配置以适应不同的环境。

组件模型不仅是组件定义的标准，也是通过中间件提供组件运行环境的基础和依据。为了保证组件运行基础设施提供的服务能够得到有效利用，组件会预先部署到一个遵循组件模型规范的容器中，组件通过其容器获取基础设施提供的服务。

组件是以复用为目的的计算单元，不同类型的组件支持不同层次的复用。按照组件的逻辑功能可以将组件划分为应用组件和系统组件两大类。应用组件对应于软件系统中相对独立的一个问题子空间或者功能模块，一般说来，它是一种大粒度的可复用组件。可以认为，应用组件是应用系统中具有独立功能特性的模块封装，可以被当做一个“黑盒”为系统用户或其他组件提供服务。系统组件则对应于那些为应用系统提供公共逻辑支撑的基础服务，它可能来自公共的可复用组件库，或者是自行开发的系统服务，具有定义清晰的开发时和运行时接口，可以独立插入某个运行环境。

在基于组件的软件开发过程中，区分应用组件和系统组件有助于将应用系统的设计与底层技术的实现细节相分离。应用组件和系统组件分布在应用系统的不同层次上，系统组件由中间层软件提供。这样，开发者可专注于业务需求，既能加快开发进度，也可提高应用软件的可靠性和可维护性。

9.2.3 基于组件的软件开发方法

与传统的软件工程方法不同的是，基于组件的软件开发方法以软件组件为中心组织整个生产过程。结构化软件开发采用自顶向下的分析方法，把复杂庞大的系统自顶向下逐级分解为功能相对独立的子系统，然后“各个击破”。面向对象的软件开发将自顶向下的分解和自底向上的构造相结合，共同完成对问题空间的需求分析。这里，“构造”是指由基本对象组装复杂对象的过程，“分解”是指对大粒度对象进行任务分解和精化的过程。基于组件的软件开发是面向对象方法的进一步提升，除遵循面向对象方法的一般原则和规律外，在分析时采用了“分而治之”的策略，设计时重在粗粒度、松耦合和可复用，在网络分布式计算的环境下，组件化软件工程方法是一种发展潜力无穷的软件开发方法。

基于组件的软件开发过程如图 9.3 所示，可分为四个主要阶段：

(1)需求分析阶段。分析系统的功能和非功能需求，识别应用组件，并将系统需求分解到每个应用组件，确定应用组件需求，建立系统模型。

(2)系统设计阶段。通过分析系统模型和应用组件需求，建立系统总体架构，并确定系统的运行环境与应用所需的系统组件接口需求。

(3)组件选择/创建与测试阶段。根据需求选择可复用的应用组件和系统组件(包括中间件)，并对新的应用组件或系统组件组织开发，对组件进行测试。

(4)组装应用与测试阶段。将软件组件组装，并进行系统测试。

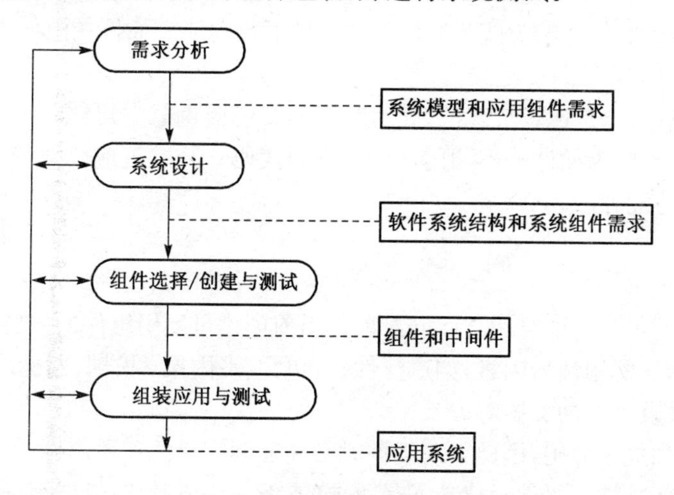

图 9.3　基于组件的软件开发过程

基于组件的软件开发过程也是可以反复的，任何一个阶段如果发现较早阶段存在缺陷需要反复，都可以回溯到以前的阶段，对之进行修改。由于在软件需求分析和系统设计阶段已经把系统功能分解为相对独立的应用组件，同时又把各种相关的系统支撑分解为独立的系统组件，从而使得各个组件之间最大限度满足了高内聚和低耦合的模块特性。这样，当用户的初始需求发生改变，或者在软件开发过程中需要回溯修改时，人们就不必为此付出太大的代价。

基于组件的软件开发过程是以组件为中心组织的，组件的开发和使用都是以复用为目的。只有当采用系统化的方法时，软件组件的复用才能发挥最大的效能。下面从组件选择、组件适配、组件创建和组件组合等四个方面进一步讨论相关的问题。

1. 组件选择

这里所讨论的组件选择主要是考虑如何从大量组件所构成的组件库中找出合适的组件，组件库是由软件组织进行管理和维护的软件组件的集合。组件选择可归结为在组件库中的浏览和检索。组件复用的成功推行极大地依赖对组件进行分类和检索的能力。

检索操作是在组件库中确定满足匹配的组件。显然，检索条件的表达方式和组件的表示方式是密切相关的两个重要因素。检索有多种表达方式，如自然语言模板、关键字列表、输入和输出数据样例等。组件的表示方法范围则更广，包括组件的自然属性、使用范围、功能说明、关键字、设计模式、行为样例和存储结构等。

组件检索可分为精确检索和近似检索两种。精确检索适用于黑盒法复用，在确定和检出需要的组件后，要对满足检索条件的组件进行评价和实例化，并使之集成到应用系统中，同时进行集成测试。近似检索适用于白盒法复用，先近似检索出所需的组件，再对满足查询条件的组件进行评价，找出可能最小修改的组件，然后对选出的组件进行修改以满足当前的需要。

2. 组件适配

组件适配就是利用泛化的组件创建有特定应用的组件，可通过如下途径扩展组件：

(1)部分实现。组件只实现一部分行为，而其他行为仅定义其接口。例如，使用C++或Java类实现组件时，通常会有一些抽象方法留给用户来实现。

(2)重载。组件为其全部行为提供了默认的实现，用户在具体应用时可以重载这些行为。

(3)插件。通过编写插件的方式为粗粒度的组件添加功能。插件在组件中注册其服务，组件在需要使用该服务时调用插件。

部分实现和重载可能是比较危险的，因为在部分实现或重载中可能没有完全符合组件的语义。插件则比较安全，因为插件并不调用其他组件的代码。开发者应针对应用需求和组件的不同情况选择恰当的适配方法。

3. 组件创建

组件创建的目的也是为了复用。面向对象是当前创建可复用组件的主要技术。在创建组件时，必须着重关注影响复用性的因素，如广泛性、自包含、高内聚、松耦合、标准接口和命名规范、可参数化、可移植性及良好的文档等。

由于组件应该独立于应用，因此创建组件时必须强调广泛性和通用性，而不应考虑那些仅在一些特定场合有用的特性。组件泛化技术是重要的，但是也要避免过度泛化的危险，应当在组件的复用能力和实现难度之间进行权衡。组件创建完成之后，必须对其进行认证。因为组件是要被复用的，复用者对它有很高的质量期望。组件的认证就是要保证组件的质量特性。

4. 组件组合

组件组合是组件复用的重点。将组件组合起来的方式有直接组合与间接组合两种。直接组合是组件通过直接交互的方式构建应用，直接组合导致组合接口之间的强耦合。另一种方式是间接组合，即基于中间件的集成，通过中间件集成组件系统。在后种方式下，组件之间的交互是通过中间件平台提供的基础服务实现的。

组件组合过程经常会遇到许多困难的问题，它们来自于组件自身、过程和质量等不同方面。

组件方面的问题与组件自身相关，涉及组件的模型和文档。组件的分类和文档是配置管理面临的问题。良好的组件文档有助于理解组件的功能和行为，减少组件集成的工作量。除了丰富的软件文档外，诸如组件的测试、应用例子和日志等都是有益的。组件可能存在多个版本，又进行过多次升级，这也可能会导致一系列问题，如升级版本是否被认为是一个新组件，以及如何维护与旧版本的兼容性等。系统升级可能导致旧版本不可用，因此必须有效地管理组件版本和升级。

基于组件的开发过程强调的是一种组合机制，在不了解和获得组件源代码的情况下，也要能集成不同来源的组件。在需求分析阶段就应熟悉已经存在的组件，并根据组件的有关信息将应用分割为组件，从而减少系统分析、设计和开发的代价。通常，并不是从头开始就确立一个系统，而是一边进行需求分析，一边确立可能应用的组件。如果所分割的组件是在子系统级别上，可再进行自底向上的分析和设计。要在开发的不同层次上维护组件的文档，评价组件对应用系统的适用性。

最后，还有关于质量方面的问题。组件测试与认证技术对于组件的质量是重要的。组件的测试包括供应商进行的测试和客户的接受性测试，还需要评价组件潜在的错误和对其他组件的影响。在关键的应用中，必须对系统中所有的组件进行严格的认证。如果组件由一个应用环境转到另一个环境，还需要进行重新认证和重新测试。虽然组件化软件工程通过集成高质量的组件可提高应用系统的质量，而系统质量的评估包括组件质量的评估和通过组件集成形成的应用系统的质量评估，但这种质量的评估和保证仍然是很困难的。

9.2.4 COTS

基于组件软件开发的一个发展趋势是尽可能采用商品组件 COTS(Commercial Off The Shelf)。COTS 是指可根据商品价目表向制造商或供应商购买的现成商品，用户能在不加任何修改的情况下直接使用。在软件领域中，COTS 是指具有如下特征可运行的软件产品：

(1)可以面向公众销售、出租或者授予许可；

(2)购买者、租赁者和获得许可者没有存取源代码的权利，只能将 COTS 作为黑盒使用；

(3)由创建它的供应商提供，一般情况下由供应商负责维护和升级；

(4)在市场上可以有多种版本的复制可用。

基于 COTS 的软件开发是使用商品组件以建立应用系统的过程。在软件开发中，使用 COTS 的主要优点如下：

(1)价格低。COTS 产品是生产一次，使用多次，因此能够以较低的价格来销售。

(2)产品质量高。由于 COTS 被大量的用户使用，且经过彻底的测试，相对于为单个用户提供的产品，COTS 拥有更好的质量。

(3)功能多。COTS 开发者通常是相关应用领域的专家，COTS 会拥有更多更好的功能特性。

(4)上市时间短。COTS 是立即可用的产品，用户可很快获得 COTS，将它们部署到待开发应用系统中，从而缩短应用开发的时间。

(5) 维护代价小。COTS 的供应商负责其产品的维护，减少了 COTS 用户的维护代价。

基于 COTS 的开发可以看做是组件化软件工程开发的特殊情形。但是，它与一般的基于组件的软件开发相比较，还是存在着一些显著的差异。在一般的 CBD 中，用户和开发者可使用白盒法和黑盒法相结合的方法，可通过修改源代码复用组件；COTS 开发只限于使用黑盒法，COTS 组件只能直接或通过包装复用。

使用 COTS 的开发方式可以有两种：

(1)自底向上。开发者首先熟悉可用的 COTS 组件，分析它们与待设计系统的关系，研究这些组件如何组织和安排，给出能够最好地利用这些组件的系统设计。

(2)自顶向下。开发者首先理解系统需求说明，然后按照自顶向下的方法进行系统设计，在设计的每一步中骤检查是否可以使用已有的 COTS 产品满足需要。

采用 COTS 组件进行开发和集成，通常涉及如下四个方面的问题。

1. COTS 的选择

在选择 COTS 之前，必须综合考虑各种因素，到底是使用 COTS 组件，还是重新开发和定制组件，判断哪一种途径对应用开发是最好的选择。COTS 的选择应考虑如下几个主要因素：

(1)质量。作为可复用的资源，除了满足预先定义的功能需求外，在可靠性和效率方面，COTS 应能满足高标准的质量要求。

(2)交互性。在保证能够满足预期功能需求的同时，还要保证不会与系统的其他部分有不恰当的交互发生，以免干扰整个系统的正确运行。

(3)适应性。COTS的功能和性能指标是否与构建的系统及其运行环境相适应，是否易于集成和升级。

2. COTS的集成

软件文档对COTS产品来说更具重要性。一般的软件文档只是对源程序代码的补充，而COTS组件的文档可以说是源代码的替代物。COTS产品的文档应有更加严格的标准要求，文档必须有完整性、时效性和精确性。与CBD中的组件集成类似的是，COTS的集成所面临的问题包括：

(1)接口匹配。在相同的软件接口标准下，它们的接口一定是能够匹配的。对于具有不同接口标准的接口，只能通过包装器或者黏合代码实现COTS的集成，即通过预处理输入和后加工输出，使COTS组件的输入和输出格式化。

(2)功能匹配。应确保所选择的COTS组件符合应用开发所要求的功能特性，同时确保它不会干扰系统其他部分或者功能的正确运行。如果COTS组件具有对应用来说是多余的功能，可以编写一些额外的代码予以过滤。

(3)组件通信。COTS组件之间交互的手段是相当有限的，只包括传统的过程调用和数据文件的共享。

(4)集成测试。对COTS而言，系统集成测试只能采用黑盒法测试。

3. COTS检验和验证

COTS产品通过了产品测试，在广泛的领域中使用并验证过，但复用COTS时并不能省略重要的检验和验证工作。复用阶段中检验和验证的主要目的是面向正在进行开发的应用需求，可以减少在COTS的检索和选择过程中可能的差距，确保其满足具体应用的特定需求。当使用新版本的COTS产品时，检验和验证工作必须重新进行。

4. 基于COTS的系统维护

COTS组件的维护是COTS供应商的责任，用户对COTS并不能完全控制。因此，用户获得COTS产品时，必须同时获得供应商有关提供维护和支持的协议承诺，必须考虑COTS维护和支持的代价。需要注意的是，使用COTS的决策应该充分考虑和估计到COTS产品供应商的商业风险，如供应商不再存在或者停止对其产品的服务等情况。

9.3 软件模式

除了组件这种可复用且具体的软件形态外，一些重要的软件设计经验同样具有明显的可复用特征，软件模式就是其中之一。本节介绍基于模式的复用技术和若干种软件模式[Gamma,1995;Buschmann,1996]。

9.3.1 概述

软件设计人员在处理一个具体问题时，往往会想起已解决过的相似问题，这种“似曾相识”的感觉会促使他们重用已有解决方案的经验以解决新问题。软件模式关注特定环境中出现的重复设计问题是经过抽象的软件设计的可复用结构。

软件模式的基本构成包括如下的三个部分：

(1)问题。描述模式所要解决的问题，即模式的意图或目标，描述在特定的环境和使用动机下使用该模式所希望达到的目标。

(2)上下文。上下文是模式所要解决问题重现的前提条件，是解决方案所期待的环境，表明模式的可用性。上下文可看做是模式应用到系统前的初始系统配置要求。

(3)解决方案。描述如何解决重复出现的问题，如何实现期望的结果，需明确说明模式的结构、参与者及它们之间的协作关系。解决方案包含模式的静态结构和动态行为：静态结构表示模式的构成和组织，动态行为表示模式的活动，即模式的参与者之间是如何协作的，任务是如何在它们之间组织的，它们如何与外部其他组件通信。

软件模式是在组件层次之上的抽象，一个模式描述了几个组件、类或对象，并说明它们的职责和关系，以及它们之间的合作。现有的软件模式覆盖了不同规模和不同抽象程度等问题，有些软件模式用于将应用分解为不同的子系统，有些用于支持进一步细化子系统或者组织它们之间的关联，而有些软件模式则用于在特定的编程语言下解决特定的设计问题。软件模式可分为三种类型。

(1)体系结构模式。体系结构模式描述软件系统的基本组织结构方式。它提供了一组预定义的子系统，定义了它们的责任，以及用于组织它们之间关联的规则和建议。

(2)设计模式。设计模式提供了细化子系统或组件的指导思路。它为交互的组件定义了一个可复用的结构，解决特定条件下某一普遍的设计问题。

(3)编程模板。这是一种低层次的模式，特定于某种编程语言，描述如何通过使用特定语言的特性和习惯用法实现组件的某个方面及它们之间的关联。

软件体系结构模式是最宏观的软件模式，描述了软件系统基本的结构化组织方案，规定了一个应用在系统范围的结构特征，因而代表了软件体系结构的一种风格，是开发一种软件系统的基本设计决策。设计模式是中等规模的模式，它们在规模上比体系结构模式小，但又独立于特定的编程语言。设计模式的应用对软件系统的基础结构没有影响，但可能对子系统的结构有较大的影响。编程模板代表最低层次直接与具体的编程语言有关的软件模式，在设计层面不具有普遍的可复用性。由于软件体系结构模式和设计模式的差异主要体现在相对应的规模上，本书不给予特别的区分，以下统称为软件模式。

一种特定的软件模式，或几个模式的组合，确定了解决特定问题的基本结构，但是它并不是一种完整详细的解决方案。也就是说，一种模式仅提供了某一类问题的一般解决方案和经过抽象的可复用结构，而不是可以直接使用的预制模块，软件人员还必须根据当前系统的特定需求进一步说明和定义，包括细化组件及其相互关系和集成应用功能等。软件模式是软件系统或组件的结构化抽象，是组件化软件工程的重要组成部分。

软件模式的选择由软件关注的系统属性驱动。根据所关注问题的特征及系统的结构属性，下面介绍与分布式相关的四类软件模式，即结构型模式、分布型模式、交互型模式和适应型模式。

9.3.2 结构型模式

结构型模式用于灵活组织系统对象以满足特定应用的需求和约束，要求系统对象之间保持尽量松散的关联，保证不会因局部对象的变化而改变系统整体的结构。结构型模式涉及如何组织系统对象以求获得更好的系统结构的问题。3.3.2 节中介绍的管道/过滤器就是一种典型的结构型模式。这里再介绍其他两种结构型模式,即组合模式和桥模式。

1. 组合(Composite)模式

组合模式把具有"整体-部分"关系的对象组织成层次结构,客户程序可以用同一套方法处理单个个体或复合对象。区别于单个个体对象,抽象的复合对象还需要提供增加、删除和检索等操作。组合模式的结构如图 9.4 所示。

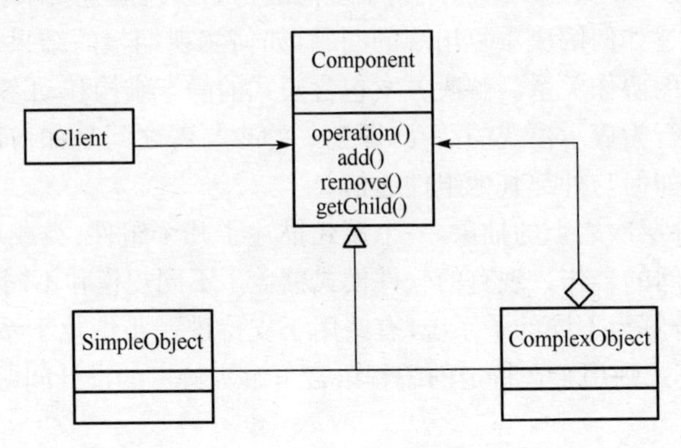

图 9.4 组合模式结构

在以上定义的组合模式结构中,Component 声明对象在组合中的接口,实现对所有对象共同接口的默认行为,而 SimpleObject 和 ComplexObject 分别表示简单对象和组合对象。组合模式定义了由简单对象和组合对象构成的类层次结构,允许用户以一致的方式处理简单对象和组合对象,而不必知道用户处理的是哪种类型的对象。组合模式应用的一个例子是.NET 的配置访问,其操作的对象都属于 ConfigurationElement、ConfigurationElementCollection 和 ConfigurationSection 类的子类,它们之间的关系就是一个组合模式,如图 9.5 所示。

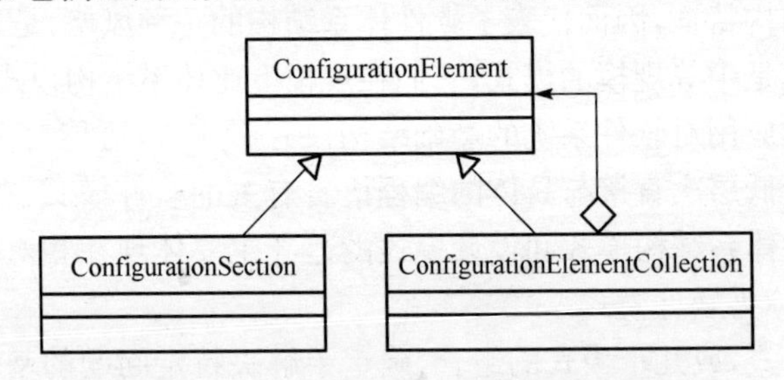

图 9.5 .NET 配置访问对象的组合关系

XML 的层次特征特别适合于处理这种"整体-部分"的对象,可以用它处理表示组合对象的层次和属性。XML 技术的发展又能提供诸如遍历、查询和统计等专用处理方法,所以组合模式应用越来越多地使用 XML 对象体系。

2. 桥(Bridge)模式

当一个抽象类可能有多个实现时,通常用"继承"协调它们。抽象类定义对该抽象的接口,而具体的子类则用不同的方式加以实现。但是,此方法有时不够灵活。继承机制将抽象部分与它的实现部分绑定在一起,使得难以对抽象部分和实现部分独立地进行修改、扩充和重用。

桥模式要求将对象的抽象部分与其实现部分分离开来,使它们都可以独立地变化。这两者之间的关系称之为“桥接”，因为它在抽象类和它的实现类之间起到了桥梁的作用。

桥模式是一个比较复杂的模式，主要是因为它处理的对象经常同时受到多个因素变化的影响，对象的具体行为在不同因素的作用下存在不同的实现。桥模式展示如何组织面向对象的设计分解，即首先定义抽象类，把依赖具体变成依赖抽象，然后再分析变化因素，为每个抽象因素提供具体实现。桥模式结构如图 9.6 所示。

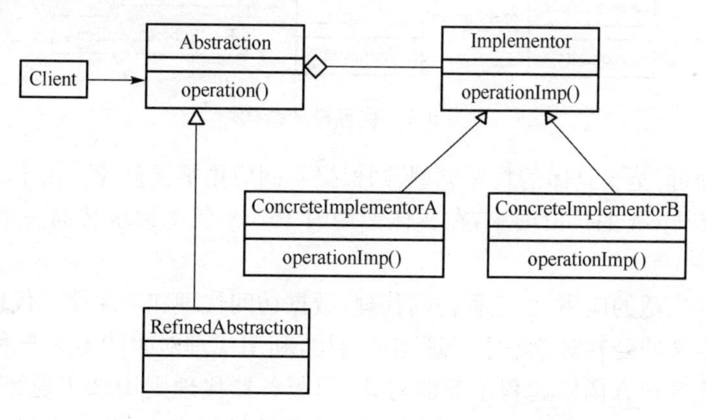

图 9.6　桥模式结构

在以上定义的桥模式结构中，Abstraction 定义抽象类的接口，维护一个指向 Implementor 类对象的指针。RefinedAbstraction 扩充由 Abstraction 定义的接口。Implementor 定义实现类的接口。一般而言，Implementor 接口只提供基本操作，Abstraction 定义基于这些基本操作的较高层次的操作，ConcreteImplementor 实现 Implementor 接口并定义具体实现。

桥模式较多地应用在问题受多个维度的影响而变化的情况，它通过关联一个或一组抽象对象，把变化的影响控制在局部的具体实现中，在运行过程中动态加载。客户程序会与符合这一组抽象定义的具体类型结合在一起。桥模式主要关注结构化的布局问题。

9.3.3　分布型模式

分布式系统能够提供良好的服务质量和可扩展性。与集中式相比，分布式系统的运行环境和系统属性有很大的差别。分布型模式用于解决分布式系统设计中那些由分布式特征带来的典型问题。下面介绍两种分布型模式，即代理模式和事件模式。

1. 代理(Proxy)模式

代理模式的意图是为其他对象提供一种代理，以控制对这些对象的访问。代理的复杂性主要来自不同运行环境的复杂性，如远程访问、数据库访问、各种透明的安全控制，以及适应整个互联网 Web 服务环境的需要等。代理的作用就是要把这些复杂性封装起来，使客户程序更容易使用藏在它身后的那些对象。代理模式结构如图 9.7 所示。

在如上定义的代理模式结构中，Proxy 保存一个引用使其可以访问一个实体，提供一个与 Subject 相同的接口，这样 Proxy 就可以用来替代实体，控制对实体的访问，并可负责创建和删除实体，其他功能依赖 Proxy 的实现。Subject 定义 RealSubject 和 Proxy 的公用接口，这样就在任何使用 RealSubject 的地方都可以使用 Proxy；RealSubject 定义 Proxy 所代表的实体，这样 Proxy 模式就为 RealSubject 的访问引入了一定程度的间接性。

Proxy 不必知道具体的目标类型，很多时候只要按照与客户程序统一的约定提供一种具有

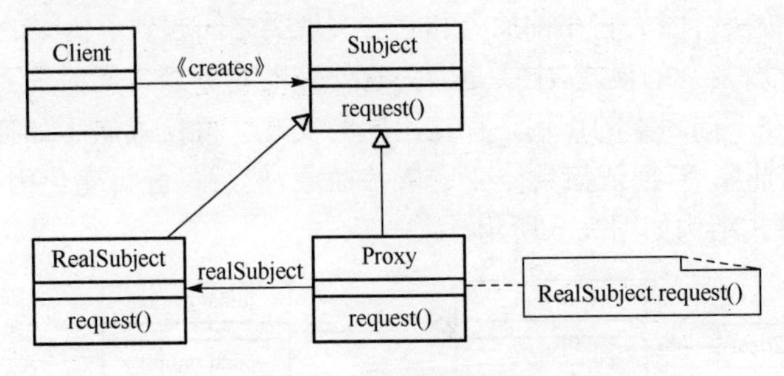

图 9.7　代理模式结构

抽象特征的类型即可，至于具体的目标类型，则根据不同应用情况创建。由于 Proxy 本身也实现了抽象目标类型 Subject 的接口要求，在具体调用时 Proxy 就把请求转向一个具体的 RealSubject 对象。

代理模式具有广泛的应用，如远程访问代理、数据访问代理和对象缓存代理等。代理模式还应用于 CORBA 定义的公共对象请求代理体系结构，利用代理对象隐藏客户和服务器实现的细节。客户代理代表客户方调用远程服务器对象，而服务器代理则用来实现客户方的调用请求。由于在分布式应用中这样的客户和服务器之间的调用关系很多，为此客户代理和服务器代理之间需要再增加一种中间对象 Broker，由它负责登记和转发各个调用的请求。增加 Broker 之后的服务调用结构如图 9.8 所示，其服务调用时序如图 9.9 所示。

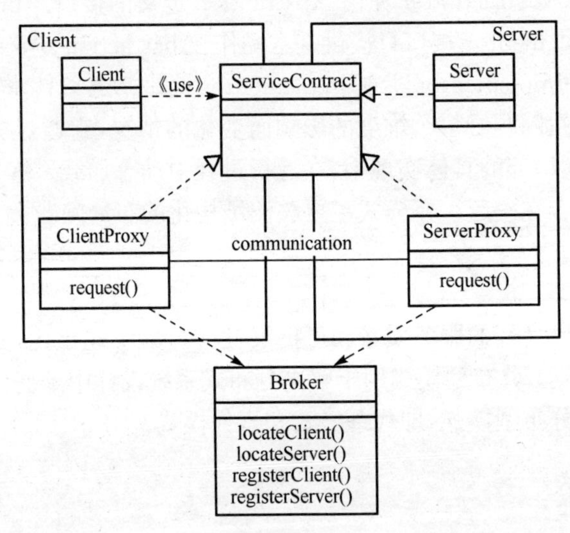

图 9.8　增加 Broker 之后的服务调用结构

在图 9.9 中，Broker 本身也作为一个共享的服务，可以运行在一个独立的宿主进程中。有关每个 ClientProxy 如何找到 ServerProxy，以及 ServerProxy 回溯 ClientProxy 的任务都交给 Broker 完成。在 ClientProxy 和 ServerProxy 中的 pipeline&filters()表示对客户请求或反馈消息进行的一系列处理，如加密/解密、签名/验证和编码/解码等，也可以把这些工作都配置到 Broker 里。

2. 事件(Event)模式

在分布式系统中，基于事件驱动的应用经常发生，如处理同时发生的多个客户请求。当每个

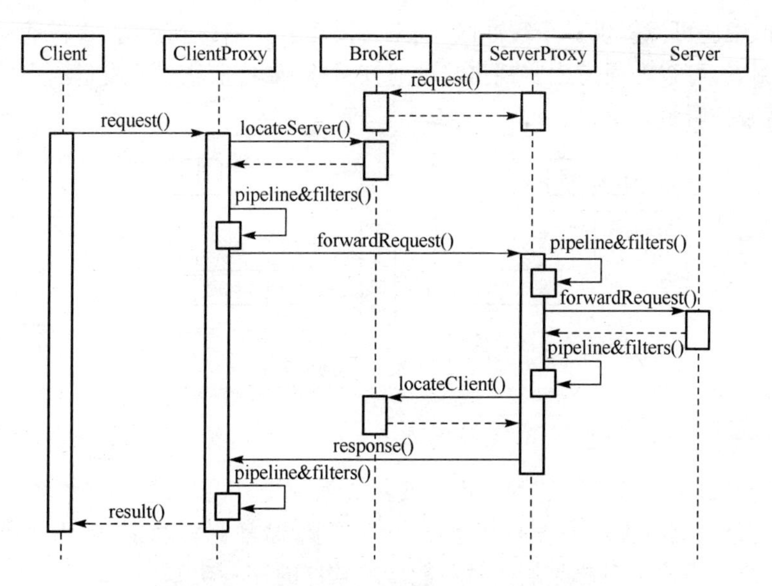

图 9.9 增加 Broker 之后的服务调用时序

客户请求事件发生时，系统就要对其进行解码，分析其属于什么样的事件类，并调配相应的事件处理服务。事件模式结构如图 9.10 所示。

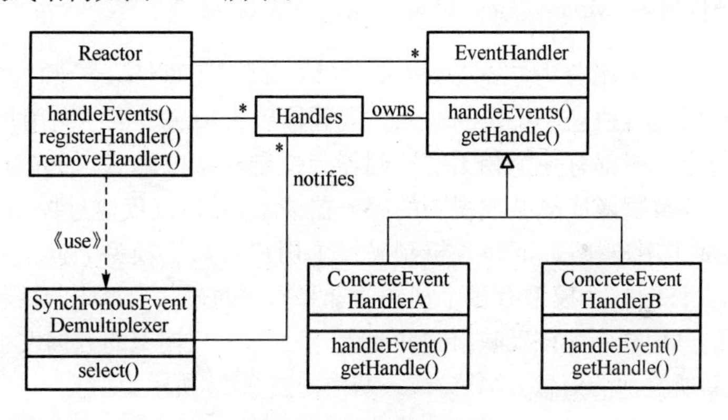

图 9.10 事件模式结构

在如上定义的事件模式结构中，Reactor 负责登记和删除 EventHandler 及它们相关联的 Handles。当一个客户请求的事件发生时，它必须在该事件关联资源队列上等待，直至资源释放时才能处理该事件。Handles 代表系统资源列表，SynchronousEventDemultiplexer 是一个同步选择器，负责选择系统资源状态“就绪”的一个或多个事件，并调配相应的处理程序。在一个具体的事件驱动应用中，软件开发人员只需实现 ConcreteEventHandler 部分，而可以重用事件模式中的其他部分。

事件模式非常简单易用，但由于它将所有的并发事件序列化处理，因此效率就降低了。为此，可以考虑将被动地等待事件到来的同步方式改变为异步操作方式，这可以大幅提高事件处理的效率。

发布/订阅系统是事件模式应用的典型例子。在发布者和订阅者之间，安置一个事件通道(Event Channel)负责进行事件的处理，如图 9.11 所示。当发布者状态改变，有新的信息发布时，它就会产生一个发布事件请求，通过事件通道处理，并通知订阅者取回新发布的数据，即所谓“推”模式。反之，使用“拉”模式由订阅者产生一个订阅事件请求，通过事件通道获取所需的数据。在事件通道中还可以提供一个缓冲区，当来自发布者的信息到达时，事件通道不需要立即通知和传送给订阅者，可以在通道中实现自身的通知策略，如将信息过滤发送给那些有特殊需要的订阅者，以提高服务质量。

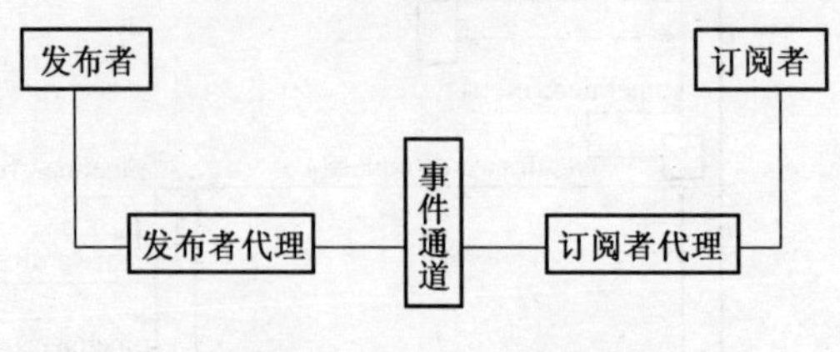

图 9.11　发布/订阅系统

9.3.4　交互型模式

交互式系统通过用户接口以达到与用户或其他系统交互的目的，保持功能内核与用户接口分离是这类系统结构的特征。内核基于系统功能需求，通常比较稳定，而用户接口经常需要修改，这就要求系统在用户接口修改的同时不能影响软件的核心功能。

下面介绍两种交互型软件模式，即模型-视图-控制器模式和适配器模式。前者是系统与用户的交互，后者是系统之间的交互。

1. 模型-视图-控制器(Model-View-Controller，MVC)模式

MVC 模式将交互式应用分为三部分，即模型(Model)、视图(View)和控制器(Controller)。模型包含核心功能和数据，独立于特定的输入方式和输出表示法。视图向用户显示信息，视图从模型中获得数据，每个视图都有一个相关的控制器。控制器接收输入，如光标移动、光标按键和键盘输入等，这些事件被翻译成模型或视图的服务器请求，用户仅仅通过控制器与系统交互。视图和控制器共同组成了用户接口，而事件机制确保了用户接口和模型之间的一致性。模型与视图和控制器的分离允许同一个模型有多个视图。如果用户通过一个视图的控制器改变了模型，所有依赖该数据模型的其他视图应该反映出这种变化。因此，一旦模型的数据发生了变化，模型要通报所有视图随之更新所显示的信息。MVC 模式结构如图 9.12 所示。

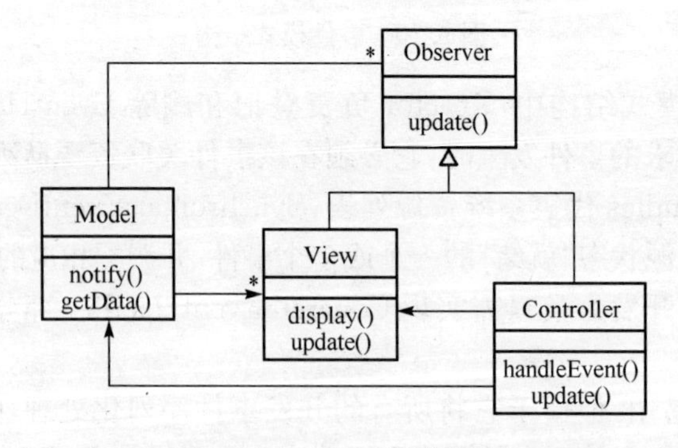

图 9.12　MVC 模式结构

在以上定义的 MVC 模式结构中，Model 的责任是提供应用程序的核心功能，注册相关的视图和控制器。Model 也提供访问数据的操作，并通知有关数据的变更。Model 状态的改变触发变更-传播机制。View 与 Controller 之间是一对一的关系。Controller 接收作为事件的用户输入，实现由相关事件调用的事件处理过程。

按照推动整个模型变化的方式，MVC 模式可以分成主动（Active）和被动（Passive）两种。

被动方式是由 Controller 主导的模式，View 需要在 Controller 更新了 Model 信息之后接到更新自身的通知，View 重新从 Model 中读取新的信息并调整展示部分。之所以称为"被动"，是因为 View 必须知道 Model 变化之后才发起更新的行为。

被动方式虽然可以根据外部操作修改 Model 进而修改 View，实现 Model 独立于 View 的目的，但无法满足当 Model 自身变化时，如何独立告知 View 的问题。另一种 MVC 模式采取主动方式。Model 变化后可以被观察者（Observer）发现，并及时告知 View 进行修改。每一个 Model 可能会同时被多个观察者关注，而 View 和 Controller 只需要实现 Observer 接口，就可以在 Model 变化的同时获得更新。在这里，Model 的变化只是及时通知了抽象的 Observer 接口。

由于 MVC 模式将模型与用户接口分离，因此多视图可以在单一的模型中实现和使用，运行期间可以同时打开多个视图，而模型的变更-传播机制确保了所有加入的观察者能及时被告知模型的变化，并实现视图的一致更新。由于模型独立于用户接口代码，因此 MVC 应用程序易于实现到新平台的移植。以上的这些优点使 MVC 模式在实际的交互式系统中得到了广泛的应用。

2. 适配器（Adapter）模式

适配器模式的意图就是通过接口转换，使本来不兼容的接口可以协作。适配器主要有三个作用：①完成旧接口到新接口的转换；②将"现有系统"进行封装，客户程序在逻辑上不知道"现有系统"的存在，将变化隔离在适配器部分；③如果客户程序需要迁移，仅需修改适配器部分即可。适配器模式结构如图 9.13 所示。

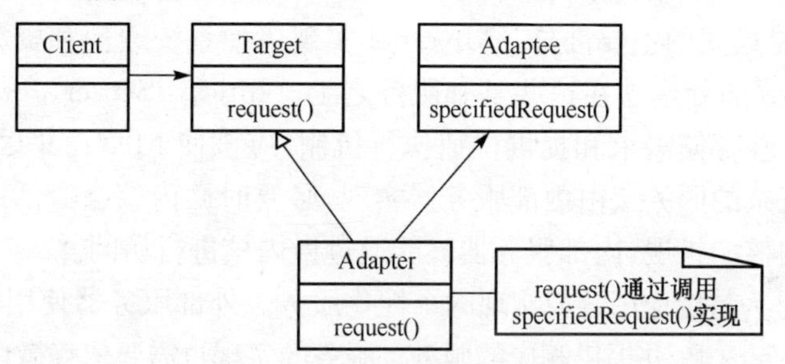

图 9.13　适配器模式结构

在如上定义的适配器模式结构中，Target 定义 Client 所使用的与特定领域相关的接口，Adaptee 是需要适配的接口。Adapter 主要完成从 Adaptee 到 Target 的转换。实现此目标有两种方式：一是类适配器方式，使 Adapter 同时作为 Adaptee 的子类，通过多重继承让 Adapter 既具有 Adaptee 的特点，又可以根据客户程序的需要满足新接口 Target 的要求；另一种是对象适配器，在 Adapter 里保存一个对 Adaptee 的引用，而它自身按照客户程序的要求实现 Target 接口。相对而言，后一种方式即对象适配器是推荐的方式，因为这种方式下的结构更轻松。

随着松散耦合系统的应用越来越普遍，加之各种不同的标准协议不断出现，许多应用程序面临的不仅是既有类型和新接口的关系，还常常出现 Adapter 和 Adapter 互联的情况。相对于一般的 Client-Adapter 而言，Adapter-Adapter 在处理更加灵活，因为双方都是"知己知彼"的对等抽象结构。

9.3.5　适应型模式

在确定软件系统结构时，必须考虑该结构是否支持可能发生的变化，如系统功能的修改和添加，以及新的标准或软硬平台等，而这些变化不应影响原有设计的核心功能。适应型模式就是以提高软件结构的适应性为目标的。3.3.3节所讲的容器模式就是针对组件运行提供支持的一种适应型模式。下面介绍另外一种适应型模式，即微核(Microkernel)模式。

微核模式用于能够快速适应系统需求变更的应用，这种模式把最小核心功能同扩展功能和用户特定的需求部分相分离。微核提供扩展槽，其他的扩展部分以插件形式插入扩展槽，由微核服务协调它们的工作。这样，微核模式提供了一个即插即用的软件环境，很容易连接扩展部分并将它们与系统的核心服务集成在一起。

微核模式结构如图9.14所示。

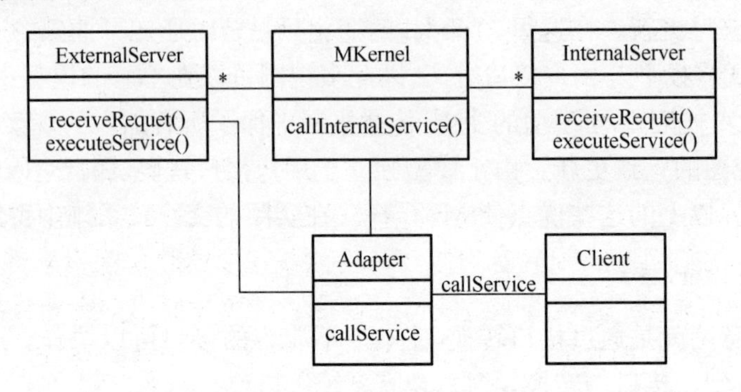

图9.14　微核模式结构

在以上定义的微核模式结构中，微内核(MKernel)、内部服务器(InternalServer)和外部服务器(ExternalServer)是模式的主要部分。MKernel实现诸如系统通信和资源处理那样的基础服务，其他的组件全部或部分建立在这些基础服务之上。InternalServer扩展了MKernel所提供的功能。为了减少常驻存储需求和提供快速执行机制，应该使MKernel尽可能小。因此，微内核将额外的那些更复杂的服务交由内部服务器实现，必要时微内核会激活或装载它们。可以认为内部服务器是微内核的扩展，内部服务器只能通过微内核进行访问。

ExternalServer是为特定应用领域实现的个性化服务。外部服务器使用微内核提供的通信手段接收来自客户的服务请求，并提供相应的服务。服务的实现也需要依赖微内核提供的基本服务。如果外部服务器请求一个由内部服务器提供的服务，外部服务器必须通过微内核，即向微内核发出一个请求，再由微内核调用内部服务器的服务，然后把结果返回给外部服务器。

为避免客户对微核模式具体实现的依赖，可通过适配器作为客户机与外部服务器的桥梁，允许客户以一种可移植的方式访问外部服务器的服务。

一个微核系统的最大优点是它的适应性和可扩展性。微核能力的提高可以通过扩展内部服务器得到。如果需要微核系统实现一些额外的功能，那么添加一个外部服务器即可。微核模式的应用非常广泛，特别是在操作系统和数据库系统等基础软件中，支持分布式系统运行的应用服务器也采用了这种微核模式结构。

9.3.6　基于模式的复用

绝大多数软件体系结构不能仅依赖一种软件模式，它们往往同时包含几种不同软件模式说明的系统需求。模式系统就是软件体系结构中若干相关软件模式的汇集，除了一个个单独的软件模式说明外，模式系统还要描述每个软件模式怎样与系统中其他的模式相联系，这些模式怎样实现，以及如何支持用模式进行软件开发。模式系统是表示和构建软件体系结构的有力工具。

然而，一种特定的软件体系结构模式，或几种软件模式的组合，并不是一种完整的软件体系结构，它保持了软件系统的一种结构化框架，在此基础上还需要进一步说明和定义，把应用功能实施到框架之中，以及细化组件定义和相互关系。

软件模式提供了模式实现的步骤和指南。但是，软件模式并不代表为软件开发定义了一种新方法来替代现有的方法。在解决特定的问题时，可将软件模式作为指南以指导软件过程的分析和设计。

在软件开发过程中，采用如下的步骤使用模式是可行的：

①使用一种恰当的软件开发方法定义软件过程及在每个开发阶段内部的活动。

②使用适当的模式系统指导解决具体问题方案的设计和实现，一旦发现一种软件模式能够解决设计问题，那就可以使用这个模式的实现步骤解决此问题。

③如果没有模式可供使用，那就按照常规的软件过程去工作。

这些简单的实用步骤避免了定义一种新的软件开发方法的复杂性，它有效地结合了由现有分析与设计方法形成的软件开发经验和由软件模式提供的一般问题的解决方案。

在软件开发的不同阶段，针对各种规模和各种抽象程度的软件都有软件模式。在实际的应用中使用软件模式时，软件开发人员首先必须了解模式在开发应用中所充当的角色，并选择合适的模式解决具体的问题。根据应用特性，需要对所选用的模式予以实现，也可能需要对所选用的模式进行一定程度的定制。具体可实施的步骤有如下 5 个：

①从对系统整体的概念理解开始，分析需要实现的目标。

②找出在系统整体中出现的模式，用这些模式思考问题。

③找出为其他模式创造背景的那些模式，这些全局背景模式应该作为设计的起点。

④从背景转向内部，观察并分析已经发现的模式，并找出新模式。

⑤每次应用一个模式，改进设计，并在所创建的背景中予以实现。

面向模式的开发方法是一些指导性的策略，指导如何在软件开发过程中有效地应用模式进行软件分析、设计和实现。软件模式代表了一种软件结构和软件设计经验的复用，模式应用主要有两种方式：一种是基于模式的设计，另一种是与模式相关的代码组合。基于模式的设计是在设计阶段，将模式的解决方案结合到当前所开发的软件设计中，并在以后的开发阶段中进一步精化。这种方法要求在模式的具体实现与独立于特定应用的模式解决方案之间建立起正确的映射。由于同一模式可能会产生不同的具体实现，因此需要验证每个模式实例的一致性、完整性和正确性，检查实例是否符合其映射模式的意图、结构和约束。与模式相关的代码组合则要求软件模式的实现与实际应用的设计相独立，直到编码阶段才将模式的实现集成到应用中，最终的应用系统是由与模式相关的代码和应用代码组合而成的。

在实际的应用开发过程中，使用软件模式并不是一件容易的事情。软件模式可能会使设计复杂化，可能带来额外的副作用。由于需要完成许多手工实现工作，模式应用也可能是乏味的。使用软件模式时，应当注意它们的使用限制。

9.4 软件框架和产品线工程

在组件化软件工程开发中，软件框架提供了复用高层设计的手段。它不仅定义了一群组件，而且定义它们各自的责任和相互之间的协作，从而为开发人员提供了一个内在的可复用结构和系统的基本构造块。

对于同一领域的一组相关问题，软件框架事实上提供了一个通用的解决方案。软件产品线框架就是软件框架技术应用的一个例子。软件产品开发不再需要一切从头开始，而是在产品线框架的指导下进行。

9.4.1 软件框架

软件框架(Software Framework)难以有一个精确的定义，既不能将软件框架狭义地理解为软件体系结构，也不能将之泛化为软件解决方案。下面从软件框架的应用目标及软件方法、过程和支持环境等几个方面来认识软件框架，并理解软件框架的真正涵义。

从应用目标看，框架提供一组相关问题的通用解决方案，以及一些可变的体现灵活性的方面。由于框架定义了应用的结构，因此要使用适应性和可扩展性较好的框架。这样的框架具有很强的可塑性，如果用户不喜欢框架的某一部分，可以简单地替换之。用户还可以根据需要定制框架。当然，框架也应能很好地同其他软件系统进行集成。

从软件工程方法看，框架是一个可复用的设计。软件框架提供了复用高层设计的手段，它不仅定义了一群组件，而且定义它们各自的责任和相互之间的协作，从而为开发人员提供了一个内在的可复用结构和系统的基本构造块。

从软件过程看，框架是一个软件的半成品。软件框架是一个可实例化且部分完成的软件系统或子系统，还为实现特定功能定义了可调整点。

从软件实施看，框架为软件系统模型提供了一个实施环境及约定规则，包括框架的组织、框架内部组件的相互作用及框架外部约束等。框架可以简化、支持、指导、约束和帮助开发者在一个特定的领域中构建应用。

分布计算环境可以使用一个多层次的框架，每个框架提供相关的一组服务及其接口，这些接口是所提供服务的抽象，用来与其他层次的框架交互。根据框架应用不同的目标，可将框架分为两大类，即软件基础设施框架和领域应用框架。软件基础设施框架由一系列符合某种规范的中间件对象组成，提供集成的软件基础设施服务。领域应用框架依赖受关注的特定领域，框架会融入相关领域的知识，支持该领域应用的开发。

使用框架技术开发应用会带来如下的益处：

(1)框架具有通用的结构，是可复用的。框架中的部分或全部组件可以由最终系统直接应用，基于框架的开发可以减少代码编写、调试和测试的工作量。

(2)框架可根据需求进行剪裁，还提供了变化点供开发人员定制和扩展，支持用户灵活开发基于框架的应用。

(3)框架允许与第三方软件，共同为软件开发人员集成使用和装配。

软件框架提供了一组相关问题的通用解决方案，以及一些可变的体现灵活性的方面。框架保证了复杂软件开发的高层设计和代码的复用，还提供了组件协同工作的环境。框架的缺点在于对灵活性的限制，添加的组件需要适应框架集成所引入的约束，框架的用户也受限于一些特定的设计，限制了开发人员的自由创造。

9.4.2 软件产品线工程方法

前面所讲软件工程方法的内容基本上都是针对单一系统的，其中可能涉及一些组件或子系统的重复利用，但这都是在系统开发和维护的活动中发生的。当某个开发组织在同一个应用领域开发多个类似的系统时，情况就不一样了。这些系统形成一个产品家族，它们可以基于同一个框架并发地规划和开发，并共享部分具体实现。

产品家族(Product Family)是一系列产品,它们具有很多的相似性和有很小的差异。一个软件产品家族是一个组织内部具有很多共同点的若干软件产品的集合,拥有一群相关的可复用核心组件。

软件产品线(Product Line)是一种用于构建某种软件产品家族的平台架构及其相关的自上而下的用于构建该家族软件产品的方法和工具。由于产品线中的软件产品有许多的共同点,抽象出它们的共性是首先必须要考虑的因素。如果软件产品家族很小,并且大多数变化预先都是知道的,那么可以选择一种通用的框架表示,并定义一些明确的变化点以处理多样性。这些变化点可以是编译的标志、运行时的条件、可插拔的组件或受管理的配置参数等。

面向产品线的软件开发包括核心资产开发和基于核心资产的产品开发两部分,前者属于领域工程的范畴,后者属于应用工程的范畴,二者均处于技术和组织管理的指导之下。已有许多不同的面向软件产品线的方法[Clements,2002;Matinlassi,2004],这些方法的不同之处在于它们以何种抽象级别解决产品家族中的共性和差异。共性在产品线中定义了系统的框架,而差异则代表个别产品的个性特征,用可选项表示。

产品线工程是在某个特定领域内公共的软件核心资产的基础上构建该领域软件产品系列的软件工程方法。因此,产品线工程包括领域工程和应用工程两个阶段[Bosch,2000;Kang,2002]。领域工程阶段的主要活动是开发领域内可复用的软件核心资产,应用工程阶段则以这些资产为基础开发具体的软件产品。

与针对单个软件产品的需求工程方法相比,产品线工程的领域建模重点在于获取领域共性需求和变化需求。领域模型提供了问题空间的分析和描述方式,用于为领域设计提供指导,并建立问题空间到解空间的映射。

组件容器为组件提供运行和部署环境,处于网络分布计算中间件平台的核心。组件容器负责在运行时创建和管理组件实例,自动为组件分配资源,维护组件间的交互。第 8 章介绍的网驰平台涉及 Servlet、EJB、Portlet、BPEL 和 Web 服务等多种组件,不同的组件模型要求不同的组件容器,这些容器有许多共性,但也有不少差异。采用软件产品线工程方法可以提高组件容器结构的可重用性,并获得更高的生产效率和质量。本节下面就针对组件容器产品家族为例进行说明[刘国梁,2009]。

9.4.3 组件容器领域分析

组件容器领域分析必须建立在对组件模型深入分析的基础上。组件模型是组件和组件应用开发遵循的标准和规范,定义了什么是组件、如何构造组件、如何组装组件,以及如何部署组件等内容。组件容器为符合特定组件模型规范的组件提供部署和运行环境。因此,组件模型是组件容器需求的主要来源。

1. 组件容器领域的共性需求分析

领域需求由原子需求(Primitive Requirement,PR)构成,PR 是系统外部可见的操作,从外部参与者的视角看,PR 是不再分解的需求单元。需求变化通过变化点(Variation Point,VP)描述,变化点是 PR 中可以产生变化的方面。

组件容器为组件实例提供运行时环境。容器启动时自动读取相应的部署信息,将组件逐个实例化,容器负责管理组件实例的生命周期并提供组件实例运行时的支持。组件容器领域的共性需求可通过用例进行分析。与组件容器交互的参与者共有 5 个:部署者(Deployer)、组件客户端(Client)、容器管理员(Administrator)、组件实例(Instance)和外部资源(Resources)。分析参与者与组件容器的交互,得到领域用例模型,如图 9.15 所示。其中,用例共有 7 个,即部署用例(Deploy)、组件管理用例(ComponentManagement)、生命期管理用例(LifecycleManagement)、实例调度用例(InstanceScheduler)、上下文管理用例(ContextManagement)、服务请求用例(RequestProcess),以及外部资源访问用例(ResourceAccess)。对图 9.15 中的用例进行领域需求分析,得到组件容器领域的 PR 列表,如表 9.2 所示。

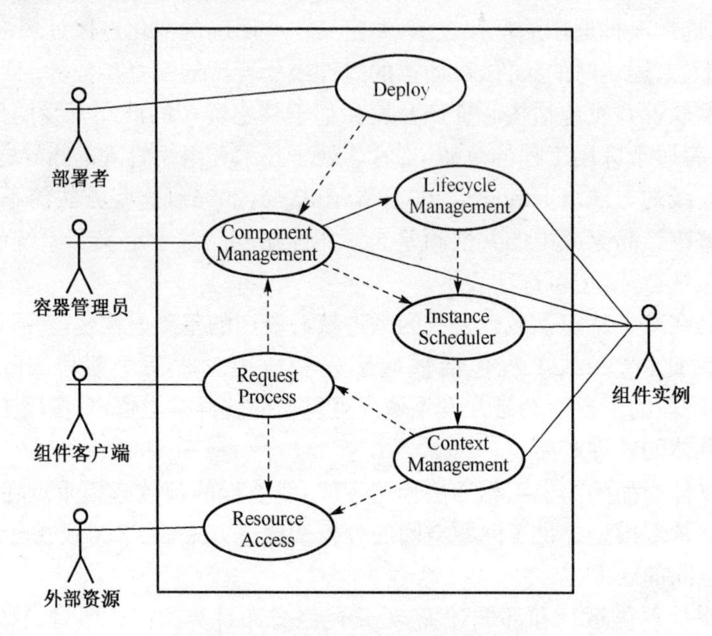

图 9.15 组件容器领域用例模型

表 9.2 组件容器领域的 PR 列表

PR 编号	说　明	所属用例
PR_1	部署	Deploy
PR_2	组件管理	ComponentManagement
PR_3	服务请求处理	RequestProcess
PR_4	生命期管理	LifecycleManagement
PR_5	实例调度	InstanceScheduler
PR_6	上下文管理	ContextManagement
PR_7	外部资源访问	ResourceAccess

2. 组件容器领域需求变化分析

领域需求的变化用变化点来描述,每个 PR 与若干个变化点相关联。变化点属性由类型、数量和可选项组成:类型分为控制、数据和计算等三种;可选项是变化点可能的实现方式;数量表示变化点中可选项的数量范围,主要考虑其上限,上限值可能为 1 或者 n ,上限为 1 表示选项之间存在互斥关系,上限为 n 表示支持多个可选项。产品线中包含的领域成员决定了变化的需求。分布式组件容器种类众多,无法全部纳入组件容器领域建模的范畴。因此,在变化建模前,先要确定产品线包含哪些组件容器,选择有代表性的组件容器进行变化建模。明确领域成员后,变化点的属性可从关联的组件模型元素的属性取值集合中获得。

以 PR_3 为例，PR_3 是组件交互流程中的一部分，引入变化点以反映不同组件模型的约束。第 8 章介绍的网驰平台中涉及 Servlet、EJB、Portlet、BPEL 和 Web 服务等组件，分别对这几种组件模型进行分析，与 PR_3 需求相关的模型元素如表 9.3 所示。

表 9.3 网驰平台组件模型元素

模型元素	EJB	Servlet	Portlet	Web 服务	BPEL
客户端协议	RMI/IIOP CORBA/IIOP	HTTP/HTTPS	HTTP/HTTPS	SOAP/HTTP	SOAP/HTTP
	Synchronous Asynchronous	Synchronous	Synchronous	Synchronous Asynchronous	Synchronous Asynchronous
寻址方式	JNDI Naming	URL Naming	URL Naming	WS-Addressing	WS-Addressing
QoS 支持	Transaction Session Security Monitoring	Security Session Logging Monitoring	Security Logging	WS-*	Transaction Logging Monitoring
接口限制	Java Method	Java Method	Java Method	WSDL Port	WSDL Port

基于表 9.3 可得到与 PR_3 关联的变化点，如表 9.4 所示。

表 9.4 原子需求 PR_3 关联的变化点

VP_1	MessageControl 消息方式 Variation Point Type：control Variation Point Cardinality：[1…n] Variants：Synchronous，Asynchronous
VP_2	Addressing 寻址方式 Variation Point Type：computation Variation Point Cardinality：[1] Variants：Naming，URL，JNDI，WS-Addressing
VP_3	ClientProtocol 通信协议 Variation Point Type：data Variation Point Cardinality：[1…n] Variants：HTTP/HTTPS，RMI/IIOP，CORBA/IIOP，SOAP/HTTP
VP_4	InterfaceConstraint 接口限制 Variation Point Type：data Variation Point Cardinality：[1] Variants：Java Method，WSDL Port
VP_5	BehaviorEnhancement 行为方式 Variation Point Type：computation Variation Point Cardinality：[0…n] Variants：Transaction，Session，Security，Logging，Monitoring

同样，可针对其他所有的 PR 需求找出相应的变化点。采用此种方法可建立网驰组件容器领域需求模型，如图 9.16 所示（其中只展开了 PR_3 部分）。

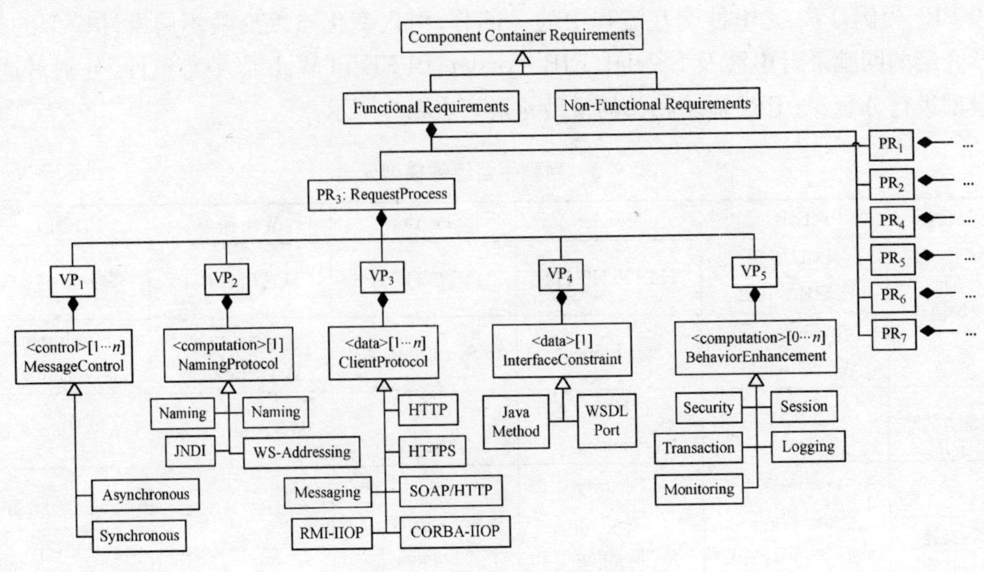

图 9.16　网驰组件容器领域模型

9.4.4　组件容器产品线框架

组件容器产品线是应用于组件容器设计的框架，旨在提高组件容器设计的结构复用性。从提高复用频率、缩短设计周期和延长使用寿命等目标出发，组件容器产品线应符合可复用、可追溯和可扩展三个设计原则。

(1)可复用是组件容器产品线的首要原则，促进领域内不同类型组件容器间模块的复用。为此，产品线以领域需求模型分析为指导，将共性需求作为顶层模块设计的基础，并将变化需求封装在模块内部实现。由于变化体现领域成员的差异，通过变化封装，可以提高产品线结构的稳定性。

(2)可追溯是通过建立领域需求到框架设计的链接，将需求变化与设计变化间的约束关系以决策模型的形式文档化，缩小需求与实现间的距离，支持可追溯性并提高设计效率。

(3)可扩展是指通过对未来需求的预期，延长产品线使用寿命。领域模型反映了大部分组件容器的共性需求，可以降低产品线中每个产品设计的平均投入，从而节约开发成本。

1. 产品线框架结构

按照可复用的原则，产品线框架的顶层模块以领域共性需求为基础，框架模块的划分以 PR 为指导。再根据变化封装原则，将 PR 元素分配给不同的模块实现。有时为封装数据类型的变化，可将相关的功能模块合并。

遵照以上模块划分和归并的方法，以组件容器领域需求模型为基础，给出的组件容器产品线框架如图 9.17 所示。其中，模块用方框表示，接口调用关系用实箭头表示。虚线的模块和调用表示可选元素，而实线则表示必选元素。虽然部署器(Deployer) 和注册管理器(Registry)不是组件容器的组成部分，但由于它们是支持组件容器运行必不可少的两种服务，所以这里将它们一并放在组件容器产品线框架结构中。

图 9.17 中的顶层必选模块功能及其对应的 PR 需求如下：

(1)部署器(Deployer) 对应于 PR_1。根据组件部署描述文件和容器全局配置文件生成组件容器实例为组件实例提供运行支持。

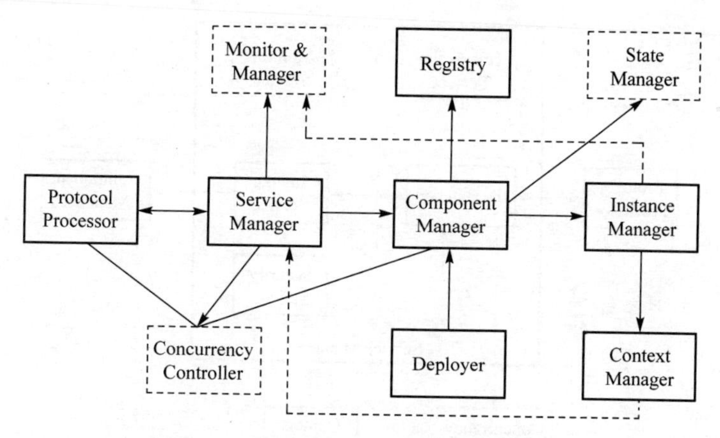

图 9.17 网驰组件容器产品线框架结构

(2)注册管理器(Registry)。与部署器一道为组件容器提供运行时支持。

(3)组件管理器(ComponentManager) 对应于 PR_2 和 PR_4。集中了与组件元信息相关的管理及生命周期管理,包括组件配置、生命周期和组件复合的管理等,并通过实例管理器进行组件实例调度。

(4)协议处理器(ProtocolProcessor) 对应于 PR_3。负责远程访问协议的解析与处理。

(5)服务管理器(ServiceManager) 对应于 PR_3。负责容器服务的载入及容器请求服务的分发和处理。

(6)实例管理器(InstanceManager) 对应于 PR_5。负责组件实例的运行时管理,必要时调用上下文管理器获取上下文，调用 Monitor&Control 提供并发控制。

(7)上下文管理器(ContextManager) 对应于 PR_6 和 PR_7。除了为组件实例提供环境信息外,还负责处理组件实例对外部资源的访问。

组件容器产品线框架的模块按照层次结构组织,即模块可以划分为子模块。子模块同样具有可选属性,其可选属性相对于父模块而定义。以服务管理器模块为例,其层次结构如图 9.18 所示,其中包括两个必选子模块和若干可选子模块。必选子模块包括分发器(Dispatcher)和组件调用服务(InvokeService)。Dispatcher 决定调用的服务及其顺序，InvokeService 负责调用 ComponentManager 进行后续操作。服务管理器根据需要载入和启动的可选服务包括事务服务(TransactionService)、监控服务(MonitorService)、安全服务(SecurityService)和日志服务(LoggingService)等。服务管理器还有两个可选接口,即调用并发控制器(ConcurrencyController)的需求接口和为 ContextManager 调用提供的接口。这两个接口都绑定到分发器子模块,分别用于容器服务的并发运行支持及通过上下文向组件实例提供事务、安全和日志等可选服务信息。

在实际的产品线开发过程中可以使用模块一览表记录框架结构中的模块及其可选属性和相互关系。表 9.5 是其模块一览表(节选)。其中，在"可选"栏中字母 M 表示"必选",字母 O 表示"可选"。

2. 变化管理

组件容器产品线框架除了包含共同的结构元素外,还包含从产品线框架映射到产品系列中每个产品的方式,即变化。产品线框架结构对变化的支持体现在以下 3 个方面:

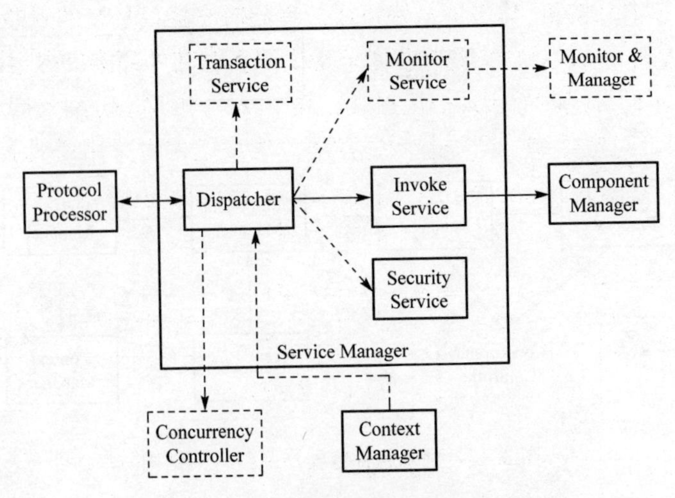

图 9.18　服务管理器模块的层次结构

表 9.5　ONCE 组件容器框架模块一览表(节选)

模块编号	模块名称	可选	调　用	被调用	父模块
M_1	ProtocolProcessor	M	M_2，M_8	M_2	
M_2	ServiceManager	M	M_1，M_3，M_8，M_{10}，M	M_1，M_6	
$M_{2.1}$	Dispatcher	M	M_1，M_8，$M_{2.2}$，$M_{2.3}$，$M_{2.4}$，$M_{2.5}$	M_1，M_6	M_2
$M_{2.2}$	InvokeService	M	M_3	$M_{2.1}$	M_2
$M_{2.3}$	TransactionService	O		$M_{2.1}$	M_2
$M_{2.4}$	MonitorService	O	M_{10}	$M_{2.1}$	M_2
$M_{2.5}$	SecurityService	O		$M_{2.1}$	M_2
M_3	ComponentManager	M	M_4，M_5，M_8，M_9	M_2，M_7	
M_4	Registry	M		M_3	
M_5	InstanceManager	M	M_6，M_{10}	M_3	
M_6	ContextManager	M	M_2	M_5	
M_7	Deployer	M	M_3		
M_8	ConcurrencyController	O		M_1，M_2，M_3	
M_9	StateManager	O		M_3	
M_{10}	Monitor&Control	O		M_2，M_5	

(1)为结构元素赋予可选属性，其目的是使产品线框架可以按照特定的规则派生出不同的产品结构。

(2)按照可追溯的原则，建立需求到设计的决策模型。在决策模型中记录需求变化和结构变化的对应关系和约束条件，从而可以根据具体产品需求确定相应的模块设计。

(3)根据需求变化的属性，在模块中选择不同的结构变化实现机制。

决策模型以变化点为单位，描述变化点与模块的对应关系及变化点间的约束条件。变化点与产品线框架模块间的对应关系有两种：封装关系和映射关系。封装关系将变化点映射到模块，表示该模块将变化点封装为模块的内部实现，保持模块对外接口的稳定性。每个变化点有且只有一个封装模块。映射关系将变化点的可选项映射到可选模块，表示变化点绑定到可选项对应的实现模块。约束条件描述变化点之间的逻辑约束关系。

表 9.6 是决策模型的例子，其中列出的变化点都是与 PR_3 需求相关的。VP_1 消息方式的可

选属性支持包括同步消息解析、异步消息解析或二者同时支持。VP_1 的封装模块是 M_1:ProtocolProcessor,表示 VP_1 在该模块内部实现,需求变化不会对其外部接口产生影响。"映射模块"栏给出了面对 VP_1 不同绑定时的实现模块列表。其中,$M_{1.2}$和 $M_{1.3}$分别是同步和异步消息监听器,在二者同时支持时则需要 $M_{1.4}$同步行为适配器。约束条件可采用逻辑表达式描述,也可采用自然语言,例如 VP_3. Messaging 表示组件容器支持基于消息的运行机制,VP_3. size 表示 VP_3 的可选项数目。

表 9.6　决策模型示例

变化点	可选项	封装模块	约束条件	映射模块
VP_1	Syn, Asyn	M_1	if (VP_3. Messaging) then (VP_1. Asyn)	Syn: $M_{1.2}$ Asyn: $M_{1.3}$ Syn&Asyn: $M_{1.2}$, $M_{1.3}$, $M_{1.4}$
VP_2	URL JNDI WS-Addressing	M_4	if (VP_3. RMI/IIOP) then (VP_2. JNDI); if (VP_3. SOAP/HTTP) then (VP_2. WS-addressing)	URL: $M_{4.1}$ JNDI: $M_{4.2}$ WS-addressing: $M_{4.3}$
VP_3	HTTP HTTPS RMI/IIOP CORBA/IIOP SOAP/HTTP Messaging	M_1	$VP_{3.size}>1$	$M_{1.1}$ HTTP: $M_{1.5}$ HTTPS: $M_{1.6}$ RMI-IIOP: $M_{1.7}$ CORBA-IIOP: $M_{1.8}$ SOAP/HTTP: $M_{1.9}$ Messaging: $M_{1.10}$

产品线框架结构要求在实现变化需求的同时,保持对外接口的稳定性。在模块设计中,可以采用多种设计模式,并与对象设计技术相结合。

从变化点的类型来看,对于数据类型的变化点,一般采用针对数据访问变化的实现机制,如类继承;控制类型的变化点可采用行为解耦的机制,如代理模式;计算类型的变化点可采用流程解耦的机制,如截获器模式;涉及外部计算,还可使用桥模式支持与外界模块交互。例如,在网驰组件容器产品线框架结构中,模块 ProtocolProcessor 封装了表 9.6 中的 VP_1 和 VP_3,其类型分别为控制和数据类型,数量均为[$1\cdots n$];其实现可以结合使用对象技术和代理模式连接同步或异步消息监听器与协议适配器。

遵循网驰组件容器产品线框架结构,在网驰平台的中间件系统中,实现有 Servlet 容器、EJB 容器、Portlet 容器、BPEL 容器和 Web 服务容器等系列组件容器产品。

Servlet 组件位于 Java EE 应用服务器多层结构中的表示层,负责生成用户界面代码与处理用户交互。Servlet 技术是 Java EE 中其他表示层技术,如 JSP、JSF 和 Portlet 的基础。在网驰平台开发中,为提高可用性,Servlet 容器还增加了以下自选需求:

(1)热部署功能。在运行时完成 Servlet 应用(WAR 文件)的部署和反部署。

(2)Web 控制台功能。通过 Web 界面对 Servlet 容器及容器中运行的组件实例进行监控和管理。

网驰平台的 Servlet 容器符合 Servlet 2.5 规范,在 Servlet 组件模型分析的基础上,实现上述需求的 Servlet 容器结构如图 9.19 所示,其中的顶层模块结构与产品线框架结构相比,其变化体现为:

(1)裁剪。由于 Servlet 组件不需要对中间状态进行管理，所以从框架中去掉了 StateManager 模块和相关的调用关系。由于不提供对容器服务的监控，所以 Monitor&Cotroller 与 ServiceManager 的调用关系被裁去。裁剪模块在图 9.19 中不再出现。

(2)增加。增加的部分包括远程管理控制台(RemoteManagementConsole)、热部署器(HotDeployer)和远程部署器(RemoteDeployer)及相应的接口和调用关系，在图 9.19 中用阴影模块表示。

(3)绑定。通过决策模型可以确定框架中可选模块的绑定方式。以 M_1:ProtocalProcessor 模块为例，它包括了协议适配器 $M_{1.1}$、同步监听器 $M_{1.2}$、HTTP 协议处理器 $M_{1.5}$ 和 HTTPS 协议处理器 $M_{1.6}$，图 9.20 展示了 M_1 模块内部的层次结构。其中，$M_{1.2}$ 监听 80 和 8441 端口，并将监听到的连接请求转交给 $M_{1.5}$ 或 $M_{1.6}$ 进行解析，经过 $M_{1.1}$ 包装为公共格式后交给服务管理器 M_2 进行后续处理。$M_{1.2}$ 绑定到 M_1 模块的需求接口，调用 M_8 模块提供并发处理支持。

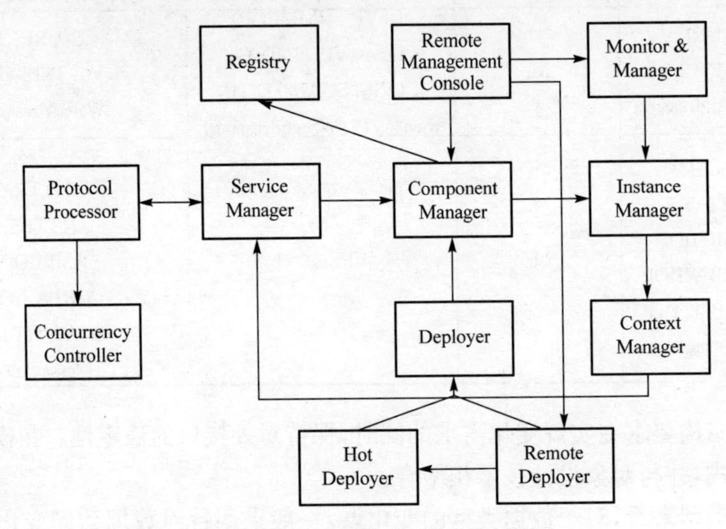

图 9.19　网驰平台 Servlet 容器结构

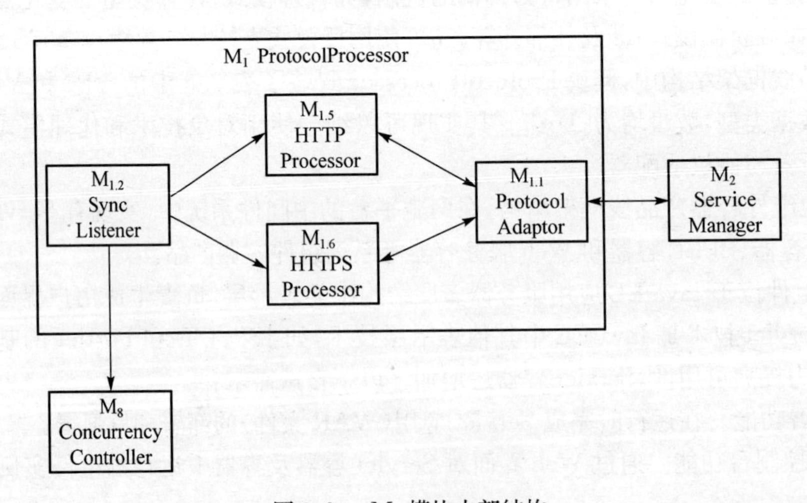

图 9.20　M_1 模块内部结构

类似地，通过对 EJB、BPEL 和 Portlet 组件模型的分析，基于产品线框架结构得到 EJB、BPEL 和 Portlet 的组件容器结构如图 9.21～图 9.23 所示。

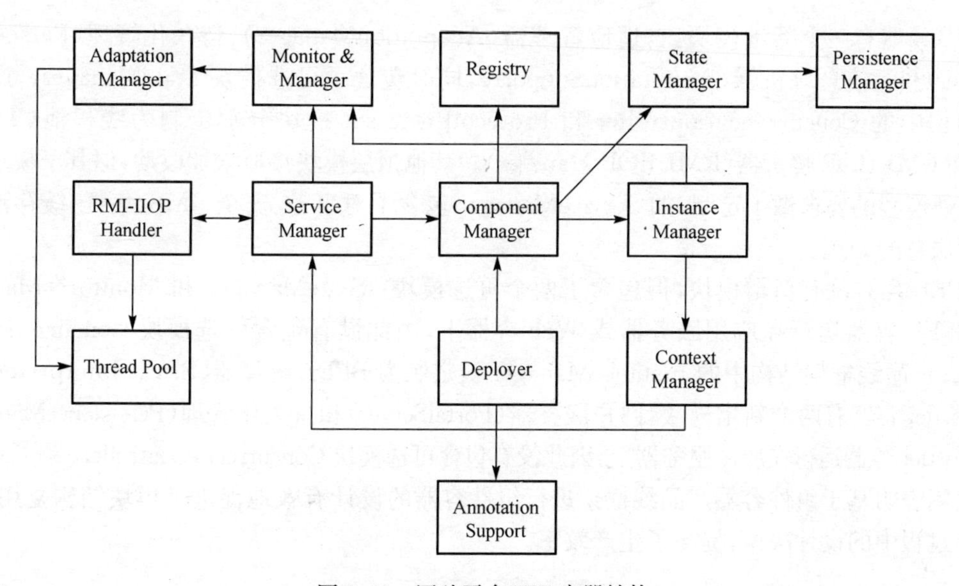

图 9.21　网驰平台 EJB 容器结构

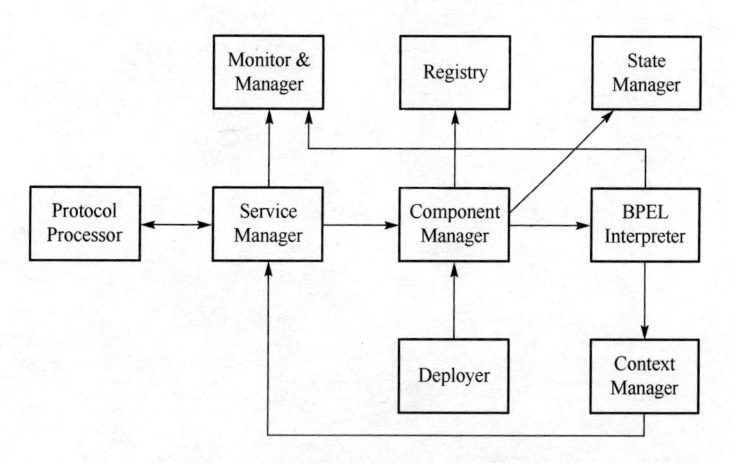

图 9.22　网驰平台 BPEL 容器结构

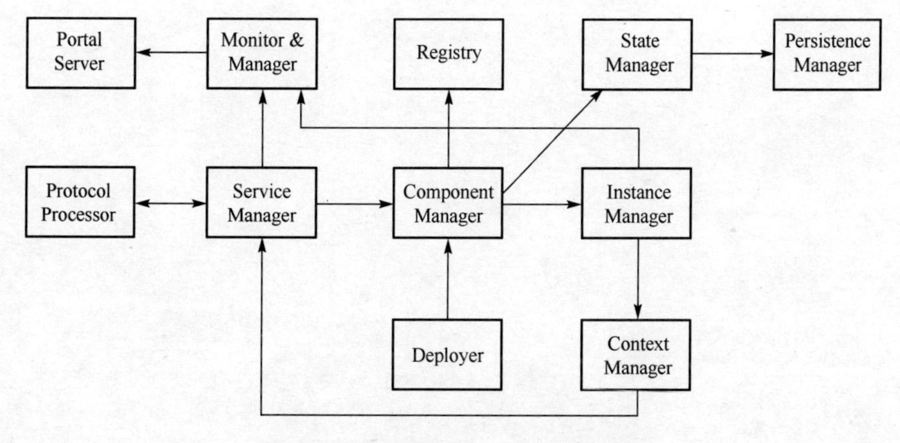

图 9.23　网驰平台 Portlet 容器结构

EJB 容器有三个新增模块：自适应管理器（AdaptationManager）、持久化管理（PersistenceManager）和元信息解析器（AnnotationSupport），同时包含了可选模块 StateManager。产品线框架结构中的 ConcurrencyController 和 ProtocolProcessor 模块分别定制为线程池（ThreadPool）和 RMI-IIOP 解析器（RMI-IIOP Handler）。其他顶层模块接口未加改动，但其子模块按照 EJB 组件模型的要求做了定制，如 ServiceManager 包含了对事务、安全、JMS、集群、缓存池和实例池等服务的处理。

BPEL 容器没有新增模块，但包含了两个可选模块：StateManager 和 Monitor&Manager。由于 BPEL 容器运行在应用服务器或 Web 容器上，因此没有包含可选模块 ConcurrencyController。产品线框架结构中的 InstanceManager 被定制为 BPEL 解释器（BPEL Interpreter）。

Portlet 容器有两个新增模块：门户服务器（PortalServer）和持久化管理（PersistenceManager）。由于 Portlet 容器运行在应用服务器上，因此没有包含可选模块 ConcurrencyController。

应用表明基于组件容器产品线框架进行组件容器的设计有效地促进了模块结构复用，减少了设计过程中的设计决策，提高了生产效率。

第 10 章　面向服务的计算

面向服务的计算(Service-Oriented Computing)是一种新的计算范型，是将组件或应用模块包装成可独立执行一组业务功能并可重复使用的服务。面向服务的计算又简称为服务计算，它使用服务作为基本执行单元，支持分布式应用的组合式开发和运行。服务是自治且平台独立的计算实体，服务计算的理想目标是形成一个服务协作的世界，使得应用组件可以方便地组装成服务网络，并能够以松散耦合的方式构建跨越组织边界和计算平台的动态业务流程和敏捷应用系统。

随着 WWW 和 XML 技术的发展，Web 服务成为当前服务计算的最广泛应用的形式，为创建分布式应用提供了基本执行单元。Web 服务的计算依赖一组开放的标准，如使用 SOAP 作为消息传输协议，使用 WSDL 进行服务描述，使用 BPEL 进行服务流程编排。本章在简单介绍服务计算的概念模型和相关技术标准的基础上，重点讨论事务复合服务的松弛原子性，最后还对服务计算的最新发展，如软件即服务和云计算技术进行了展望。

10.1　概念模型

服务计算使用服务作为基本执行单元，支持分布式应用的组合式开发和运行。服务以开放自主的方式运行在分布节点上，通过跨 Internet 的互联、互通、协同和联盟构造应用，系统能够动态地适应环境和业务需求的变化。从发展的观点看，服务计算是分布式对象技术发展的延续，组件服务化将组件或应用模块包装成独立的并可重复使用的服务。服务可以被描述、发布、发现和组合，以适应大规模分布式应用的需要。

SOA(Service-Oriented Architecture)是面向服务的体系结构，它将互联网上的计算资源以服务的形式进行包装、描述、发布和使用。SOA 具有如下三个基本属性：

(1)技术中立。要求通信、描述和发现机制必须与广泛接受的标准相兼容。

(2)耦合松散。服务接口与服务实现分离，服务实现可以在不影响服务使用者的情况下进行修改。

(3)透明性。服务可以被动态地发现和访问。

面向服务的体系结构有三种不同类型的角色：服务提供者、服务请求者和服务注册中心，如图 10.1 所示。遵循 SOA 架构的分布式系统正是通过这三类角色间的协作实现的。

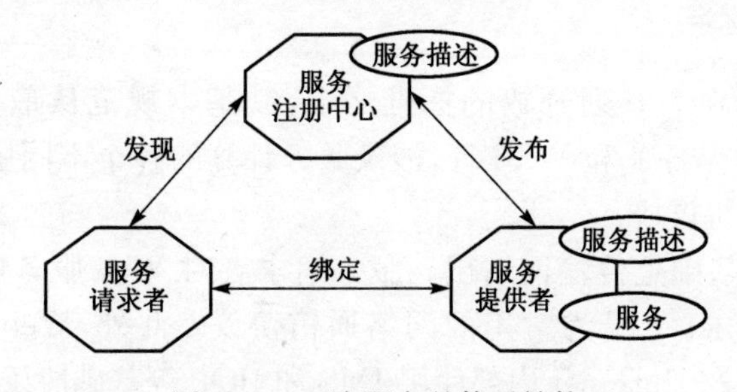

图 10.1　面向服务的体系结构

服务是 SOA 架构下软件系统的基本构造单元。服务提供者提供服务的描述和实现，并把服务描述信息发布到服务注册中心。服务请求者通过服务注册中心发现所需要的服务并进行绑定，根据服务的相关信息调用服务提供者发布的服务，实现并完成其请求。当服务请求者从服务注册中心得到所需服务的信息之后，通信就在服务请求者和服务提供者之间直接进行，无须再经过服务注册中心。在这三种角色之间使用如下的基本操作：

(1)发布操作(Publish)使服务提供者可以向服务注册中心注册服务。

(2)发现操作(Find)使服务请求者可以通过服务注册中心查找所需的服务。

(3)绑定操作(Bind)在服务请求者和服务提供者提供的服务之间实现绑定。

为支持这些服务操作，服务描述应包括服务提供者的语义特征、服务的接口特征，以及安全要求、事务要求和使用服务的费用等各种非功能特征。服务注册中心使用语义特征将服务提供者进行分类，以帮助查找具体的服务。服务请求者根据语义特征、接口特征及非功能特征等匹配和查找那些满足要求的服务和服务提供者。

Web 服务是目前服务计算中使用最广泛的一种形态。Web 服务为创建分布式应用提供了基本的执行单元。为支持不同应用间的交互，Web 服务依赖一组开放的技术标准规范。Web 服务体系结构的服务请求者和服务提供者之间的交互包括发布 Web 服务、发现可用服务及绑定服务。在简单的静态绑定情况下，可以不需要注册中心，请求者进程自行负责定位服务并直接从服务提供者获取服务的描述。服务请求者在获取服务描述的同时，就使得服务对请求者可用。SOA 采用的是动态发现机制。一种 Web 服务的客户进程可通过名字、标识符和目录等信息查询服务注册中心，找出位于网络上某处的服务提供者进程，并获取该 Web 服务的位置信息，从而实现客户进程和服务提供者提供的 Web 服务之间的绑定。

SOA 没有对 Web 服务的粒度进行限制，Web 服务既可以是一个小粒度的组件，也可以是一个大粒度的应用程序。这个模型还可进一步扩展，如在请求者和提供者之间插入其他服务代理进程，作为二者之间的中介以提供路由信息和更细致的服务，从而可处理如安全、隐私和不可抵赖性等非功能关注的问题。

10.2 Web服务技术

随着 WWW 技术的发展，Web 服务得到了普及。Web 服务是由 URI 标识的软件应用程序，其接口和绑定信息可以通过 XML 定义、描述和查找，并可与其他应用交互。基于开放标准的 Web 服务技术很好地体现了 SOA 的思想，是目前 SOA 理想的实现方式。

10.2.1 Web 服务技术标准

Web 服务技术建立在一系列开放的标准之上，其基本规范从最初的 WSDL、SOAP 和 UDDI发展到新近推出的 WS-* 和 WS-I 等，涉及服务计算的各个不同层面。图 10.2 展示了一个完整的 Web 服务技术协议栈。

Web 服务协议栈的基础是传输网络层。服务请求者对 Web 服务的调用是通过网络实现的。HTTP 是目前 Internet 上最为常用的网络通信协议。此外，Web 服务还支持 SMTP 和 FTP 等其他 Internet 协议。Intranet 内部使用 JMS 和 IIOP 等基础协议。

XML 消息层选择 SOAP 作为 XML 消息打包和传输的协议。SOAP 简单、灵活且方便，并采用标准化 RPC 封装机制。服务描述层采用基于 XML 的服务描述语言(WSDL)，定义 Web

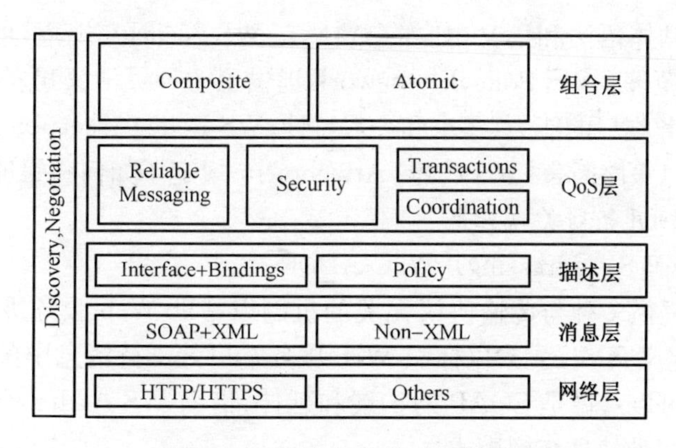

图 10.2　Web 服务技术协议栈

服务的接口和结构。服务提供者通过 WSDL 描述其提供的所有服务；而服务请求者在获取了服务的描述之后，就可以基于这些描述调用服务。

传输网络层、XML 消息层和服务描述层构成协议栈最基础的三层，确立了保证 Web 服务一致性和互操作性的技术。可以灵活选择协议栈的多种实现方案，其中最简单的一种实现方案包括了网络层的 HTTP、XML 消息层的 SOAP 及服务描述层的 WSDL，所有的 Web 服务均应支持这些协议。

为了将耦合松散又分散的 Web 服务组织成一个可用的系统，产生了一系列的 Web 服务技术标准和规范，它们仍在不断完善和发展中。下面是目前常用的一些 Web 服务技术标准和规范。

1)简单对象访问协议(Simple Object Access Protocol，SOAP)[W3C-SOAP]

SOAP 是 Web 服务的核心标准之一，规范描述了一种在分布式环境中如何交换信息的轻量级协议。它基于 XML 对 Web 服务交互的消息从三个方面进行了规定：SOAP 封装定义消息描述的内容结构；SOAP 编码规则设定消息的编码风格；SOAP 与传输协议的绑定。SOAP 是可扩展的，它不依赖特定的传输协议。

2)Web 服务描述语言(Web Services Description Language，WSDL)[W3C-WSDL]

WSDL 使用 XML 将 Web 服务定义为一组服务端口，每个服务端口包含一组面向消息传递的操作。WSDL 通过抽象接口和具体绑定两个不同层次描述 Web 服务。抽象接口部分定义了服务可以完成的功能，具体绑定部分定义了抽象接口在特定的网络协议和消息格式下的实现细节。WSDL 是可扩展的，它允许通过抽象接口的层次描述消息和服务，而不必考虑它使用什么样的消息格式或网络协议来实现。

3)统一描述、发现和集成规范(Universal Description，Discovery and Integration，UDDI)[W3C-UDDI]

SOA 中的服务是可以动态发现的和绑定的。UDDI 创建了一个独立于平台的开放机制，支持在 Internet 范围以一种统一的方式描述、发现并集成服务。UDDI 实现了一组可公开访问的接口，通过这些接口，服务提供者可以借助 UDDI 把 Web 服务的 WSDL 描述和策略信息发布到 UDDI 注册中心，而服务请求者可以查询注册中心以发现符合其要求的服务。

4)Web 服务策略(WS-Policy)[IBM，2006]

WS-Policy 用于描述 Web 服务的需求、能力和偏好等非功能方面的信息，它实际上包含一组规范，其中 WS-PolicyFramework、WS-PolicyAssertion 和 WS-PolicyAttachment 等三个基本规范定义了 Web 服务策略信息描述的基本框架和信息格式。不同的领域又有专门的规范定义其领域内策略描述的具体语法和语义，如安全领域有 WS-Security 规范，可靠消息领域有 WS-ReliableMessaging 规范等。WS-PolicyFramework 提供了一种灵活又可扩展的语法，用于表示基于 XML 的 Web 服务端口的能力、要求和一般特性；WS-PolicyAssertion 定义了一组公共的可以在策略中指定的消息策略断言；WS-PolicyAttachment 规定了如何将策略断言与 XML 元素、WSDL 类型定义和 UDDI 条目关联起来。

5）Web 服务寻址（WS-Addressing）[W3C-ADDR]

WS-Addressing 提供多种与传输协议无关的机制以帮助 Web 服务进行消息寻址，具体说来，就是基于 SOAP 定义 XML 元素以标识 Web 服务端口并支持消息中的端到端的端口标识。WS-Addressing 规范可以看做是 SOAP 的扩展和延伸，借助 WS-Addressing，Web 服务可以实现异步的消息传递和多种消息交换模式。

6）Web 服务安全（WS-Security）[OASIS，2004]

WS-Security 为 Web 服务的多个安全级别提供了一个可扩展的模型，它通过消息完整性、消息机密性和消息认证三种机制以增强 SOAP 消息传递的安全性。WS-Security 提供在消息中传递安全令牌的通用机制。借助 WS-Security 规范可以实现安全的 Web 服务。

7）Web 服务可靠消息传递（WS-ReliableMessaging）[IBM，2005b]

WS-ReliableMessaging 为 Web 服务提供可靠的消息传输协议。考虑到可能存在网络故障的情况，该规范要求能够提供至多一次、至少一次、严格一次和顺序传递等四种类型的传输保障。该规范使用独立于传输协议的方式描述，因此可以基于不同的网络技术实现。

8）Web 服务事务（WS-Transaction）[IBM，2005a]

WS-Transaction 能够对 Web 服务的事务交互提供支持。该规范定义了两种协调类型，即原子事务（Atomic Transaction，AT）和业务活动（Business Activity，BA），可以与 WS-Coordination 规范中描述的可扩展协调框架一起使用。原子事务被用来协调持续时间较短的活动，而业务活动被用来协调持续时间较长且涉及处理业务异常的应用程序。

9）Web 服务元信息交换（WS-MetaDataExchange）[IBM，2004]

Web 服务的元信息是其他服务端口在同当前服务交互时所需要知道的信息。WS-MetaDataExchange 规定了一种在 Web 服务间交换服务元信息的机制，用于支持元信息驱动的 Web 服务消息交换。Web 服务的元信息包括服务的策略（用 WS-Policy 描述），以及 WSDL 和消息的数据类型描述（用 XML Schema 描述）。

10）Web 服务业务流程执行语言（Business Process Execution Language for Web Services，BPEL4WS）[IBM，2003]

SOA 中的服务可以通过复合以形成一种新的服务，流程语言提供了一种将多个服务组合成流程从而形成一个新服务的方式。BPEL4WS 是一种描述业务流程和业务交互协议形式的规范语言。它以 Web 服务作为基本执行单元，支持将服务执行的控制流程描述成业务流程文档，并在 BPEL4WS 流程引擎上执行。BPEL4WS 是构建灵活随需应变的企业业务流程的技术基础。

11）Web 服务编排描述语言（Web Services Choreography Description Language，WSCDL）[W3C-CDL]

WSCDL 从一种全局的视角定义 Web 服务各参与者在端对端协作中的可见行为，协作中的消息交换序列最终完成一个共同的业务目标。编排语言不同于业务流程执行语言，后者用于指定一种应用的执行逻辑，用来定义服务执行的控制流（如顺序、条件、并行和异常处理等），以及对非可见的业务数据的一致性管理规则；前者强调不同应用之间的协作关系，它不依赖任何特定的业务流程执行语言，因此可支持任何类型的 Web 服务参与者之间的端对端协作和互操作，而不管它们采用何种编程模型和支撑环境。Web 服务编排描述语言是基于 WSDL 规范进行扩展的。

下面分别从 Web 服务通信、Web 服务描述、Web 服务发布与发现、Web 服务组合、Web 服务的元数据和语义等五个方面对 Web 服务技术进行介绍[Alonso，2004；喻坚，2006]。

10.2.2 Web 服务通信

为了实现异构平台上运行的不同服务之间的交互，Web 服务使用基于 XML 的通信协议 SOAP 进行信息交换。SOAP 是一种在分布式环境下描述如何交换信息的轻量级协议。由于它基于 XML，使得 SOAP 具有跨各种应用和操作系统平台的互操作性。SOAP 从三个方面对 Web 服务交互的消息进行了规定。

1. SOAP 封装

SOAP 封装定义消息描述的内容结构，说明“是谁发送的”，“谁应当接收并处理它”以及“如何处理它们”。SOAP 消息包含在一个信封(Envelope)中，信封内部分为消息头和消息体两部分，如图10.3所示。消息头是可选的，头和体可以包含多个条目。消息头可包含多个 Header 项，分别描述安全性、事务处理、认证和控制等。消息的接收者根据这些信息进行相应的处理。消息体是在 SOAP 消息中放置 XML 数据的位置，是 SOAP 消息的实际内容，由 SOAP 消息的接收方接收并处理。

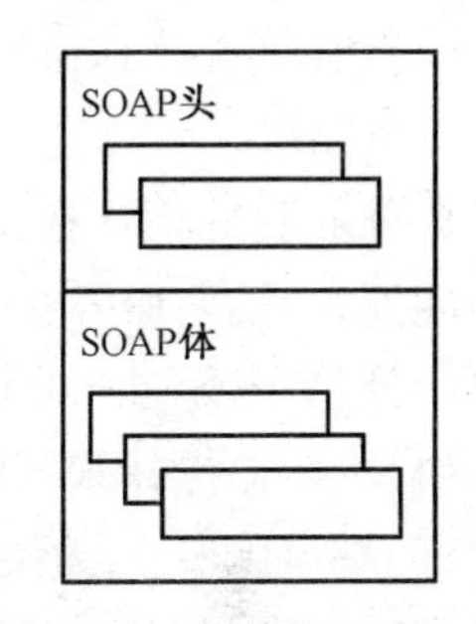

图 10.3 SOAP 消息结构

2. SOAP 编码规则

在 SOAP 信封和 SOAP 消息体中均可以设定消息的编码风格。在信封中设定的编码风格作用于整个消息体，而在消息体中元素自行设定的编码风格仅作用于自身的范围。SOAP 规范定义了两种消息风格供发送者和接收者使用，这两种消息风格分别称为 RPC 风格和 Document 风格。SOAP RPC 用于表示远程过程调用和应答的协定。RPC 风格的消息一般由 SOAP 工具自动产生，而 Document 风格的 XML 消息则可以是由消息发送方和消息接收方约定的任意格式。

3. SOAP 和传输协议的绑定

SOAP 消息可以和各种网络传输协议绑定，如 HTTP、SMTP、FTP、POP3 和 JMS 等，但是它天然地最适合使用 HTTP 作为传输协议。SOAP 消息遵守 HTTP 请求/应答的消息交换模式。在 HTTP 请求中提供 SOAP 请求的参数，在 HTTP 应答中包含 SOAP 应答参数，这使得绑定 HTTP 的 SOAP 通信变得简单。

分布式计算环境中进行 SOAP 通信的请求者和应答者双方必须具有 XML 消息解码和编码的能力，而且 XML 解析的效率会直接影响到整个系统的效率。

10.2.3 Web 服务描述

WSDL 是一种服务表示语言，描述了 Web 服务提供的所有接口的细节信息。服务提供者通过 WSDL 描述它所提供的服务，而服务请求者在获取了服务的 WSDL 描述之后就可以基于这些接口信息调用这个服务。由于 Web 服务可以采用不同的访问协议和消息格式，在开放的

Web 计算环境下，WSDL 还要定义访问 Web 服务的机制，包括通信协议和消息格式的约定，还要定义有效的访问地址。

WSDL 规范包括抽象描述和具体描述两个层次。WSDL 抽象层次描述了服务可以完成的功能，即服务能完成什么。抽象描述的内容包括以下几点。

(1)类型(type)描述：给出消息交换过程中所需要的 XML 元素的类型定义。

(2)消息(message)描述：定义通信中使用消息的数据结构。

(3)操作(operation)描述：定义 Web 服务中的方法，是消息访问的接口，包括方法的名字、输入和输出参数。支持 OneWay、Request/Response、Solicit/Response 和 Notification 等四种消息交换模式。在操作描述中并不显式定义采用何种消息交换模式，而是通过定义操作的输入/输出元素隐式表达。

(4)端口(portType)描述：对操作进行逻辑分组，定义 Web 服务的接口，与传统中间件的 IDL 接口相似。

WSDL 具体层次描述抽象接口在特定的网络协议和消息格式下的实现细节，以及服务的具体访问地址，说明服务在哪里，服务怎么用。具体描述的内容包括以下几点：

(1)服务绑定(binding)，为一个端口类型定义消息传输协议、消息在网络上传输时所采用的网络协议、传输操作采用的消息风格，以及消息序列化为 XML 文档采用的编码规则。

(2)端口(port)，为接口绑定一个具体的网络地址(URI)。

(3)服务(service)，定义端口的逻辑分组。

10.2.4 Web 服务发布和发现

SOA 中的 Web 服务是可以动态发现的和绑定的。UDDI 创建了一个全球化的与平台无关的开放机制，支持在 Internet 范围内以一种统一方式描述、发现和集成服务，它也是 UDDI 注册中心的实现标准规范。服务提供者可以借助 UDDI 规范把 Web 服务的 WSDL 描述和策略信息发布到注册中心，而服务请求者可以查询注册中心以发现符合其要求的服务。

UDDI XML Schema 定义了五种核心的信息类型，提供了类似电话目录中白页、黄页和绿页的功能。UDDI 数据模型的层次结构如图 10.4 所示。其中，businessEntity 描述了提供 Web 服务的企业或者其他任何组织，此项对应于公司的白页描述。businessService 描述了一组相关的 Web 服务，这些服务是由一个 businessEntity 元素描述的组织提供的，此项对应于黄页信息。bindingTemplate 描述实际调用一个服务所需的访问信息，其中包含对 tModel 的引用，这些引用描述了服务的技术规范，此项对应于绿页信息。tModel 提供 Web 服务的接口规范信息，可以将 Web 服务的 WSDL 的接口描述直接映射到 tModel 元素。publisherAssertion 定义〈businessEntity〉结构对之间的关联，两个或者多个相关的企业可能会用此结构发布业务关系的声明。

UDDI 的主要功能是用于 Web 服务的发布和发现。与 WSDL 类似的是，UDDI 的描述也可以分为抽象和实现两部分。事实上，tModel 扮演的主要角色是表示一种抽象接口规范的技术信息。由于 UDDI 和 WSDL Schema 的结构清晰地分割了接口和实现的描述，这两种结构自然可以一起互补工作。为了把 Web 服务的 WSDL 描述注册到 UDDI 中，可以建立一个从 WSDL 到 UDDI 的映射模型，将 WSDL 描述中包含服务接口的文档(type，message，portType，binding) 映射为一个 tModel，而将 WSDL 的 service 元素映射为一个 businessService，在 service 元素中包含的每个 port 元素都被映射为一个 UDDI 绑定模板。

UDDI 使用 SOAP 作为它的传输层，为了发现服务提供者相关服务的技术数据，服务请求者

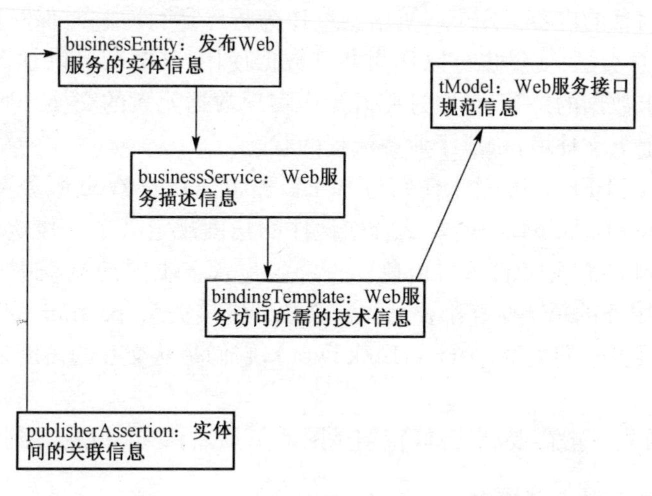

图 10.4　UDDI 数据模型层次结构

可以通过 SOAP 访问 UDDI 注册中心的查询接口，从而与服务提供者联系起来，并使用它们提供的服务。UDDI 站点允许服务提供者保存和删除 UDDI 支持的五种数据结构，在 UDDI 注册表中发表或取消它们的信息。

10.2.5　Web 服务组合

Web 服务组合是基于 SOA 架构开发软件应用，以及实现业务过程的核心技术，是进行应用集成的主要手段。Web 服务组合就是将多个服务组合后形成一个具有新功能的复合服务。组合使用的基本服务可以来自组织内部，也可以来自组织外部。因此，Web 服务组合是以特定方式（取决于服务组合语言）按照给定的应用逻辑将若干服务组织成为一个复合应用的方法、过程和技术。通过服务组合产生的复合应用本身也是一个服务。服务组合作为构造复合应用的技术，不仅包含编码技术，还包括一系列与 SOA 应用开发生命周期相关的技术，包括建模、分析、部署、执行、监控和优化等。

BPEL4WS（以下简称 BPEL）是一种支持 Web 服务组合的编程语言，并已逐渐成为事实上的基于 Web 服务开发可执行业务过程的业界标准。BPEL 流程是一个基于 XML 的文档，结合了图形化和结构化流程语言的特点，指定了流程步骤及流程的访问点，将参与者的交互过程用抽象 WSDL 接口的方式予以定义。BPEL 流程的具体实现可以通过动态绑定复合服务的各参与方完成。

BPEL 流程定义主要由消息流、控制流、数据流和合作伙伴等部分构成。

（1）消息流。BPEL 中的 Web 服务调用是通过消息交互实现的，消息流构成其最为基本的活动。BPEL 基本活动包括调用（invoke）、接收（receive）、应答（reply）、等待（wait）和补偿（compensate）等操作。作为一种 Web 服务组合语言，BPEL 通过 Web 服务调用及接收/应答操作实现交互。

（2）控制流。BPEL 的控制流包括各种结构化活动，能够定义同步和控制转移。这些结构化语句包括顺序（sequence）、分支（switch）、循环（while）、选择（pick）和并行（flow）等。与传统的编程语言一样，在 BPEL 中还可以用域（scope）显式地定义一个语句块，每个语句块都有私有的执行上下文，而语句块内的活动都共享该上下文。

（3）数据流。BPEL 定义了用户之间有状态的信息交互。业务流程的状态包括业务逻辑数据及与参与者交换信息的内容。BPEL 使用变量作为程序运行时临时保存数据的容器，此时变量类型是 WSDL 消息类型；变量也可以作为共享数据使用，其类型可以是 XML Schema。变量被用来管理服务请求数据的持久化，通过赋值操作实现数据元素的交换。所有变量包含的数据定义了特定流程的上下文环境，构成了业务流程的状态。

(4)合作伙伴。在 BPEL 中，对于任何与 BPEL 程序交互的 Web 服务都被看成是 BPEL 程序的合作伙伴(partner)，BPEL 程序要从合作伙伴的角度规定某个合作伙伴必须提供的服务。每个合作伙伴映射到一个相应的参与角色。一个参与者在不同的流程中可以有不同的角色。BPEL 程序与 Web 服务的每次交互都要预先定义伙伴链接关系(partnerLink)，并在 BPEL 程序接口中定义伙伴链接关系的类型(partnerLinkType)，它们是从交互的角度定义业务伙伴之间的关系。

BPEL 程序的开发一般需要有工具(特别是图形工具)的支持，才能收到事半功倍的效果。

10.2.6 Web 服务的元数据和语义

应用程序通过汇集多个 Web 服务和各种信息使其具备执行更复杂任务的能力。为了实现应用程序中 Web 服务之间的交互，服务提供者和服务消费者必须就服务描述和服务语义达成一致。Web 服务利用元数据描述服务交互所需的必要信息，解决语义的互操作问题。

服务的元数据描述，通常包括服务的接口描述、服务的叙述说明、消息格式的描述及交互顺序的描述等，也包括一些服务质量和服务策略的描述。

资源描述框架(Resource Description Framework，RDF)用于描述 Web 服务的元数据及元数据与元数据之间的关系。资源是 RDF 的核心概念，可以用来表示任何类型的对象。资源用资源标识符标识，通过统一资源定位符(URI)标志的任何对象都可以作为 RDF 的资源。从直观上说，资源可以对应到现实世界中的某个实体或者实体的某个部分。RDF 通过主体(Subject)、谓词(Predicate)和客体(Object)三元结构描述资源及资源之间的关系。主体就是资源，谓词就是资源的属性，而客体表示资源属性的取值。

RDFS(Resource Description Framework Schema)用来声明 RDF 使用的词汇集，是 RDF 的类型系统，可以定义资源的类属及类与类之间的关系。RDFS 把代表元数据的实体称之为类。RDFS 中的类可以对应到某种数据类型，它定义了 RDF 描述中属性类型的特征和限制。理解了 RDFS 也就理解了 RDF 描述中的每个属性的语义。RDFS 是通过 RDF 的数据模型进行组织的。

为了描述“资源”概念及概念之间的关系和推理，仅有 RDF 和 RDFS 是不够的，还需要有更强的描述和表示能力，能够对属性集进行约束推理，能够利用属性标志特定类的实例，还能够通过类的联合和交叉形成新的类。本体语言(Ontology Web Language，OWL)可以实现这些增强的语义描述能力。本体是领域知识的形式化说明，通常由概念、概念之间的关系、公理、函数和实例组成。本体和元数据的区别在于：元数据解决资源的语义描述问题，而本体解决资源概念的相互关系问题。

OWL 基于 RDF 和 RDF 模式，并与知识表示和推理技术相结合，可以为资源提供机器可处理的语义。OWL 还可以为服务的动态发现提供语义基础，从而使资源的描述更加符合真实世界中的语义。虽然这些增强的语义能力对于利用 RDF 创建应用程序并不是必须的，但是 OWL 确实对语义 Web 和 Web 服务技术的发展起到了基础的支撑作用。

10.3 事务复合服务

事务处理是保障软件服务协作可靠性的关键技术，它用于保证多个服务的交互和协作获得正确一致的执行结果。多个具备事务特性的 Web 服务通过交互和协作而成的复合服务称为事务复合服务(Transactional Composite Service，TCS)。

由于网络分布环境的异构性，TCS 的各个服务可能基于不同的平台实现，遵循不同的事务规范；复合的结构也可能很复杂，包含多种控制结构的组合，如顺序、循环、并发和选择等。原子事务模型的“全有或全没有”的原子性过于严格，无法适用于这种环境，合适的方法是通过松弛事务模型保证 TCS 执行的松弛原子性，即 TCS 的执行或者正常结束，或者通过补偿服务取消所有已完成服务的执行效果。关于松弛事务模型的形式定义已在 5.3.1 节已给出，无论是对工作流事务，或者是对 Web 事务复合事务，就事务特性而言，两者都是相同的。本节专门针对 Web 事务复合事务讨论其松弛原子性验证、分布式并发控制和失败恢复问题[丁晓宁，2007]，其中的并发控制和失败恢复算法已实现在 OnceBPEL 系统中。

10.3.1 松弛原子性验证

为保证 TCS 的松弛原子性，在结构验证阶段主要依赖对 TCS 语法结构的分析，保证 TCS 在不可补偿的服务节点之后，至少存在一条路径保证能够执行成功。在执行阶段则依赖异常处理机制，当服务发生故障时，根据依赖关系确定失败恢复范围，尝试向前恢复(Forward Recovery)或向后恢复(Backward Recovery)。只要其依赖范围内的服务都能够恢复，或存在一条其他执行路径，就不会导致整个 TCS 失败。

但若语法结构反映不出特定的应用语义，可能会导致不必要的失败恢复甚至放弃。例如，从语法结构分析的角度讲，一个并行结构的多个服务间会形成依赖，其中一个服务失败时会导致所有其他并行服务的失败恢复。但事实上，根据特定的应用语义，往往只需要这些服务中有一个特定的集合成功就可以接受。例如，并行执行三个服务，同时预订宾馆、飞机票和火车票，宾馆预定一定要成功，而飞机票和火车票只要有一个成功就可以。此时，如果飞机票和火车票服务只有一个失败，完全可以继续执行而不用进行失败恢复。由于面向服务的执行环境具有天然的并行性，用户总是希望尽可能多地将就绪的服务并行执行，以减少 TCS 完成时间，所以此类现象的出现很普遍。

服务的事务能力一般用可重试和可补偿这两个属性来刻画：“可重试”是指该服务经过有限次重复调用后最终可以成功；“可补偿”是指该服务支持补偿操作，可以完全消除执行效果。松弛事务模型涉及两个层次：底层是若干自治的服务，称为原子服务；上层则是由原子服务按照不同控制结构组合而成的事务复合服务。可重试和可补偿是正交的，可以借这两个正交维度将原子服务划分为四种类型。设原子服务 s 的类型是 type(s)：

$$\text{type}(s) \in \{\text{trivial}, \text{retriable}, \text{compensable}, \text{pivot}\}$$

其中，retriable 表示可重试但不可补偿，重复调用有限次可以确保成功，但成功后就无法再撤销结果；compensable 表示可补偿但不可重试，可以完全撤销执行结果；pivot 表示既不能重试，也不能补偿，如某些不支持事务特性的服务；trivial 表示同时具备可重试和可补偿能力，如只读事务。

根据服务不同的类型，每个原子服务在其生命周期内可能处于不同的状态，发生不同的状态转移，其事务行为由图 10.5 所示的状态转移图刻画。

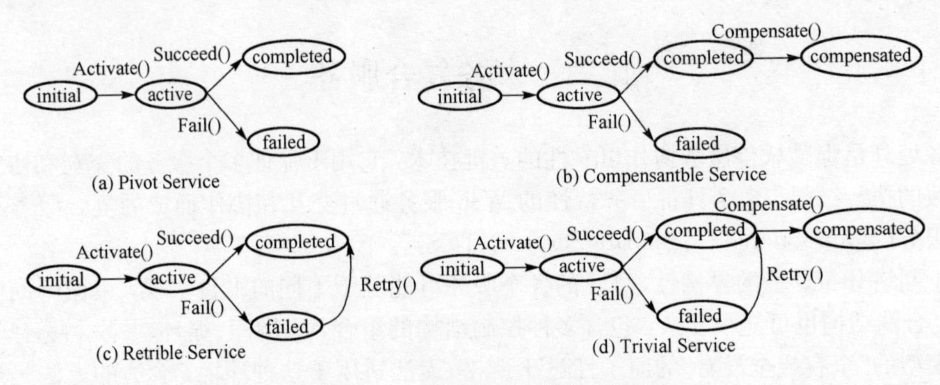

图 10.5 原子服务状态转移图

其中,服务 s 所有的可能状态集合记为 PS(s),类型为 type 的服务在状态 p 单步转移的可能后续状态集合记为 PostState(type, p),多步转移的可能后续状态集合记为 AllPostState(type, p);服务初始状态为 initial,通过不同操作转移到后续状态,进入 completed 状态说明服务执行已达到预期的效果;调用 Compensate()可以完全消除该效果;进入 failed 状态说明服务执行未达到预期效果,不需要补偿。

由 Activate()、Retry()和 Compensate()这三个操作引起的状态转移称为外部转移,其特征是由系统主动触发。由 Succeed()和 Fail()操作引起的转移称为内部转移,其特征是服务处于 active 状态时,服务内部自动发生状态转移,而且无法预测会发生哪种转移。Retry()操作的结果可能仍然是失败,导致服务继续停留在原状态,但是对于类型为 retriable 的服务,Retry()操作经过有限次重试保证能够成功。为了简化 Retry()操作引起的状态转移,将连续多次 Retry()操作视为一次就能从 failed 转移到 completed,这种简化过程在逻辑上是等效的。

定义 10.1(原子服务) 原子服务 s = (id, type, state),id 是该原子服务的标识,type 是其服务类型,state 是服务状态,初始状态为 initial。

定义 10.2(控制依赖) 一个服务 s 在可以进行 Activate()操作前需要等待另一些服务的结束,这些服务称为 s 的前驱服务。服务 s 所有的前驱服务记为集合 Pre(s),即

$\mathrm{Pre(s)}=\{S_1, S_2, \cdots, S_n\}$ 当且仅当 $S_1, S_2, \cdots, S_n$ 全部处于结束状态时,s 进行 Activate()操作。

控制依赖是服务之间操作时序的一种约束。对于服务 s,其控制依赖关系

$$<_s=\{(s, s')\mid s'\in \mathrm{Pre}(s)\}$$

一个服务集合 T 的控制依赖是集合中所有的服务控制依赖关系的集合,记为$<_T$。

定义 10.3(事务复合服务) 事务复合服务 TCS = (id, T, $<_T$),其中

- id 是该复合服务的标识;
- T 是服务集合,包含了构成该复合服务所有的原子服务;
- $<_T$ 是服务集合 T 的控制依赖。

定义 10.4(TCS 配置) 一个 TCS 配置是某个时刻组成 TCS 所有的服务的事务状态。配置由服务状态 n 元组刻画,n 为 TCS 中所有原子服务的元素数目,TCS 配置空间是 TCS 中所有原子服务状态的笛卡尔集。由于各个原子服务的初始状态为 initial,所以 TCS 初始配置描述为(initial,initial,…,initial)。

定义 10.5(TCS 的执行) TCS 的执行是 TCS 配置的一个序列 $P_0, P_1, P_2, \cdots, P_n$。其中,$P_0$为初始配置,$P_{i-1}$与 P_i 之间有且只有一个服务 s 的状态不同,设其状态分别为 k_{i-1}和 k_i,k_i

$\in$ PostState(type(s)，k_{i-1})。当存在并行结构时，由于系统对服务的激活和服务的完成依然存在先后顺序，而任何一个服务的状态转移都立刻改变 TCS 配置，促使 TCS 配置转移，所以 TCS 相邻配置之间仍然只有一个服务状态不同。

TCS 的执行是从初始配置(initial，initial，…，initial)出发，由各个原子服务的状态转移而进入不同的配置，最后停留在一个结束配置的过程中。如果以节点表示 TCS 的一个执行配置，有向边表示配置转移，那么完整刻画 TCS 执行过程中配置转移的图称为配置转移图。因为原子服务的状态转移没有回路，所以配置转移图是有向无环图。

TCS 配置转移图刻画了 TCS 执行的事务行为，完整地构造这样的行为模型的复杂度是呈指数级增长的。为了降低模型构造的复杂度，采用动态模型生成方法，每一步只需要生成当前节点所有的子节点。若当前指定的配置节点为 CurrentNode，集合 ES 包含该配置下所有已经完成的服务，RS 为可转移服务集合。对 RS 中每个服务 s 和 PostState(type(s)，state(s))中每个状态 k，生成 CurrentNode 的一个新子节点，除了在 ChildNode 中服务 s 状态改为 k 之外，其余都与父节点 CurrentNode 相同。将生成规则应用于配置转移图的根节点，也就是 TCS 的初始配置(initial，initial，…，initial)，并递归应用于所有的子节点，就可以生成完整的配置转移图。

在松弛事务模型中，可以预先给出松弛原子性的定义。用户根据应用语义确定 TCS 所有可接受的结束配置，并将其按照倾向性程度排序，放入有序集合 ε。ε 的元素越多，原子性约束越松弛；ε 的元素越少，原子性要求越高。在极端情况下，ε 是一个空集，那么不存在满足该 ε-松弛原子性的执行。

定义 10.6 (ε-松弛原子性) ε 是一种 TCS 配置的有序集合，若 TCS 的执行结束于配置 p，且 p 属于 ε 时，则称 TCS 的执行符合松弛原子性。ε 的每个元素称为一个合理结束配置，有序集合 ε 描述了 TCS 的 ε-松弛原子性。配置在 ε 的位置越靠前，代表接受此合理结束配置的倾向性越高。

原子事务是松弛事务模型的一个特例，其 ε-松弛原子性表示为

$$<(\text{completed}, \text{completed}, \cdots, \text{completed}), (\text{failed}, \text{failed}, \cdots, \text{failed})>$$

即“全有或全没有”。

为了方便用户对结束配置的描述，减少 ε 的元素数目，可以定义一种紧凑表示法。对于 ε 的每个合理结束配置，其服务状态位本身又可以由一个服务状态有序集合表示如一个由两个原子服务组成的 TCS 的 ε-松弛原子性可以表示为 $\varepsilon = <(<K_1, K_2>, <K_3, K_4>)>$。在进行 ε-松弛原子性可满足检查时，如果对应状态位是服务状态有序集合，那么按照顺序展开。例如，此例扩展开来的 $\varepsilon = <(K_1, K_3), (K_1, K_4), (K_2, K_3), (K_2, K_4)>$，共包含 4 个合理结束配置。

为 TCS 指定一个 ε-松弛原子性后，如果在执行时 TCS 能保证结束于 ε 中的一个合理结束配置，则称该 TCS 满足 ε-松弛原子性。松弛原子性可满足检查的目的是为了在设计阶段发现可能的设计错误，保障 TCS 的可靠性。由于 TCS 通常是网络应用的核心工作流程，在投入实际运行前发现错误可以减少大量的损失。

1. *ε-松弛原子性可满足判定*

为了讨论松弛原子性可满足判定问题，首先定义配置转移图中一些特殊属性的节点。

定义 10.7(可达性) 设 P 和 P' 是配置转移图的两个配置节点，如果存在一条从 p 至 p' 的路径，那么称 p 到 p' 是可达的，否则称不可达。

定义 10.8(不可达配置) 设 P 是配置转移图的一个配置节点，如果从初始节点到该节点不可达，那么称 P 为不可达配置。如果 ε 的所有合理结束配置均是不可达配置，则该松弛原子性是不可满足的。

定义 10.9(死配置与活配置) 设 P 是配置转移图的一个配置节点，如果 P 到 ε 中任一配置都不可达，那么 P 称为死配置，反之称为活配置。

定义 10.10(陷阱配置) 配置转移图的一个配置节点 P 称为陷阱配置，当且仅当如下条件成立：

(1)P 是死配置。

(2)P 存在一个父节点 P' 是活配置，且 P' 到 P 的转移为内部转移。

定理 10.1(ε-松弛原子性可满足定理) 对一个 TCS 及其 ε，TCS 执行满足 ε-松弛原子性，当且仅当 TCS 的配置转移图的初始节点是活配置，且图中不存在陷阱配置。

证 (1)充分性。任意一个执行在配置转移图中均表现为节点序列 P_0，P_1，P_2，…，P_n，其中每一个节点都是前一个节点的子节点，P_0 是初始节点。

从条件中可知，P_0 是活配置，这意味着 P_0 的子节点中至少存在一个子节点也是活配置。设 P_0 配置下所有可能的转移构成集合 M，M 可以分为以下三种情况：

①M 全部是外部转移。外部转移由系统主动选择触发，且转移后子节点配置可预测。由于 P_0 子节点中至少存在一个子节点是活配置，所以可以选择该子节点。

②M 全部是内部转移。此时，P_0 所有的子节点必然全部都是活配置，否则就存在一个陷阱配置，与条件相矛盾。

③M 同时包含外部和内部转移。此时，不主动触发任何外部转移，而只等待内部转移完成。从第二种情况分析可知，转移后的子节点必然是活配置。

综上所述，无论 P_0 是哪种情况，都可以确保下一个节点是活配置，所以 P_1 必然也是活配置。依此类推，因为配置转移图不存在回路，所以 TCS 的执行必然可以结束于 ε 的一个合理结束配置。

(2)必要性。TCS 执行满足 ε-松弛原子性，那么其初始节点是个活配置。同时，它是必然可以结束于合理结束配置的，这意味着在从初始节点到 ε 中任一配置的路径上，任意一个不可预测的内部转移都不会进入死配置，所以配置转移图不存在陷阱配置。

2. ε-松弛原子性可满足检查算法

(1)验证初始配置是否是活配置，只要保证 ε 中包含至少一条可达配置就可以了。为了发现用户无意中的 ε 指定失误，将所有的不可达配置视为错误。如果发现不可达配置，打印出该配置，提醒用户修正 TCS 或 ε。

(2)检查是否存在陷阱配置。一种简单的方法是遍历配置转移图，检查每个节点的属性，但这种方法的效率太低。为此，可以从陷阱配置的特征入手进行检查。陷阱配置是由活配置经过某个服务 s 的内部转移而产生的。设该活配置为 $P_0=(K_1,K_2,\cdots,\text{active},\cdots,K_n)$，内部转移只可能进入 completed 或 failed 状态，即可能产生 $P_1=(K_1,K_2,\cdots,\text{completed},\cdots,K_n)$ 和 $P_2=(K_1,K_2,\cdots,\text{failed},\cdots,K_n)$ 这两个配置。

P_0 是活配置，设 P_0 能转移到的合理结束配置集合为 M，M 中服务 s 要求的所有状态为集合 K。P_1 或 P_2 成为死配置，必然是因为服务 s 在 completed 或 failed 状态时，该状态不属于 K，且无法转移到 K 中。由于对任意的服务类型，AllPostState(type，active) = AllPostState(type， completed)∪AllPostState(type, failed)，所以 P_1 和 P_2 最多只可能有一个死配置。

如果 P_1 是陷阱配置，那么必然是因为集合 K 只包含了 failed 状态，导致服务 s 在 completed 状态时无法变迁到任何合理配置。如果 P_2 是陷阱配置，那么服务 s 必然是不可重试的(否则 P_2 就可以变迁到 P_1)，且 K 集合内只包含了 completed 和 compensated 状态。

分别针对每个服务 s 检查以上两种可能。以第一种情况为例，ε 被分为两个子集，所有 s 状态为 failed 的合理配置被放入集合 M，剩余的被放入集合 N。如果存在一个配置 p 能变迁到 M 中，但是无法变迁到 N 中，那么将 p 中 s 状态改为 active 时就构成了一个陷阱配置。

10.3.2 分布式并发控制

在传统的数据库或事务工作流系统中，牵涉的活动大多处于同一台机器或一个局域网上，可以用一个集中的调度器控制各个流程实例对资源的访问。TCS 并发控制是完全分布式的。在 Web 服务环境下，一个 TCS 可能访问分布在网络上的多个 Web 服务提供者。对于任意一个 Web 服务提供者来说，也可能同时有网络上的多个 TCS 访问。显然，TCS 环境无法建立一个集中式的调度器。分布式并发控制 TSCM-CC 要求每个服务执行完就立刻对外界暴露结果，由 Web 服务提供者根据服务访问的具体资源，确定一个 Web 服务调用所产生的依赖关系。TSCM-CC 在服务提供者和 TCS 间传播这些依赖关系，最后由服务提供者负责对这些依赖关系进行同步。TSCM-CC 在保证调度的冲突可串行化和可持久化的同时，丰富了依赖关系的类型，保持了 TCS 的松弛原子性不受破坏。

TCSM-CC 主要包含两个角色，分别是服务请求者(也就是 TCS 端)和服务提供者。TCS 端负责请求调用或补偿一个服务，并在 TCS 完成时通知服务提供者；服务提供者负责同意、延迟和否决服务的调用请求，并维护依赖关系图，根据调用与完成情况来加入和撤销依赖关系。

由于每个服务提供者只负责本地的服务依赖关系图，缺乏全局信息，很容易产生一个分布式循环依赖。循环依赖将导致不可串行化，所以必须消除之。分布式循环依赖的处理策略类似于分布式死锁，通常包括避免、预防和检测等手段。然而，事先避免循环依赖往往需要为 TCS 进行集中式排序，对性能影响较大，为此可采取实用的检测-消除策略。因为任意一个循环依赖都是由一条新依赖关系的加入造成的，而每条依赖都是由一个服务的执行引发。为此，在建立每个依赖时要检测是否会构成循环依赖，当检测出这种关系后，该服务的执行被取消，这样就可避免产生循环依赖。

在 TSCM-CC 模型中，一个服务执行成功后，如果它是 compensable 类型或 trivial 类型，那么可以执行一个补偿事务取消已有的执行结果。现在为这两种类型的服务引入一个新的操作 Confirm()，一个可补偿的服务在补偿前可以确认，确认后就无法再进行补偿。

定义 10.11(操作的持久化) 一个操作 P 可以记为已持久化(D)或未持久化(UD)。当操作 P 所对应的服务 S 是不可补偿服务时，该操作一旦完成，就自动成为已持久化的。相反，当 S 是可补偿服务时，在完成后是未持久化的，只有进入 confirmed 或 compensated 状态才能成为持久化服务。

定义 10.12(服务依赖关系) 根据服务依赖和被依赖操作不同的持久化属性，依赖关系($p \rightarrow q$)分为两类。

- 当 p 为未持久化操作时，该依赖关系称为弱依赖(W-Dep)。
- 当 p 和 q 都是已持久化操作时，该依赖关系称为强依赖(S-Dep)。

不允许存在 p 为持久化操作，而 q 为未持久化的依赖。

强依赖可以直接创建，也可以由弱依赖升级而来。区分强依赖和弱依赖的目的是为了强调两类依赖关系的不同属性。弱依赖在建立后是可以撤销的，如一个弱依赖 p→q，当 q 被补偿时，p 也必须被补偿，该依赖关系就被撤销，也就是说弱依赖是不稳定的。强依赖是稳定的，由于在一个强依赖 p→q 中，p 和 q 都已持久化，所以一旦建立就无法撤销该依赖。

TCS 的松弛原子性检查依赖三个输入：ε、TCS 的复合结构与 TCS 各个原子服务的事务类型。其中，前两项由用户指定，而服务的事务类型是由可重试且可补偿这两个特性组合而成的，所以只要并发控制不破坏这两个特性，那么就不会影响服务的事务类型，从而不破坏 TCS 原有的松弛原子性。

并发控制并不会影响一个服务的可补偿属性，只会影响可重试特性。如果因为并发控制而使得一个服务 S 变得无法重试，那么必然是因为该服务的执行产生了一个新依赖：$TCS_1 \rightarrow TCS_2$，而 TCS_2 已经存在一个对 TCS_1 的依赖，且该依赖是无法撤销的。为了避免以上情形，解决方法是允许撤销依赖 $TCS_1 \rightarrow TCS_2$，使得 TCS_2 可以继续执行。为此，只要保证 $TCS_1 \rightarrow TCS_2$ 的依赖是弱依赖即可，因为弱依赖随时可以撤销。

总之，在新建或升级一条依赖（$TCS_1 \rightarrow TCS_2$）时，必须满足如下依赖规则：

- 该依赖是弱依赖。
- 该依赖的加入不会导致循环依赖。

可以证明，只要各个服务提供者在维护本地依赖关系图时始终遵循上述依赖规则，都能安全地拒绝一个服务的执行，而不会破坏任何一个服务的可重试特性，进而不会破坏 TCS 的松弛原子性。

最后，总结分布式并发控制协议 TSCM-CC：

每个服务提供者负责维护依赖关系图，并根据该图裁决服务调用。启动时，初始化依赖关系图；当收到一个服务调用请求时，判断需要产生的依赖关系是否满足依赖规则，从而允许或拒绝该服务的调用；当收到一个对操作的确认和补偿时，更新相关的依赖关系；转发循环依赖检测的相关消息；最后，当某个 TCS 结束时，清除相关的依赖关系。

TCS 端负责请求调用一个服务，当一个服务的状态明确后，就立刻向服务提供者确认或补偿该服务，并在 TCS 完成时通知服务提供者。

可以证明，上述分布式并发控制产生的调度是冲突可串行化和持久化的，因而一定是正确的调度序列。

10.3.3 失败恢复

由于现实世界中软硬件和网络的不可靠性，TCS 运行时，无论是原子服务层还是复合服务层都可能发生故障，需要考虑在故障发生时如何进行失败恢复。

在传统的事务处理中，只需要满足“全有或全没有”的严格原子性，不需要考虑部分失败和内部的复合结构。传统事务处理中涉及的事务操作是简单的 Read 和 Write 操作，这样无论是日志记录或 Undo 和 Redo 操作都相对简单。TCS 的失败恢复就比较复杂：首先，原子服务可能遵循不同的事务规范，具备不同的事务能力；其次，组成 TCS 的各个服务通常是封装业务逻辑的大颗粒组件，运行时间长，如果在失败恢复时简单地回退整个 TCS，就丢失大量的工作。TCS 的失败恢复应尽可能降低损失的代价。

TCS 异常处理机制捕获可能产生的故障，针对不同类型的故障抛出不同的异常。整个异常处理体系分为多个层次，是一个链式结构，依次将异常传递给链上的每一个处理环节，直到该异常得到处理。一个多层异常处理结构如图 10.6 所示。

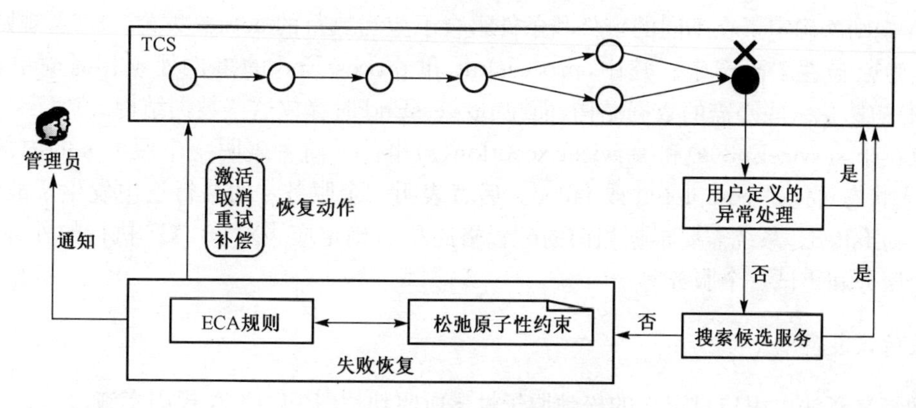

图 10.6　多层异常处理体系

在 TCS 的设计阶段，用户可能为特定类型和可预测的异常定义了自身的处理方式，称为“用户定义的异常处理”。如果没有用户定义特别的处理方式，就进入下一个环节，查看有无语义等价的 Web 服务候选。例如，一个发送快件的预约，在满足时间和价格约束前提下，可能有多家快递公司都提供同样的 Web 服务实现。这种语义等价的 Web 服务集合可以通过 UDDI 方式搜索。用户也可以在设计 TCS 时，为该服务的参考引用绑定多个实现地址。在进入失败恢复流程前，系统将自动检查是否存在替代服务，如果存在则尝试替代服务。

当上述模块都无法处理该异常时，控制传递到失败恢复，根据用户自定义的松弛原子性约束，基于 ECA(Event-Condition-Action)规则判断如何处理该异常。

值得注意的是，并非所有的异常都能自动处理，许多情况下人工介入是不可避免的。当无法完成恢复时，将通过电子邮件和即时消息等手段通知管理员进行处理。

1. 异常处理规则

ECA 规则系统中每条规则都有着统一的形式：

　　ON event IF condition DO actions

它定义了当某一事件 event 发生时，如果满足条件 condition，对象将执行的动作 action。事实上就是把原本需要写入应用程序的系统管理和控制策略抽象和分离成为由 event、condition 和 action 有机结合的 ECA 规则知识库。一个具体的 ECA 规则系统需要确定可能的事件类型、动作类型和规则。

在失败恢复算法中，需要处理的 event 如下所述。

- TCS 进程初始化：processInit。
- 服务完成：serviceEnd(s)。
- 服务抛出异常：serviceException(s)。
- TCS 完成：processEnd。

所有可能执行的 action 如下所述。

- 启动服务：activateService(s)。
- 取消服务：cancelService(s)。
- 重试服务：retryService(s)。
- 补偿服务：compensateService(s)。
- 通知管理员：notifyAdmin。

ECA 规则库确定了在不同的事件和条件组合下应当执行的 action 集合。ECA 规则库实际上根据松弛原子性 ε 而产生。其中，processInit 和 processEnd 的事件处理相对简单，在 processInit 时初始化一些必需的数据结构，而在 processEnd 时释放这些数据结构。

重点在于 serviceEnd(s)和 serviceException(s)事件。前者表明一个服务 s 的内部转移完成，其进入状态可能是 completed 或 failed。后者表明一个服务 s 的执行途中发生了故障，已经将其标记为 failed。系统需要根据当前的配置格局和 ε，确定应当对该 TCS 执行的外部变迁，如取消一个服务和重试一个服务等。

2. 失败恢复算法

失败恢复算法由用户自定义的松弛原子性 ε 所驱动，并基于 ECA 规则实施。

在 TCS 模型中，内部变迁是服务处于 active 状态时自动产生的，且无法预测会发生哪种变迁，即是 succeed()还是 fail()。外部变迁则是由系统根据需要触发的。失败恢复算法面临的问题是：在一个给定的配置下，是否触发外部变迁，以及触发何种外部变迁。

一种直接的方法是计算当前的配置格局，顺序扫描 ε，变迁到第一个可达的也是倾向度最高的合理配置。这实际上是种贪心算法，但这种策略可能导致最终无法变迁到全局最优配置。下面以一个具体的例子说明。

如图 10.7 所示，假设在服务 s 执行完毕后，TCS 处于配置 P_0，此时存在两个外部变迁 T_1 和 T_2，分别产生 ε 的两个子集 M_1 和 M_2。其中，M_1 包含两条合理配置 P_1 和 P_3，在 ε 中的顺序分别是 1 和 3；M_2 同样包含两条合理配置 P_2 和 P_4，在 ε 中的顺序为 2 和 4。

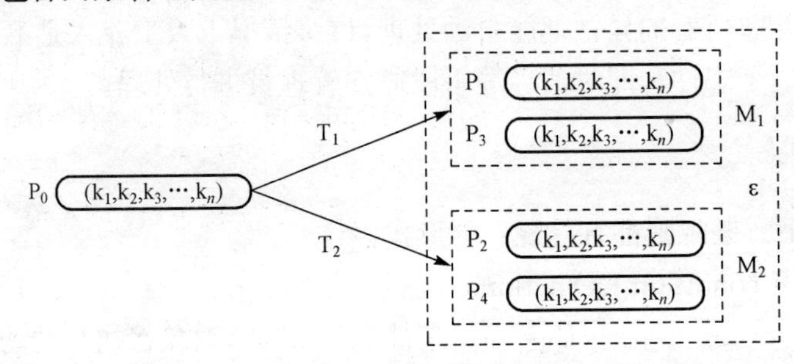

图 10.7 外部变迁选择

此时，需要判定是否应当触发变迁，以及触发何种变迁。从表面上看来，P_1 是当前可变迁到的最佳倾向配置。但假设触发 T_1 变迁，那么存在一种可能，即在后续执行中，由于另一个服务的内部变迁使得 TCS 的执行在变迁 T_1 后无法结束于 P_1，而只能结束于 P_3。相反，如果执行变迁 T_2，可以结束于变迁 P_2。换句话说，当执行 T_1 变迁时，所选择的只是一个局部最优变迁，导致 TCS 无法结束于全局最优配置。

但是，变迁并不能无限推迟，因为在很多情况下需要根据已有的执行情况决定后续的执行选择。例如，当一个服务 s 执行失败且无法恢复时，某些依赖 s 的服务继续执行已无意义，只会浪费系统资源。另一方面，基于并发控制协议的执行要求 TCS 尽可能早地确定服务的状态，从而确定是确认还是补偿一个服务。

从以上的分析可以看出，外部变迁选择的困难在于内部变迁的不确定性，在选择变迁路径时无法判断可能的后续内部变迁。

在一次 TCS 的执行中，当所有的内部变迁完成后，设服务 S_i 的内部变迁结果为 K_i，$K_i \in$

{completed, failed},那么从当前配置<K_0, K_1, …, K_n>所能变迁到的 ε 内最倾向的合理配置称为最优合理配置。

变迁规则:设 TCS 当前配置为 P_0,可达配置集合为 M,M⊆ε。可能的外部变迁集合为{T_1, T_2, …, T_n},分别产生的可达配置集合为{M_1, M_2, … , M_n},M_i⊆M。对任意一个变迁 T_i,如果该变迁所产生的可达配置集合 M_i 为 M 的一个前缀,那么允许执行该变迁,否则不允许。

显然,如果始终遵循上述变迁规则,TCS 的执行保证能结束于最优合理配置。

外部变迁选择算法又简称为 ETS 算法,它首先判断当前配置格局的可达配置集合并放入 M,然后构造当前可用的外部变迁并放入 TS 集合。最后,针对 TS 集合中的每条变迁进行测试,如果某条变迁产生的后续状态的可变迁集合不是 ε 的一个前缀,那么删除该变迁。TS 中剩余的变迁都是安全的变迁,可以确保 TCS 最终能到达最优配置。

基于 ETS 算法确定了所触发的外部变迁后,可以给出失败恢复算法,描述如下:ES 是已经完成的服务集合,s 是触发本次算法执行的原子服务。首先,将服务 s 加入到已完成服务集合 ES 中,再调用外部变迁选择算法 ETS 计算出当前的 action 集合 TS,然后分别实施集合 TS 中的每个 action。如果是激活、取消和补偿服务,那么直接执行。如果是重试,那么反复执行到该服务成功,或者到一个预定的次数仍不成功时则通知管理员人工干预。

10.4 “软件即服务”和云计算

服务计算的理想境界是形成一个服务协作的世界,使得应用组件可以方便地组装成服务网络,并能以松散耦合的方式构建跨越组织边界和计算平台的动态业务流程与应用系统。在服务计算技术发展的过程中,出现了许多不同形态的计算模式,其中 SOA 架构和 Web 服务技术目前应用得最广泛。“软件即服务”和云计算进一步拓展了服务计算。它们都是基于互联网的,信息资源以服务的形式通过网络提供给用户,用户按需配置和使用,并根据使用量付费。它们的技术基础是分布式计算和虚拟化。

10.4.1 软件即服务

1999 年,M. Benioff 创立 Salesforce 公司时,宣布要成为传统软件时代的终结者,要将软件当成服务来销售,向用户提供 On demand 的软件服务。传统的软件消费观念是:先购买软件产品,然后在本地计算机上安装并使用。“软件即服务”(Software as a Service,SaaS)代表一种新的消费模式,用户不再需要亲自购买任何软件和硬件产品,而是通过互联网获取所需要的服务,用户只需要按期支付一定费用就可。这种软件应用的新模式是对软件核心价值的回归,任何一个用户实质上所需要的并不是软件产品本身,而是软件提供的服务,这也就是“软件即服务”的真正内涵。

ASP(Application Service Provider)是一种提供软件应用服务的初级形态。软件应用产品存在于应用服务提供商的服务器平台中,用户使用软件时,只需通过网络连接到服务提供商的应用服务器,就可得到所需的服务。例如,个人或企业的托管网站就是使用这种方式。服务器平台为每个租户定制一套软件,并为其部署;每个租户有其独立的软件运行实例,客户应用通过传统的 C/S 或 B/S 方式工作。

与传统的 ASP 实现不同,SaaS 采用多租户共享软件运行实例的应用架构。多个租户可以共享同一个应用的运行实例,又同时具有相对独立的数据空间。这种应用架构特别适合于客户需求差别不大,并发用户规模也不是很大的一类客户。服务提供商主要解决好不同租户之间应用数据的隔离性和安全问题。随着租户数量的逐渐增加,性能问题会成为 SaaS 的应用瓶颈,为此需要增加硬件设备和应用服务器的数量,用来支撑应用规模的增长。可以将每个用户先接入一个负载平衡服务器,然后再分配到不同的应用服务器,采用多个软件运行实例处理大规模的并发用户访问,这样的应用架构如图 10.8 所示。

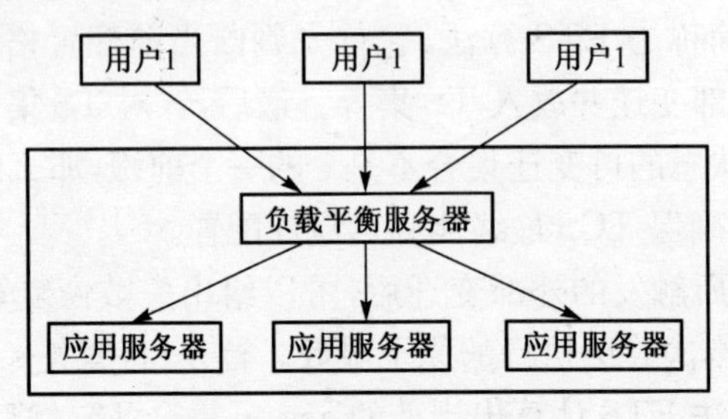

图 10.8 SaaS 应用架构

SaaS 使软件系统的形态和传播方式发生了本质的变化。软件产品通过网络提供服务。软件维护将主要由服务提供商负责,用户购买的对象从所有权复制转变成使用权,并根据使用情况缴纳使用费。SaaS 的优势不仅在于降低了使用和维护的成本,更在于获取服务的易用性和灵活性。

10.4.2 虚拟化

虚拟化在计算技术的发展历程中一直扮演着重要的角色,如虚拟机、虚拟内存和虚拟终端等。虚拟化可以在计算机系统的不同层次上建立,它以一种透明的方式提供某一层次的抽象,使得上层系统可以建立在这个抽象的虚拟层上,而不必考虑这个层次下面的具体实现细节。

在虚拟化技术中,被虚拟的实体可以是各种各样的信息资源。按照这些资源的类型,可以区分各种不同的虚拟化。

1. 服务器虚拟化

在传统的架构设计中,应用被捆绑在固定的服务器平台上,每个应用环境都需要按最大负载来构建,在一般情况下,15%～20%的服务器资源利用率是普遍现象。服务器虚拟化可以将一个服务器虚拟化成多个服务器使用,对通用的基础架构和硬件资源进行集中管理分配,打破了原有的“一台服务器一种应用”的局面,可以大幅度提高资源利用率。

服务器虚拟化是在操作系统和硬件之间引入一个虚拟化管理层,由这个虚拟层全权负责硬件资源的管理和调度,而操作系统则因为虚拟层的存在不再直接接触硬件资源,它依赖虚拟层的支持完成对硬件资源的调度。这样,在这个虚拟层的上方,可以配置和运行不同操作系统的虚拟机。就像传统的操作系统使一个 CPU 虚拟化成多个 CPU 一样,服务器虚拟化使一台服务器虚拟化成可让不同的操作系统运行的多台虚拟服务器,它们相互隔离,互不干涉。当其中的一个或几个虚拟机崩溃时,其他的虚拟机照常运行,还可以方便地将任务从一个失败的虚拟机上迁移到仍在正常运行的虚拟机上继续运行。

当然,与直接在物理机上运行的系统相比,虚拟机与硬件之间多了一个虚拟化抽象层,这必然要产生一定的额外开销。服务器虚拟化要求将这种开销控制在可承受的范围之内。

2. 网络虚拟化

网络虚拟化是指将网络的硬件和软件资源整合,向用户提供虚拟网络连接的虚拟化技术。虚拟局域网(VLAN)可以将一个物理局域网划分成为多个虚拟局域网,或者将多个物理局域网组合成一个逻辑局域网,使得虚拟局域网中的通信类似于物理局域网方式,并掩藏具体物理局域网的技术细节。对于广域网虚拟化,目前最普遍的应用是虚拟专用网(VPN),它对广域物理连接进行了抽象,允许远程用户访问组织内部的网络,并保证这种外部网络连接的安全性和私密性。

3. 存储虚拟化

磁盘阵列技术(Redundant Array of Inexpensive Disks,RAID)是基于存储设备的存储虚拟化技术,它将多个物理磁盘组合成磁盘阵列,为上层提供一个统一的虚拟存储空间。NAS/SAN架构则是基于网络的虚拟化存储,存储设备和系统通过网络连接起来,可以根据用户的实际使用需求来分配存储资源,提升资源利用效率。

但是,互联网许多服务,如搜索服务常常需要超大规模的存储容量,传统的 NAS/SAS 存储架构不能满足其经济性和访问性能的要求。因此,Google 使用文件系统(GFS)直接管理海量存储,使虚拟的存储服务从阵列控制器转移到文件系统,由 GFS 提供海量数据的存储和访问能力。

4. Java 虚拟机

Java 语言于 1995 年诞生,短短数年时间就风靡全球,成为使用最广泛的一种程序设计语言。为什么 Java 语言有如此强劲的吸引力呢? 原因在于它特有的运行机制。Java 语言编制的程序经 Java 编译器编译,产生的目标码不是机器代码,而是一种结构中立的字节码(byte-code)。然后通过 Java 虚拟机解释这种通用的字节码。Java 虚拟机屏蔽了底层各种计算机硬件和不同操作系统的差异,任何类型的计算机和操作系统平台,只要它实现有 Java 虚拟机,就可以运行任何的 Java 程序。由于现有的各种主流计算机操作系统平台都支持 Java 虚拟机,所以 Java 语言特别适合于 Internet 环境下网络分布计算的需要。

5. 桌面虚拟化

对于桌面系统而言,安装、打补丁和管理维护有时是一件令人心烦的事情,而采用桌面虚拟化技术,在服务器上存放每个用户的完整桌面环境,用户使用自己喜爱的终端设备,如个人计算机或智能手机,通过网络使用该桌面环境。虚拟桌面管理维护主要集中在后台,这就降低了管理维护的开销,还带来了更好的安全性和容错能力。

桌面虚拟化也包括对“离线桌面”的支持。在本地运行离线桌面,使用户在无法使用网络时能继续使用虚拟桌面,获得最佳的虚拟桌面用户体验。

6. 网格资源虚拟化

传统的资源管理都是在本地,对资源具有完全控制的权限,具有独立执行并高效利用资源的能力。但在网格环境下,所管理的资源跨越多个管理域,要求具有在管理域之间进行协调的能力。网格服务体系架构(OGSA)建立一个通用的资源管理框架,使分散在网络上的各种资源,包括服务器、存储系统和目录文件等资源实体,形成一个整合的系统,对资源进行统一的管理和调度。对网络用户来说,不需要了解任何一个虚拟组织可用实体资源的具体特性,通过网格提供的服务就可以把一个大的计算任务分解到各地，有效利用网格环境中可被共享的其他虚拟组织的计算能力。整个网格几乎就是一台具有超强能力的虚拟计算机。

虚拟化技术可以彻底改变应用的计算环境，使各类计算资源从具体上升到抽象，从物理上升到逻辑，从而带来方便使用和节约成本的好处。虚拟化技术已成为软件系统工程中一项重要的基础技术，虚拟化技术的应用也不断呈现出新的特点。

10.4.3 云计算

SOA 定义了面向服务系统的基本架构，使得各种服务组件能够以松散耦合的方式构建跨越组织边界和计算平台的应用。以 SOA 概念模型为出发点，十多年来，已经发展出许多扩展的服务计算模式和 SOA 应用，特别是近几年迅速发展的云计算（Cloud Computing），已成为一种具有代表性的技术形态。SOA 环境可在企业内部保证其核心功能服务在整个生命周期的开发策略上保持一致。云计算将这种对服务信任的边界从企业内部扩展到企业之外，主要关注于跨 Internet 可使用的任何信息资源，包括各种硬件资源（网络、服务器和存储器等）和软件资源（软件基础设施、中间件平台和应用等），这些信息资源都以虚拟化服务的形式通过互联网提供给用户，形成共享的网络交付信息服务的计算模式。在云计算中，硬件和软件都是资源，被虚拟化封装成服务，用户通过互联网按需访问和使用这些服务，并按使用量支付费用。

云计算模式好比以前大学或政府机构设立的大型计算中心的工作模式，计算中心把计算机的计算和存储资源以租用时段的方式提供给单位内部或外部使用，并按使用时间付费。但现在的云计算绝不是当时计算中心历史的回归，而是一种更大范围的分布式应用，因为

- 各种资源虚拟化技术为云计算提供可用的基础设施支持。
- SaaS 创新的软件交付模式为云计算提供了广大的市场空间。
- 通过高速网络提供云服务，用户使用起来就如同在本地一样。

从用户的视角看，云计算具有如下的特点：

(1)随需应变。使用者完全根据自己的意愿从服务提供方获取所需的服务，而不需要每次都与服务提供方进行协商。

(2)无处不在。任何人，任何时候，在任何地方，都可以通过网络使用这些服务，或者把云服务集成到自己的应用中。

(3)透明使用。云服务的使用者看到的只有服务本身，而不用知道这些服务具体在何处，是如何实现的，更不必知道管理这些服务的基础设施是如何操作的。

(4)快速灵活。能够快速获取服务资源以扩展本地系统，也可以快速释放资源以实现收缩。对于使用者来说，可以租用的资源似乎是无限的，可以在任何时间购买任意数量的资源。

(5) 按照使用量支付费用。

根据云服务的使用范围，可将云服务区分为私有云和公有云两种：私有云仅由某个企业独自拥有或租借，而且仅为该企业服务；公有云由服务提供方所拥有，向任何企业或者某一领域的企业和个人开放，使用者通过网络都可以获得。

根据所提供的服务类型，可将云服务区分为基础设施云、平台云和应用云。

(1)基础设施云提供底层的基础设施服务。基础平台资源的抽象和虚拟化是构建基础设施云的关键，以资源池的方式进行统一管理并提供给用户。虚拟数据中心及 Amazon 公司的弹性计算云(Elastic Computing Cloud，EC2)基本上都属于基础设施云的范畴。

(2)平台云为应用提供开发、运行和管理的服务环境，用户将其开发和运营的应用托管到平

台上,并能根据需要访问和使用底层的各种平台资源。例如,Googlc 公司的应用程序引擎 Google APP Engine 和 Microsoft 公司的 Window Azure 就是这样的平台,开发人员可以在 Goolge 或 Microsoft 的基础架构上高效和便捷地开发自己的应用,并在其上运行。平台云可为开发者提供一体化的在线应用服务。

(3)应用云为领域应用提供直接的应用服务。Salesforce 公司的 CRM 系统就是一个典型例子。

因此可以说,云计算是一种开放的 SaaS 平台。云服务在粒度上将服务分为存储即服务、数据库即服务、信息即服务、流程即服务、应用即服务、平台即服务、集成即服务、安全即服务、管理即服务、测试即服务和基础设施即服务等。

SOA 是面向服务的一种架构,而云计算的优势在于可以将这种架构延伸到企业外部,使得部分或全部信息资源可以来自第三方的云计算平台中。因此可以说,云计算是一种架构的选择,是建设系统的一种方式,但它本身并不是架构。事实上,大多数云计算解决方案需要通过 SOA 定义。SOA 和云计算是互为补充的。

企业计算环境应考虑使云计算与 SOA 接轨。在 SOA 架构设计中,应找出那些更适合放入云平台的服务、信息和流程。另一方面,应考虑如何抽象云服务为 SOA 所用,使云计算资源能提供比本地资源更好的服务。云计算是企业计算架构的一种更有效的部署方式,如能正确使用,就能起到提高效率和节约成本的双重目的。

一般说来,架构应该比较稳定,技术和标准则随时间而变迁。在过去若干年内发展的 SOA 的大多数标准都可应用于云计算。目前,云服务提供商所提供的这样或者那样的云服务,从用户的角度看还不能完全兼容,在多个云之间难以交换信息和行为。为了使用户能够灵活选择和有效运用云服务提供商提供的云服务,建立云服务的互操作标准非常重要。目前,已有几个国际组织致力于云计算的标准化工作,如开放云计算联盟(Open Cloud Consortium,OCC)和云安全联盟(Cloud Security Alliance,CSA)等。2009 年 3 月,以 IBM 为首的近百家公司共同签署了云开放宣言(Open Cloud Manifesto),建议厂商就有关云计算和竞争性云服务的互操作性的基本原则达成一致。

云计算的发展为组件化软件工程注入了新的内涵。曾有人认为,将软件开发称为“工程”只是一厢情愿而已,软件领域可能永远不会发展成像机械工程、电气工程那样拥有可遵循的标准规范的工程化领域。软件是人类智慧创造的最为错综复杂的系统,而服务计算给软件的未来带来了一种期待,软件工程技术也将发展到一个全新的境界。

参考文献

丁柯. 2002. 网络分布计算中的事务工作流研究. 中科院软件所博士学位论文

丁晓宁. 2007. 事务性 Web 服务复合关键技术研究. 中科院软件所博士学位论文

范国闯. 2004. Web 应用服务器关键技术研究. 中科院软件所博士学位论文

冯玉琳,黄涛,倪彬. 1998. 对象技术导论. 北京:科学出版社

冯玉琳,赵保华. 1992. 软件工程:方法、工具和实践. 2 版. 合肥:中国科学技术大学出版社

花磊,魏峻. 2006. 动态模板驱动的高性能 SOAP 处理. 计算机学报,29(7)

黄涛,丁晓宁,魏峻. 2006. 基于应用语义的网构软件松弛事务模型研究. 中国科学 E 辑,信息科学,36(10)

金蓓弘,曹东磊等. 2008. 高性能 XML 解析器 OnceXMLParser. 软件学报,19:10

李磊. 2008. 面向服务计算的若干关键技术研究. 中科院软件所博士学位论文

刘国梁. 2009. 基于产品线工程的组件容器开发方法研究. 中科院软件所博士学位论文

孙昌爱,金茂忠,刘超. 2002. 软件体系结构研究综述. 软件学报,13:7

宋靖宇. 2007. Web 服务运行支撑平台关键技术研究. 中科院软件所博士学位论文

唐稚松. 2002. 时序逻辑程序设计与软件工程. 北京:科学出版社

王翔. 2009. 设计模式:基于 C# 的工程化实现及扩展. 北京:电子工业出版社

汪锦岭,金蓓弘,李京. 2006. 在结构化 P2P 网络上构建可靠的基于内容路由协议. 软件学报,17(5)

万淑超. 2008. 基于交互性 Web 服务构建复合应用的关键技术研究. 中科院软件所博士学位论文

杨芙清. 2005. 软件工程技术发展思索. 软件学报,16(1)

喻坚,韩燕波. 2006. 面向服务的计算:原理和应用. 清华大学出版社

张波. 2001. 基于 XML 的分布式软件体系结构研究. 中科院软件所博士学位论文

张文博. 2007. Web 应用服务器资源管理关键技术研究. 中科院软件所博士学位论文

张昕. 2006. 分布事务监控器可扩展性关键技术研究. 中科院软件所博士学位论文

周之英. 2002. 现代软件工程. 北京:科学出版社

Abdullahi S, Ringwood G. 1998. Garbage collecting the internet: a survey of distributed garbage collection. ACM Comput Surv, 30(3)

Adler R. 1995. Distributed coordination models for client/server computing. IEEE Computer, 28(4)

Ahamad M, KordalE R. 1999. Scalable consistency protocols for distributed services. IEEE Trans Par Distr Syst, 10(9)

Alonso G, Casati F, et al. 2004. Web Services: Concepts, Architectures and Applications. New York: Springer-Verlag

Alvisi L, Marzullo K. 1998. Message logging: pessimistic, optimistic, causal and optimal. IEEE Trans Softw Eng, 24(2)

Amir Y, Peterson A, Shaw D. 1998. Seamlessly selecting the best copy from internet-wide replicated web servers. Proc Int'l Symp Distributed Computing (DISC)

Anderson T, Dhalin M, Neefe J, et al. 1996. Serverless network file systems. ACM Transactions on Computer Systems, 14(1)

Andrews G. 2000. Foundations of Multithreaded, Parallel, and Distributed Programming. Reading, MA: Addison-Wesley

Arlow J, Neustadl I. 2005. UML2 and Unified Process: Practical Object Oriented Analysis and Design. 2nd ed. MA: Addison-Wesley

Armbrust M, Fox A, Griffith R, et al. 2010. A view of cloud computing. Communications of ACM, 53(4)

Atkinson C, et al. 2002. Component Based Product Line Engineering with uML. England: Pearson Education Ltd

Bacon J. 2002. Concurrent Systems. 3rd ed. Harlow: Addison-Wesley

Beck K. 1999. Extreme Programming Explained: Embracing Change. Reading, MA: Addison-Wesley

Baggio A, Ballintijn G, et al. 2001. Efficient tracking of mobile objects in globe. Comp J, 44(5)

Ballintijn G, Van Steen M, Tanenbaum A. 2001. A scalable implementation for human-friendly URIs. IEEE Internet Comput, 5(5)

Banavar G, Chandra T, Mukherjee B, et al. 1999. An efficient multicast protocol for content-based publish-subscribe systems. Proc 19th Int'l Conf on Distributed Computing System. IEEE

Barford P, Bestavros A, Bradley A, et al. 1999. Changes in web client access patterns: characteristics and caching implications. World Wide Web, 2(1～2)

Barham P, Dragovic B, et al. 2003. Xen and the art of virtualization. 19th ACM Symposium on Operating Systems Principles. New York: USA

Barish G, Obraczka K. 2000. World wide web caching: trends and techniques. IEEE Commun. Mag, 38(5)

Bass L, Clements P, Kazman R. 1998. Software Architecture in Practice. Reading, MA: Addison-Wesley

Batory D, O'malley S. 1992 . The design and implementation of hierarchical software systems with reusable components. ACM Transactions on Software Engineering and Methodology, 4(1)

Beck K. 1999. Extreme Programming Explained: Embrace Change. Reading, MA: Addison-Wesley

Berner-Lee T, Cailliau R, Nielson H F, et al. 1994. The world-wide web communication of ACM, 37(8)

Berners-Lee T, Fielding R, Masinter L. 1998. Uniform resource identifiers (URI): generic syntax. RFC2396. http://www.faqs.org/ftp/rfc/rfc2396.txt

Berners-Lee T, Hendler J, Lassila O. The semantic web. Scientific American, 284(5): 34-43

Bernstein P, Hadzilacos V, Goodman N. 1987. Concurrency Control and Recovery in Database Systems. Reading, MA: Addison-Wesley

Bernstein P. 1996. Middleware: A model for distributed system services. Commun. ACM, 39(2)

Bershad B, Anderson T, Lazowska E, et al. 1990. Lightweight Remote Procedure Call. ACM Trans Comp Syst, 8(1)

Birman K, Joseph T. 1987. Reliable communication in the presence of failures. ACM Trans Comp Syst, 5(1)

Birman K, Schiper A, Stephenson P. 1991. Lightweight causal and atomic group multicast. ACM Trans Comp Syst, 9(3)

Birman K. 1996. Building Secure and Reliable Network Applications. Englewood Cliffs: Prentice Hall

Birrell A, Evers D, et al. Distributed garbage collection for network objects. TR SRC-116, Digital Systems Research Center. CA: Palo Alto

Birrell A, Nelson B. 1984. Implementing remote procedure calls. ACM Trans Comp syst, 2(1)

Black A, Artsy Y. 1990. Implementing location independent invocation. IEEE Trans Par Distr Syst, 1(1)

Booch G. 1994. Object Oriented Analysis and Design with Applications. Benjamin-Cummings

Booch G, Rumbaugh J, Jacobson I. 2004. The Unified Modeling Language User Guide. 2nd ed. MA: Addison-Wesley

Bosch J. 2000. Design and Use of Software Archtectures: Adopting and Evolving a Product-line Approach. Reading, MA: Addison-Wesley

Boucher K, Katz f. 1999. Essential Guide to Object Monitors. New York: John Wiley & Sons

Bracha G , Toug S. 1987. Distributed deadlock detection. Distributed Computing, 2: 127-138

Braun C L. 1995. A lifecycle process for the effective reuse of commercial Off-The-Shelf (COTS) software. Proceedings of the 1999 Symposium on Software Reusability

Briot J, Guerraoui R, Lohr K. 1998. Concurrency, distribution and parallelism in object-oriented programming. ACM Comput Surv, 30(3)

Brooks F. 1975. The mythical man-month: Essays on Software Engineering. MA: Addison-Wesley

Buretta M. 1997. Data replication: Tools and Techniques for Managing Distributed Information. New York: John Wiley&Sons

Buschmann F, Meunier R, et al. 1996. Pattern-oriented Software Architecture: a System of Patterns. New York: John Wiley & Sons

Callaghan B. 2000. NFS illustrated. Reading, MA: Addison-Wesley

Cao P, Liu C. 1998. Maintaining strong cache consistency in the world wide web. IEEE Trans Comp, 47(4)

Carzaniga A, Rosenblum D S, Wolf A L. 2000. Achieving scalability and expressiveness in an internet-scale event notification service. Proc 19th symp On Principles of Distributed Computing. ACM

Cerbelaud D, Garg S, Huylebroeck J. 2009. Opening the cloud: qualitative overview of the state-of-the-art open source VM-based cloud management platforms, middleware'09: Proc of the 10th ACM/IFIP/USENIX Int'l Conf on Middleware

Chandy J, Maxemchunk N. 1984. Reliable broadcast protocols. ACM Trans Comp Syst, 2(3)

Chandy K, Lamport L. 1985. Distributed snapshots: determining global states of distributed systems. ACM Trans Coompt Syst, 3(1)

Chawathe Y, Brewer E. 1998. System support for scalable and fault tolerant internet services Proc Middleware ' 98. IFIP

Cheriton D, Mann T. 1989. Decentralizing a global naming service for improved performance and fault tolerance. ACM Trans Comp Syst, 7(2)

Cheriton D, Skeen D. 1993. Understanding the limitations of causally and totally ordered communication. Proc 14th Symp Operating System Principles. ACM

Chockler V, Dolev D, et al. 2000. Implementing a caching service for distributed CORBA objects. In Proc Middleware 2000

Chou S, Chen J. 2001. An object-oriented analysis technique based on the unified modeling language. The Journal of Object-Oriented Programming, 14(3)

Chow R, Johnson T. 1997. Distributed Operating Systems and Algorithms. reading, MA: Addison-Wesley

Ciancarini P, Omicini A, Zambonelli F. 1999. Coordination for internet agents. Nordic J. Comput, 6(3)

Ciancarini P, Tolksdorf R, Vitali F, et al. 1998. Coordinating multiagent applications on the WWW: A Reference Architecture. IEEE Trans Softw Eng, 24(5)

Clements P, Northrop L. 2002. Software Product Lines: Practices and Patterns. Boston: Addison-Wesley

Clements P, Bachmann F, Bass L, et al. 2010. Documenting software architectures: views and beyond, 2nd ed. MA: Addison-Wesley

Coad P, Yourdon E. 1991a. Object Oriented Analysis. New York: Prentice Hall

Coad P, Yourdon E. 1991b. Object Oriented Design. New York: Prentice Hall

Cockburn A. 2005. Crystal Clear: a Human-powerd Methodology for Small Team. Boston: Addison-Wesley

Conallen J. 1999. Modeling web application architectures with UML. Communications of the ACM, 42(10)

Cooper J W. 1998. Using design patterns. Communications of the ACM, 41(6)

Coulouris G, Dollimore J, Kindberg T. 2005. Distributed Systems, Concepts and Design. 4th. Wokingham: Addison-Wesley

Cristian F, Fetzer C. 1999. The timed asynchronous distributed systems model. IEEE Trans Par Distr Syst, 10(6)

Dikaiakos D, et al. 2009. Cloud computing: distributed internet computing for IT and scientific research. IEEE Internet Computing, 13(5)

Ding K, Jin B, Wei J, et al. 2002. New model and scheduling protocol for transactional workflows. In the Proc of 26th Int'l Computer Software and Applications Conf, IEEE

Dourish P, Edwards K, et al. 2000. Extending document management systems with user-specific active Properties. ACM Trans Inf Syst,18(2)

Drummond R, Babaoglu O. 1993. Low-cost clock synchronization. Distributed Computing,6:193-203

Dubois M, Scheurich C, Briggs F. 1988. Synchronization, coherence, and event ordering in multiprocessors. IEEE Computer,21(2)

Duvvuri V, Shenoy P, Tewari R. 2000. Adaptive leases: a strong consistency mechanism for the world wide web. Proc. 19th INFOCOM Conf IEEE

Eddon G, Eddon H. 1998. Inside Distributed COM. Redmond, WA: Microsoft Press

Eliassen F, Montresor A, Distributed applications and interoperable systems, 6th IFIP WG 6. 1 Int'l Conf, Bologna, Italy. LNCS 4025, 152-168, Springer

Elinozahy E, Johnson D, Zwaenepoel W. 1992. The performance of consistent checkpointing. Proc 12th Symp on Reliable Distributed Systems. IEEE

Emmerich W. 2000. Engineering Distributed Objects. New York: John Wiley & sons

Engels G, Groenewegen L. 2000. Object-oriented modeling: a roadmap. Proceedings of the 22nd International Conference of Software Engineering

Feng Y. 1988. Hieraechical protocal analysis by temporal logic. Journal of Computer Science and Technology,3(1)

Fenton N. 1991. Software Metrics: A Rigorous Approach. London: Chapmau & Hall

Floyd S, Jacobson V, Mccanne S, et al. 1997. A reliable multicast framework for light-weight sessions and application level framing. IEEE/ACM Trans Netw,5(6)

Fontoura M. 2001. Extending UML to improve the representation of design patterns. The Journal of Object-Oriented Programming,14(2)

Foster I, Kesselman C(eds). 1998. Computational Grids: the Future of High Performance Distributed Computing. San Mateo. CA: Morgan Kaufman

Fowler M, Scott K. 1998. UML distilled-Applying the Standard Object Modeling Language. MA:Addison-Welsey

Franklin M J, Carey M J, Livny M. 1997. Transactional client-Server cache consistency: alternatives and performance. ACM Trans Database Syst,22(3)

Fredrickson N, Lynch N. 1987. Electing a leader in a synchronous ring J ACM,34(1)

Fuggetta A, Picco G P, Vigna G. 1998. Understanding code mobility. IEEE Trans Softw Eng,24(5)

Gamma E, Helm R, Johnson R, et al. 1994. Design Patterns, Elements of Reusable Object-oriented Software. Reading,MA: Addison-Wesley

Garcia-molina H. 1982. Elections in a distributed computing system. IEEE Trans Comp,31(1)

Garlan D, Perry D E. 1995. Introduction to the special issue on software architecture, guest editorial, IEEE Transaction on software engineering, 21(4)

Garlan D. 2000. Software architecture: a Roadmap. Proc the 22nd Int'l Conf. Future of Software Engineering. ACM

Gary K, Lindquist T, Koehnemann H. 1998. Component-based software process support, Proceedings of the 13th Conference on Automated Software Engineering

Geihs K. 2001. Middleware challenges ahead. IEEE Computer,34(6)

Gray J, Reuter A. 1993. Transaction Processing: Concepts and Techniques. san mateo. CA: Morgan Kaufman

Greeman E, Hupfer S, Arnold K. 1999. JavaSpaces, Principles, Patterns and Practice. Reading,MA:Addison-Wesley

Grimshaw A, Ferrari A, Knabe F, et al. 1999. Wide-area computing: resource sharing on a large scale. IEEE Computer,32(5)

Guerraoui R, Schiper A . 2001. The generic consensus service. IEEE Trans Softw Eng, 27(1)
Halstead M. 1977. Elements of software science. North Holland
Henning M, Vinoski S. 1999. Advanced CORBA Programming with C++. MA: Addison-Wesley
Hofmeister C, Nord R L, Soni D. 1999. Describing software architecture with UML. Proceedings of the First Working IFIP Conference on Software Architecture
Hofmeister C, Nord R, Soni D. 1999. Applied Software Architecture. MA: Addison-Wesley
Hollingsworth D. 1995. The workflow reference model. Workflow Management Coalition
Huang T, Wu G, Wei J. 2009. Runtime monitoring composite web services through stateful aspect extension. Journal of Computer Science & Technology, 24(2): 294-308
IBM. 2003. Business process execution language for web services. http://www-106.ibm.com/developerworks/webservices/library/ws-bpel/
IBM 2004. Web services metadata exchange. http://www-128.ibm.com/developerworks/library/specification/ws-mex/
IBM 2005a. Web services transactions specifications (WS-C/WS-T), http://www-128.ibm.com/developerworks/library/specification/ws-tx/
IBM 2005b. Web services reliable messaging protocol. http://www-128.ibm.com/developerworks/webservices/library/ws-rm/
IBM 2006. Web services policy framework. http://www-128.ibm.com/developerworks/library/specification/ws-polfram/
Islam N. 1996. Distributed Objects, Methodologies for Customizing Systems Software. Los Alamitos. CA: IEEE Computer Society Press
ISO 1995. Open distributed processing reference model. International Standard ISO/IEC IS 10746
Jacobson I, Booch G, Rumbaugh J. 2002. The Unified Software Development Process. MA: Addison-Wesley
Jacobson I, Christerson M, et al. 1992. Object Oriented Software Engineering: A Use Case Driven Approach. MA: Addison -Wesley
Jalote P. 1994. Fault Tolerance in Distributed Systems. Englewood Cliffs. New York: Prentice Hall
Jansen M, Klaver E, Verkaik P, et al. 2001. Encapsulating distribution in remote objects. Information and Software Technology, 43(6)
JCP. 2003. JSR168 Portlet Specification. http://www.jcp.org/en/jsr/detail? id=168
Jin B, Weng H, et al. 2009. A service discovery system analyzed with a queueing theory model. Proc of the 33rd Int'l Computer Software and Applications Conf, IEEE
Johnson R E. 1997. Frameworks = (Components + Patterns). Communications of the ACM, 40(10)
Kang K, Lee J, Donohoe P. 2002. Feature-oriented product line engineering. IEEE Software, 19(4)
Keith E W. Core J. 2000. Upper saddle river. 2nd ed. New York: Prentice Hall
Kermarrec A, Kuz I, et al. 1998. A framework for consistent, replicated web objects. Proc 18th Int'l Conf On Distributed Computing Systems, IEEE
Kobryn C. 2000. Modeling components and frameworks with UML. Communications of the ACM, 43(10)
Kroll P, Kruchten P. 2003. Rational unified process made easy: a practioner's guide to the RUP. Pearson
Kruchten P . 1995. The 4+1 view model of architecture. IEEE Software, 12(6)
Kruchten P. 2003. The Unified Process: an Introduction. 3rd ed. MA: Addison-Wesley
Kung H, Robinson J. 1981. On optimistic methods for concurrency control. ACM Trans Database Syst, 6(2)
Lamport L, Shostak R, Paese M. 1982. Byzantine generals problem. ACM Trans Prog Lang Syst, 4(3)
Lamport L. 1990. Concurrent reading and writing of clocks. ACM Trans Comp Syst, 8(4)
Lamport L. 1978. Time, clocks, and the ordering of events in a distributed system. Commun ACM, 21(7)

Lampson B. 1986. Designing a global name service. Proc Fourth Symp on Principles of Distributed Computing. ACM

Lang B, Queinnec C, Piquer J. 1992. Garbage collecting the world. Proc Symp on Principles of Programming Languages. ACM

Levine B, Garcia-luna-aceves J. 1998. A comparison of reliable multicast protocols. ACM Multimedia Systems Journal,6(5)

Lewis B, Berg D J. 1998. Multithreaded programming with pthreads. 2nd ed . Englewood Cliffs. NJ: Prentice Hall

Leymann F, Roller D, Schmidt M. 2002. Web services and bisness process management. IBM System Journal, 41(2):198-211

Li L, Wei J, Huang T. 2007. High performance approach for multi-QoS constrained web services selection. Int'l Conf on Service Oriented Computing:283-294

Lilja D. 1993. Cache coherence in large-scale shared-memory multiprocessors: issues and comparisons ACM Comput Surv,25(3)

Liskov B. 1993. Practical uses of synchronized clocks in distributed systems. Distributed Computing,6: 211-219

Luckham D C, Kenney J, Augustin L, et al. 1995. Specification and analysis of system architecture using rapide. IEEE Transaction on Software Engineering, 21(4)

Lynch N. 1996. Distributed Algorithms. San Mateo, CA: Morgan Kaufman

Makpangou M, Gourhant Y, Lenarzul J P, et al. 1994. Fragmented objects for distributed abstractions. In Casavant, T. and Singhal,M. (eds.),Readings in Distributed Computing Systems, Los Alamitos, CA:IEEE Computer Society Press

Malkhi D, Reiter M. 2000. Secure execution of java applets using a remote playground. IEEE Trans Softw Eng, 26(12)

Matinlassi M. 2004. Comparison of software product line architecture design methods: COPA, FAST, FORM, KobrA and QADA. Proc Of 26th Int'l Conf on Software Engineering, IEEE:127-13

Mazouni K, Garbinato B, Guerraoui R. 1995. Building reliable client-server software using actively replicated objects. In Graham, I. et al (eds). Technology of Object Oriented Languages and Systems. Englewood Cliffs. New York Prentice Hall

McCabe J. 1976. A complexity measure. IEEE Trans on Software Engineering,2(3)

Medvidovic N, Taylor N. 2000. A classification and comparison framework for software architecture description languages. IEEE Trans Softw Eng, 26(1)

Meyer B. 1997. Object-oriented software construction. 2nd ed. Englewood Cliffs: Prentice Hall

Microsoft . COM:Component object management. http://www. microsoft. com/com/default. mspx

Microsoft . DCOM: Remote protocol specification. http://msdn. microsoft. com/en-us/library/cc226801 (v= prot. 13). aspx

Microsoft. .NET framework. http://www. microsoft. com/net/

Mili H, Mili A, Yacoub S, et al. 2001. Reuse Based Software Engineering: Techniques, Organizations, and Measurement. New York:John Wiley & Sons

Milojicic D, Douglis F, Paindaveine Y, et al. 2000. Process migration. ACM Comput Surv, 32(3)

Min S L,Baer J L. 1992. Design and analysis of a scalable cache coherence scheme based on clocks and timestamps. IEEE Trans Par Distr Syst, 3(1)

Mizuno M, Raynal M, Zhou J Z. 1995. Sequential consistency in distributed systems. In Birman,K, Mattern,F, and Schiper,a. (eds.),Theory and Practice in Distributed Systems,938 of Lect. Notes Comp Sc, Berlin: SpringerVerlag

Napster 2001. OpenNap: Open source Napster server. Beta release

Narasimham P, Moser L, Mellior-Smith P. 1999. Using interceptors to enhance CORBA. IEEE Computer, 32(7)

Neuman B. 1993. Proxy-based authorization and accounting for distributed systems. Proc 13th Int'l Conf On Distributed Computing Systesms. IEEE

Ni B, Feng Y. 1998. Exploiting abstraction to check semantic constraits for Java Beans. IFIP Congress, Vienna & Budapest

Nutt G. 2000. Operating systems, a modern perspective. 2nd ed. Reading, MA: Addison-Wesley

Oki B, Pfluegl M, et al. 1993. The Information bus: an architecture for extensible distributed systems. Proc the 14th Symp Operating Systems Principles. ACM

OMG. 1997. Object management architecture guide, revision 3.0. OMG Document ab/97-05-05, Framingham, MA

OMG. 2004a. CORBAServices: Naming service specification. http://www.omg.org/spec/NAM/1.3/

OMG 2004b. CORBAServices: Notification service specification. http://www.omg.org/spec/NOT/1.1/

OMG 2004c. CORBA/IIOP Specification. http://www.omg.org/spec/IIOP/3.0/

OMG 2000. CORBASevices: Concurrency service specification. http://www.omg.org/spec/CONC/1.0/

OMG 2008a. The common object request broker: architecture. http://www.omg.org/spec/CORBA/3.1/

OMG 2008b. CORBA to WSDL/SOAP interworking. http://www.omg.org/spec/C2WSDL/

OMG 2010a. Documents associated with UML. http://www.omg.org/spec/UML/2.3/

OMG 2010b. Fault tolerant CORBA. http://www.omg.org/spec/FT/1.0/

ONCE. http://www.once.org.cn/

ORACLE. Enterprise JavaBeans technology. http://www.oracle.com/technetwork/java/index-jsp-140203.html

ORACLE Java 2 Platform. Enterprise Edition. http://java.sun.com/j2ee/overview.html

ORACLE. Java naming and directory interface. http://www.oracle.com/technetwork/java/index-jsp-137536.html

ORACLE. Jave transaction. http://www.oracle.com/technetwork/java/javase/tech/jta-138684.html

ORACLE. Java persistence API. http://www.oracle.com/technetwork/java/javase/tech/persistence-jsp-140049.html

ORACLE. Remote method invocation home. http://www.oracle.com/technetwork/java/javase/tech/index-jsp-136424.html

Oram A. 2001. Peer-to-peer: Harnessing the Power of Disruptive Technologies. CA: O'Reilly&Associates

Orfali R, Harkey D, Edwards J. 1996. The Essential Distributed Objects Survival Guide. New York: John Wiley & son

OASIS. 2002. Business transaction protocol (BTP). http://www.oasis-open.org/committees/business-transactions/

OASIS. 2003. Web service for remote portlets specification. http://www.oasis-open.org/

OASIS. 2004. Web services security. http://www.oasis-open.org/committees/tc_home.php? wg_abbrev=wss

Ozsu T, Valduriez P. 1999. Principles of Distributed Database Systems. 2nd ed. Upper saddle river. New York: Prentice Hall

Page T, Guy R, Heidemann J, et al. 1998. Perspectives on optimistically replicated, Peer-to-peer filing. Software Practice & Experience, 28(2)

Page-Jones M. 2001. Fundamentals of Object-Oriented Design in UML. New York: Dorset House Publishing

Pease M, Shostak R, Lamport L. 1980. Reaching agreement in the presence of faults. Journal of ACM. 27(2): 228-234

Perkins C. 1997. Mobile IP: Design Principles and Practice. Reading, MA: Addison-Wesley

Perry D E. Wolf A L, 1992. Foundations for the study of software architecture. ACM SIGSOFT Software Engineer Notes, 17(4): 40-50

Perry D E. 2000. Software engineering and software architecture. Feng Y, Notkin D and Gaudel M (eds.). Proc of the Int'l Conference on Software: Theory and Practice, Beijing: Electronic Industry Press

Petersen K, Spreitzer M, et al. 1997. Flexible update propagation for weakly consistent replication. Proc the

16th Symp Operating System Principles. ACM

Pitoura E, Samaras G. 2001. Locating objects in mobile computing. IEEE Trans Know Data Eng, 13

Plainfosse D, Shapiro M. 1995. A survey of Distributed Garbage Collection Techniques. In Proc Int'l Workshop on Memory Management, 986 of Lect. Notes Comp Sc, Berlin: Springer-Verlag

Platt D. 1998. The Essence of COM and ActiveX: A Programmers Workbook. Englewood Cliffs. New York: Prentice Hall

Pope A. 1998. The CORBA Reference Guide: Understanding the Common Object Request Broker Architecture. Englewood Cliffs. New York: Prentice Hall

Pree W. 1995. Framework Development and Reuse Support, Visual Object-oriented Programming: Concepts and Environments. Manning Publications

Pressman R. 2001. Software Engineering: A Practitioner's Approach. 5th ed. New York: McGraw-Hill

Protic J, Tomasevic M, Milutinovic V. 1998. Distributed shared memory, concepts and systems. Los Alamitos, CA: IEEE Computer Society Press

Qian J, Huang T, Feng Y. 2000. Component construction model and interactive computation semantics for object systems. In: Feng Y, Notkin D and Gaudel M eds. Proc of Int'l Conf on Software: Theory and Practice, Beijing: Electronic Industry Press

Rabinovich M, Aggarwal A. 1999. Radar: a scalable architecture for a global web hosting service. Proc the 8th Int'l WWW Conf

Rabinovich M, Rabinovich I, et al. 1999. A Dynamic object replication and migration protocol for an Internet hosting service. Proc the 19th Int'l Conf On Distributed Computing Systems. ACM

Raynal M, Singhal M. 1996. Logical time: capturing causality in distributed systems. IEEE Computer, 29(2)

Rodrigues L, Fonsec H, Verissimo P. 1996. Totally ordered multicast in large-scale Systems. Proc the 16th Int'l Conf On Distributed Computing Systems. IEEE

Rodriguez P, Sibal S. 2000. SPREAD: scalable platform for reliable and efficient automated distribution. Comp Netw & ISDN Syst, 33: (1-6)

Rowstron A. 2001. Run-time system for coordination. In Omicini A and Zambonelli F, et al. Coordination of Internet Agents: Models, Technologies and Applications. Berlin: Springer-Verlag

Rumbaugh J, Blaha M, Wetal P. 1991. Object Oriented Modeling and Design. Englewood Cliffs. New York: Prentice Hall

Rumbaugh J, Jacobson I, Booch G. 2004. The Unified Modeling Language Reference Manual. 2nd ed. MA: Addison-Wesley

Sametinger J. 1997. Software Engineering With Reusable Components. Berlin: Springer Verlag

Sandhu R S, Coyne E J, Feinstein H L, et al. 1996. Role-based access control models. IEEE Computer, 29(2)

Schmid T D, Rohnert H, Buschmann F. 2000. Pattern-oriented Software Architecture: Patterns for Concurrent and Networked Objects, 2, New York: John Wiley & Sons

Schneider G, Winters P. 2002. Applying Use Cases, 2nd ed. MA: Addison-Wesley

Schwaber K, Beedle M. 2002. Scrum: Agile Software Development. Upper Saddle River. New York: Prentice Hall

Shaw M, Garlan D. 1996. Software Architecture: Perspectives on An Emerging Discipline. New York: Prentice Hall

Shepler S. 1999. NFS Version 4 Design Considerations. RFC 2624

Shepler S, Beame C, et al. 2000. NFS Version 4 Protocol. RFC 3010

Siegel J. 1998. OMG overview: CORBA and the OMA in enterprise computing. Commun ACM, 41(10)

Silberschatz A, Galvin P, Gagne G. 2000. Applied Operating System Concepts. New York: John & Wiley

Singhal M. 1993. A taxonomy of distributed mutual exclusion. J. Par Distr Comput, 18(1)

Song J, Wei J, Wan S, et al. 2006. Extending interactive web services for improving presentation level integra-

tion in web portals. Journal of Computer Science and Technology, 21(4): 620-629
Srikanth T, Toueg S. 1987. Optimal clock synchronization. J. ACM, 34(3)
Steinmetż R, Wehrle K, et al. 2005. Peer-to-Peer Systems and Applications. Berlin: Springer-Verlag
Stoica I, Morris R, et al. 2003. Chord: a scalable pear-to-pear lookup service for internet applications. IEEE Trans on Networking, 11(1)
Sun Microsystems. 2000a. JavaSpaces Service Specification, Version 1.1. Sun Microsystems, Palo Alto
Sun MIcrosystems. 2000b. Jini Architecture Specification, Version 1.1. Palo Alto, CA
Tai S, Rouvellou I. 2000. Strategies for Integrating Messaging and Distributed Object Transactions. In Proc Middleware 2000, 1795 of Lect Notes Comp Sc, Berlin: Springer-Verlag
Tanenbaum A, Woodhull A. 1997. Operating Systems, Design and Implementation. 2nd ed. Englewood Cliffs. New York: Prentice Hall
Tanenbaum A. 1996. Computer Networks. 3rd ed. Englewood Cliffs. New York: Prentice Hall
Tanenbaum A. 2001. Modern Operating Systems. 2nd ed. Upper Saddle River. New York: Prentice Hall
Tanenbaum A, Steen M. 2002. Distributed Systems: Principles and Paradigms. Upper Saddle River. New York: Prentice Hall
Tanenbaum A, Steen M. 2008. Distributed Systems: Principles and Paradigms. 2nd ed. upper saddle river. New York: Prentice Hall
Tanisch P. 2000. Atomic commit in concurrent computing. IEEE Concurrency, 8(4)
Tartalja I, Milutinovic V. 1997. Classifying software-based cache coherence solutions. IEEE Softw, 14(3)
Tewari R, Dahlin M, Vin H, et al. 1999. Design considerations for distributed caching on the internet. Proc the 19th Int'l Conf On Distributed Computing Systems. IEEE
Thomas E. 2005. Service Oriented Architecture, Concepts, Technology and Design. New York: Prentice Hall
Tibco. 2000a. TIB/Rendezvous Concepts, Release 6.4. TIBCO Software Inc, Palo Alto, CA
Tibco. 2000b. TIB/Rendezvous TX Concepts, Release 1.1. TIBCO Software Inc, Palo Alto, CA
Tkach D, Fang W, So A. 1996. Visual Modeling Technique: Object Technology Using Visual Programming. MA: Addison-Wesley
Towsley D, Kurose J, Pingali S. 1997. A comparison of sender-initiated and receiver-initiated reliable multicast protocols. IEEE J. Selected Areas Commun, 15(3)
Triantafillou P, Neilson C. 1997. Achieving strong consistency in a distributed file system. IEEE Trans Softw. Eng, 23(1)
Van S M, Homburg P, Tanenbaum A. 1999. Globe: a wide-area distributed system. IEEE Concurrency, 7(1)
Van S M, Tanenbaum A, Kuz I, et al. 1999. A scalable middleware solution for advanced wide-area web services. Distributed Systems Engineering, 6(1)
Verissimo P, Rodrigues L. 2001. Distributed systems for systems architects. Dordrecht, The Netherlands: Kluwer Academic Publishers
Viveney B. 1998. DCE and object programming. In Rosenberry, W. (eds.), DCE Today, Upper Saddle River. New York Prentice Hall
W3C-XML. Extensible Markup Language (XML). http://www.w3.org.XML/
W3C-HTTP. HTTP-Hyper Text Transfer Protocol. http://www.w3.org/Protocols/
W3C-ADDR. Web Services Addressing. http://www.w3.org/TR/ws-addr-core/ws-addr-core.pdf
W3C-CDL. Web Services Choreography Description Language, http://www.w3.org/TR/ws-cdl-10/
W3C-WSDL. Web Services Description Language (WSDL). http://www.w3.org/TR/wsdl20/
W3C-SOAP. Simple Object Access Protocol (SOAP). http://www.w3.org/TR/soap/
W3C-UDDI. Universal Description, Discovery and Integration (UDDI). http://www.w3.org/TR/uddi/

W3C-OWL. OWL Web Ontology Language Overview. http://www.w3.org/TR/owl-features

W3C-OWL/S. OWL-S: Semantic Markup for Web Service. http://www.w3.org/TR/owl-s

Waldo J. 1998. Remote Procedure Call and Java Remote Method Invocation. IEEE Concurrency,6(3)

Waldo J. 2000. The Jini Specifications. 2nd ed. Upper Saddle River. New York:Prentice Hall

Wan S, Song J, et al. 2008. A selection model for interactive web services and its implementation in portal. Chinese Journal of Electronics,28(1):115-122

Wang J, Jin B, Li J. 2004. An ontology based publish/subscribe system. 5th ACM/IFIP/USENIX Inte'l Middleware Conference

Wei J, Hua L, et al. 2006. High performance SOAP processing driven by data mapping template

Weinberg V. 1978. Structured Analysis. NJ:Yourdon Press

Whitehead J, Goland Y. 1999. WebDAV: A network protocol for remote collaborative authoring on the web. Proc the 6th European Conf On Computer Supported Cooperative Work

Wiesmann M, Pedone F, et al. 2000. Understanding replication in databases and distributed systems. Proc the 20th Int'l Conf on Distributed Computing Systems. IEEE

Wollrath A, Riggs R, Waldo J. 1996. A distributed object model for the Java system. Computing Systems,9(4)

Wolman A, Voelker G, Sharma N, et al. 1999. On the scale and performance of cooperative web proxy caching. Proc the 17th Symp Operating System Principles. ACM

Wooldridge M. 1998. Agent-based computing. Interoperable Communication Networks,1(1)

Wu J. 1999. Distributed system design. CRC Press LLC

X/OPEN. 1996. Distributed transaction processing: reference model. Version 3

Yacoub S, Ammar H, Mili A. 2000. Constructional design patterns as reusable components, Proc of the 6th International Conference on Software Reuse

Yacoub S, Ammar H. 2000. Pattern-oriented analysis and design (POAD): a structural composition approach to glue design patterns. Proc of the 34th IEEE International Conference on Technology of Object-Oriented Languages and Systems

Yacoub S, Ammar H. 2000. Towards pattern oriented frameworks. Journal of Object Oriented Programming,12(8)

Yourdon E, Constantine L. 1979. Structured Design. New York:Prentice Hall

Zhao X, Feng Y. 1990. Atomatic and hierarchical verification for concurrent systems. Journal of Computer Science and Technology,5(3)

附录A 专业词汇汉英对照表

（按中文拼音排序）

白盒复用	White Box Reuse
拜占庭错误	Byzantine Failure
绑定	Binding
本体	Ontology
崩溃错误	Crash Failure
变化点	Variation Point
标记	Signature
标签值	Tagged Value
补偿事务	Compensation Transaction
部署图	Deployment Diagram
操作	Operation
产品家族	Product Family
产品线	Product Line
超立方	Hypercube
抽象	Abstraction
垂直公共设施	Vertical Common Facility
存根	Stub
代理	Agent
代理	Proxy
迭代	Iteration
订阅	Subscribe
定制化	Customization
读锁、写锁	Read Lock，Write Lock
端口	Port
对象	Object
对象请求处理	Object Request Broker(ORB)
对象图	Object Diagram
多处理器系统	Multiprocessors System
多机系统	Multi Computers System
多米诺效应	Domino Effect
多态性	Polymorphism
发布	Publish
发送者启动	Sender Initiated
泛化	Generalization
方法	Method
分布式操作系统	Distributed Operating System
分布式事务	Distributed Transaction
分布式系统	Distributed System
分布锁协议	Locking Protocol
封装	Encapsulation
服务器存根	Server Stub
负载分配	Load Distribution
负载平衡	Load Balance
复合文档	Compound Documents
复用	Reuse
复制	Replication
格网	Grid
工件	Artifact
工作流程	Workflow
工作流事务	Workflow Transaction
工作流引擎	Workflow Engine
公共对象服务	Common Object Services
公共设施	Common Facilities
功能性	Functionality
构造型	Stereotype
关联	Association
广播	Broadcast
黑盒复用	Black Box Reuse
互操作性	Interoperation
互斥	Mutual Exclusion
回调	Callback
会话	Session
活动	Activity
活动图	Activity Diagram
活动消息	Active Message
基于中间件的分布式系统	Middleware-Based Distributed System
基于组件的软件开发	Component Based Software Development
集成	Integration
继承	Inheritance
间歇性错误	Intermittent Failure
角色	Worker
接口	Interface
接口定义语言	Interface Definition Language(IDL)
接收者启动	Receiver Initiated
结构化分析	Structured Analysis
结构化设计	Structured Design
结构型模式	Structural Design Pattern
截获器	Interceptor

进程	Process
进程迁移	Process Migration
精化	Refinement
聚合	Aggregation
可恢复的对象	Recoverable Object
可靠性	Reliability
可扩展性	Extensibility
可配置的	Configurable
可伸缩性	Scalability
可维护性	Maintainability
可移植性	Portability
可重复事务	Repeatable Transaction
客户/服务器模型	Client/Server
客户存根	Client Stub
快照	Snapshot
宽度优先搜索	Breath-First Search
垃圾回收	Remove Unreferenced Entities
拉	Pull
类	Class
类图	Class Diagram
良构性	Well-Formed
两阶段加锁	Two Phase Locking
两阶段提交协议	Two Phase Commit Protocol
临界区	Critical Section
领域工程	Domain Engineering
令牌	Token
浏览器	Browser
轮询	Polling
逻辑时钟	Logical Clock
面向方面的编程	Aspect Oriented Programming
面向服务的计算	Service Oriented Computing
面向主题的编程	Subject Oriented Programming
名字服务	Naming Service
名字解析	Name Resolution
模板	Template
耦合	Coupling
平面事务	Flat Transaction
嵌套事务	Nested Transaction
强迁移	Strong Mobility
切割	Cut
轻进程	Lightweight Process(LWP)
热点驱动	Hot-Spot Driven
认证协议	Authentication Protocol
任务交互关系图	Task Interaction Graph
任务优先图	Task Precedence Graph
日志	Log
容器	Container
软件编码	Software Coding
软件测试	Software Test
软件度量	Software Metric
软件复用	Software Reuse
软件复杂性	Software Complexity
软件工程	Software Engineering
软件过程	Software Process
软件过程模型	Software Process Model
软件过程能力成熟度模型	Capability Maturity Model
软件计划	Software Planning
软件建模	Software Modeling
软件框架	Software Framework
软件开发	Software Development
软件模式	Software Pattern
软件设计	Software Design
软件生命期	Software Life Cycle
软件体系结构	Software Architecture
软件危机	Software Crisis
软件维护	Software Maintenance
软件性能评价	Software Performance Evaluation
软件需求分析	Software Requirement Analysis
软件演化	Software Evolution
软件验证	Software Validation
软件质量	Software Quality
软件质量保证	Software Quality Assurance
软件组件	Software Component
弱迁移	Weak Mobility
设计模式	Design Pattern
生成通信	Generative Communication
时间戳	Timestamp
时序错误	Timing Failure
实例	Instance
实例化	Instantiation
实现	Realization
事务	Transaction
事务恢复	Transaction Recovery
事务性对象	Transactional Object
事务性复合服务	Transactional Composite Service
适配器	Adaptor
疏漏错误	Omission Failure
属性	Attribute
数据类型	Data Type
数据流图	Data Flow Diagram
水平公共设施	Horizontal Common Facility
顺序图	Sequence Diagram
瞬态性错误	Transient Failure
死锁	Deadlock
松弛原子性	Relaxed Atomicity
体系结构风格	Architecture Style
同步	Synchronous
投标	Bidding
透明性	Transparency

推	Push
拖放	Drag And Drop
Web 服务	Web Services
网络操作系统	Network Operating System
网络分布计算	Distributed Network Computing
网络文件系统	Network File System
网络协议	Network Protocol
物理时钟	Physical Clock
线程	Thread
向后式恢复	Backward Recovery
向后验证	Backward Validation
向前式恢复	Forward Recovery
向前验证	Forward Validation
消息	Message
消息队列	Message Queue
消息转发代理	Message Transfer Agent
效率	Efficiency
协作、协同	Collaboration
协作图	Collaboration Diagram
行为设计模式	Behavioral Design Pattern
虚拟文件系统	Virtual File System (VFS)
选举	Election
验证	Validation
验证	Verification
一致性	Consistency
遗留系统	Legacy System
异步	Asynchronous
易使用性	Usability
阴影版本	Shadow Version
引用	Reference
引用计数	Reference Counting
引用列表	Reference Listing
应答错误	Response Failure
应用对象	Application Object
永久性错误	Permanent Failure
用例	Use Case
用例图	Use Case Diagram
元类	Meta Class
原子提交协议	Atomic Commit Protocol
原子需求	Primitive Requirement
远程方法调用	Remote Method Invocation(RMI)
远程过程调用	Remote Procedure Call(RPC)
约束	Constraint
云计算	Cloud Computing
支撑树	Spanning Tree
职责	Responsibility
中间件	Middleware
主角	Actor
主题	Subject
注册表	Registry
状态图	State Diagram
子类	Subclass
组播	Multicast
组件	Component
组件复合	Component Composition
组件化软件工程	Component Based Software Engineering
组件图	Component Diagram
最短路径算法	Shortest Path Algorithm

附录B　专业词汇英汉对照表

（按英文字母排序）

Abstraction	抽象
Active Message	活动消息
Activity	活动
Activity Diagram	活动图
Actor	主角
Adaptor	适配器
Agent	代理
Aggregation	聚合
Application Object	应用对象
Architecture Style	体系结构风格
Artifact	工件
Aspect-oriented Programming	面向方面的编程
Association	关联
Asynchronous	异步
Atomic Commit Protocol	原子提交协议
Attribute	属性
Authentication Protocol	认证协议
Backward Recovery	向后式恢复
Backward Validation	向后验证
Behavioral Design Pattern	行为设计模式
Bidding	投标
Binding	绑定
Black-Box Reuse	黑盒复用
Breath-First Search	宽度优先搜索
Broadcast	广播
Browser	浏览器
Byzantine Failure	拜占庭错误
Callback	回调
Capability Maturity Model	软件过程能力成熟度模型
Class	类
Class Diagram	类图
Client Stub	客户存根
Client/Server	客户/服务器模型
Cloud Computing	云计算
Collaboration	协作、协同
Collaboration Diagram	协作图
Common Facilities	公共设施
Common Object Services	公共对象服务
Compensation Transaction	补偿事务
Component	组件
Component-Based Software Development	基于组件的软件开发
Component-Based Software Engineering	组件化软件工程
Component Composition	组件组合
Component Diagram	组件图
Compound Documents	复合文档
Configuration	配置
Consistency	一致性
Constraint	约束
Container	容器
Coupling	耦合
Crash Failure	崩溃错误
Critical Section	临界区
Customization	定制化
Cut	切割
Data Flow Diagram	数据流图
Data Type	数据类型
Deadlock	死锁
Deployment Diagram	部署图
Design Pattern	设计模式
Distributed Hash Table	分布式哈希表
Distributed Network Computing	网络分布计算
Distributed Operating System	分布式操作系统
Distributed System	分布式系统
Distributed Transaction	分布式事务
Domain Engineering	领域工程
Domino Effect	多米诺效应
Drag and Drop	拖放
Efficiency	效率
Election	选举
Encapsulation	封装
Extensibility	可扩展性
Flat Transaction	平面事务
Forward Recovery	向前恢复
Forward Validation	向前验证
Functionality	功能性

Generalization	泛化
Generative Communication	生成通信
Grid	网格
Horizontal Common Facility	水平公共设施
Hot-Spot Driven	热点驱动
Hypercube	超立方
Inheritance	继承
Instance	实例
Instantiation	实例化
Integration	集成
Interceptor	截获器
Interface	接口
Interface Definition Language(IDL)	接口定义语言
Intermittent Failure	间歇性错误
Interoperation	互操作性
Iteration	迭代
Legacy System	遗留系统
Lightweight Process(LWP)	轻进程
Load Balance	负载平衡
Load Distribution	负载分配
Locking Protocol	分布锁协议
Log	日志
Logical Clock	逻辑时钟
Maintainability	可维护性
Message	消息
Message Queue	消息队列
Message Transfer Agent	消息转发代理
Metaclass	元类
Method	方法
Middleware	中间件
Middleware-Based Distributed System	基于中间件的分布式系统
Multi Computers System	多机系统
Multicast	组播
Multiprocessors System	多处理器系统
Mutual Exclusion	互斥
Name Resolution	名字解析
Naming Service	名字服务
Nested Transaction	嵌套事务
Network File System	网络文件系统
Network Operating System	网络操作系统
Network Protocol	网络协议
Object	对象
Object Diagram	对象图
Object Request Broker (ORB)	对象请求处理
Omission Failure	疏漏错误
Ontology	本体
Operation	操作

Permanent Failure	永久性错误
Physical Clock	物理时钟
Polling	轮询
Polymorphism	多态性
Port	端口
Portability	可移植性
Process	进程
Process Migration	进程迁移
Product Family	产品家族
Product Line	产品线
Primitive Requirement	原子需求
Proxy	代理
Publish	发布
Pull	拉
Push	推
Read Lock, Write Lock	读锁、写锁
Realization	实现
Receiver Initiated	接收者启动
Recoverable Object	可恢复的对象
Reference	引用
Reference Counting	引用计数
Reference Listing	引用列表
Refinement	精化
Registry	注册表
Relaxed Atomicity	松弛原子性
Reliability	可靠性
Remote Method Invocation (RMI)	远程方法调用
Remote Procedure Call(RPC)	远程过程调用
Remove Unreferenced Entities	垃圾回收
Replication	复制
Response Failure	应答错误
Responsibility	职责
Retriable Transaction	可重复事务
Reuse	复用
Scalability	可伸缩性
Sender Initiated	发送者启动
Sequence Diagram	顺序图
Server Stub	服务器存根
Session	会话
Shadow Version	阴影版本
Shortest Path Algorithm	最短路径算法
Signature	标记
Snapshot	快照
Software Architecture	软件体系结构
Software Coding	软件编码
Software Complexity	软件复杂性
Software Component	软件组件

Software Crisis 软件危机
Software Design 软件设计
Software Development 软件开发
Software Engineering 软件工程
Software Evolution 软件演化
Software Life Cycle 软件生命期
Software Maintenance 软件维护
Software Metric 软件度量
Software Modeling 软件建模
Software Pattern 软件模式
Software Framework 软件框架
Software Performance Evaluation 软件性能评价
Software Planning 软件计划
Software Process 软件过程
Software Process Model 软件过程模型
Software Quality 软件质量
Software Quality Assurance 软件质量保证
Software Requirement Analysis 软件需求分析
Software Reuse 软件复用
Software Test 软件测试
Software Validation 软件验证
Spanning Tree 支撑树
State Diagram 状态图
Stereotype 构造型
Strong Mobility 强迁移
Structural Design Pattern 结构设计模式
Structured Analysis 结构化分析
Structured Design 结构化设计
Stub 存根
Subclass 子类
Subject 主题
Subject-Oriented Programming 面向主题的编程
Subscribe 订阅
Synchronous 同步
Tagged Value 标签值
Task Interaction Graph 任务交互关系图
Task Precedence Graph 任务优先图
Template 模板
Thread 线程
Timestamp 时间戳
Timing Failure 时序错误
Token 权标
Transaction 事务
Transaction Recovery 事务恢复
Transactional Object 事务对象
Transactional Composite Service 事务复合服务
Transient Failure 瞬态错误
Transparency 透明性
Two Phase Commit l Protoco 两阶段提交协议
Two Phase Locking 两阶段加锁
Usability 易使用性
Use Case 用例
Use Case Diagram 用例图
Validation 确认
Variation Point 变化点
Verification 验证
Vertical Common Facility 垂直公共设施
Virtual File System 虚拟文件系统
Weak Mobility 弱迁移
Web Services Web 服务
Well-Formed 良构性
White-Box Reuse 白盒复用
Worker 角色
Workflow 工作流
Workflow Engine 工作流引擎
Workflow Transaction 工作流事务

附录C 常用英文缩略语表

（按英文字母排序）

ACID(Atomicity Consistency Isolation Durability)	原子性，一致性，隔离性，持久性
ADL(Architecture Description Language)	体系结构描述语言
BPEL(Business Process Execution Language)	流程执行语言
CBD(Component-Based Development)	基于组件的开发
CGI(Common Gateway Interface)	公共网关接口
CMM(Capabilities Maturity Model)	软件过程能力成熟度模型
COM(Component Object Model)	组件对象模型
CORBA(Common Object Request Broker Architecture)	公共对象请求代理体系结构
COTS(Commercial Off The Shelf)	商品组件
CSCW(Computer Supported Cooperative Work)	计算机支持的协同工作
DCOM(Distributed Component Object Model)	分布式组件对象模型
DFD(Data Flow Diagram)	数据流图
DII(Dynamic Invocation Interface)	动态调用接口
DNS(Domain Name System)	域名系统
DSI(Dynamic Skeleton Interface)	动态骨架接口
DTP(Distributed Transaction Protocol)	分布事务处理协议
ECA(Even-Condition-Action)	事件-条件-动作规则
EJB(Enterprise Java Bean)	企业 Java 组件
FIFO(First In First Out)	先进先出
FTP(File Transfer Protocol)	文件传输协议
GIOP(General Inter-ORB Protocol)	通用 ORB 间协议
HTTP(Hypertext Transfer Protocol)	超文本传输协议
ICMP(Internet Control Messages Protocol)	因特网控制消息协议
IDL(Interface Definition Language)	接口定义语言
IIOP (Internet Inter-ORB Protocol)	因特网 ORB 间协议
IOR(Interoperable Object Reference)	互操作的对象引用
IR(Interface Repository)	接口库
ISO(International Standard Organization)	国际标准化组织
JavaEE(Java 2 Platform, Enterprise Edition)	企业版 Java2 平台
LADP(Lightweight Directory Access Protocol)	轻量级目录访问协议
LOC(Line of Code)	代码行
LWP(Light Weight Process)	轻进程
MIPS(Million Instructions Per Second)	每秒执行的百万指令数
MDB(Message-Driven Bean)	消息驱动组件
MEP(Message Exchange Pattern)	消息交换模式
MOF(Meta Object Facility)	元对象设施

MOM(Message-Oriented Middleware)	基于消息的中间件
MTA(Message Transfer Agent)	消息转发代理
MTTF(Mean Time to Failure)	平均无故障时间
MTTR(Mean Time to Repair)	平均故障修复时间
MVC(Model-Viewer-Controller)	模型-视图-控制器
NFS(Network File System)	网络文件系统
OA(Object Adaptor)	对象适配器
OCL(Object Constrain Language)	对象约束语言
OGSA(Open Grid Service Architecture)	开放网格服务体系结构
OLE(Object Linking and Embedding)	对象链接和嵌入
OMA(Object Management Architecture)	对象管理结构
OMG(Object Management Group)	对象管理组
ONCE(Open Network Computing Environment)	开放网络计算环境(网驰平台)
ORB(Object Request Broker)	对象请求代理
OSI(Open System Interconnection Model)	开放系统互联模型
OWL(Ontology Web Language)	本体描述语言
POA(Portable Object Adapter)	可移植对象适配器
QoS(Quality of Services)	服务质量
RDF(Resource Description Framework)	资源描述框架
RMI(Remote Method Invocation)	远程方法调用
RPC(Remote Procedure Call)	远程过程调用
RUP(Rational Unified Process)	有理统一过程
SA(Structured Analysis)	结构化分析
SaaS(Software as a Service)	软件即服务
SCM (Service Control Manager)	服务控制管理器
SD(Structured Design)	结构化设计
SOA(Service-Oriented Architecture)	面向服务的体系结构
SOAP (Simple Object Access Protocol)	简单对象访问协议
TCP/IP(Transfer Control Protocol / Internet Protocol)	传输控制协议/网际协议
TCS(Transactional Composite Service)	事务复合服务
UDDI(Universal Description, Discovery and Integration)	统一描述、发现和集成
UDP(User Datagram Protocol)	用户数据报协议
UML(Unified Modeling Language)	统一建模语言
URI(Uniform Resource Identifier)	统一资源标识符
URL(Uniform Resource Locator)	统一资源定位符
URN(Uniform Resource Name)	统一资源名
WCDL(Web Service Choreography Description Language)	Web 服务编排描述语言
WSDL (Web Services Description Language)	Web 服务描述语言
WWW(World Wide Web)	万维网
XMI(XML Metadata Interchange)	XML 元数据交换
XML(Extension Markup Language)	可扩展标记语言
XP(Extreme Programming)	极限编程
XSL(Extensible Stylesheet Language)	扩展样式表语言